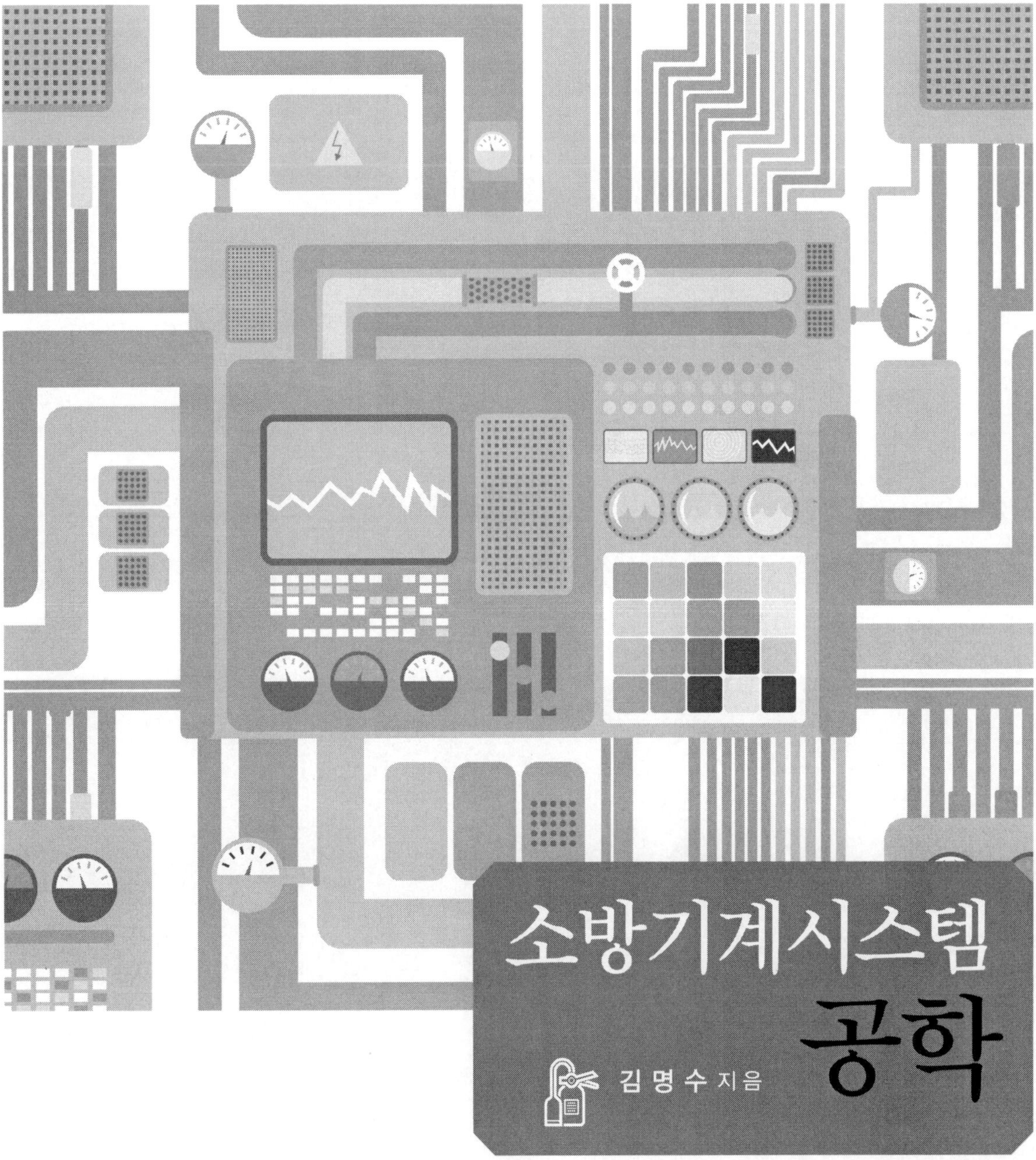

소방기계시스템 공학

김명수 지음

도서출판 동화기술

머 리 말

해마다 소화활동이 더욱 어려워지는 환경들로 인해 화재로 인한 인명피해와 경제적 손실이 갈수록 증가하고 있습니다.

고층건물과 복잡한 환경 그리고 특정소방대상물 등 우리가 생각할 수 없을 만큼 다양한 화재가 항상 존재하고 있는 현 시점에서, 화재에 대한 우리의 인식 부족 또한 현실입니다. 특히 특정소방대상물은 무엇보다 초기화재진압이 중요하기 때문에 피해를 최소화하기 위해서 우리는 그 순간의 최선의 선택으로 화재를 진압하여 인명피해가 발생하지 않도록 노력하여야 합니다.

본 교재는 다년간의 현장경험을 바탕으로, 소방학과 학생들을 비롯하여 소방에 관심을 두고 계신 분들에게 좀 더 쉽게 소방기계시스템공학을 전해주고 싶은 마음에 출간을 결심하게 되었습니다. 전체적으로 소화설비의 기본이론과 구조원리, 기능, 작동원리 등을 다루고 각 구성의 문제를 제시하고 있으며, 또한 실무자에게도 도움이 되도록 각 소화기계시스템공학 별로 자세히 기술하려고 노력하였습니다.

구체적으로 본 교재의 내용은 소화기구, 소화설비, 피난설비, 소화용수설비, 소화활동설비, 도로터널 소방시설, 고층건축물 화재안전성능(기술)기준으로 되어 있으며, 마지막으로 부록에 소방시설 내진설계를 포함하고 있습니다.

본 교재를 집필하면서 필독서가 되기를 바라는 마음 없는바 아니나, 어느 부분에서는 오류나 문제점이 있을 것으로 사료되므로 독자 여러분의 여러 의견을 경청하여 수정 보완해 나갈 것을 약속드립니다.

재판본의 발행을 흔쾌히 맡아주신 도서출판 동화기술 임직원 여러분께 마음 깊은 감사를 드립니다.

저자 김명수 교수

목 차

목 차

CHAPTER 1

소화기구 및 자동소화장치

1. 개요

소화기구란 화재 발생 시 화재를 소화할 수 있는 소화약제인 물리적으로 혹은 화학적으로 제조된 물품 등을 일정한 용기에 충전시켜 사람이 조작 또는 자동으로 작동하여 사용할 수 있도록 제조된 소방용 기계기구를 말한다.

2. 용어의 정의 및 설치기준

2.1 용어의 정의

1. "소화약제"란 소화기구 및 자동소화장치에 사용되는 소화성능이 있는 고체 · 액체 및 기체의 물질을 말한다.
2. "소화기"란 소화약제를 압력에 따라 방사하는 기구로서 사람이 수동으로 조작하여 소화하는 다음 각 목의 것을 말한다.
   가. "소형소화기"란 능력단위가 1단위 이상이고 대형소화기의 능력단위 미만인 소화기를 말한다.
   나. "대형소화기"란 화재 시 사람이 운반할 수 있도록 운반대와 바퀴가 설치되어 있고 능력단위가 A급 10단위 이상, B급 20단위 이상인 소화기를 말한다.
3. "자동확산소화기"란 화재를 감지하여 자동으로 소화약제를 방출 확산시켜 국소적으로 소화하는 소화기를 말한다.
4. "자동소화장치"란 소화약제를 자동으로 방사하는 고정된 소화장치로서 법 제37조 또는 제40조에 따라 형식승인이나 성능인증을 받은 유효설치 범위(설계방호체적,

최대설치높이, 방호면적 등을 말한다) 이내에 설치하여 소화하는 다음 각 목의 것을 말한다.

가. "주거용 주방자동소화장치"란 주거용 주방에 설치된 열발생 조리기구의 사용으로 인한 화재 발생 시 열원(전기 또는 가스)을 자동으로 차단하며 소화약제를 방출하는 소화장치를 말한다.

나. "상업용 주방자동소화장치"란 상업용 주방에 설치된 열발생 조리기구의 사용으로 인한 화재 발생 시 열원(전기 또는 가스)을 자동으로 차단하며 소화약제를 방출하는 소화장치를 말한다.

다. "캐비닛형 자동소화장치"란 열, 연기 또는 불꽃 등을 감지하여 소화약제를 방사하여 소화하는 캐비닛 형태의 소화장치를 말한다.

라. "가스자동소화장치"란 열, 연기 또는 불꽃 등을 감지하여 가스계 소화약제를 방사하여 소화하는 소화장치를 말한다.

마. "분말자동소화장치"란 열, 연기 또는 불꽃 등을 감지하여 분말의 소화약제를 방사하여 소화하는 소화장치를 말한다.

바. "고체에어로졸자동소화장치"란 열, 연기 또는 불꽃 등을 감지하여 에어로졸의 소화약제를 방사하여 소화하는 소화장치를 말한다.

5. "거실"이란 거주·집무·작업·집회·오락 그 밖에 이와 유사한 목적을 위하여 사용하는 방을 말한다.

6. "능력단위"란 소화기 및 소화약제에 따른 간이소화용구에 있어서는 법 제37조제1항에 따라 형식승인 된 수치를 말하며, 소화약제 외의 것을 이용한 간이소화용구에 있어서는 다음 표에 따른 수치를 말한다.

간이소화용구		능력단위
마른모래	삽을 상비한 50 L 이상의 것 1포	0.5단위
팽창질석 또는 팽창진주암	삽을 상비한 80 L 이상의 것 1포	

7. "일반화재(A급 화재)"란 나무, 섬유, 종이, 고무, 플라스틱류와 같은 일반 가연물이 타고 나서 재가 남는 화재를 말한다. 일반화재에 대한 소화기의 적응 화재별 표시는 'A'로 표시한다.

8. "유류화재(B급 화재)"란 인화성 액체, 가연성 액체, 석유 그리스, 타르, 오일, 유성

도료, 솔벤트, 래커, 알코올 및 인화성 가스와 같은 유류가 타고 나서 재가 남지 않는 화재를 말한다. 유류화재에 대한 소화기의 적응 화재별 표시는 'B'로 표시한다.

9. "전기화재(C급 화재)"란 전류가 흐르고 있는 전기기기, 배선과 관련된 화재를 말한다. 전기화재에 대한 소화기의 적응 화재별 표시는 'C'로 표시한다.
10. "주방화재(K급 화재)"란 주방에서 동식물유를 취급하는 조리기구에서 일어나는 화재를 말한다. 주방화재에 대한 소화기의 적응 화재별 표시는 'K'로 표시한다.
11. "금속화재(D급 화재)"란 마그네슘 합금 등 가연성 금속에서 일어나는 화재를 말한다. 금속화재에 대한 소화기의 적응 화재별 표시는 'D'로 표시한다.

2.2 설치기준

① 소화기구는 다음 각 호의 기준에 따라 설치해야 한다.

1. 소화기는 다음 각 목의 기준에 따라 설치할 것
   가. 특정소방대상물의 각 층마다 설치하되, 각 층이 2 이상의 거실로 구획된 경우에는 각 층마다 설치하는 것 외에 바닥면적이 33 m^2 이상으로 구획된 각 거실에도 배치할 것
   나. 특정소방대상물의 각 부분으로부터 1개의 소화기까지의 보행거리가 소형소화기의 경우에는 20 m 이내, 대형소화기의 경우에는 30 m 이내가 되도록 배치할 것. 다만, 가연성물질이 없는 작업장의 경우에는 작업장의 실정에 맞게 보행거리를 완화하여 배치할 수 있다.
2. 능력단위가 2단위 이상이 되도록 소화기를 설치해야 할 특정소방대상물 또는 그 부분에 있어서는 간이소화용구의 능력단위가 전체 능력단위의 2분의 1을 초과하지 않게 할 것. 다만, 노유자시설의 경우에는 그렇지 않다.
3. 소화기구(자동확산소화기를 제외한다)는 거주자 등이 손쉽게 사용할 수 있는 장소에 바닥으로부터 높이 1.5 m 이하의 곳에 비치하고, 소화기에 있어서는 "소화기", 투척용소화용구에 있어서는 "투척용소화용구", 마른모래에 있어서는 "소화용모래", 팽창질석 및 팽창진주암에 있어서는 "소화질석"이라고 표시한 표지를 보기 쉬운 곳에 부착할 것. 다만, 소화기 및 투척용소화용구의 표지는 「축광표지의 성능인증 및 제품검사의 기술기준」에 적합한 축광식 표지로 설치하고, 주차장의 경우 표지를 바닥으로부터 1.5 m 이상의 높이에 설치할 것
4. 자동확산소화기는 다음 각 목의 기준에 따라 설치할 것
   가. 방호대상물에 소화약제가 유효하게 방사될 수 있도록 설치할 것

나. 작동에 지장이 없도록 견고하게 고정할 것

② 자동소화장치는 다음 각 호의 기준에 따라 설치해야 한다.

1. 주거용 주방자동소화장치는 다음 각 목의 기준에 따라 설치할 것
   가. 소화약제 방출구는 환기구(주방에서 발생하는 열기류 등을 밖으로 배출하는 장치를 말한다. 이하 같다)의 청소부분과 분리되어 있어야 하며, 형식승인 받은 유효설치 높이 및 방호면적에 따라 설치할 것
   나. 감지부는 형식승인 받은 유효한 높이 및 위치에 설치할 것
   다. 차단장치(전기 또는 가스)는 상시 확인 및 점검이 가능하도록 설치할 것
   라. 가스용 주방자동소화장치를 사용하는 경우 탐지부는 수신부와 분리하여 설치하되, 공기보다 가벼운 가스를 사용하는 경우에는 천장 면으로부터 30 cm 이하의 위치에 설치하고, 공기보다 무거운 가스를 사용하는 장소에는 바닥 면으로부터 30 cm 이하의 위치에 설치할 것
   마. 수신부는 주위의 열기류 또는 습기 등과 주위온도에 영향을 받지 않고 사용자가 상시 볼 수 있는 장소에 설치할 것
2. 상업용 주방자동소화장치는 다음 각 목의 기준에 따라 설치할 것
   가. 소화장치는 조리기구의 종류별로 성능인증을 받은 설계 매뉴얼에 적합하게 설치할 것
   나. 감지부는 성능인증을 받은 유효높이 및 위치에 설치할 것
   다. 차단장치(전기 또는 가스)는 상시 확인 및 점검이 가능하도록 설치할 것
   라. 후드에 설치되는 분사헤드는 후드의 가장 긴 변의 길이까지 방출될 수 있도록 소화약제의 방출 방향 및 거리를 고려하여 설치할 것
   마. 덕트에 설치되는 분사헤드는 성능인증을 받은 길이 이내로 설치할 것
3. 캐비닛형 자동소화장치는 다음 각 목의 기준에 따라 설치해야 한다.
   가. 분사헤드(방출구)의 설치 높이는 방호구역의 바닥으로부터 형식승인을 받은 범위 내에서 유효하게 소화약제를 방출시킬 수 있는 높이에 설치할 것
   나. 화재감지기는 방호구역 내의 천장 또는 옥내에 면하는 부분에 설치하되 「자동화재탐지설비 및 시각경보장치의 화재안전기술기준(NFTC 203)」 2.4(감지기)에 적합하도록 설치할 것
   다. 방호구역 내의 화재감지기의 감지에 따라 작동되도록 할 것
   라. 화재감지기의 회로는 교차회로방식으로 설치할 것. 다만, 화재감지기를 「자동화재탐지설비 및 시각경보장치의 화재안전기술기준(NFTC 203)」 2.4.1 단서의

각 감지기로 설치하는 경우에는 그렇지 않다.

마. 교차회로 내의 각 화재감지기회로별로 설치된 화재감지기 1개가 담당하는 바닥면적은 「자동화재탐지설비 및 시각경보장치의 화재안전기술기준(NFTC 203)」 2.4.3.5, 2.4.3.8 및 2.4.3.10에 따른 바닥면적으로 할 것

바. 개구부 및 통기구(환기장치를 포함한다. 이하 같다)를 설치한 것에 있어서는 소화약제가 방출되기 전에 해당 개구부 및 통기구를 자동으로 폐쇄할 수 있도록 할 것. 다만, 가스압에 의하여 폐쇄되는 것은 소화약제 방출과 동시에 폐쇄할 수 있다.

사. 작동에 지장이 없도록 견고하게 고정할 것

아. 구획된 장소의 방호체적 이상을 방호할 수 있는 소화성능이 있을 것

4. 가스, 분말, 고체에어로졸 자동소화장치는 다음 각 목의 기준에 따라 설치해야 한다.

가. 소화약제 방출구는 형식승인을 받은 유효설치범위 내에 설치할 것

나. 자동소화장치는 방호구역 내에 형식승인 된 1개의 제품을 설치할 것. 이 경우 연동방식으로서 하나의 형식으로 형식승인을 받은 경우에는 1개의 제품으로 본다.

다. 감지부는 형식승인 된 유효설치범위 내에 설치해야 하며, 설치장소의 평상시 최고주위온도에 따라 다음 표에 따른 표시온도의 것으로 설치할 것. 다만, 열감지선의 감지부는 형식승인 받은 최고주위온도범위 내에 설치해야 한다.

설치장소의 최고주위온도	표시온도
39℃ 미만	79℃ 미만
39℃ 이상 64℃ 미만	79℃ 이상 121℃ 미만
64℃ 이상 106℃ 미만	121℃ 이상 162℃ 미만
106℃ 이상	162℃ 이상

라. 다목에도 불구하고 화재감지기를 감지부로 사용하는 경우에는 제3호 나목부터 마목까지의 설치방법에 따를 것

③ 이산화탄소 또는 할로겐화합물을 방출하는 소화기구(자동확산소화기를 제외한다)는 지하층이나 무창층 또는 밀폐된 거실로서 그 바닥면적이 20 m^2 미만의 장소에는 설치할 수 없다. 다만, 배기를 위한 유효한 개구부가 있는 장소인 경우에는 그렇지 않다.

3. 소화기의 감소

① 소형소화기를 설치해야 할 특정소방대상물 또는 그 부분에 옥내소화전설비・스프링클러설비・물분무등소화설비・옥외소화전설비 또는 대형소화기를 설치한 경우에는 해당 설비의 유효범위의 부분에 대하여는 제4조 제1항 제2호 및 제3호에 따른 소형소화기의 3분의 2(대형소화기를 둔 경우에는 2분의 1)를 감소할 수 있다. 다만, 층수가 11층 이상인 부분, 근린생활시설, 위락시설, 문화 및 집회시설, 운동시설, 판매시설, 운수시설, 숙박시설, 노유자시설, 의료시설, 업무시설(무인변전소를 제외한다), 방송통신시설, 교육연구시설, 항공기 및 자동차관련 시설, 관광 휴게시설은 그렇지 않다.

② 대형소화기를 설치해야 할 특정소방대상물 또는 그 부분에 옥내소화전설비・스프링클러설비・물분무등소화설비 또는 옥외소화전설비를 설치한 경우에는 해당 설비의 유효범위 안의 부분에 대하여는 대형소화기를 설치하지 않을 수 있다.

제6조 (설치・유지기준의 특례) 소방본부장 또는 소방서장은 특정소방대상물의 위치・구조・설비의 상황에 따라 유사한 소방시설로도 이 기준에 따라 해당 특정소방대상물에 설치해야 할 소화기구의 기능을 수행할 수 있다고 인정되는 경우에는 그 효력 범위 안에서 그 유사한 소방시설을 이 기준에 따른 소방시설로 보고 이 기준의 일부를 적용하지 않을 수 있다.

4. 소화기

화재의 초기단계에서 소화제가 갖는 냉각 또는 공기차단 등의 효과를 이용해서 불을 끄는, 운반할 수 있는 기구를 가리킨다.

사용하는 약제 또는 그 메커니즘에 따라 여러 종류가 있으나 현재 사용되고 있는 소화기는 포말소화기(泡沫消火器)・분말소화기・할론소화기・이산화탄소소화기 등이다.

4.1 가압방식에 의한 분류

1) 축압식

소화기의 용기 내부에 소화약제와 압축공기 또는 불연성 가스(질소, CO_2 등)를 축압시켜 그 압력에 의해 약제가 방출되며, 이산화탄소소화기 외에는 모두 지시 압력계가 부착되어 내부의 압력을 지시하고 있으며, 압력계의 지침이 적색부분을 지시하면 비정상압력, 녹색부분을 지시하면 정상압력상태이고, 대부분 8.1～9.8 kg/cm^2 정도로 축압시킨다.

2) 가압식

수동펌프식, 화학반응식, 가스가압식으로 분류된다.

가) 수동펌프식 : 펌프에 의한 가압으로 소화약제가 방출된다.

나) 화학반응식 : 소화약제의 화학반응에 의하여 생성된 가스의 압력에 의하여 소화약제를 방사한다.

다) 가스가압식 : 소화약제의 방출을 위한 가압가스용기가 소화기의 내부나 외부에 따로 부설되어 가압가스의 압력에 의해서 소화약제가 방출된다.

4.2 소화기 능력단위에 의한 분류

※ 능력단위 및 소요단위

- 능력단위 : 소화기마다의 소화 능력을 표시한 단위
- 소요단위 : 제조소 등에 필요한 소화기 단위

가) 소형소화기 : 능력단위 1단위 이상이면서 대형소화기의 능력단위 미만인 수동식소화기

나) 대형소화기 : 화재 시 사람이 운반할 수 있도록 운반대와 바퀴가 설치되어 있고 능력단위가 A급 소화기는 10단위 이상, B급 소화기는 20단위 이상인 수동식소화기로서 소화약제의 저장량이 다음 표 1-1의 충전량 이상인 소화기

예) 포 + 강 = 물(L), 분 + 할 = 이(kg)

20 + 60 = 80, 20 + 30 = 50

표 1-1 대형소화기 소화약제량

종 별	소화약제의 충전량	종 별	소화약제의 충전량
물소화기	80 L	할로겐화합물소화기	30 kg
포소화기	20 L	이산화탄소소화기	50 kg
강화액소화기	60 L	분말소화기	20 kg

1) 소화약제에 의한 소화기 분류

소화기는 내부에 저장되어 방사되는 소화약제에 따라서 물소화기, 산·알칼리소화기, 강화액소화기, 탄산가스소화기, 할론소화기, 분말소화기 등으로 분류된다.

가) 물소화기

소화기의 원조격인 것으로 수조에 수동펌프를 설치한 수동펌프식과 수조본체를 압력용기로 하고 그 속에 물과 공기를 축압시킨 축압식과, 수조와는 별도로 탄산가스 등의 가압용 가스용기를 설치하여 그 가스압력으로 물을 방출하는 가압식이 있으나, 축압식의 물소화기는 현재 생산되지 않고 가압식은 대형소화기에 사용된다.

(1) 소화원리

소화약제는 맑은 물이나 맑은 물에 계면활성제 등을 첨가하여 소화능력을 높이고 부동성을 갖게 하여 사용온도범위를 확대시킨 것이다. 물은 증발을 하면서 주위의 열을 물 1 kg당 539 kcal 정도 빼앗아 냉각작용에 의한 소화효과가 가장 크며 또한, 증발할 때 체적이 약 1,700배의 수증기로 변화되므로 질식에 의한 소화효과와 가연성 혼합기체의 희석작용도 하게 된다.

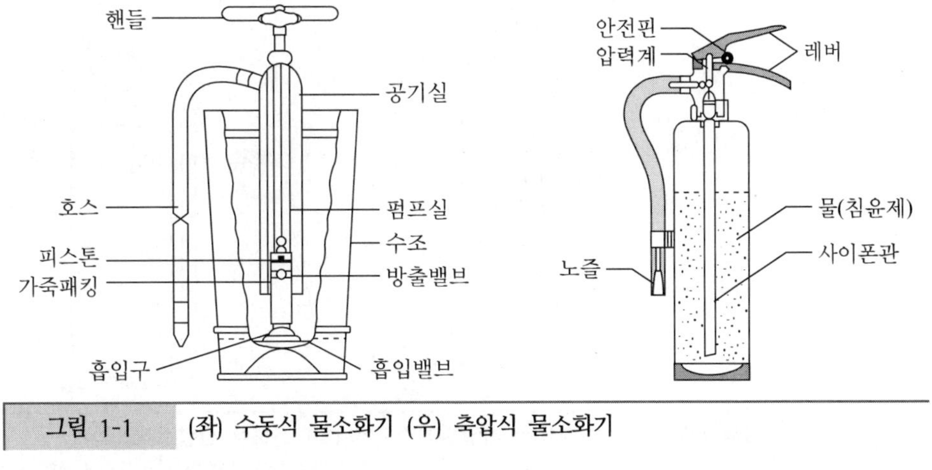

그림 1-1 (좌) 수동식 물소화기 (우) 축압식 물소화기

(2) 설치상의 주의

물은 동결온도가 낮으므로 기온이 0℃ 이하의 장소에는 보온조치가 필요하며 주로 A급 화재(일반화재)에 사용된다.

나) 산 · 알칼리소화기

소화기의 내부에 탄산수소나트륨($NaHCO_3$) 수용액과 진한황산(H_2SO_4)이 분리저장된 상태에서, 사용 시 탄산수소나트륨수용액과 황산이 혼합되어 발생되는 이산화탄소를 압력원으로 하여 약제를 방사하며 전도식과 파병식이 있으나 주로 전도식을 사용한다.

전도식은 소화기 내부의 상부에는 합성수지용기에 황산을 넣어 놓고 용기 본체에는 탄산수소나트륨수용액을 넣어 사용할 때 소화기를 거꾸로 하면 황산이 들어있는 용기의 마개가 자동적으로 열려서 두 가지 약제가 혼합되어 화학반응을 일으켜 방출구로 방사된다.

(1) 소화원리

$$H_2SO_4 + 2NaHCO_3 \rightarrow 2CO_2\uparrow + 2H_2O + Na_2SO_4$$

(중탄산나트륨) (이산화탄소) (물) (황산나트륨)

(2) 설치상의 주의

기온이 0℃ 이하가 되는 장소에 설치하는 경우에는 보온이 필요하며, 부딪혀서 전도되지 않도록 방호조치를 하고, B급 · C급 화재에 사용하지 말아야 하나 약제를 무상으로 방사하는 것은 고압전기설비가 아닌 C급 화재에 적용된다.

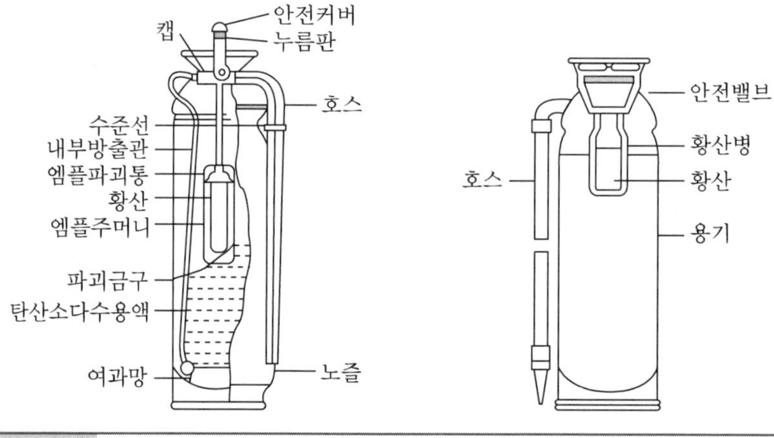

그림 1-2 (좌) 파병식 산알칼리소화기 (우) 전도식 산알칼리소화기

다) 강화액소화기

강화액은 탄산칼륨 등의 수용액을 주성분으로 하며 강한 알칼리성(pH 12 이상)으로 비중은 1.35/15℃ 이상의 것을 말한다. 강화액은 −30℃에서도 동결되지 않으므로 한냉지에서도 보온의 필요가 없을 뿐만 아니라 탈수·탄화작용으로 목재·종이 등을 불연화하고 재연방지의 효과도 있어서 A급 화재에 대한 소화능력이 증가된다.

무상으로 방사하는 경우에는 소규모의 C급 화재에도 적용된다. 강화액소화기는 축압식, 가스가압식, 반응식의 3가지 방식이 있으나 최근에는 경제성을 고려하여 거의 축압식을 사용하고 있다. 축압식은 그림 1-3과 같이 압력용기 속에 강화액을 충전하고 공기압으로 가압시켜, 사용할 때에는 압축공기의 압력으로 강화액을 방사시키게 된다.

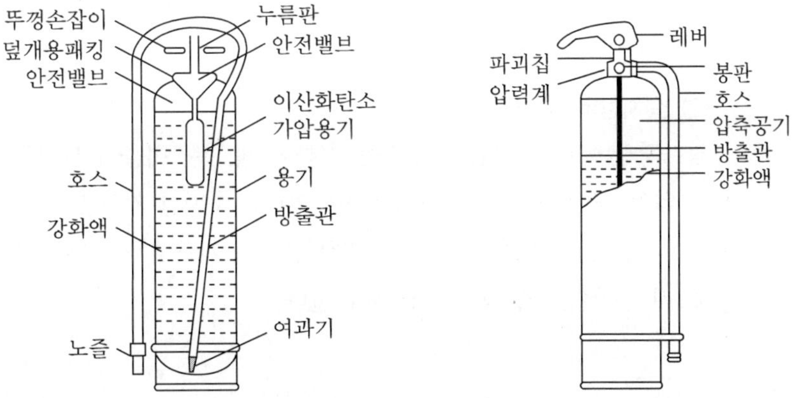

그림 1-3 (좌) 가스가압식 강화액소화기 (우) 축압식 강화액소화기

(1) 소화원리

강화액은 무색 또는 황색으로 약간의 점성이 있는 액체로서 알칼리금속염류의 수용액이다. 이 소화액의 특징은 부촉매효과(연소의 진행을 단절하고 반응을 억제하는 효과)에 의한 화재의 제어작용이 크며 연소의 재발을 저지하는 작용을 한다. 반응식의 경우에는 산·알칼리 소화기와 같은 구조로 황산과 탄산칼륨수용액을 분리 저장하고 사용 시 혼합되면 $H_2SO_4 + K_2CO_3 \rightarrow CO_2\uparrow + K_2SO_4$의 반응식에서 발생된 이산화탄소가스에 의해서 방사된다.

(2) 설치상의 주의

보일러실, 건조실, 노의 옆 등 온도가 높아지게 되는 곳에 축압식 소화기를 설치하면 용기의 내압이 상승하여 위험하기 때문에 주위의 온도가 40℃ 이상인 곳은 피하여 설치해야 한다.

라) 이산화탄소소화기

고압가스용기에 이산화탄소를 액화하여 충전한 것으로, 탄산가스가 용기에서 방출되면 좁은 공간에도 잘 침투되고 전기절연성으로 오손이 전혀 없기 때문에 통신기기실 · 컴퓨터실 또는 전기실 등에 적당하다.

(1) 소화원리

질식, 냉각작용에 의해 소화된다. 액화탄산가스 1 kg은 기화하였을 때 15℃에서 534 L의 기체로 변하여 가연물의 주위를 즉시 이산화탄소가스로 덮어 질식시킨다. 이산화탄소가스가 방출되어 드라이아이스 상태가 될 때 온도는 −78.5℃까지 급격히 냉각되며 자기증기압에 의해 방출된다.

(2) 설치상의 주의

직사광선 · 고온 · 다습의 장소를 피하여 비, 눈, 이슬이나 약품 등에 의해서 부식되지 않는 곳에 설치하고, 바닥면적이 20 m^2 미만인 지하층, 무창층의 거실 등에 설치하여서는 안 되며(다만, 배기를 위한 유효한 개구부가 있는 장소인 경우에는 제외), 사용 시 동상이나 질식에 주의해야 한다.

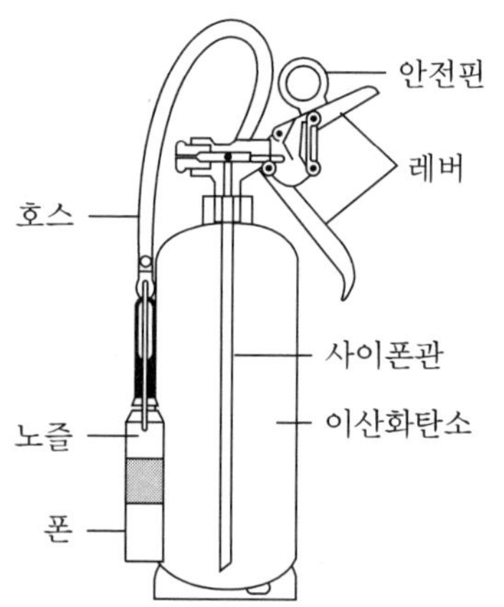

그림 1-4 이산화탄소소화기

마) 할로겐화합물소화기

탄화수소계의 할로겐화합물을 소화약제로 사용하며 할론에는 여러 가지 종류가 있지만 소화기용으로 최초에 보급된 것은 할론 104이며, 그 후 할론 1011이 개발되어 실용화되었고, 다시 불소화합물의 우수성이 인정되어 할론 2402, 할론 1301 등이 사용되게 되었다. 할론은 어느 것이나 무색투명의 액체 또는 기체로서 특유의 강한 취기를 가진다. 작동방법상의 종류로는 수동펌프식, 수동축압식, 축압식, 자기증기압식 등이 있으나 자기증기압식이 가장 많이 사용된다.

(1) 소화원리

액체나 기체 모두가 공기보다 무거운 불연성기체 또는 액체로서 연소물의 주위에 체류하여 질식소화함과 동시에 연쇄반응에 있어서의 활성물질에 작용하여 그 활성을 빼앗아 연소반응을 차단하는 억제작용에 약간의 냉각효과를 겸하여 소화시킨다.

(2) 설치상의 주의

직사광선을 받는 장소나 40℃ 이상의 고온의 장소에는 설치하지 말아야 하며 소화시에 유독한 포스겐가스를 발생할 수 있으므로 바닥면적이 20 m^2 미만인 지하층, 무창층의 거실 등에 설치해서는 안 된다(다만, 배기를 위한 유효한 개구부가 있는 장소인 경우에는 제외).

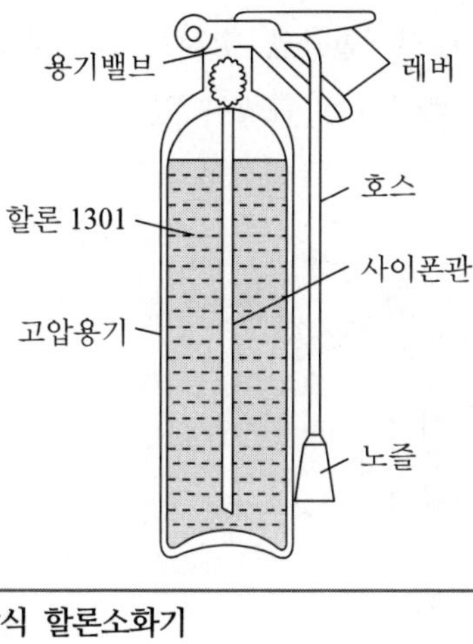

그림 1-5 자기증기압식 할론소화기

> **참고**
> 할론 1011, 1301 등의 숫자는 할로겐원자의 숫자를 의미한다. 즉, 할론 1011의 첫 번째 1은 탄소(C)의 원자수, 두 번째 0은 불소(F)의 원자수, 세 번째 1은 염소(Cl)의 원자수, 네 번째 1은 브롬(Br)의 원자수를 의미한다. 따라서, 세 번째 염소원자를 포함하는 것은 화재 시 가연성물질의 불완전연소에 의해 생성된 일산화탄소(CO)와 반응해서 인체에 유독한 포스겐가스를 생성하게 되므로 사용할 때 주의가 요망된다(반응식 : $CO + Cl_2 \rightarrow COCl_2$).

바) 분말소화기

분말소화기는 소화약제로 건조한 분말을 방습제 및 분산제에 의해 처리하여서 방습성과 유동성을 부여한 것으로 주성분은 중탄산소다, 중탄산칼륨, 제1인산암모늄 등이다. 일반적으로 중탄산소다나 중탄산칼륨을 사용한 것은 BC 분말소화기이며, 제1인산암모늄을 사용한 것은 ABC 분말소화기로 구분된다. 용기본체에 충전된 분말에 이산화탄소가스 또는 질소가스를 혼입, 유동화시켜 동작시키는 것으로 분말을 방출시키기 위한 가압용 가스를 내장 또는 외장하는 가스가압식과, 항상 용기본체에 가스압력이 축압되어 있는 축압식이 있으며 최근에는 축압식이 많이 사용되고 있다.

(1) 소화원리

열분해에 의한 냉각작용 및 발생된 불연성가스, 수증기에 의한 질식작용, 발생이온의 부촉매작용과 연쇄반응을 정지시키는 억제작용에 의해 소화되며, 반응에서부터 소화시간까지가 빠르다는 특색이 있다.

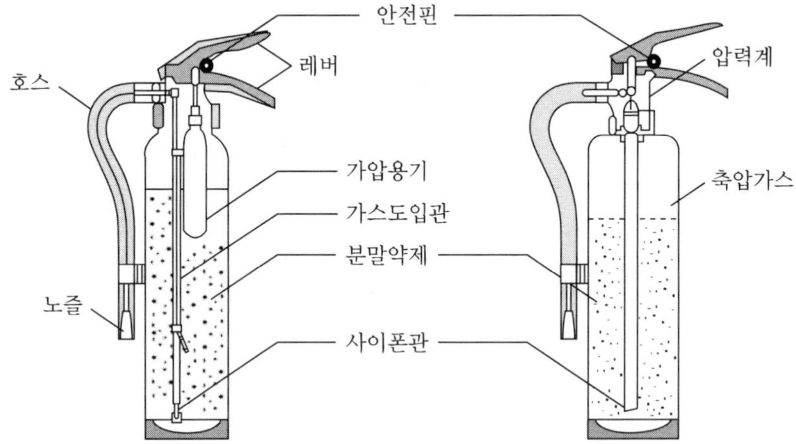

그림 1-6 (좌) 가압식 분말소화기 (우) 축압식 분말소화기

(2) 설치상의 주의

직사광선이나 고온을 받는 장소에는 축압식 소화기를 가능한 한 설치하지 않도록 하고, 가스가압식의 경우 안전핀이 이탈되지 않도록 하고 가스가압식의 경우 한번 작동시키면 내부의 약제가 모두 방사되므로 필히 분말약제와 가압용 가스를 재충전해야 한다.

표 1-2 화재의 구분 정리

구분 \ 등급	A급 화재	B급 화재	C급 화재	D급 화재
화재종류	일반화재	유류가스화재	전기화재	금속화재
표시색	백색	황색	청색	무색
화재 예	목재창고화재	주유가스화재	전기화재	금속나트륨화재

사) 자동확산소화장치

자동확산소화장치는 화재 시 발생된 열이 감지되면 퓨즈가 용융되어 노즐이 개방되고, 개방된 노즐을 통하여 소화약제가 방출되는 방식으로 자동식 소화기로 일컫기도 한다. 자동확산소화장치가 설치되는 장소는 음식점의 주방 가스레인지 상단부와 보일러실의 보일러상단부 등이며, 소화약제는 대부분 축압식 형태로 충전되어 외부에 지시압력계가 부착되어 있으므로 압력계의 지시침이 작동 유효압력 범위(0.7~0.98 MPa) 내에 있는지 확인해야 한다.

화재안전기준상 자동확산소화장치의 위치가 명확하게 규정되어 있지 않고 바닥면적에 따른 설치개수만 명시되어 있어 화기 위치와 상관없이 설치하는 경우가 많으나,

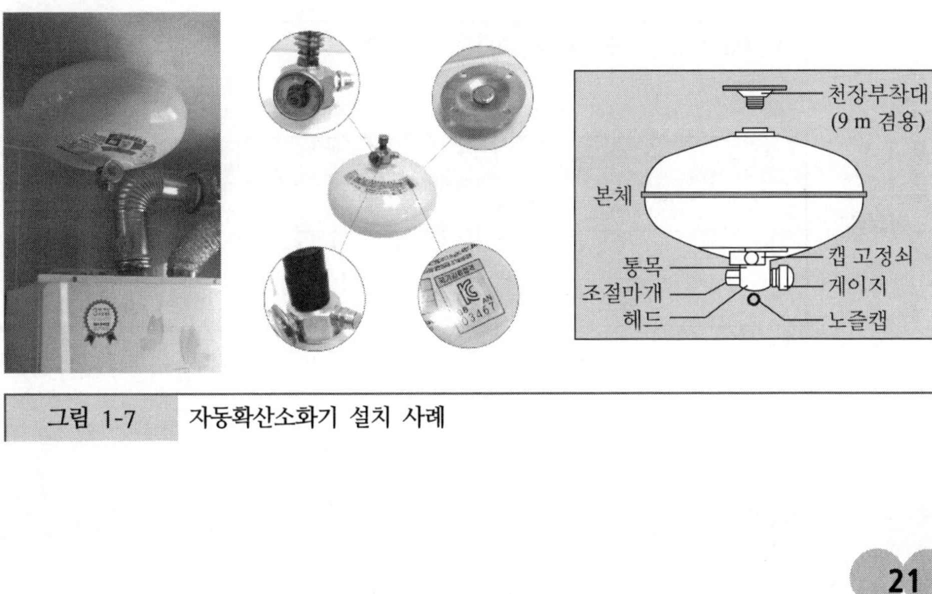

그림 1-7 자동확산소화기 설치 사례

자동확산소화장치는 화기의 상단에 부착되어야만 화재 시 초기소화에 유효하게 열 감지를 할 수 있으므로 반드시 화기 상단 부분에 부착되어 있는지를 확인해야 한다.

아) 주방용자동소화장치

주방용자동소화장치는 아파트의 주방과 30층 이상 오피스텔의 주방 전 층에 설치하도록 하고 있으며, 가스 누출이나 화재 발생 시 경보를 발하고 가스의 누출을 자동으로 차단하고, 화재 발생 시 소화약제를 압력에 의하여 자동으로 방출하여 소화하는 장치이다.

과열 감지 기능, 화재 감지 기능과 누설된 가스의 탐지 기능 등이 있다.

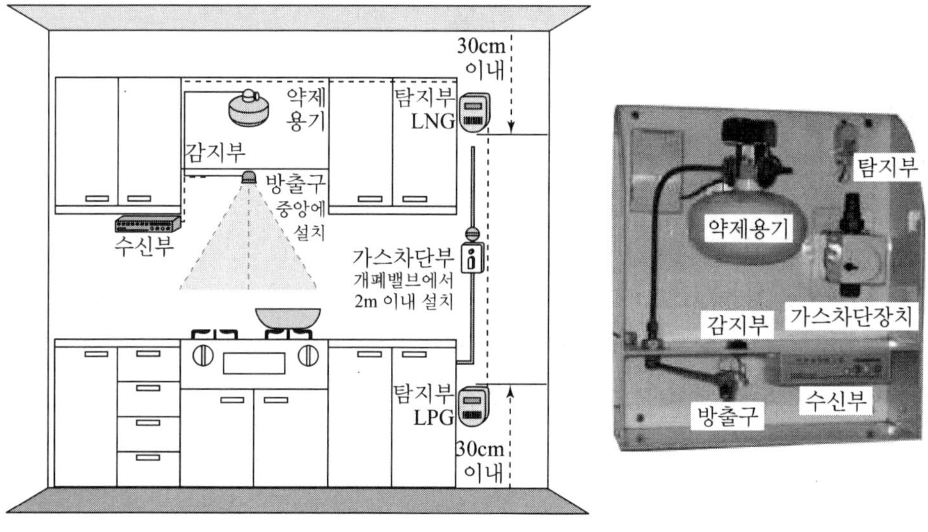

※ 보행거리 기준 : 소형소화기 20 m 이내 대형소화기 30 m 이내

그림 1-8 주방용자동소화장치의 구성 요소

표 1-3 주된 소화효과

소화약제	소화효과
포, 분말, 이산화탄소	질식소화
물	냉각소화
할로겐화합물	화학소화(부촉매효과)

(1) 소화원리

- 제1종 분말, $2NaHCO_3 \rightarrow Na_2CO_3 + H_2O\uparrow + CO_2\uparrow$
- 제2종 분말, $2KHCO_3 \rightarrow K_2CO_3 + H_2O\uparrow + CO_2\uparrow$
- 제3종 분말, $NH_4H_2PO_4 \rightarrow HPO_3 + NH_3\uparrow + H_2O\uparrow$
- 제4종 분말, $2KHCO_3 + (NH_2)_2CO \rightarrow K_2CO_3 + 2NH_3\uparrow + 2CO_2\uparrow$

소화효과로는 열분해에 의한 냉각작용, 발생된 불연성 가스, 수증기에 의한 질식작용, 이온의 촉매작용에 의해 연쇄반응을 정지시키는 부촉매작용이 있다.

(2) 약제의 적응화재 및 착색

주성분	적응재	착색(분말의 색)
$NaHCO_3$	B, C	백색
$KHCO_3$	B, C	담자(보라)색
$NH_4H_2PO_4$	A, B, C급	담홍(핑크)색
$KHCO_3 + (NH_2)_2CO$	B, C	회색

자) 캐비닛형 자동소화장치

(1) 종류

할론팩케이지(HALON1301), HFC-227ea(FM-200) FM-200모듈러, HCFC BLEND A(HCFC B/A)(NAFS-3)(NAFS-III), NAF S-III

(2) 설치장소

전산실, 전기실, 통신기기실, 전자기기실, 방재실, 저장고를 따로 둘 수 없으면서 소량의 용기가 필요한 장소, 별도의 배관이 필요 없는 장소

(3) 제품의 특징

1. 자동소화방식으로 사람이 상주하지 않은 무인기기실이 야간에도 안전하게 소화할 수 있다.
2. 외부에 별도의 수동 조작함을 설치하여 화재 시 출입문 밖에서 소화가스의 방출이 가능하다.
3. 열/연기 감지기를 이용한 교차회로방식의 감지장치로 오작동을 예방할 수 있다.
4. 정전 시에도 예비전원이 내장되어 있어 시스템 작동이 가능하다.

(4) 캐비닛형 자동소화장치 설치기준

① 분사헤드(방출구)의 설치 높이는 방호구역의 바닥으로부터 형식승인을 받은 범위 내에서 유효하게 소화약제를 방출시킬 수 있는 높이에 설치할 것

② 화재감지기는 방호구역 내의 천장 또는 옥내에 면하는 부분에 설치하되「자동화재탐지설비 및 시각경보장치의 화재안전기술기준(NFTC 203)」 2.4(감지기)에 적합하도록 설치할 것

③ 방호구역 내의 화재감지기의 감지에 따라 작동되도록 할 것

④ 화재감지기의 회로는 교차회로방식으로 설치할 것. 다만, 화재감지기를「자동화재탐지설비 및 시각경보장치의 화재안전기술기준(NFTC 203)」 2.4.1 단서의 각 감지기로 설치하는 경우에는 그렇지 않다.

⑤ 교차회로 내의 각 화재감지기회로별로 설치된 화재감지기 1개가 담당하는 바닥면적은「자동화재탐지설비 및 시각경보장치의 화재안전기술기준(NFTC 203)」 2.4.3.5, 2.4.3.8 및 2.4.3.1에 따른 바닥면적으로 할 것

⑥ 개구부 및 통기구(환기장치를 포함한다. 이하 같다)를 설치한 것에 있어서는 소화약제가 방출되기 전에 해당 개구부 및 통기구를 자동으로 폐쇄할 수 있도록 할 것. 다만, 가스압에 의하여 폐쇄되는 것은 소화약제 방출과 동시에 폐쇄할 수 있다.

⑦ 작동에 지장이 없도록 견고하게 고정할 것

⑧ 구획된 장소의 방호체적 이상을 방호할 수 있는 소화성능이 있을 것

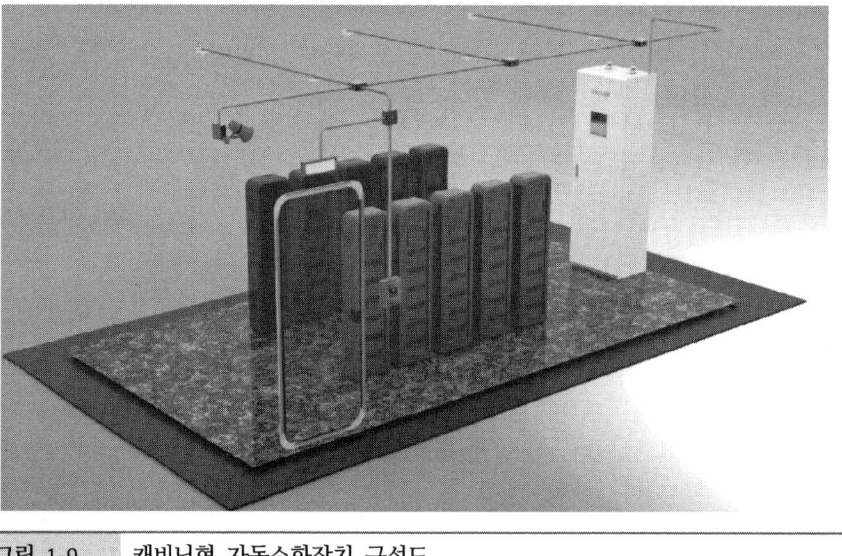

그림 1-9 캐비닛형 자동소화장치 구성도

(5) 소화약제와 솔레노이드밸브 체결방법

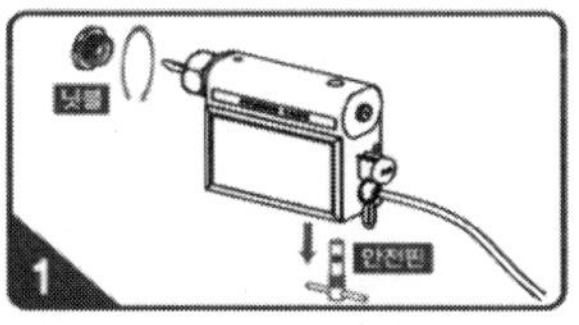	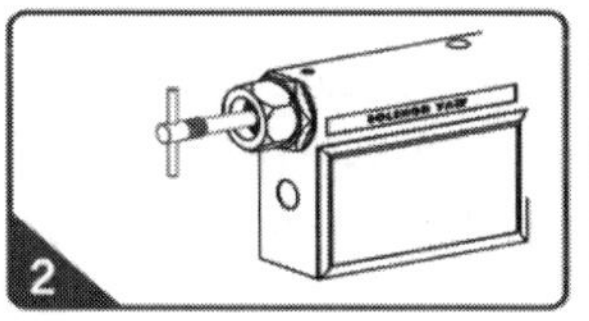	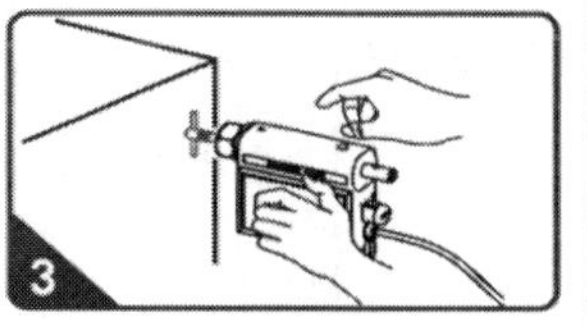
솔레노이드밸브에서 안전핀 및 닛블 제거한다.	안전핀을 그림과 같이 체결한다(커터핀 속으로).	솔레노이드밸브를 벽에 대고 두 손을 이용해서 강하게 밀어주면 커터핀이 장전된다.
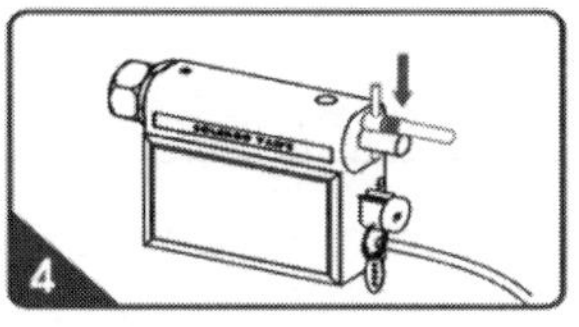	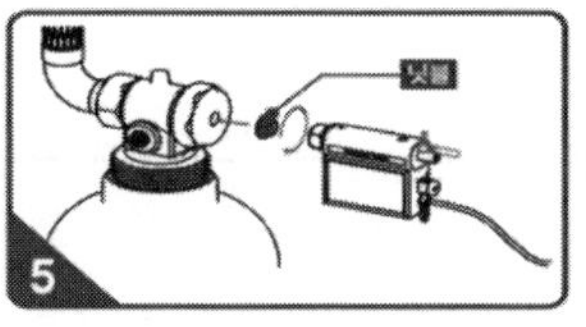	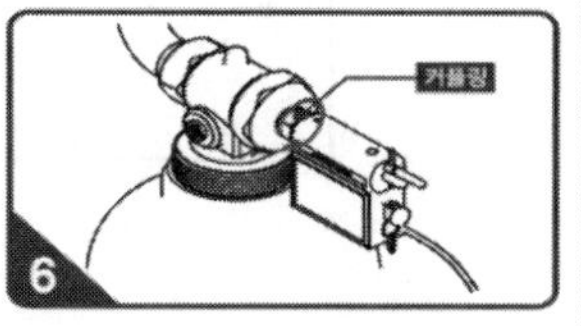
밸브 장전 후 안전핀을 그림과 같이 체결한다.	용기밸브에 닛블을 체결 후 솔레노이드밸브를 체결한다.	솔레노이드밸브의 커플링을 돌려서 용기와 체결한다.
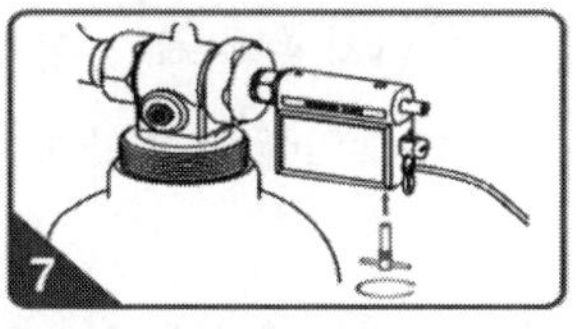	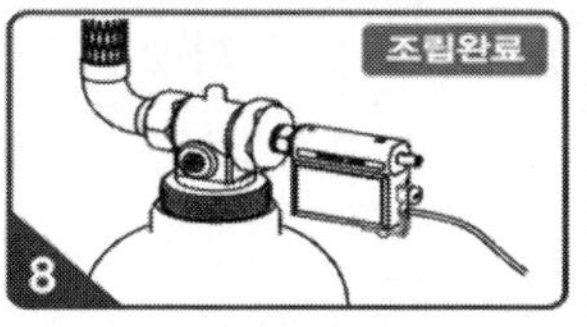	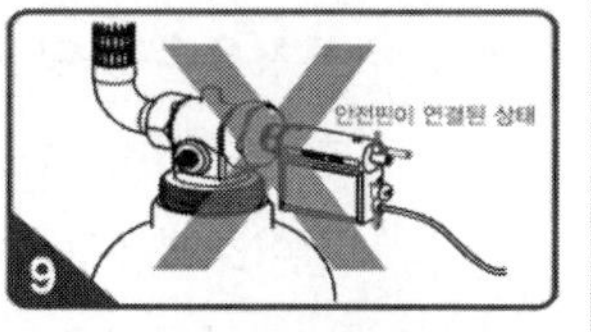
안전핀을 제거해서 정위치에 조립한다.	소화약제와 솔레노이드밸브 정상 조립상태	정상 운전 시에는 안전핀을 반드시 제거한다.

그림 1-10 **캐비닛형 자동소화장치 구성도**

5. 간이소화기구

소화기구란 화재를 초기에 소화할 목적으로 사용되는 기구로서 고정설비 외의 것으로 수동식 소화기, 자동식 소화기, 간이소화용구 이렇게 3종류로 분류하고 있다. 우리는 여기서, 소화약제에 의한 간이소화용구에 대해서 보다 자세히 살펴보기로 하자.

표 1-4 소화기구의 분류 및 종류

구분	설명	종류
수동식 소화기	사람이 직접 조작하여 소화약제를 방출	물소화기, 산알칼리소화기, 강화액소화기, 포소화기, CO_2소화기, 할론소화기, 분말소화기
자동식 소화기	화재발생 또는 가연성 가스 누출을 자동적으로 감지 및 경보하고 소화약제를 자동으로 방출	자동식 소화기
간이소화용구	소화기 외의 것으로서 소화약제(물 제외)가 충전되어 소화용으로 사용하는 기구	1) 소화약제에 의한 간이소화용구 가. 투척용 간이소화용구 나. 수동펌프식 간이소화용구 다. 에어졸식 간이소화용구 2) 팽창질석 및 팽창진주암 3) 마른모래 4) 자동확산 소화용구

5.1 소화약제에 의한 간이소화용구

소화약제에 의한 간이소화용구는 투척용과 수동펌프식, 에어졸식으로 구분되는데 투척용은 볼링핀 형태의 것으로 화재부위에 그대로 던져 넣어서 소화시키는 간이소화용구이며, 수동펌프식은 수동펌프를 사용하여 화재부위에 소화약제를 분사시키는 간이소화용구이다.

에어졸식은 안전핀을 뽑고 상단부의 누름핀을 누르면 내압에 의해서 소화약제가 스프레이처럼 분사되는 간이소화용구이다.

1) 투척용 간이소화용구

투척용 간이소화용구의 재질은 경질유리로 하며, 용기의 용량은 소화액을 600 mL 이상을 충전할 수 있는 것으로 하고, 전체의 중량은 1.3 kg 이하로 하도록 되어 있다. 사용온도 범위는 −10℃ 이상 40℃ 이하이며, 소화능력단위는 1 이상이고 소화약제

커버를 벗긴다. 약제를 꺼낸다. 불을 향해 던진다.

그림 1-11 투척용 소화기 사용방법

는 불연성 성분(요소, 암모늄염, 알칼리금속류 또는 알칼리토금속류의 염화물, 탄산염, 중탄산염, 황산염 또는 인산염)을 함유하는 용액을 사용한다.

2) 수동펌프식 간이소화용구

수동펌프식 간이소화용구는 총중량이 800 g을 초과하지 아니하며, 20초 이내에 소화약제의 90% 이상을 방출할 수 있는 구조로 되어 있고 소화약제는 소화기용 소화약제 중 A급 화재용, B급 화재용, C급 화재용을 사용한다. 적응화재의 표시는 반지름 1 cm 이상의 원형에 백색바탕에 "A(보통화재용)", 황색바탕에 "B(유류화재용)", 청색바탕에 "C(전기화재용)"이라고 흑색글씨로 표시하는데 전기화재용의 경우는 백색으로 표시하도록 되어 있다.

3) 에어졸식 간이소화용구

에어졸식 간이소화용구는 소화능력단위가 1 미만이고 소화약제의 중량이 0.7 kg 미만이며 한 번 사용한 것은 재사용 할 수 없다. 사용온도범위는 0℃ 이상 40℃ 이하이며 총중량은 700 g 미만이다. 충전압력은 35 ± 0.5℃에서 8 kgf/cm^2 이하이다. 적응화재는 휴지통화재, 석유난로화재, 커튼화재, 방석화재, 튀김냄비화재, 자동차 엔진실화재 중의 1 이상의 적응성을 가지는 용구이다.

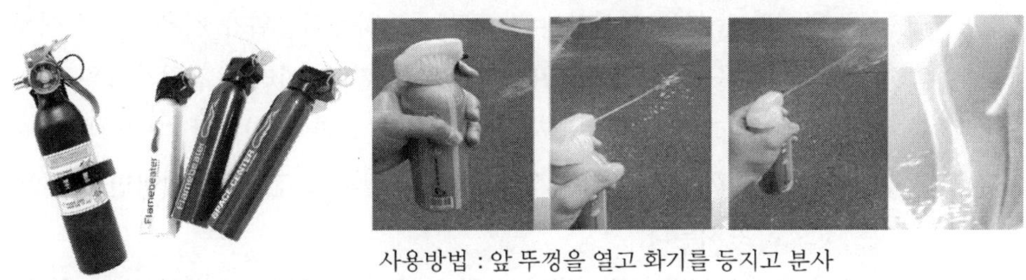

사용방법 : 앞 뚜껑을 열고 화기를 등지고 분사

그림 1-12

5.2 팽창질석 및 팽창진주암

1) 팽창질석

운모가 풍화 또는 변질되어 생성된 것으로 함유하고 있는 수분이 탈수되면 팽창하여 늘어나는 성질을 가지고 있다.

색깔은 금색, 은색, 갈색 등이 있으며 내화성(1400℃ 정도)을 가지고 있다.

2) 팽창진주암

천연유리를 1 cm 미만의 진주와 같은 조각으로 분쇄한 것으로 팽창진주암 조각에 형성된 얇은 공기막으로부터 반사에 의해 진주와 같은 빛을 발하거나 또는 녹색을 띤다. 팽창진주암은 3～4%의 수분을 함유하고 있으며, 화재 시에 820～1100℃ 온도에 노출되면 체적이 약 15～20배 정도 팽창한다.

5.3 마른모래

모래는 젖은 상태의 모래가 아닌 건조된 상태의 모래로서 사용해야 한다. 젖은 모래는 활성금속 등과 반응하면 발열 또는 가연성 가스가 발생우려가 있으므로 사용을 금해야 한다.

표 1-5 간이소화용구 능력단위

간이소화용구		능력단위
1. 마른모래	삽을 상비한 50 L 이상의 것 1포	0.5단위
2. 팽창질석 또는 팽창진주암	삽을 상비한 80 L 이상의 것 1포	

소화기의 능력을 표시하는 것으로는 소화능력단위가 사용되는데 이것은 소화기마다 검정시험을 거쳐 능력단위를 인정하게 된다. 이러한 검정시험은 A급 화재 소화능력시험, B급 화재 소화능력시험을 실시한 결과에 의해서 능력단위를 인정하는데 C급 화재에 대한 능력단위는 없고 방사된 약제가 전기절연성이면 C급 화재에 적응되는 것으로 표시된다.

A급 화재의 소화능력시험은 그림 1-13의 제1모형 및 제2모형에 의하며 제1모형은 건조한 소나무나 오리나무 144개를 도면의 규격대로 쌓고 연소대에는 3 L의 휘발유를, 제2모형은 90개의 나무에 1.5 L의 휘발유를 붓고 실시하는데 제2모형은 이를 2개 이상 사용할 수 없다.

해당 소화기의 능력단위에 따라 모형의 배열은 모형간의 거리는 3 m 이상의 거리를 두고 배치한다.

소화시험요령은 최초모형에서부터 불을 차례로 붙이고 최초모형에 불을 붙인 3분 후에 불을 붙인 순서대로 소화를 시작한다. 이때의 조건은 모형에 잔염이 있을 때에는 다음 모형에 대한 소화를 할 수 없고, 소화기 조작자는 방화복을 착용하지 않은 상태이며 풍속은 무풍상태(0.5 m/sec 이하)이어야 하고 방사완료 후 2분 이내에 다시 불붙지 않을 때 완전소화로 하여, 제1모형은 A급 2단위, 제2모형은 A급 1단위의 소화능력단위를 부여한다.

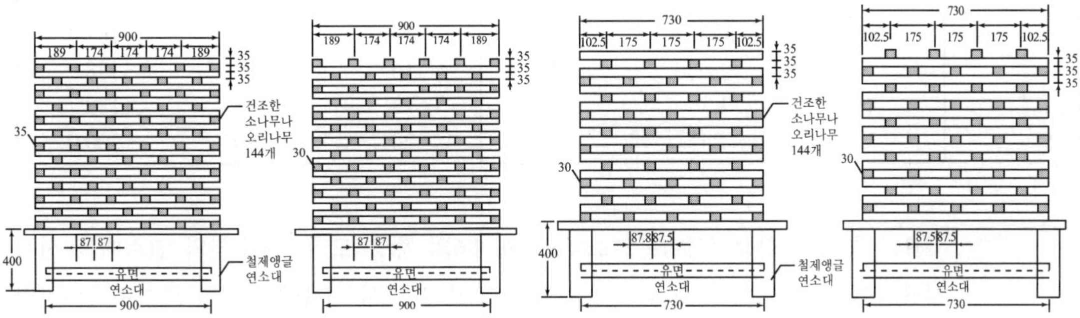

제1모형(2단위 모형)　　　　제2모형(1단위 모형)

그림 1-13　A급 소화능력시험 모형도(단위 : mm)

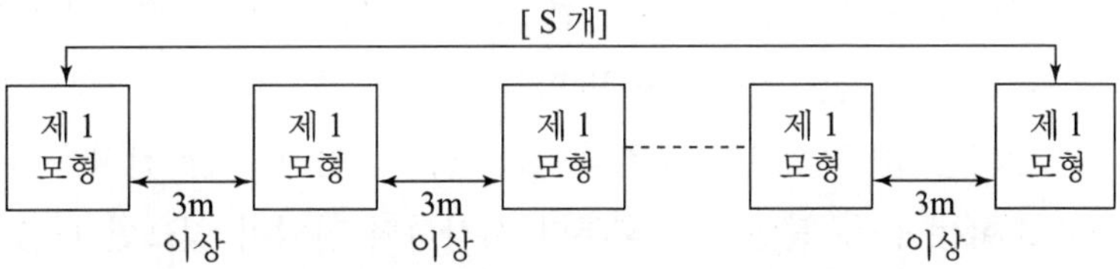

S(임의의 수치를 말함)개의 제1모형을 사용할 경우의 배열

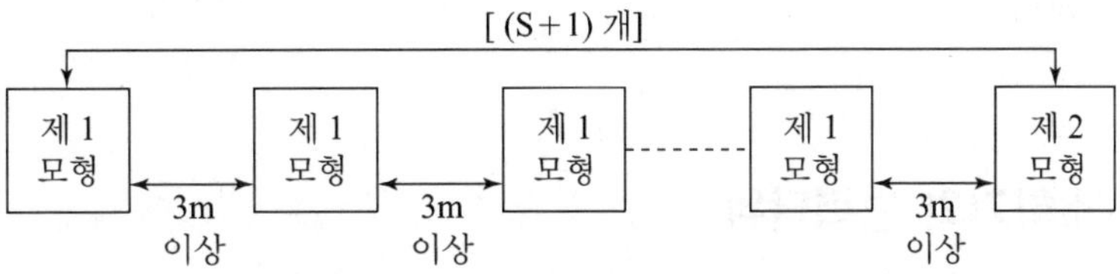

S개의 제1모형 및 1개의 제2모형을 사용할 경우의 배열

그림 1-14　A급 소화모형의 배열방법

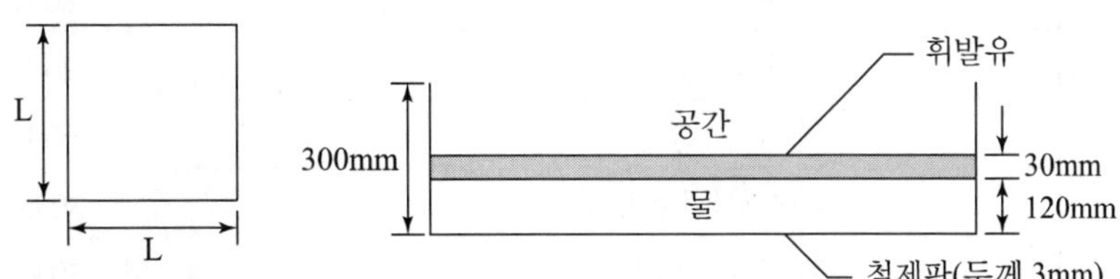

(평면도)　　　　(단면도)

그림 1-15　B급 소화능력시험 모형도

표 1-6 모형의 종류

모형번호수치 (T)	연소면적 (m^2)	한 변의 길이 (cm) (L)	모형번호수치 (T)	연소면적 (m^2)	한 변의 길이 (cm) (L)
0.5	0.1	31.6	8	1.6	126.5
1	0.2	44.7	9	1.8	134.1
2	0.4	63.3	10	2.0	141.3
3	0.6	77.5	12	2.4	155.0
4	0.8	89.4	14	2.8	167.4
5	1.0	100.0	16	3.2	178.9
6	1.2	109.5	18	3.6	189.7
7	1.4	118.3	20	4.0	200.0

B급 화재 소화능력시험은연소대를 표 1-6의 해당 모형번호수치의 연소대를 선정 사용하여 1차적으로 소화시험을 하고 2차적으로 다시 처음에 사용한 모형번호수치의 1/2 이하인 것을 2개 이상 5개 이하를 선정 사용, 재소화시험을 하여 1차 시험 모형번호와 2차 시험 모형번호를 합한 후 산술평균한 값이 해당 소화기의 B급 소화능력단위가 되며 산술평균치에서 1 미만의 끝수는 버린다.

모형의 배열은 번호수치가 큰 것부터 작은 순으로 평면상에 일직선으로 배열하고 간격은 상호 인접 모형 중 번호의 수치가 큰 것의 한 변의 길이보다 길게 한다.

점화는 큰 모형부터 순차적으로 불을 붙이되 시간 간격은 두지 않는다.

소화는 불을 붙인 1분 후부터 시작하되 잔염이 있으면 다음 모형으로 계속할 수 없고, 무풍상태에서 방화복을 착용하지 않고 소화를 하여 1분 후 다시 불타지 않아야 한다.

5.4 소화기의 능력단위

1) 소화약제의 저장량

종별	소화약제의 충전량
물소화기	80 L
포소화기	20 L
강화액소화기	60 L
할로겐화합물소화기	30 kg
이산화탄소소화기	50 kg
분말소화기	20 kg

2) 소형소화기

A급 화재 또는 B급 화재 능력단위가 1 이상, 대형소화기는 운반대와 바퀴가 설치되어 있고 능력단위가 A급 화재 10단위 이상, B급 화재 20단위 이상인 소화기

ABC 분말 소화기(소형) 3.3kg

ABC 분말 소화기(대형) 20kg

그림 1-16

3) 소화기마다 능력단위가 표시되어 있음

가) 소화능력단위 A급 화재는 3단위, B급 화재는 5단위, C급 화재는 적응성이 있다.

그림 1-17

나) 화재종류별 단위 설명

A급 1단위	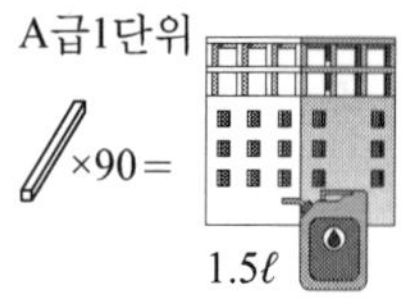
가로 3 cm, 세로 3 cm, 길이 73 cm의 건조된 소나무 90개를 철제대 위에 우물정자로 쌓은 후 휘발유 1.5 L를 붓고 불을 붙이고 3분 후에 소화기를 분사한 결과 불을 끌 수 있는 능력	
B급 2단위	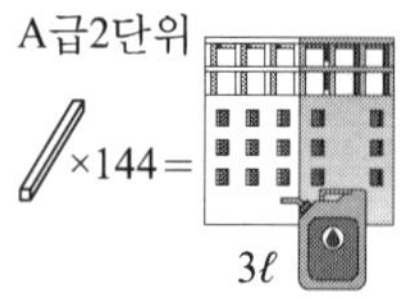
가로 3 cm, 세로 3 cm, 길이 90 cm의 건조된 소나무 144개를 철제대 위에 우물정자로 쌓은 후 휘발유 1.5 L를 붓고 불을 붙이고 3분 후에 소화기를 분사한 결과 불을 끌 수 있는 능력	
B급 5단위	B급5단위
가로, 세로 100 cm, 높이 30 cm 철제 통에 물 120 L를 넣고 그 위에 휘발유 30 L를 부어 휘발유에 점화하고 1분 뒤에 불을 끌 수 있는 능력	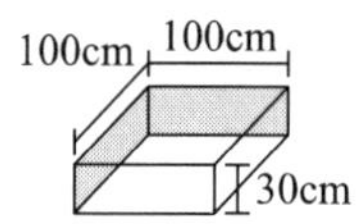
C급 적응성	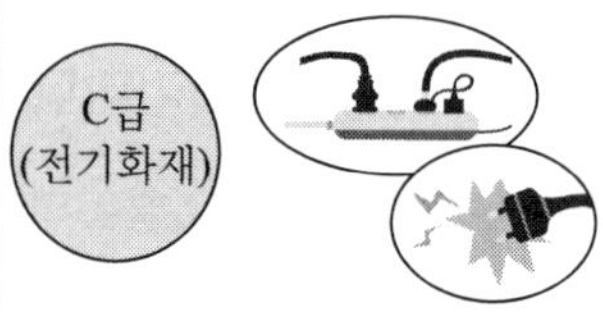
전기화재에 대한 적응성을 말한다. 전기가 흐르는 곳에 분사하였을 때, 소화약제로 인하여 감전이 일어나지 않는 것을 표시하기 때문에 단위 대신 적응성이라는 말로 표현한다.	

4) 화재의 종류별 소화방법

화재분류	화재종류	화재심볼	소화방법
A급 보통화재	나무 · 종이 · 의류 · 쓰레기 기타 일반 재질		분말소화기 물분무간이소화기 습식화학
B급 유류화재	휘발유 · 오일 · 페인트 휘발성 액체		간이소화기 분말소화기 CO_2소화기
C급 전기화재	일반적인 가전제품 전기 관련 화재		분말소화기

연습문제

01 소화약제란 무엇인가에 대해서 서술하시오.

02 소화기의 종류 중 축압식 소화기와 가스가압식 소화기의 차이점을 아는 대로 서술하시오.

03 소화원리 중 제1종분말, 제2종분말, 제3종분말, 제4종분말에 대한 화학반응식을 서술하시오.

04 간이소화용구의 능력단위에 대하여 간단히 서술하시오.

간이소화용구		능력단위
1. 마른모래	삽을 상비한 50 L 이상의 것 1포	0.5단위
2. 팽창질석 또는 팽창진주암	삽을 상비한 80 L 이상의 것 1포	

05 다음에 주어진 소화약제의 주된 소화효과를 아는 대로 서술하시오.

가) 물소화약제 나) 포소화약제
다) 할로겐화합물소화약제 라) 분말소화약제

06 수동식 소화기는 대형 및 소형 소화기로 구분하는데 이 중 대형소화기에 충전하는 각각의 소화약제의 양을 기재하시오.

가) 물소화기 나) 강화액소화기
다) 할로겐화합물소화기 라) 이산화탄소소화기
마) 분말소화기 바) 포소화기

07 소화기의 설치기준을 서술하시오.

해답

01 소화약제란 소화기구 및 자동소화장치에 사용되는 소화성능이 있는 고체・액체 및 기체의 물질을 말한다.

02 가) 축압식

소화기의 용기 내부에 소화약제와 압축공기 또는 불연성 가스(질소, CO_2 등)를 축압시켜 그 압력에 의해 약제가 방출되며, 이산화탄소소화기 외에는 모두 지시압력계가 부착되어 내부의 압력을 지시하고 있으며, 압력계의 지침이 적색부분을 지시하면 비정상압력, 녹색부분을 지시하면 정상압력상태이고 대부분 8.1～9.8 kg/cm^2 정도로 축압시킨다.

나) 가스가압식

소화약제의 방출을 위한 가압가스용기가 소화기의 내부나 외부에 따로 부설되어 가압가스의 압력에 의해서 소화약제가 방출된다.

03 소화원리

제1종 분말, $2NaHCO_3 \rightarrow Na_2CO_3 + H_2O\uparrow + CO_2\uparrow$

제2종 분말, $2KHCO_3 \rightarrow K_2CO_3 + H_2O\uparrow + CO_2\uparrow$

제3종 분말, $NH_4H_2PO_4 \rightarrow HPO_3 + NH_3\uparrow + H_2O\uparrow$

제4종 분말, $2KHCO_3 + (NH_2)_2CO \rightarrow K_2CO_3 + 2NH_3\uparrow + 2CO_2\uparrow$

04 간이소화용구 능력단위

05 가) 냉각소화

나) 질식소화

다) 화학소화(부촉매효과)

라) 질식소화

06 가) 80 L 이상

나) 60 L 이상

다) 30 kg 이상

라) 50 kg 이상

마) 20 kg 이상

바) 20 L 이상

07 소화기는 다음의 기준에 따라 설치할 것

가) 특정소방대상물의 각 층마다 설치하되, 각 층이 2 이상의 거실로 구획된 경우에는 각 층마다 설치하는 것 외에 바닥면적이 33 m^2 이상으로 구획된 각 거실에도 배치할 것

나) 특정소방대상물의 각 부분으로부터 1개의 소화기까지의 보행거리가 소형소화기의 경우에는 20 m 이내, 대형소화기의 경우에는 30 m 이내가 되도록 배치할 것. 다만, 가연성물질이 없는 작업장의 경우에는 작업장의 실정에 맞게 보행거리를 완화하여 배치할 수 있다.

CHAPTER 2

소화설비

1. 옥내소화전설비

1.1 옥내소화전설비의 개요

옥내소화전설비는 건물 내에서의 화재발생시 해당 특정소방대상물의 관계자 또는 자위소방대원이 이를 사용하여 발화초기에 신속하게 진화할 수 있도록 건물 내에 설치하는 소화설비로서 사용상의 주체는 소방관이 아니고 현장에 있던 사람, 자위소방대, 근무자 등이다. 옥내소화전설비의 주요 구성요소는 계통도(그림 2-2)에서 보는 바와 같이 수원, 가압송수장치, 배관, 옥내소화전함, 송수구, 제어반, 비상전원 등으로 되어 있다.

옥내소화전 외함

옥내소화전 내함

그림 2-1

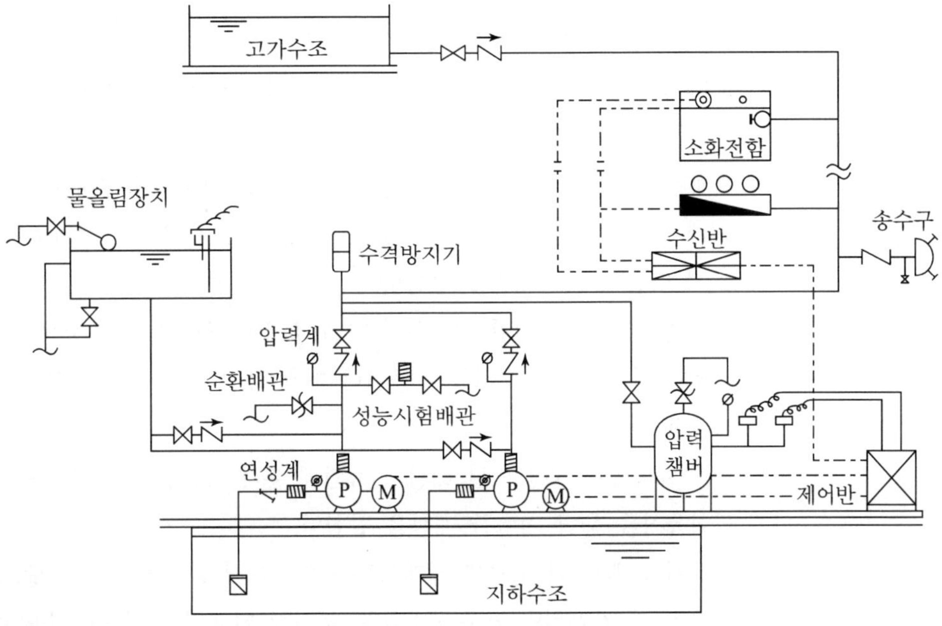

그림 2-2 옥내소화전설비 계통도

1.2 용어의 정의 및 설치기준

1) 용어의 정의

1. "고가수조"란 구조물 또는 지형지물 등에 설치하여 자연낙차의 압력으로 급수하는 수조를 말한다.
2. "압력수조"란 소화용수와 공기를 채우고 일정압력 이상으로 가압하여 그 압력으로 급수하는 수조를 말한다.
3. "충압펌프"란 배관 내 압력손실에 따른 주펌프의 빈번한 기동을 방지하기 위하여 충압 역할을 하는 펌프를 말한다.
4. "정격토출량"이란 펌프의 정격부하운전 시 토출량으로서 정격토출압력에서의 펌프의 토출량을 말한다.
5. "정격토출압력"이란 펌프의 정격부하운전 시 토출압력으로서 정격토출량에서의 펌프의 토출측 압력을 말한다.

6. "진공계"란 대기압 이하의 압력을 측정하는 계측기를 말한다.
7. "연성계"란 대기압 이상의 압력과 대기압 이하의 압력을 측정할 수 있는 계측기를 말한다.
8. "체절운전"이란 펌프의 성능시험을 목적으로 펌프 토출측의 개폐밸브를 닫은 상태에서 펌프를 운전하는 것을 말한다.
9. "기동용수압개폐장치"란 소화설비의 배관 내 압력변동을 검지하여 자동적으로 펌프를 기동 및 정지시키는 것으로서 압력챔버 또는 기동용압력스위치 등을 말한다.
10. "급수배관"이란 수원 또는 송수구 등으로부터 소화설비에 급수하는 배관을 말한다.
11. "분기배관"이란 배관 측면에 구멍을 뚫어 2 이상의 관로가 생기도록 가공한 배관으로서 다음의 분기배관을 말한다.
    가. "확관형 분기배관"이란 배관의 측면에 조그만 구멍을 뚫고 소성가공으로 확관시켜 배관 용접이음자리를 만들거나 배관 용접이음자리에 배관이음쇠를 용접이음한 배관을 말한다.
    나. "비확관형 분기배관"이란 배관의 측면에 분기호칭내경 이상의 구멍을 뚫고 배관이음쇠를 용접 이음한 배관을 말한다.
12. "개폐표시형 밸브"란 밸브의 개폐여부를 외부에서 식별이 가능한 밸브를 말한다.
13. "가압수조"란 가압원인 압축공기 또는 불연성 기체의 압력으로 소방용수를 가압하여 그 압력으로 급수하는 수조를 말한다.
14. "주펌프"란 구동장치의 회전 또는 왕복운동으로 소화용수를 가압하여 그 압력으로 급수하는 주된 펌프를 말한다.
15. "예비펌프"란 주펌프와 동등 이상의 성능이 있는 별도의 펌프를 말한다.

2) 수원

① 옥내소화전설비의 수원은 그 저수량이 옥내소화전의 설치개수가 가장 많은 층의 설치개수(2개 이상 설치된 경우에는 2개)에 2.6 m^3(호스릴옥내소화전설비를 포함한다)를 곱한 양 이상이 되도록 해야 한다.

② 옥내소화전설비의 수원은 ①항에 따라 계산하여 나온 유효수량 외에 유효수량의 3분의 1 이상을 옥상(옥내소화전설비가 설치된 건축물의 주된 옥상을 말한다. 이하 같다)에 설치해야 한다. 다만, 다음의 어느 하나에 해당하는 경우에는 그렇지 않다.

1. 지하층만 있는 건축물

2. 3)의 ②항에 따른 고가수조를 가압송수장치로 설치한 경우
3. 수원이 건축물의 최상층에 설치된 방수구보다 높은 위치에 설치된 경우
4. 건축물의 높이가 지표면으로부터 10 m 이하인 경우
5. 주펌프와 동등 이상의 성능이 있는 별도의 펌프로서 내연기관의 기동과 연동하여 작동되거나 비상전원을 연결하여 설치한 경우
6. 3)의 ①항 제9호의 단서에 해당하는 경우
7. 3)의 ④항에 따라 가압수조를 가압송수장치로 설치한 경우

③ 옥상수조(①항에 따라 계산하여 나온 유효수량의 3분의 1 이상을 옥상에 설치한 설비를 말한다. 이하 같다)는 이와 연결된 배관을 통하여 상시 소화수를 공급할 수 있는 구조의 특정소방대상물인 경우에는 2 이상의 특정소방대상물이 있더라도 하나의 특정소방대상물에만 이를 설치할 수 있다.

④ 옥내소화전설비의 수원을 수조로 설치하는 경우에는 소화설비의 전용수조로 해야 한다. 다만, 다음의 어느 하나에 해당하는 경우에는 그렇지 않다.

1. 옥내소화전설비용 펌프의 풋밸브 또는 흡수배관의 흡수구(수직회전축펌프의 흡수구를 포함한다. 이하 같다)를 다른 설비(소화용 설비 외의 것을 말한다. 이하 같다)의 풋밸브 또는 흡수구보다 낮은 위치에 설치한 때
2. 3)의 ②항에 따른 고가수조로부터 옥내소화전설비의 수직배관에 물을 공급하는 급수구를 다른 설비의 급수구보다 낮은 위치에 설치한 때

⑤ ① 및 ②항에 따른 저수량을 산정함에 있어서 다른 설비와 겸용하여 옥내소화전설비용 수조를 설치하는 경우에는 옥내소화전설비의 풋밸브 · 흡수구 또는 수직배관의 급수구와 다른 설비의 풋밸브 · 흡수구 또는 수직배관의 급수구와의 사이의 수량을 그 유효수량으로 한다.

⑥ 옥내소화전설비용 수조는 다음 각 호의 기준에 따라 설치해야 한다.

1. 점검에 편리한 곳에 설치할 것
2. 동결방지조치를 하거나 동결의 우려가 없는 장소에 설치할 것
3. 수조의 외측에 수위계를 설치할 것. 다만, 구조상 불가피한 경우에는 수조의 맨홀 등을 통하여 수조 안의 물의 양을 쉽게 확인할 수 있도록 해야 한다.
4. 수조의 상단이 바닥보다 높은 때에는 수조의 외측에 고정식 사다리를 설치할 것
5. 수조가 실내에 설치된 때에는 그 실내에 조명설비를 설치할 것
6. 수조의 밑 부분에는 청소용 배수밸브 또는 배수관을 설치할 것
7. 수조 외측의 보기 쉬운 곳에 "옥내소화전소화설비용 수조"라고 표시한 표지를 할 것. 이 경우 그 수조를 다른 설비와 겸용하는 때에는 그 겸용되는 설비의 이

름을 표시한 표지를 함께 해야 한다.

8. 소화설비용 펌프의 흡수배관 또는 소화설비의 수직배관과 수조의 접속부분에는 "옥내소화전소화설비용 배관"이라고 표시한 표지를 할 것. 다만, 수조와 가까운 장소에 소화설비용 펌프가 설치되고 해당 펌프에 3)의 ①항 제15호에 따른 표지를 설치한 때에는 그렇지 않다.

3) 가압송수장치

① 전동기 또는 내연기관에 따른 펌프를 이용하는 가압송수장치는 다음의 기준에 따라 설치해야 한다. 다만, 가압송수장치의 주펌프는 전동기에 따른 펌프로 설치해야 한다.

1. 쉽게 접근할 수 있고 점검하기에 충분한 공간이 있는 장소로서 화재 및 침수 등의 재해로 인한 피해를 받을 우려가 없는 곳에 설치할 것
2. 동결방지조치를 하거나 동결의 우려가 없는 장소에 설치할 것
3. 특정소방대상물의 어느 층에 있어서도 해당 층의 옥내소화전(2개 이상 설치된 경우에는 2개의 옥내소화전)을 동시에 사용할 경우 각 소화전의 노즐선단에서의 방수압력이 0.17 MPa(호스릴옥내소화전설비를 포함한다) 이상이고, 방수량이 130 L/min(호스릴옥내소화전설비를 포함한다) 이상이 되는 성능의 것으로 할 것. 다만, 하나의 옥내소화전을 사용하는 노즐선단에서의 방수압력이 0.7 MPa을 초과할 경우에는 호스접결구의 인입 측에 감압장치를 설치해야 한다.
4. 펌프의 토출량은 옥내소화전이 가장 많이 설치된 층의 설치개수(옥내소화전이 2개 이상 설치된 경우에는 2개)에 130 L/min을 곱한 양 이상이 되도록 할 것
5. 펌프는 전용으로 할 것. 다만, 다른 소화설비와 겸용하는 경우 각각의 소화설비의 성능에 지장이 없을 때에는 그렇지 않다.
6. 펌프의 토출측에는 압력계를 체크밸브 이전에 펌프 토출측 플랜지에서 가까운 곳에 설치하고, 흡입측에는 연성계 또는 진공계를 설치할 것. 다만, 수원의 수위가 펌프의 위치보다 높거나 수직회전축펌프의 경우에는 연성계 또는 진공계를 설치하지 않을 수 있다.
7. 펌프의 성능은 체절운전 시 정격토출압력의 140%를 초과하지 않고, 정격토출량의 150%로 운전 시 정격토출압력의 65% 이상이 되어야 하며, 펌프의 성능을 시험할 수 있는 성능시험배관을 설치할 것. 다만, 충압펌프의 경우에는 그렇지 않다.

8. 가압송수장치에는 체절운전 시 수온의 상승을 방지하기 위한 순환배관을 설치할 것. 다만, 충압펌프의 경우에는 그렇지 않다.
9. 기동장치로는 기동용수압개폐장치 또는 이와 동등 이상의 성능이 있는 것을 설치할 것. 다만, 학교・공장・창고시설[2)의 ②항에 따라 옥상수조를 설치한 대상은 제외한다]로서 동결의 우려가 있는 장소에 있어서는 기동스위치에 보호판을 부착하여 옥내소화전함 내에 설치할 수 있다.
10. 제9호 단서의 경우에는 주펌프와 동등 이상의 성능이 있는 별도의 펌프로서 내연기관의 기동과 연동하여 작동되거나 비상전원을 연결한 펌프를 추가 설치할 것. 다만, 다음의 어느 하나에 해당하는 경우는 제외한다.
   가. 지하층만 있는 건축물
   나. 고가수조를 가압송수장치로 설치한 경우
   다. 수원이 건축물의 최상층에 설치된 방수구보다 높은 위치에 설치된 경우
   라. 건축물의 높이가 지표면으로부터 10 m 이하인 경우
   마. 가압수조를 가압송수장치로 설치한 경우
11. 기동용수압개폐장치 중 압력챔버를 사용할 경우 그 용적은 100 L 이상의 것으로 할 것
12. 수원의 수위가 펌프보다 낮은 위치에 있는 가압송수장치에는 다음의 기준에 따른 물올림장치를 설치할 것
   가. 물올림장치에는 전용의 수조를 설치할 것
   나. 수조의 유효수량은 100 L 이상으로 하되, 구경 15 mm 이상의 급수배관에 따라 해당 수조에 물이 계속 보급되도록 할 것
13. 기동용수압개폐장치를 기동장치로 사용할 경우에는 다음의 기준에 따른 충압펌프를 설치할 것
   가. 펌프의 토출압력은 그 설비의 최고위 호스접결구의 자연압보다 적어도 0.2 MPa이 더 크도록 하거나 가압송수장치의 정격토출압력과 같게 할 것
   나. 펌프의 정격토출량은 정상적인 누설량보다 적어서는 안 되며, 옥내소화전설비가 자동적으로 작동할 수 있도록 충분한 토출량을 유지할 것
14. 내연기관을 사용하는 경우에는 다음의 기준에 적합한 것으로 할 것
   가. 내연기관의 기동은 제9호의 기동장치를 설치하거나 또는 소화전함의 위치에서 원격조작이 가능하고 기동을 명시하는 적색등을 설치할 것
   나. 제어반에 따라 내연기관의 자동기동 및 수동기동이 가능하고, 상시 충전되어 있는 축전지설비를 갖출 것

다. 내연기관의 연료량은 펌프를 20분(층수가 30층 이상 49층 이하는 40분, 50층 이상은 60분) 이상 운전할 수 있는 용량일 것

15. 가압송수장치에는 "옥내소화전소화펌프"라고 표시한 표지를 할 것. 이 경우 그 가압송수장치를 다른 설비와 겸용하는 때에는 그 겸용되는 설비의 이름을 표시한 표지를 함께 해야 한다.

16. 가압송수장치가 기동이 된 경우에는 자동으로 정지되지 않도록 할 것. 다만, 충압펌프의 경우에는 그렇지 않다.

17. 가압송수장치는 부식 등으로 인한 펌프의 고착을 방지할 수 있도록 다음의 기준에 적합한 것으로 할 것. 다만, 충압펌프는 제외한다.

가. 임펠러는 청동 또는 스테인리스 등 부식에 강한 재질을 사용할 것

나. 펌프축은 스테인리스 등 부식에 강한 재질을 사용할 것

② 고가수조의 자연낙차를 이용한 가압송수장치는 다음의 기준에 따라 설치해야 한다.

1. 고가수조의 자연낙차수두(수조의 하단으로부터 최고층에 설치된 소화전 호스접결구까지의 수직거리를 말한다)는 다음의 식에 따라 계산하여 나온 수치 이상 유지되도록 할 것

$H = h_1 + h_2 + 17$(호스릴옥내소화전설비를 포함한다)

여기서, H : 필요한 낙차(m)

h_1 : 호스의 마찰손실수두(m)

h_2 : 배관의 마찰손실수두(m)

2. 고가수조에는 수위계·배수관·급수관·오버플로우관 및 맨홀을 설치할 것

③ 압력수조를 이용한 가압송수장치는 다음의 기준에 따라 설치해야 한다.

1. 압력수조의 압력은 다음의 식에 따라 계산하여 나온 수치 이상 유지되도록 할 것

$P = p_1 + p_2 + p_3 + 0.17$(호스릴옥내소화전설비를 포함한다)

여기서, P : 필요한 압력(MPa)

p_1 : 호스의 마찰손실수두압(MPa)

p_2 : 배관의 마찰손실수두압(MPa)

p_3 : 낙차의 환산수두압(MPa)

2. 압력수조에는 수위계·급수관·배수관·급기관·맨홀·압력계·안전장치 및 압력저하 방지를 위한 자동식 공기압축기를 설치할 것

④ 가압수조를 이용한 가압송수장치는 다음의 기준에 따라 설치해야 한다.

1. 가압수조의 압력은 ①항 제3호에 따른 방수압 및 방수량을 20분 이상 유지되도록 할 것
2. 가압수조 및 가압원은 「건축법 시행령」 제46조에 따른 방화구획 된 장소에 설치할 것
3. 가압수조를 이용한 가압송수장치는 소방청장이 정하여 고시한 「가압수조식 가압송수장치의 성능인증 및 제품검사의 기술기준」에 적합한 것으로 설치할 것

4) 배관 등

① 배관과 배관이음쇠는 다음의 어느 하나에 해당하는 것 또는 동등 이상의 강도·내식성 및 내열성 등을 국내·외 공인기관으로부터 인정받은 것을 사용해야 하고, 배관용 스테인리스 강관(KS D 3576)의 이음을 용접으로 할 경우에는 텅스텐 불활성 가스 아크 용접(Tungsten Inertgas Arc Welding)방식에 따른다. 다만, 4)에서 정하지 않은 사항은 「건설기술 진흥법」 제44조제1항의 규정에 따른 "건축기준"에 따른다.

1. 배관 내 사용압력이 1.2 MPa 미만일 경우에는 다음의 어느 하나에 해당하는 것
   가. 배관용 탄소 강관(KS D 3507)
   나. 이음매 없는 구리 및 구리합금관(KS D 5301). 다만, 습식의 배관에 한한다.
   다. 배관용 스테인리스 강관(KS D 3576) 또는 일반배관용 스테인리스 강관(KS D 3595)
   라. 덕타일 주철관(KS D 4311)
2. 배관 내 사용압력이 1.2 MPa 이상일 경우에는 다음의 어느 하나에 해당하는 것
   가. 압력 배관용 탄소 강관(KS D 3562)
   나. 배관용 아크용접 탄소강 강관(KS D 3583)

② ①항에도 불구하고 다음의 어느 하나에 해당하는 장소에는 소방청장이 정하여 고시한 「소방용 합성수지배관의 성능인증 및 제품검사의 기술기준」에 적합한 소방용 합성수지배관으로 설치할 수 있다.

1. 배관을 지하에 매설하는 경우
2. 다른 부분과 내화구조로 구획된 덕트 또는 피트의 내부에 설치하는 경우
3. 천장(상층이 있는 경우에는 상층바닥의 하단을 포함한다. 이하 같다)과 반자를 불연재료 또는 준불연재료로 설치하고, 소화배관 내부에 항상 소화수가 채워진 상태로 설치하는 경우

③ 급수배관은 전용으로 해야 한다. 다만, 옥내소화전의 기동장치의 조작과 동시에 다른 설비의 용도에 사용하는 배관의 송수를 차단할 수 있거나, 옥내소화전설비의 성능에 지장이 없는 경우에는 다른 설비와 겸용할 수 있다.

④ 펌프의 흡입측 배관은 다음의 기준에 따라 설치해야 한다.

1. 공기 고임이 생기지 않는 구조로 하고 여과장치를 설치할 것
2. 수조가 펌프보다 낮게 설치된 경우에는 각 펌프(충압펌프를 포함한다)마다 수조로부터 별도로 설치할 것

⑤ 펌프의 토출측 주배관의 구경은 유속이 4 m/s 이하가 될 수 있는 크기 이상으로 해야 하고, 옥내소화전방수구와 연결되는 가지배관의 구경은 40 mm(호스릴옥내소화전설비의 경우에는 25 mm) 이상으로 해야 하며, 주배관 중 수직배관의 구경은 50 mm(호스릴옥내소화전설비의 경우에는 32 mm) 이상으로 해야 한다.

⑥ 연결송수관설비의 배관과 겸용할 경우의 주배관은 구경 100 mm 이상, 방수구로 연결되는 배관의 구경은 65 mm 이상의 것으로 해야 한다.

⑦ 펌프의 성능시험배관은 다음의 기준에 적합하도록 설치해야 한다.

1. 성능시험배관은 펌프의 토출측에 설치된 개폐밸브 이전에서 분기하여 직선으로 설치하고, 유량측정장치를 기준으로 전단 직관부에는 개폐밸브를 후단 직관부에는 유량조절밸브를 설치할 것. 이 경우 개폐밸브와 유량측정장치 사이의 직관부 거리 및 유량측정장치와 유량조절밸브 사이의 직관부 거리는 해당 유량측정장치 제조사의 설치사양에 따르고, 성능시험배관의 호칭지름은 유량측정장치의 호칭지름에 따른다.
2. 유량측정장치는 펌프의 정격토출량의 175% 이상까지 측정할 수 있는 성능이 있을 것

⑧ 가압송수장치의 체절운전 시 수온의 상승을 방지하기 위하여 체크밸브와 펌프 사이에서 분기한 구경 20 mm 이상의 배관에 체절압력 미만에서 개방되는 릴리프밸브를 설치할 것

⑨ 배관은 동결방지조치를 하거나 동결의 우려가 없는 장소에 설치해야 한다. 다만, 보온재를 사용할 경우에는 난연재료 성능 이상의 것으로 해야 한다.

⑩ 급수배관에 설치되어 급수를 차단할 수 있는 개폐밸브(옥내소화전방수구를 제외한다)는 개폐표시형으로 해야 한다. 이 경우 펌프의 흡입측 배관에는 버터플라이밸브 외의 개폐표시형 밸브를 설치해야 한다.

⑪ 배관은 다른 설비의 배관과 쉽게 구분이 될 수 있는 위치에 설치하거나, 그 배관 표면 또는 배관 보온재표면의 색상은 「한국산업표준(배관계의 식별 표시, KS A

0503)」 또는 적색으로 식별이 가능하도록 소방용설비의 배관임을 표시해야 한다.

⑫ 옥내소화전설비에는 소방차로부터 그 설비에 송수할 수 있는 송수구를 다음의 기준에 따라 설치해야 한다.

1. 소방차가 쉽게 접근할 수 있고 잘 보이는 장소에 설치하고, 화재층으로부터 지면으로 떨어지는 유리창 등이 송수 및 그 밖의 소화작업에 지장을 주지 않는 장소에 설치할 것
2. 송수구로부터 옥내소화전설비의 주배관에 이르는 연결배관에는 개폐밸브를 설치하지 않을 것. 다만, 스프링클러설비 · 물분무소화설비 · 포소화설비 또는 연결송수관설비의 배관과 겸용하는 경우에는 그렇지 않다.
3. 지면으로부터 높이가 0.5 m 이상 1 m 이하의 위치에 설치할 것
4. 송수구는 구경 65 mm의 쌍구형 또는 단구형으로 할 것
5. 송수구의 부근에는 자동배수밸브(또는 직경 5 mm의 배수공) 및 체크밸브를 설치할 것. 이 경우 자동배수밸브는 배관 안의 물이 잘 빠질 수 있는 위치에 설치하되, 배수로 인하여 다른 물건이나 장소에 피해를 주지 않아야 한다.
6. 송수구에는 이물질을 막기 위한 마개를 씌울 것

⑬ 확관형 분기배관을 사용할 경우에는 소방청장이 정하여 고시한 「분기배관의 성능인증 및 제품검사의 기술기준」에 적합한 것으로 설치해야 한다.

5) 함 및 방수구 등

① 옥내소화전설비의 함은 다음의 기준에 따라 설치해야 한다.

1. 함은 소방청장이 정하여 고시한 「소화전함의 성능인증 및 제품검사의 기술기준」에 적합한 것으로 설치하되 밸브의 조작, 호스의 수납 및 문의 개방 등 옥내소화전의 사용에 장애가 없도록 설치할 것. 연결송수관의 방수구를 같이 설치하는 경우에도 또한 같다.
2. 제1호에도 불구하고 ②항 제1호의 기준을 초과하는 경우로서 기둥 또는 벽이 설치되지 않은 대형공간의 경우는 다음의 기준에 따라 설치할 수 있다.
   가. 호스 및 관창은 방수구의 가장 가까운 장소의 벽 또는 기둥 등에 함을 설치하여 비치할 것
   나. 방수구의 위치표지는 표시등 또는 축광도료 등으로 상시 확인이 가능토록 할 것

② 옥내소화전방수구는 다음의 기준에 따라 설치해야 한다.

1. 특정소방대상물의 층마다 설치하되, 해당 특정소방대상물의 각 부분으로부터 하나의 옥내소화전방수구까지의 수평거리가 25 m(호스릴옥내소화전설비를 포함한다) 이하가 되도록 할 것. 다만, 복층형 구조의 공동주택의 경우에는 세대의 출입구가 설치된 층에만 설치할 수 있다.
2. 바닥으로부터의 높이가 1.5 m 이하가 되도록 할 것
3. 호스는 구경 40 mm(호스릴옥내소화전설비의 경우에는 25 mm) 이상의 것으로서 특정소방대상물의 각 부분에 물이 유효하게 뿌려질 수 있는 길이로 설치할 것
4. 호스릴옥내소화전설비의 경우 그 노즐에는 노즐을 쉽게 개폐할 수 있는 장치를 부착할 것

③ 표시등은 다음의 기준에 따라 설치해야 한다.

1. 옥내소화전설비의 위치를 표시하는 표시등은 함의 상부에 설치하되, 소방청장이 고시하는 「표시등의 성능인증 및 제품검사의 기술기준」에 적합한 것으로 할 것
2. 가압송수장치의 기동을 표시하는 표시등은 옥내소화전함의 상부 또는 그 직근에 설치하되 적색등으로 할 것. 다만, 자체소방대를 구성하여 운영하는 경우(「위험물 안전관리법 시행령」 별표 8에서 정한 소방자동차와 자체소방대원의 규모를 말한다) 가압송수장치의 기동표시등을 설치하지 않을 수 있다.

④ 옥내소화전설비의 함에는 그 표면에 "소화전"이라는 표시를 해야 한다.

⑤ 옥내소화전설비의 함에는 함 가까이 보기 쉬운 곳에 그 사용요령을 기재한 표지판을 붙여야 하며, 표지판을 함의 문에 붙이는 경우에는 문의 내부 및 외부 모두에 붙여야 한다. 이 경우, 사용요령은 외국어와 시각적인 그림을 포함하여 작성해야 한다.

6) 전원

① 옥내소화전설비에는 그 특정소방대상물의 수전방식에 따라 다음의 기준에 따른 상용전원회로의 배선을 설치해야 한다. 다만, 가압수조방식으로서 모든 기능이 20분 이상 유효하게 지속될 수 있는 경우에는 그렇지 않다.

1. 저압수전인 경우에는 인입개폐기의 직후에서 분기하여 전용배선으로 해야 하며, 전용의 전선관에 보호되도록 할 것
2. 특별고압수전 또는 고압수전일 경우에는 전력용 변압기 2차측의 주차단기 1차측에서 분기하여 전용배선으로 하되, 상용전원의 상시공급에 지장이 없을 경우에는 주차단기 2차측에서 분기하여 전용배선으로 할 것. 다만, 가압송수장치의

정격입력전압이 수전전압과 같은 경우에는 제1호의 기준에 따른다.

② 다음의 어느 하나에 해당하는 특정소방대상물의 옥내소화전설비에는 비상전원을 설치해야 한다. 다만, 2 이상의 변전소(「전기사업법」 제67조에 따른 변전소를 말한다. 이하 같다)에서 전력을 동시에 공급받을 수 있거나 하나의 변전소로부터 전력의 공급이 중단되는 때에는 자동으로 다른 변전소로부터 전원을 공급받을 수 있도록 상용전원을 설치한 경우와 가압수조방식에는 비상전원을 설치하지 않을 수 있다.

1. 층수가 7층 이상으로서 연면적이 2,000 m^2 이상인 것
2. 제1호에 해당하지 않는 특정소방대상물로서 지하층의 바닥면적 합계가 3,000 m^2 이상인 것

③ ②항에 따른 비상전원은 자가발전설비, 축전지설비(내연기관에 따른 펌프를 사용하는 경우에는 내연기관의 기동 및 제어용 축전지를 말한다) 또는 전기저장장치(외부 전기에너지를 저장해 두었다가 필요한 때 전기를 공급하는 장치)로서 다음의 기준에 따라 설치해야 한다.

1. 점검에 편리하고 화재 및 침수 등의 재해로 인한 피해를 받을 우려가 없는 곳에 설치할 것
2. 옥내소화전설비를 유효하게 20분 이상 작동할 수 있어야 할 것
3. 상용전원으로부터 전력의 공급이 중단된 때에는 자동으로 비상전원으로부터 전력을 공급받을 수 있도록 할 것
4. 비상전원(내연기관의 기동 및 제어용 축전기를 제외한다)의 설치장소는 다른 장소와 방화구획 할 것. 이 경우 그 장소에는 비상전원의 공급에 필요한 기구나 설비 외의 것(열병합발전설비에 필요한 기구나 설비는 제외한다)을 두어서는 안 된다.
5. 비상전원을 실내에 설치하는 때에는 그 실내에 비상조명등을 설치할 것

7) 제어반

① 소화설비에는 제어반을 설치하되, 감시제어반과 동력제어반으로 구분하여 설치해야 한다. 다만, 다음의 어느 하나에 해당하는 경우에는 감시제어반과 동력제어반으로 구분하여 설치하지 않을 수 있다.

1. 6) ②항의 각 기준의 어느 하나에 해당하지 않는 특정소방대상물에 설치되는 옥내소화전설비

2. 내연기관에 따른 가압송수장치를 사용하는 옥내소화전설비
3. 고가수조에 따른 가압송수장치를 사용하는 옥내소화전설비
4. 가압수조에 따른 가압송수장치를 사용하는 옥내소화전설비

② 감시제어반의 기능은 다음의 기준에 적합해야 한다.

1. 각 펌프의 작동여부를 확인할 수 있는 표시등 및 음향경보기능이 있어야 할 것
2. 각 펌프를 자동 및 수동으로 작동시키거나 중단시킬 수 있어야 할 것
3. 비상전원을 설치한 경우에는 상용전원 및 비상전원의 공급여부를 확인할 수 있어야 할 것
4. 수조 또는 물올림수조가 저수위로 될 때 표시등 및 음향으로 경보할 것
5. 다음의 각 확인회로마다 도통시험 및 작동시험을 할 수 있도록 할 것
   가. 기동용수압개폐장치의 압력스위치회로
   나. 수조 또는 물올림수조의 저수위감시회로
   다. 4) ⑩항에 따른 개폐밸브의 폐쇄상태 확인회로
   라. 그 밖의 이와 비슷한 회로
6. 예비전원이 확보되고 예비전원의 적합여부를 시험할 수 있어야 할 것

③ 감시제어반은 다음의 기준에 따라 설치해야 한다.

1. 화재 및 침수 등의 재해로 인한 피해를 받을 우려가 없는 곳에 설치할 것
2. 감시제어반은 옥내소화전설비의 전용으로 할 것. 다만, 옥내소화전설비의 제어에 지장이 없는 경우에는 다른 설비와 겸용할 수 있다.
3. 감시제어반은 다음의 기준에 따른 전용실 안에 설치할 것. 다만 ①항의 단서에 따른 기준의 어느 하나에 해당하는 경우와 공장, 발전소 등에서 설비를 집중 제어·운전할 목적으로 설치하는 중앙제어실 내에 감시제어반을 설치하는 경우에는 그렇지 않다.
   가. 다른 부분과 방화구획을 할 것. 이 경우 전용실의 벽에는 기계실 또는 전기실 등의 감시를 위하여 두께 7 mm 이상의 망입유리(두께 16.3 mm 이상의 접합유리 또는 두께 28 mm 이상의 복층유리를 포함한다)로 된 4 m^2 미만의 붙박이창을 설치할 수 있다.
   나. 피난층 또는 지하 1층에 설치할 것. 다만, 다음의 어느 하나에 해당하는 경우에는 지상 2층에 설치하거나 지하 1층 외의 지하층에 설치할 수 있다.
      (1) 「건축법 시행령」 제35조에 따라 특별피난계단이 설치되고, 그 계단(부속실을 포함한다) 출입구로부터 보행거리 5 m 이내에 전용실의 출입구가 있는 경우

(2) 아파트의 관리동(관리동이 없는 경우에는 경비실)에 설치하는 경우

다. 비상조명등 및 급・배기설비를 설치할 것

라. 「무선통신보조설비의 화재안전기술기준(NFTC 505)」 2.2.3에 따라 유효하게 통신이 가능할 것(영 별표 4의 제5호 마목에 따른 무선통신보조설비가 설치된 특정소방대상물에 한한다)

마. 바닥면적은 감시제어반의 설치에 필요한 면적 외에 화재 시 소방대원이 그 감시제어반의 조작에 필요한 최소면적 이상으로 할 것

4. 제3호에 따른 전용실에는 특정소방대상물의 기계・기구 또는 시설 등의 제어 및 감시설비 외의 것을 두지 않을 것

④ 동력제어반은 다음의 기준에 따라 설치해야 한다.

1. 앞면은 적색으로 하고 "옥내소화전소화설비용 동력제어반"이라고 표시한 표지를 설치할 것
2. 외함은 두께 1.5 mm 이상의 강판 또는 이와 동등 이상의 강도 및 내열성능이 있는 것으로 할 것
3. 그 밖의 동력제어반의 설치에 관하여는 ③항 제1호 및 제2호의 기준을 준용할 것

8) 배선 등

① 옥내소화전설비의 배선은 「전기사업법」 제67조에 따른 「전기설비기술기준」에서 정한 것 외에 다음의 기준에 따라 설치해야 한다.

1. 비상전원을 설치한 경우에는 비상전원으로부터 동력제어반 및 가압송수장치에 이르는 전원회로의 배선은 내화배선으로 할 것. 다만, 자가발전설비와 동력제어반이 동일한 실에 설치된 경우에는 자가발전기로부터 그 제어반에 이르는 전원회로의 배선은 그렇지 않다.
2. 상용전원으로부터 동력제어반에 이르는 배선, 그 밖의 옥내소화전설비의 감시・조작 또는 표시등회로의 배선은 내화배선 또는 내열배선으로 할 것. 다만, 감시제어반 또는 동력제어반 안의 감시・조작 또는 표시등회로의 배선은 그렇지 않다.

② ①항에 따른 내화배선 및 내열배선에 사용되는 전선은 내화전선으로 하고, 설치방법은 적합한 케이블 공사의 방법에 따른다.

③ 소화설비의 과전류차단기 및 개폐기에는 "옥내소화전설비용 과전류차단기 또는 개폐기"이라고 표시한 표지를 해야 한다.

④ 소화설비용 전기배선의 양단 및 접속단자에는 다음의 기준에 따라 표지해야 한다.
  1. 단자에는 "옥내소화전설비단자"라고 표시한 표지를 부착할 것
  2. 소화설비용 전기배선의 양단에는 다른 배선과 식별이 용이하도록 표시할 것

9) 방수구의 설치제외

불연재료로 된 특정소방대상물 또는 그 부분으로서 다음의 어느 하나에 해당하는 곳에는 옥내소화전 방수구를 설치하지 않을 수 있다.

1. 냉장창고 중 온도가 영하인 냉장실 또는 냉동창고의 냉동실
2. 고온의 노가 설치된 장소 또는 물과 격렬하게 반응하는 물품의 저장 또는 취급 장소
3. 발전소・변전소 등으로서 전기시설이 설치된 장소
4. 식물원・수족관・목욕실・수영장(관람석 부분을 제외한다) 또는 그 밖의 이와 비슷한 장소
5. 야외음악당・야외극장 또는 그 밖의 이와 비슷한 장소

10) 수원 및 가압송수장치의 펌프 등의 겸용

① 옥내소화전설비의 수원을 스프링클러설비・간이스프링클러설비・화재조기진압용 스프링클러설비・물분무소화설비・포소화설비 및 옥외소화전설비의 수원과 겸용하여 설치하는 경우의 저수량은 각 소화설비에 필요한 저수량을 합한 양 이상이 되도록 해야 한다. 다만, 이들 소화설비 중 고정식 소화설비(펌프・배관과 소화수 또는 소화약제를 최종 방출하는 방출구가 고정된 설비를 말한다. 이하 같다)가 2 이상 설치되어 있고, 그 소화설비가 설치된 부분이 방화벽과 방화문으로 구획되어 있는 경우에는 각 고정식 소화설비에 필요한 저수량 중 최대의 것 이상으로 할 수 있다.

② 옥내소화전설비의 가압송수장치로 사용하는 펌프를 스프링클러설비・간이스프링클러설비・화재조기진압용 스프링클러설비・물분무소화설비・포소화설비 및 옥외소화전설비의 가압송수장치와 겸용하여 설치하는 경우의 펌프의 토출량은 각 소화설비에 해당하는 토출량을 합한 양 이상이 되도록 해야 한다. 다만, 이들 소화설비 중 고정식 소화설비가 2 이상 설치되어 있고, 그 소화설비가 설치된 부분이 방화벽과 방화문으로 구획되어 있으며 각 소화설비에 지장이 없는 경우에는 펌프의 토출량 중 최대의 것 이상으로 할 수 있다.

③ 옥내소화전설비・스프링클러설비・간이스프링클러설비・화재조기진압용 스프링

클러설비・물분무소화설비・포소화설비 및 옥외소화전설비의 가압송수장치에 있어서 각 토출측 배관과 일반급수용의 가압송수장치의 토출측 배관을 상호 연결하여 화재 시 사용할 수 있다. 이 경우 연결배관에는 개폐표시형 밸브를 설치해야 하며, 각 소화설비의 성능에 지장이 없도록 해야 한다.

④ 옥내소화전설비의 송수구를 스프링클러설비・간이스프링클러설비・화재조기진압용 스프링클러설비・물분무소화설비・포소화설비 또는 연결송수관설비의 송수구와 겸용으로 설치하는 경우에는 스프링클러설비의 송수구의 설치기준에 따르고, 연결살수설비의 송수구와 겸용으로 설치하는 경우에는 옥내소화전설비의 송수구의 설치기준에 따르되 각각의 소화설비의 기능에 지장이 없도록 해야 한다.

1.3 각 설비의 주요사항

구분	방수압	방수량	방수구경	노즐구경
드렌처설비	0.1 MPa 이상	80 L/min 이상	–	–
스프링클러설비	0.1～1.2 MPa 이하	80 L/min 이상	–	–
소화용수설비	0.15 MPa 이상	800 L/min 이상 (가압송수장치 설치)	–	–
옥내소화전설비	0.17～0.7 MPa 이하	130 L/min 이상 (최대 5개)	40 mm	13 mm
옥외소화전설비	0.25～0.7 MPa 이하	350 L/min 이상 (최대 2개)	65 mm	19 mm
포소화설비 물분무소화설비 연결송수관설비	0.35 MPa 이상	75 L/min 이상 (포워터 스프링클러헤드)	–	–

1.4 수원의 저수량

1) 드렌처설비

$Q = 1.6N$

여기서, Q : 수원의 저수량(m^3)

N : 헤드의 설치개수

2) 스프링클러설비(폐쇄형)

$Q = 1.6N$

여기서, Q : 수원의 저수량(m^3)

N : 폐쇄형 헤드의 기준개수(설치개수가 기준개수보다 작으면 그 설치개수)

(1) 폐쇄형 헤드의 기준개수

- 지하가, 지하역사, 11층 이상, 10층 이하 공장, 창고(특수가연물), 슈퍼마켓, 도소매시장 : 30개
- 10층 이하(8 m 이상) : 20개
- 10층 이하(8 m 미만), 아파트 : 10개

3) 옥내소화전설비

$Q \geq 2.6N$

여기서, Q : 수원의 저수량(m^3)

N : 가장 많은 층의 소화전 개수(최대 5개)

4) 옥외소화전설비

$Q \geq 7N$

여기서, Q : 수원의 저수량(m^3)

N : 옥외소화전 설치개수(최대 2개)

1.5 가압송수장치(펌프 방식)

1) 스프링클러설비

$H \geq h_1 + h_2 + 10$

여기서, H : 전양정(m)

h_1 : 배관 및 관부속품의 마찰손실수두)(m)

h_2 : 실양정(흡입양정+토출양정)(m)

2) 물분무소화설비

$$H \geq h_1 + h_2 + h_3$$

여기서, H : 필요한 낙차(m)

h_1 : 물분무헤드의 설계압력 환산수두(m)

h_2 : 배관 및 관부속품의 마찰손실수두(m)

h_3 : 실양정(흡입양정+토출양정)(m)

3) 옥내소화전설비

$$H \geq h_1 + h_2 + h_3 + 17$$

여기서, H : 전양정(m)

h_1 : 소방 호스의 마찰손실수두(m)

h_2 : 배관 및 관부속품의 마찰손실수두(m)

h_3 : 실양정(흡입양정+토출양정)(m)

4) 옥외소화전설비

$$H \geq h_1 + h_2 + h_3 + 25$$

여기서, H : 전양정(m)

h_1 : 소방 호스의 마찰손실수두(m)

h_2 : 배관 및 관부속품의 마찰손실수두(m)

h_3 : 실양정(흡입양정+토출양정)(m)

5) 포소화설비

$$H \geq h_1 + h_2 + h_3 + h_4$$

여기서, H : 펌프의 양정(m)

h_1 : 방출구의 설계압력 환산수두 또는 노즐선단의 방사압력 환산수두(m)

h_2 : 배관의 마찰손실수두(m)

h_3 : 소방호스의 마찰손실수두(m)

h_4 : 낙차(m)

1.6 옥내소화전설비의 배관구경

구 분	가지배관	주배관 중 수직배관
호스릴	25 mm 이상	32 mm 이상
일 반	40 mm 이상	50 mm 이상
연결송수관 겸용	65 mm 이상	100 mm 이상

순환배관 : 체절 운전 시 수온의 상승을 방지하는 역할

1.7 헤드수 및 유수량

1) 옥내소화전설비

배관구경(mm)	40	50	65	80	100
유수량(L/min)	130	260	390	520	650
옥내소화전수	1개	2개	3개	4개	5개

2) 연결살수설비

배관구경(mm)	32	40	50	65	80
살수헤드수	1개	2개	3개	4~5개	6~10개

3) 스프링클러설비

급수관구경	25	32	40	50	65	80	90	100
폐쇄형 헤드수	2개	3개	5개	10개	30개	60개	80개	100개

1.8 유속

- 옥내소화전설비 : 4 m/s 이하
- 스프링클러설비 가지배관 : 6 m/s 이하
- 기타의 배관 : 10 m/s 이하

1.9 펌프의 성능

- 체절운전 시 정격토출 압력의 140%를 초과하지 않을 것
- 정격토출량의 150%로 운전 시 정격토출압력의 65% 이상이 되어야 한다.

1.10 옥내소화전함

- 강판(철판) 두께 : 1.5 mm 이상
- 합성수지제 두께 : 4 mm 이상
- 문짝의 면적 : 0.5 m^2 이상

1.11 옥외소화전함의 설치거리

- 옥외소화전 ↔ 옥외소화전함 : 5 m 이내

1.12 스프링클러헤드의 배치기준

- 설치장소의 최고 주위온도 : 표시온도
  - 39℃ 미만 : 79℃ 미만
  - 39~64℃ 미만 : 79~121℃ 미만
  - 64~106℃ 미만 : 121~162℃ 미만
  - 106℃ 이상 : 162℃ 이상

1.13 헤드의 배치형태

1) 정방형(정사각형)

$S = 2R\cos 45°,\ L = S$

여기서, S : 수평헤드간격
R : 수평거리
L : 배관간격

2) 장방형(직사각형)

$$S = \sqrt{4R^2 - L^2}\ ,\ S = 2R$$

여기서, S : 수평헤드간격
R : 수평거리
L : 배관간격
S : 대각선헤드간격

- 수평거리(R)
  - 무대부, 특수가연물 : 수평거리 1.7 m 이하
  - 기타구조 : 수평거리 2.1 m 이하
  - 내화구조 : 수평거리 2.3 m 이하
  - 랙식 창고 : 수평거리 2.5 m 이하
  - 공동주택(아파트) 세대 내의 거실 : 수평거리 3.2 m 이하

1.14 스프링클러헤드 설치장소

- 위험물 취급장소
- 슈퍼마켓
- 특수가연물 취급장소
- 복도
- 소매시장
- 보일러실

1.15 압력챔버, 리타딩챔버

- 압력챔버 : 모터펌프를 가동시키기 위하여 설치
- 리타딩챔버 : 오작동 방지, 안전밸브 역할, 배관 및 압력스위치의 손상보호

1.16 스프링클러설비의 비교

	습식	건식	준비작동식	일제살수식
1차측	가압수	가압수	가압수	가압수
2차측	가압수	압축공기	대기압	대기압
밸브 종류	습식 밸브 (자동경보밸브, 알람체크밸브)	건식 밸브	준비작동밸브	일제개방밸브 (델류즈 밸브)
헤드 종류	폐쇄형 헤드	폐쇄형 헤드	폐쇄형 헤드	개방형 헤드

1.17 고가수조, 압력수조

- 고가수조에 필요한 설비 : 수위계, 배수관, 급수관, 맨홀, 오버플로우관
- 압력수조에 필요한 설비 : 수위계, 배수관, 급수관, 맨홀, 급기관, 압력계, 안전장치, 자동식 공기압축기

1.18 배관의 구경

- 교차배관, 청소구(청소용) : 40 mm 이상
- 수직배수배관 : 50 mm 이상

1.19 행거의 설치

- 가지배관 : 3.5 m 이내마다 설치
- 교차배관, 수평주행배관 : 4.5 m 이내마다 설치
- 헤드와 행거 사이의 간격 : 8 cm 이상

1.20 기울기

- 1/100 이상 : 연결살수설비의 수평주행배관
- 2/100 이상 : 물분무소화설비의 배수설비
- 1/250 이상 : 습식, 부압식 설비 외의 설비의 가지배관

- 1/500 이상 : 습식, 부압식 설비 외의 설비의 수평주행배관
- 1/1000 이상 : 연소방지설비

1.21 설치높이

- 0.5～1 m 이하 : 연결송수관설비의 송수구, 연결살수설비의 송수구, 소화용수설비의 채수구
- 0.8～1.5 m 이하 : 제어밸브, 유수검지장치, 일제개방밸브
- 1.5 m 이하 : 옥내소화전설비의 방수구, 호스릴함, 소화기

1.22 물분무소화설비의 수원

- 컨베이어벨트, 절연유 봉입변압기 : 10 L/min · m^2
- 특수가연물 : 10 L/min · m^2(최소 50 m^2)
- 케이블트레이, 덕트 : 12 L/min · m^2
- 차고, 주차장 : 20 L/min · m^2(최소 50 m^2)

1.23 포소화설비의 적용대상

- 차고, 주차장 : 포워터 스프링클러설비, 포헤드설비, 고정포방출설비
- 항공기 격납고, 공장, 창고(특수가연물 저장 취급) : 포워터 스프링클러설비, 포헤드설비, 고정포방출설비

연습문제

01 어떤 특정소방대상물의 옥내소화전을 각 층에 2개씩 설치되도록 설계하려 할 때 수원의 최소 유효저수량과 가압송수장치의 최소 토출량은 얼마로 산정해야 하는가?

가) 최소저수량 Q (m^3)는?

나) 최소토출량(L/min)은?

02 옥내소화전을 설치완료하고 최상층에 설치된 테스트 밸브측의 압력을 측정한 결과 0.4 MPa이었다. 이 때 테스트 노즐의 오리피스 구경이 15 mm이었다면 방수량은 대략 어느 정도(L/min)인가?

03 다음의 각 물음에 답하시오.

가) 물소화설비에서 소화펌프의 성능시험배관(유량계 설치사항)의 구성방식(계통)을 펌프와 연관하여 도시하시오.

나) 위의 물음에서 성능시험에는 구체적으로 무엇을 시험, 확인하고자 하는 것인가?

다) 위의 물음에서 성능시험의 방법을 설명하시오.

04 지상 4층 건물에 옥내소화전설비를 설치하려고 한다. 옥내소화전 3개를 배치하며, 이 때 실양정은 50 m, 배관의 손실수두는 실양정의 25%로 본다. 또 호스의 마찰손실수두는 3.5 m 펌프효율이 65%, 전달계수가 1.1이고 20분간 연속방수 되는 것으로 하였을 때 다음 각 물음에 답하시오.

가) 펌프의 토출량(m^3/min)은 얼마인가?

나) 펌프의 전양정(m)은?

다) 전동기 용량(kW)은?

라) 수원의 저수량 Q는

05 그림은 옥내소화전설비의 계통도이다. 조건을 참고하여 다음 각 물음에 답하시오.

조건	옥내소화전 개수 3개
(1) 펌프의 효율 55%이며, 전달계수는 1.1이다. (2) 배관의 마찰손실수두는 소방호스의 마찰손실수두를 포함하여 39 m이며, 실양정은 12 m이다.	

가) 소화수조의 저수량(m^3)은 얼마인가?

나) 펌프의 토출량(L/min) 얼마인가?

다) 펌프의 전양정(m)은 얼마인가?

라) 펌프의 용량(kW)은 얼마인가?

06 그림과 조건을 참조하여 펌프의 유효흡입양정(NPSH)을 계산하시오.

조건

(1) 설계기준 온도는 25℃이다.
(2) 25℃에서의 수증기압 : 70 mmHg
(3) 펌프흡입배관에서의 마찰손실수두 : 0.3 m

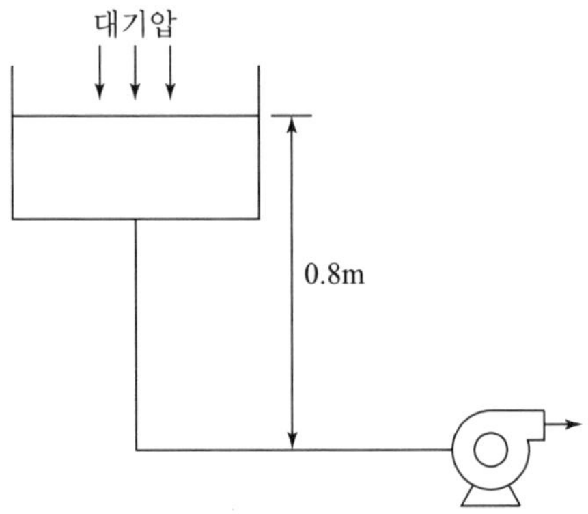

07 옥내소화전설비의 방수구 설치제외장소를 5가지 쓰시오.

08 배관내경이 40 mm이고 배관길이가 10 m인 배관에 유량이 300 L/min이다. 관의 조도는 120이고 배관 입구의 압력이 0.4 MPa일 때 배관 끝에서의 압력(MPa)은 얼마인가?

(단, 하젠-윌리암의 식 적용 $\Delta Pm = 6.174 \times 10^4 \times \frac{Q^2}{C^2 \times D^5} \times L\ [\mathrm{MPa}]$)

여기서, ΔPm : 압력(MPa), C : 조도, D : 내경(mm), Q : 유량(L/min), L : 길이(m)

해답

01 가) $Q = 2.6N = 2.6 \times 2 = 5\,\mathrm{m}^3$ 이상(N=최대 5개)
나) $Q = N \times 130\,\mathrm{L/min} = 3 \times 130\,\mathrm{L/min} = 390\,\mathrm{L/min}$ 이상

02 $Q = 0.653D^2\sqrt{10P}$
여기서, Q : 방수량(L/min)
D : 구경(mm)
P : 방수압(MPa)
$0.653 \times (15\,\mathrm{mm})^2 \times \sqrt{10 \times 0.4\,\mathrm{MPa}} = 293.85\,\mathrm{L/min}$

03 가)

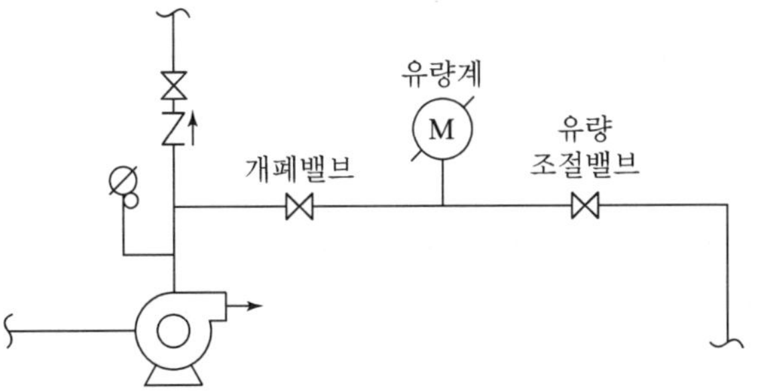

나) 체절운전 시 정격토출압력 140%를 초과하지 않고, 정격토출량 150%로 운전 시 정격토출압력의 65% 이상이 되는지를 확인하고자 함.

다) (1) 주배관 개폐밸브를 잠근다.
(2) 제어반에서 충압펌프의 기동정지
(3) 압력챔버 배수밸브를 열어 주펌프가 기동되면 잠그고, 이때 제어반에서 수동으로 주펌프 기동한다.
(4) 성능시험배관 상에 있는 개폐밸브 개방한다.
(5) 성능시험배관의 유량조절밸브를 서서히 개방하여 유량계를 통과하는 유량이 정격토출유량이 되도록 조정한다.
(6) 성능시험배관의 유량조절밸브를 조금 더 개방하여 유량계를 통과하는 유량이 정격토출유량의 150%가 되도록 조정한다.
(7) 성능시험배관상에 있는 유량계를 확인하여 펌프의 성능을 측정한다.
(8) 성능시험 측정 후 배관상 개폐밸브를 잠근 후 주밸브로 개방한다.
(9) 제어반에서 충압펌프 기동중지 해제한다.

04 가) 옥내소화전설비의 토출량(유량) Q (m³/min)는

$Q = N \times 130\ \mathrm{L/min} = 3 \times 130\ \mathrm{L/min} = 390\ \mathrm{L/min} = 0.39\ \mathrm{m^3/min}$ 이상

(옥내소화전설비의 N은 가장 많은 층의 소화전개수 최대 5개까지 적용함)

참고 단위환산

1 [mmAq] = 10^{-3} [mH_2O] = 10^{-3} [m] = 760 [mmHg]
= 10.332 [mH_2O] = 10332 [mmH_2O] = 10.332 [m]
1 [L/min] = 10^{-3} [m^3/min]
1 [HP] = 0.746 [kW]

나) 옥내소화전설비의 전양정 H는

$H = h_1 + h_2 + h_3 + 17 = 3.5 + (50 \times 0.25) + 50 + 17 = 83\ \mathrm{m}$ 이상

배관의 손실수두(h_2)는 실양정의 25%이므로 50×0.25 계산된다.

다) 전동기 용량 P (kW)는

$$P = \frac{0.163 \times 0.39\ \mathrm{m^3/min} \times 83\ \mathrm{m}}{0.65} \times 1 = 8.12\ \mathrm{kW}\ \text{이상}$$

참고 다른 공식으로 전동기용량 구하는 공식

1. 일반적인 설비 : 펌프, 물을 사용하는 설비

$$P = \frac{0.163QH}{\eta}K$$

여기서, P : 전동기의 용량(kW)
η : 효율
K : 여유계수
H : 전양정(m)
Q : 양수량(유량)(m^3/min)

2. 제연설비(배연설비) : 공기 또는 기류를 사용하는 설비, 환풍기

$$P = \frac{PtQ}{102 \times 60\eta}K$$

여기서, P : 배연기의 동력(kW)
Pt : 전압(풍압)(mmAq, mmH_2O)
Q : 풍량(m^3/min)
K : 여유율
η : 효율

라) $Q = 2.6N = 2.6 \times 3 = 7.8\ \mathrm{m^3}$ 이상

(옥내소화전설비의 N은 가장 많은 층의 소화전개수 최대 5개까지 적용함)

05 가) $Q = 2.6N = 2.6 \times 3 = 7.8\ \text{m}^3$ 이상

(N은 가장 많은 층의 소화전개수 최대 5개)

나) $Q = N \times 130\ \text{L/min} = 3 \times 130\ \text{L/min} = 390\ \text{mL/min}$ 이상

(N은 가장 많은 층의 소화전개수 최대 5개)

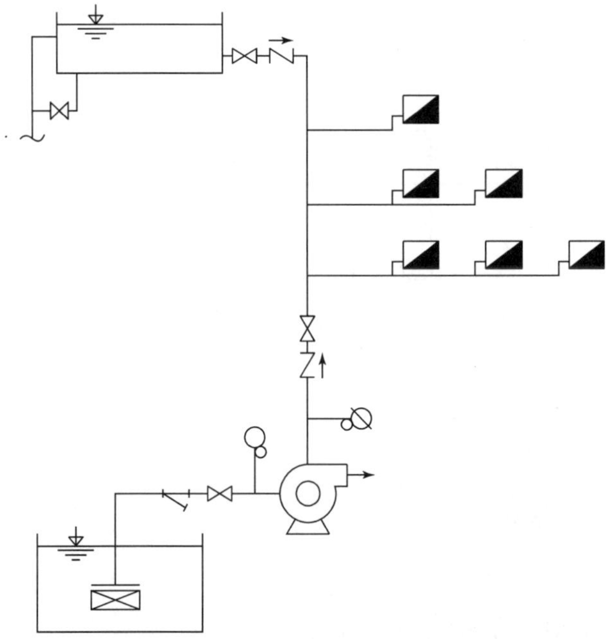

다) $H = h_1 + h_2 + h_3 + 17 = 39 + 12 + 17 = 68\ \text{m}$ 이상

(조건에서 $h_1 + h_2 = 39\ \text{m}$)

라) $P = \dfrac{0.163QH}{\eta}K = \dfrac{0.163 \times 0.39\ \text{m}^3/\text{min} \times 68\ \text{m}}{0.55} \times 1.1 = 8.65\ \text{kW}$ 이상

토출량(유량) $Q = 390\ \text{L/min} = 0.39\ \text{m}^3/\text{min}$

06 $\text{NPSH} = H_a - H_v + H_s - H_L = 10.33\ \text{m} - 0.95\ \text{m} + 0.8\ \text{m} - 0.3\ \text{m} = 9.88\ \text{m}$

H_a(대기압수두) : 10.33 m

H_v(수증기압수두) : 수증기압 70 mmHg

$H_v = \dfrac{70}{760} \times 10.332 = 0.95\ \text{m}$

H_s(압입수두) : 0.8 m(펌프에서 수원까지 수직거리)

H_L(마찰손실수두) : 0.3 m

참고	표준대기압		
1 atm	= 760 mmHg	= 1.0332 kg_f/cm^2	= 10.332 mH_2O(mAq)
	= 14.7 PSI(lb_f/in^2)	= 101.325 kPa(kN/m^2)	= 1013 mbar

참고

가) 흡입 NPSH(수조가 펌프보다 낮을 때)

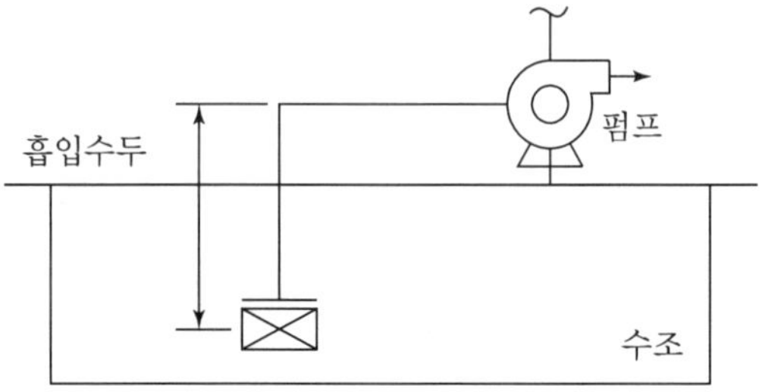

$$\text{NPSH} = H_a - H_v - H_s - H_L$$

여기서, NPSH : 유효흡입양정(m)
H_a : 대기압수두(m)
H_v : 수증기압수두(m)
H_s : 흡입수두(m)
H_L : 마찰손실수두(m)

나) 압입 NPSH(수조가 펌프보다 높을 때)

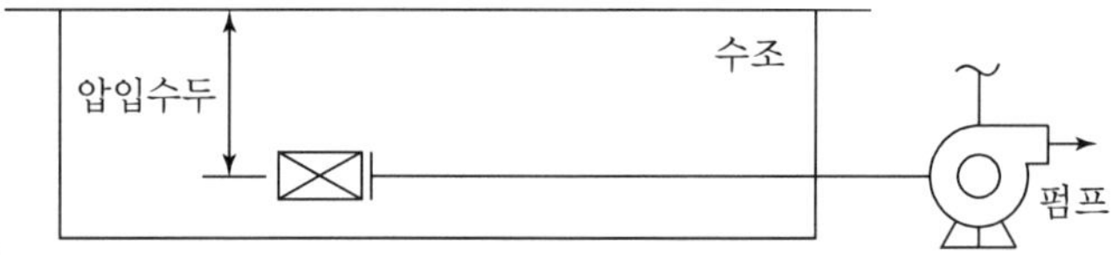

$$\text{NPSH} = H_a - H_v + H_s - H_L$$

여기서, NPSH : 유효흡입양정(m)
H_a : 대기압수두(m)
H_v : 수증기압수두(m)
H_s : 흡입수두(m)
H_L : 마찰손실수두(m)

07 가) 냉장창고의 냉장실 또는 냉동창고의 냉동실
나) 고온의 노가 설치된 장소 또는 물과 격렬하게 반응하는 물품의 저장 또는 취급 장소
다) 변전소 등으로서 전기시설이 설치된 장소

라) 식물원, 수조관, 목욕실, 수영장(관람석 제외) 또는 그 밖의 이와 비슷한 장소
마) 야외음악당, 야외극장 또는 그 밖에 이와 비슷한 장소

08 $$\Delta Pm = 6.174 \times 10^4 \times \frac{Q^2}{C^2 \times D^5} \times L$$

$$= 6.174 \times 10^4 \times \frac{300^2}{120^2 \times 40^5} \times 10 = 0.037 = 0.04\,\mathrm{MPa}$$

배관 입구 압력 = 배관 끝 압력 + 마찰손실압력
배관 끝 압력 = 배관 입구 압력 − 마찰손실압력 = $(0.4 - 0.04)\,\mathrm{MPa} = 0.36\,\mathrm{MPa}$

2. 옥외소화전설비

2.1 개요

옥외소화전설비는 건물의 아래층(1～2층)의 초기의 화재뿐만이 아니라 본격적인 화재에도 적합하게 되며, 인접한 건물로의 연소의 방지를 위해서 건축물 외부로부터의 소화작업을 실시를 하기 위하여 사용되는 설비로서 자위소방대가 사용을 하게 되는 것은 물론이고, 소방서의 소방대 또한 사용이 가능하도록 하게 된 소화설비를 말을 한다.

2.2 옥외소화전 종류

옥외소화전설비는 수원, 가압송수장치, 옥외소화전, 배관 등으로서 구성이 됨을 보이며, 옥내소화전설비와 거의 비슷한 면을 보이게 된다. 단, 화재 시에나 또는 인접한 건물의 연소에 대처를 하지 않게 되면 안 되기 때문에 옥내소화전설비에 비해서 그 방수압력이 높음을 보이고, 방수량 또한 많음을 보이며, 소화성능을 확대를 하게 된 것이다.

1) 옥외소화전 계통도

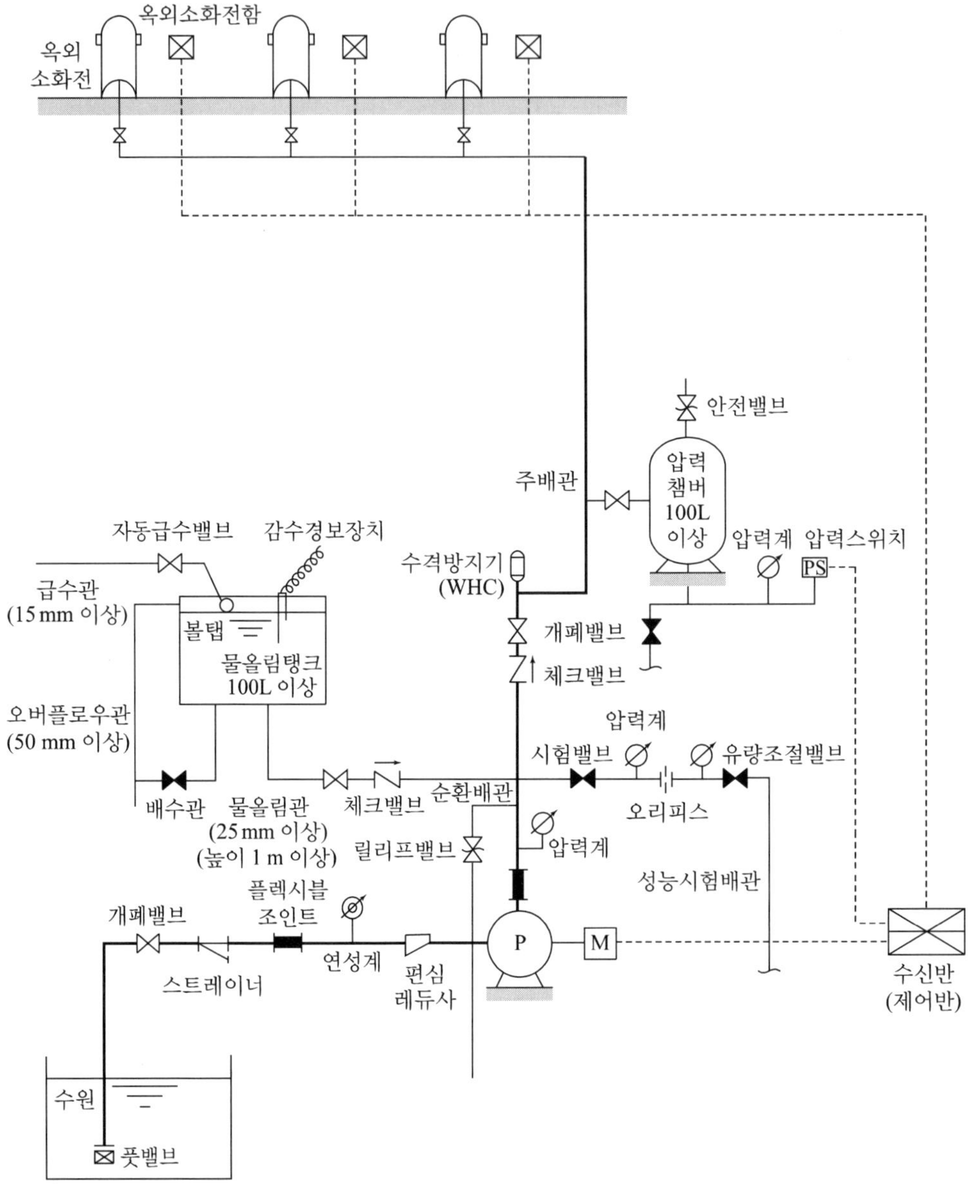

그림 2-3 옥외소화전 계통도

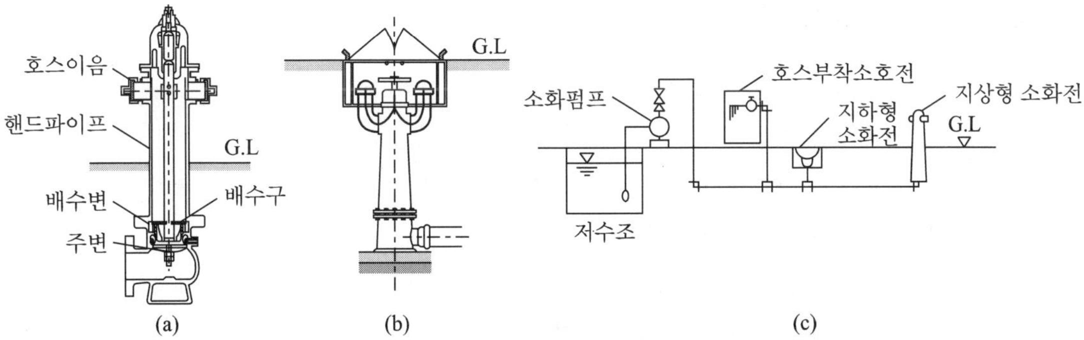

그림 2-4 (a) 지상형 (b) 지하형 (c) 옥외소화전설비 계통도

2) 연결송수관 송수구(사이어뮤즈코넥션)

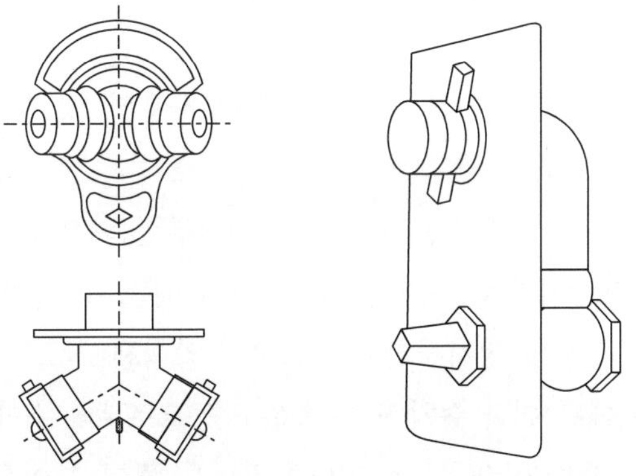

그림 2-5 연결송수관 송수구

3) 연결송수관 송수구

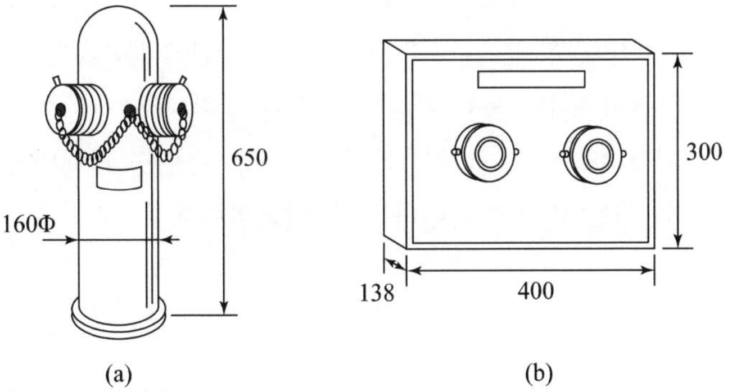

그림 2-6 (a) 송수구 스탠드 (b) 송수구 벽부착

2.3 용어의 정의 및 설치기준

1. "고가수조"란 구조물 또는 지형지물 등에 설치하여 자연낙차의 압력으로 급수하는 수조를 말한다.
2. "압력수조"란 소화용수와 공기를 채우고 일정압력 이상으로 가압하여 그 압력으로 급수하는 수조를 말한다.
3. "충압펌프"란 배관 내 압력손실에 따른 주펌프의 빈번한 기동을 방지하기 위하여 충압 역할을 하는 펌프를 말한다.
4. "연성계"란 대기압 이상의 압력과 대기압 이하의 압력을 측정할 수 있는 계측기를 말한다.
5. "진공계"란 대기압 이하의 압력을 측정하는 계측기를 말한다.
6. "정격토출량"이란 펌프의 정격부하운전 시 토출량으로서 정격토출압력에서의 토출량을 말한다.
7. "정격토출압력"이란 펌프의 정격부하운전 시 토출압력으로서 정격토출량에서의 토출측 압력을 말한다.
8. "개폐표시형 밸브"란 밸브의 개폐여부를 외부에서 식별이 가능한 밸브를 말한다.
9. "기동용수압개폐장치"란 소화설비의 배관 내 압력변동을 검지하여 자동적으로 펌프를 기동 및 정지시키는 것으로서 압력챔버 또는 기동용압력스위치 등을 말한다.
10. "급수배관"이란 수원 또는 송수구 등으로부터 소화설비에 급수하는 배관을 말한다.
11. "분기배관"이란 배관 측면에 구멍을 뚫어 2 이상의 관로가 생기도록 가공한 배관으로서 다음의 분기배관을 말한다.
    가. "확관형 분기배관"이란 배관의 측면에 조그만 구멍을 뚫고 소성가공으로 확관시켜 배관 용접이음자리를 만들거나 배관 용접이음자리에 배관이음쇠를 용접이음한 배관을 말한다.
    나. "비확관형 분기배관"이란 배관의 측면에 분기호칭내경 이상의 구멍을 뚫고 배관이음쇠를 용접 이음한 배관을 말한다.
12. "가압수조"란 가압원인 압축공기 또는 불연성 기체의 압력으로 소화용수를 가압하여 그 압력으로 급수하는 수조를 말한다.

1) 수원

① 옥외소화전설비의 수원은 그 저수량이 옥외소화전의 설치개수(옥외소화전이 2개 이상 설치된 경우에는 2개)에 7 m^3을 곱한 양 이상이 되도록 해야 한다.

② 옥외소화전설비의 수원을 수조로 설치하는 경우에는 소화설비의 전용수조로 해야 한다. 다만, 다음의 어느 하나에 해당하는 경우에는 그렇지 않다.

1. 옥외소화전설비용 펌프의 풋밸브 또는 흡수배관의 흡수구(수직회전축펌프의 흡수구를 포함한다. 이하 같다)를 다른 설비(소화용 설비 외의 것을 말한다. 이하 같다)의 풋밸브 또는 흡수구보다 낮은 위치에 설치한 때
2. 2) ②항에 따른 고가수조로부터 옥외소화전설비의 수직배관에 물을 공급하는 급수구를 다른 설비의 급수구보다 낮은 위치에 설치한 때

③ ①항에 따른 저수량을 산정함에 있어서 다른 설비와 겸용하여 옥외소화전설비용 수조를 설치하는 경우에는 옥외소화전설비의 풋밸브・흡수구 또는 수직배관의 급수구와 다른 설비의 풋밸브・흡수구 또는 수직배관의 급수구와의 사이의 수량을 그 유효수량으로 한다.

④ 옥외소화전설비용 수조는 다음의 기준에 따라 설치해야 한다.

1. 점검에 편리한 곳에 설치할 것
2. 동결방지조치를 하거나 동결의 우려가 없는 장소에 설치할 것
3. 수조의 외측에 수위계를 설치할 것. 다만, 구조상 불가피한 경우에는 수조의 맨홀 등을 통하여 수조 안의 물의 양을 쉽게 확인할 수 있도록 해야 한다.
4. 수조의 상단이 바닥보다 높은 때에는 수조의 외측에 고정식 사다리를 설치할 것
5. 수조가 실내에 설치된 때에는 그 실내에 조명설비를 설치할 것
6. 수조의 밑 부분에는 청소용 배수밸브 또는 배수관을 설치할 것
7. 수조의 외측의 보기 쉬운 곳에 "옥외소화전설비용 수조"라고 표시한 표지를 할 것. 이 경우 그 수조를 다른 설비와 겸용하는 때에는 그 겸용되는 설비의 이름을 표시한 표지를 함께 해야 한다.
8. 소화설비용 흡수배관 또는 소화설비의 수직배관과 수조의 접속부분에는 "옥외소화전설비용 배관"이라고 표시한 표지를 할 것. 다만, 수조와 가까운 장소에 소화설비용 펌프가 설치되고 해당 펌프에 2) ①항 제13호에 따른 표지를 설치한 때에는 그렇지 않다.

2) 가압송수장치

① 전동기 또는 내연기관에 따른 펌프를 이용하는 가압송수장치는 다음의 기준에 따라 설치해야 한다.

1. 쉽게 접근할 수 있고 점검하기에 충분한 공간이 있는 장소로서 화재 및 침수

등의 재해로 인한 피해를 받을 우려가 없는 곳에 설치할 것

2. 동결방지조치를 하거나 동결의 우려가 없는 장소에 설치할 것
3. 특정소방대상물에 설치된 옥외소화전(2개 이상 설치된 경우에는 2개의 옥외소화전)을 동시에 사용할 경우 각 옥외소화전의 노즐선단에서의 방수압력이 0.25 MPa 이상이고, 방수량이 350 L/min 이상이 되는 성능의 것으로 할 것. 다만, 하나의 옥외소화전을 사용하는 노즐선단에서의 방수압력이 0.7 MPa을 초과할 경우에는 호스접결구의 인입측에 감압장치를 설치해야 한다.
4. 펌프는 전용으로 할 것. 다만, 다른 소화설비와 겸용하는 경우 각각의 소화설비의 성능에 지장이 없을 때에는 그렇지 않다.
5. 펌프의 토출측에는 압력계를 체크밸브 이전에 펌프 토출측 플랜지에서 가까운 곳에 설치하고, 흡입측에는 연성계 또는 진공계를 설치할 것. 다만, 수원의 수위가 펌프의 위치보다 높거나 수직회전축펌프의 경우에는 연성계 또는 진공계를 설치하지 않을 수 있다.
6. 펌프의 성능은 체절운전 시 정격토출압력의 140 %를 초과하지 않고, 정격토출량의 150 %로 운전 시 정격토출압력의 65 % 이상이 되어야 하며, 펌프의 성능을 시험할 수 있는 성능시험배관을 설치할 것. 다만, 충압펌프의 경우에는 그렇지 않다.
7. 가압송수장치에는 체절운전 시 수온의 상승을 방지하기 위한 순환배관을 설치할 것. 다만, 충압펌프의 경우에는 그렇지 않다.
8. 기동장치로는 기동용수압개폐장치 또는 이와 동등 이상의 성능이 있는 것을 설치할 것. 다만, 아파트・업무시설・학교・전시시설・공장・창고시설 또는 종교시설 등으로서 동결의 우려가 있는 장소에 있어서는 기동스위치에 보호판을 부착하여 옥외소화전함 내에 설치할 수 있다.
9. 기동용수압개폐장치 중 압력챔버를 사용할 경우 그 용적은 100 L 이상의 것으로 할 것
10. 수원의 수위가 펌프보다 낮은 위치에 있는 가압송수장치에는 다음의 기준에 따른 물올림장치를 설치할 것
    가. 물올림장치에는 전용의 수조를 설치할 것
    나. 수조의 유효수량은 100 L 이상으로 하되, 구경 15 mm 이상의 급수배관에 따라 해당 수조에 물이 계속 보급되도록 할 것
11. 기동용수압개폐장치를 기동장치로 사용할 경우에는 다음의 기준에 따른 충압펌프를 설치할 것. 다만, 옥외소화전이 1개 설치된 경우로서 소화용 급수펌프로

도 상시 충압이 가능하고 다음 가목의 성능을 갖춘 경우에는 충압펌프를 별도로 설치하지 않을 수 있다.

가. 펌프의 토출압력은 그 설비의 최고위 호스접결구의 자연압보다 적어도 0.2 MPa 이상 더 크도록 하거나 가압송수장치의 정격토출압력과 같게 할 것

나. 펌프의 정격토출량은 정상적인 누설량보다 적어서는 안 되며, 옥외소화전설비가 자동적으로 작동할 수 있도록 충분한 토출량을 유지해야 한다.

12. 내연기관을 사용하는 경우에는 다음의 기준에 적합한 것으로 할 것

가. 내연기관의 기동은 제8호의 기동장치를 설치하거나 또는 소화전함의 위치에서 원격조작으로 가능하고 기동을 명시하는 적색등을 설치할 것

나. 제어반에 따라 내연기관의 자동기동 및 수동기동이 가능하고, 상시 충전되어 있는 축전지설비를 갖출 것

13. 가압송수장치에는 "옥외소화전펌프"라고 표시한 표지를 할 것. 이 경우 그 가압송수장치를 다른 설비와 겸용하는 때에는 그 겸용되는 설비의 이름을 표시한 표지를 함께 해야 한다.

14. 가압송수장치가 기동이 된 경우에는 자동으로 정지되지 않도록 할 것. 다만, 충압펌프의 경우에는 그렇지 않다.

15. 가압송수장치는 부식 등으로 인한 펌프의 고착을 방지할 수 있도록 다음의 기준에 적합한 것으로 할 것. 다만, 충압펌프는 제외한다.

가. 임펠러는 청동 또는 스테인리스 등 부식에 강한 재질을 사용할 것

나. 펌프축은 스테인리스 등 부식에 강한 재질을 사용할 것

② 고가수조의 자연낙차를 이용한 가압송수장치는 다음의 기준에 따라 설치해야 한다.

1. 고가수조의 자연낙차수두(수조의 하단으로부터 최고층에 설치된 소화전 호스접결구까지의 수직거리를 말한다)는 다음의 식에 따라 산출한 수치 이상 유지되도록 할 것

$H = h_1 + h_2 + 25$

여기서, H : 필요한 낙차(m)

h_1 : 호스의 마찰손실수두(m)

h_2 : 배관의 마찰손실수두(m)

2. 고가수조에는 수위계 · 배수관 · 급수관 · 오버플로우관 및 맨홀을 설치할 것

③ 압력수조를 이용한 가압송수장치는 다음의 기준에 따라 설치해야 한다.

1. 압력수조의 압력은 다음의 식에 따라 산출한 수치 이상 유지되도록 할 것

$P = p_1 + p_2 + p_3 + 0.25$

여기서, P : 필요한 압력(MPa)

p_1 : 호스의 마찰손실수두압(MPa)

p_2 : 배관의 마찰손실수두압(MPa)

p_3 : 낙차의 환산수두압(MPa)

2. 압력수조에는 수위계 · 급수관 · 배수관 · 급기관 · 맨홀 · 압력계 · 안전장치 및 압력저하 방지를 위한 자동식 공기압축기를 설치할 것

④ 가압수조를 이용한 가압송수장치는 다음의 기준에 따라 설치해야 한다.

1. 가압수조의 압력은 ①항 제3호에 따른 방수압 및 방수량을 20분 이상 유지되도록 할 것
2. 가압수조 및 가압원은 「건축법 시행령」 제46조에 따른 방화구획 된 장소에 설치할 것
3. 가압수조를 이용한 가압송수장치는 소방청장이 정하여 고시한 「가압수조식 가압송수장치의 성능인증 및 제품검사의 기술기준」에 적합한 것으로 설치할 것

3) 배관 등

① 호스접결구는 지면으로부터 높이가 0.5 m 이상 1 m 이하의 위치에 설치하고 특정소방대상물의 각 부분으로부터 하나의 호스접결구까지의 수평거리가 40 m 이하가 되도록 설치해야 한다.

② 호스는 구경 65 mm의 것으로 해야 한다.

③ 배관과 배관이음쇠는 다음의 어느 하나에 해당하는 것 또는 동등 이상의 강도 · 내식성 및 내열성 등을 국내 · 외 공인기관으로부터 인정받은 것을 사용해야 하고, 배관용 스테인리스 강관(KS D 3576)의 이음을 용접으로 할 경우에는 텅스텐 불활성 가스 아크 용접(Tungsten Inertgas Arc Welding)방식에 따른다. 다만, 3)에서 정하지 않은 사항은 「건설기술 진흥법」 제44조제1항의 규정에 따른 "건설기준"에 따른다.

1. 배관 내 사용압력이 1.2 MPa 미만일 경우에는 다음의 어느 하나에 해당하는 것
   가. 배관용 탄소 강관(KS D 3507)
   나. 이음매 없는 구리 및 구리합금관(KS D 5301). 다만, 습식의 배관에 한한다.
   다. 배관용 스테인리스 강관(KS D 3576) 또는 일반배관용 스테인리스 강관(KS D 3595)
   라. 덕타일 주철관(KS D 4311)

2. 배관 내 사용압력이 1.2 MPa 이상일 경우에는 다음의 어느 하나에 해당하는 것
   가. 압력 배관용 탄소 강관(KS D 3562)
   나. 배관용 아크용접 탄소강 강관(KS D 3583)

④ ③항에도 불구하고 다음의 어느 하나에 해당하는 장소에는 소방청장이 정하여 고시한 「소방용 합성수지배관의 성능인증 및 제품검사의 기술기준」에 적합한 소방용 합성수지배관으로 설치할 수 있다.

1. 배관을 지하에 매설하는 경우
2. 다른 부분과 내화구조로 구획된 덕트 또는 피트의 내부에 설치하는 경우
3. 천장(상층이 있는 경우에는 상층바닥의 하단을 포함한다. 이하 같다)과 반자를 불연재료 또는 준불연재료로 설치하고, 소화배관 내부에 항상 소화수가 채워진 상태로 설치하는 경우

⑤ 급수배관은 전용으로 해야 한다. 다만, 옥외소화전의 기동장치의 조작과 동시에 다른 설비의 용도에 사용하는 배관의 송수를 차단할 수 있거나, 옥외소화전설비의 성능에 지장이 없는 경우에는 다른 설비와 겸용할 수 있다.

⑥ 펌프의 흡입측 배관은 다음의 기준에 따라 설치해야 한다.

1. 공기 고임이 생기지 않는 구조로 하고 여과장치를 설치할 것
2. 수조가 펌프보다 낮게 설치된 경우에는 각 펌프(충압펌프를 포함한다)마다 수조로부터 별도로 설치할 것

⑦ 펌프의 성능시험배관은 다음의 기준에 적합하도록 설치해야 한다.

1. 성능시험배관은 펌프의 토출측에 설치된 개폐밸브 이전에서 분기하여 직선으로 설치하고, 유량측정장치를 기준으로 전단 직관부에는 개폐밸브를 후단 직관부에는 유량조절밸브를 설치할 것. 이 경우 개폐밸브와 유량측정장치 사이의 직관부 거리 및 유량측정장치와 유량조절밸브 사이의 직관부 거리는 해당 유량측정장치 제조사의 설치사양에 따르고, 성능시험배관의 호칭지름은 유량측정장치의 호칭지름에 따른다.
2. 유량측정장치는 펌프의 정격토출량의 175 % 이상까지 측정할 수 있는 성능이 있을 것

⑧ 가압송수장치의 체절운전 시 수온의 상승을 방지하기 위하여 체크밸브와 펌프 사이에서 분기한 구경 20 mm 이상의 배관에 체절압력 미만에서 개방되는 릴리프밸브를 설치할 것

⑨ 배관은 동결방지조치를 하거나 동결의 우려가 없는 장소에 설치해야 한다. 다만, 보온재를 사용할 경우에는 난연재료 성능 이상의 것으로 해야 한다.

⑩ 급수배관에 설치되어 급수를 차단할 수 있는 개폐밸브(옥외소화전방수구를 제외한다)는 개폐표시형으로 할 것. 이 경우 펌프의 흡입측 배관에는 버터플라이밸브 외의 개폐표시형 밸브를 설치해야 한다.

⑪ 배관은 다른 설비의 배관과 쉽게 구분이 될 수 있는 위치에 설치하거나, 그 배관표면 또는 배관 보온재표면의 색상은 「한국산업표준(배관계의 식별 표시, KS A 0503)」 또는 적색으로 식별이 가능하도록 소방용설비의 배관임을 표시해야 한다.

⑫ 확관형 분기배관을 사용할 경우에는 소방청장이 정하여 고시한 「분기배관의 성능인증 및 제품검사의 기술기준」에 적합한 것으로 설치해야 한다.

4) 소화전함 등

① 옥외소화전설비에는 옥외소화전마다 그로부터 5 m 이내의 장소에 소화전함을 다음의 기준에 따라 설치해야 한다.
   1. 옥외소화전이 10개 이하 설치된 때에는 옥외소화전마다 5 m 이내의 장소에 1개 이상의 소화전함을 설치해야 한다.
   2. 옥외소화전이 11개 이상 30개 이하 설치된 때에는 11개 이상의 소화전함을 각각 분산하여 설치해야 한다.
   3. 옥외소화전이 31개 이상 설치된 때에는 옥외소화전 3개마다 1개 이상의 소화전함을 설치해야 한다.

② 옥외소화전설비의 함은 소방청장이 정하여 고시한 「소화전함의 성능인증 및 제품검사의 기술기준」에 적합한 것으로 설치하되 밸브의 조작, 호스의 수납 등에 충분한 여유를 가질 수 있도록 할 것. 이 경우 연결송수관의 방수구를 같이 설치하는 경우에도 또한 같다.

③ 옥외소화전설비의 함에는 그 표면에 "옥외소화전"이라는 표시를 해야 한다.

④ 표시등은 다음의 기준에 따라 설치해야 한다.
   1. 옥외소화전설비의 위치를 표시하는 표시등은 함의 상부에 설치하되, 소방청장이 정하여 고시한 「표시등의 성능인증 및 제품검사의 기술기준」에 적합한 것으로 할 것
   2. 가압송수장치의 기동을 표시하는 표시등은 옥외소화전함의 상부 또는 그 직근에 설치하되 적색등으로 할 것. 다만, 자체소방대를 구성하여 운영하는 경우(「위험물안전관리법 시행령」 별표 8에서 정한 소방자동차와 자체소방대원의 규모를 말한다) 가압송수장치의 기동표시등을 설치하지 않을 수 있다.

2.4 옥내소화전 가압송수방식에 따른 분류

1) 가압송수장치

가압송수장치는 전동기를 구동장치로 사용하는 소화펌프가 가장 일반적으로 사용된다. 그러나 전기를 전원으로 하기 때문에 전원에 이상이 있을 경우에 펌프를 운전할 수 없는 문제점이 야기된다. 이를 해결하기 위하여 전원 이상 시에 비상전원을 공급할 수 있는 비상발전기를 별도로 설치하거나 전원의 이상 유무와 관계없이 축전지를 사용하여 항상 펌프를 기동할 수 있는 내연기관을 구동장치로 하는 디젤엔진구동 소화펌프를 설치한다.

2) 가압송수장치의 분류

옥내소화전설비에 규정된 방사조건으로 물을 공급하는 방식은 고자수조방식 및 압력수조방식, 펌프를 이용하는 방식으로 분류하고 있다.

옥내소화전의 노즐에서의 법정방수압력인 1.7 kg/cm^2 이상 7 kg/cm^2 이하를 확보하기 위한 가압송수장치는 다음과 같이 고가수조방식, 압력수조방식, 펌프방식의 3가지의 방식을 사용할 수 있으며 각각에 맞도록 양정을 계산하여 이에 적합하게 설치해야 한다.

가) 고가수조방식

"고가수조"라 함은 구조물 또는 지형지물 등에 설치하여 자연낙차의 압력으로 급수하는 수조를 말한다. 고가수조는 가압송수장치의 일종으로서 건축물의 옥상 또는 별도의 구축물 등에 설치되는 수원을 말한다. 낙차압력을 이용하여 옥내소화전설비에 규정된 방사조건으로 물을 공급하기 위해서는 방호대상물에 설치되는 옥내소화전 방수구의 위치보다 수원의 위치가 높아 중력에 의하여 수원의 자연낙차 압력을 이용하여 급수할 수 있는 위치에 설치되어야 한다. 그림 2-7 (a)와 같이 옥상 등 최상층부의 소화전함보다 높은 위치에 수조를 설치하고 고가수조의 바닥면에서부터 최상층 부분의 방수구까지의 높이를 낙차로 환산하여 필요한 법정방수압력을 확보하는 낙차이용 송수방식으로 옥내소화전설비 뿐만 아니라 물을 사용하는 모든 설비에 적용될 수 있다. 고가수조는 동절기 난방이 안 되는 장소에 설치되는 경우에는 동파방지조치를 해야 한다.

나) 압력수조방식

"압력수조"라 함은 소화용수와 공기를 채우고 일정압력 이상으로 가압하여 그 압력으로 급수하는 수조를 말한다. 압력수조는 가압송수장치의 일종으로 대형 압력탱크를 이용하여 옥내소화전설비에 규정된 방사조건의 물을 공급하는 가압송수장치이다. 압력수조방식은 압력탱크 내에 물을 압입하고 압력탱크 내의 압축된 공기압력에 의하여 송수하는 방식이다. 그림 2-7 (b)와 같이 압력수조를 수원 및 가압원으로 하며, 압력탱크의 2/3는 급수펌프에 의하여 상시 물이 공급되고 수조 내 상부의 1/3에 해당되는 부분은 공기압축기에 의하여 압축공기가 공급됨으로서 이 압축공기의 압력으로 방수구의 법정방수압력을 확보하는 가압송수방식으로 이 설비에는 반드시 급수펌프와 공기압축기가 부설되며, 주로 초대형 건물이나 대규모의 공장 등에 적용되는 경우가 많다. 고가수조 방식과 같이 물을 사용하는 소화설비에는 모두 적용될 수 있다. 이 방식은 압력탱크의 설치장소에 따르는 이점이 있지만 압력탱크 용량의 약 2/3 정도만 사용할 수 있고 방수와 동시에 수압이 감소되기 때문에 저수량의 모두를 유효수량으로 볼 수 없어 설계 시에 충분한 양의 수원을 확보할 수 있도록 해야 한다.

다) 펌프방식

소화전함의 방수구에서 법정방수압력을 확보하기 위하여 그림 2-7 (c)와 같이 펌프를 설치하고 이 펌프의 가압에 의하여 방수압력을 얻는 방식으로 일반적으로 가장 많이 적용되는 방식이므로 펌프방식과 관련하여 주요한 각 부분들에 대한 사항을 다음에서 상세히 나누어 설명하기로 한다.

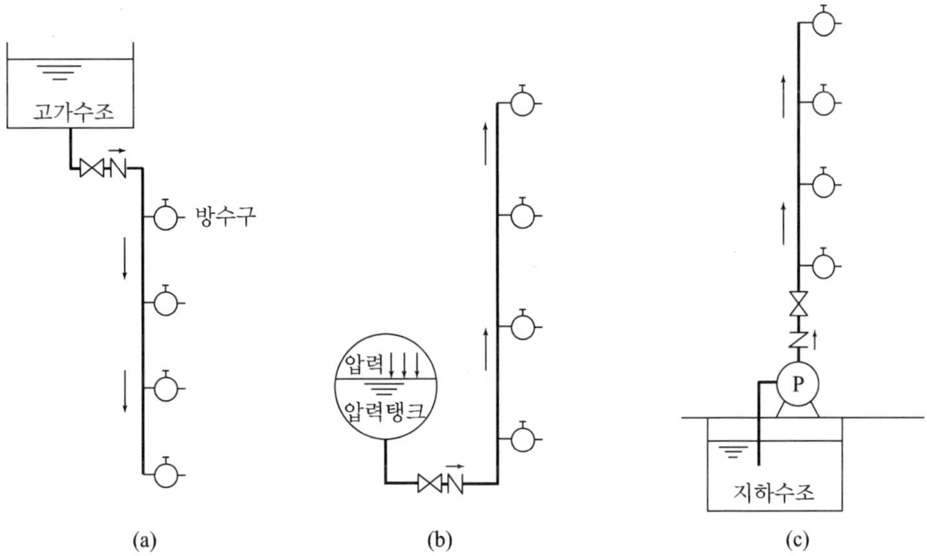

그림 2-7 (a) 고가수조방식 (b) 압력수조방식 (c) 펌프방식

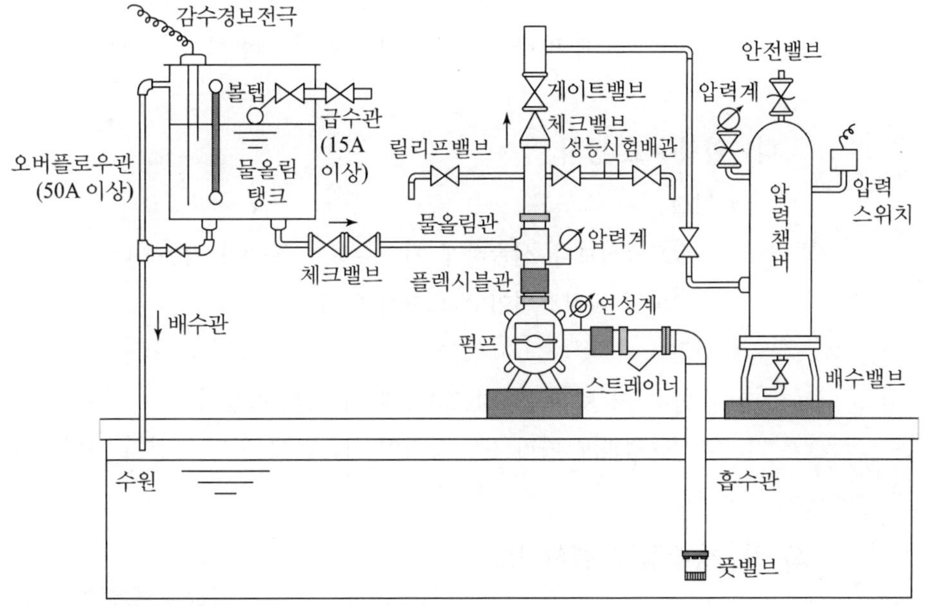

그림 2-8 펌프방식의 가압송수장치

3) 급수방식의 장단점 비교

가) 펌프방식

- 장점
  - 건물의 위치나 구조에 관계없이 설치가 가능하다.
  - 소요양정 및 토출량을 임의로 선정할 수 있다.
- 단점
  - 비상전원이 필요하다.
  - 보조펌프, 압력챔버 등 부대시설이 필요하다.

나) 고가수조 방식

- 장점
  - 가동부가 없으므로 가장 안전하고 신뢰성이 있는 방식이다.
  - 별도의 동력원 및 비상전원이 필요하지 않다.
- 단점
  - 최상층에도 규정압력이 발생하려면 건물 내부에는 설치가 곤란하다.
  - 지형지물에 따라 고가수조의 적용이 제한적으로 적용된다.

다) 압력수조 방식

- 장점
  - 펌프방식보다 신속하게 기준수량의 토출이 가능하다.
  - 별도의 비상전원이 필요하지 않다.
- 단점
  - 만수 시 탱크용량의 2/3밖에 저수할 수 없다.
  - 시간경과에 따라 방수압력이 감소하게 되므로 공기 가압장치가 필요하다.

4) 가압송수장치 설치장소

옥내소화전설비에 사용되는 가압송수장치의 성능시험, 보수 및 점검이 쉽도록 충분한 공간을 확보해야 한다. 특히 화재 및 침수 등의 재해로 인해 피해를 받을 우려가 없는 곳에 설치해야 한다.

가) 화재로부터 안전한 공간

건물의 다른 부분과 방화구획이 되어야 하며 펌프실 내에서도 화재의 발생 위험이 있는 장비나 공간으로부터 충분한 보호설비를 갖추어야 한다.

나) 침수의 위험성이 없는 장소

화재가 발생하면 어떤 경우에도 소화펌프는 기동되어 물을 공급해야 한다. 소화펌프는 홍수 등의 자연재해에도 침수 우려가 없는 장소에 설치하도록 한다. 고층건물로 불가피하게 지하층에 소화펌프를 설치하는 경우 충분한 배수시설을 설치한다.

특히, 펌프의 성능시험 시 펌프실의 바닥으로 방류하도록 설치한 경우 펌프실내 배수시설의 용량이 적어 배수가 원활하게 이루어지지 않는 경우가 발생한다. 이러한 경우 펌프성능시험 시 배출되는 용량을 고려하여 충분한 배수용량을 갖추도록 한다.

다) 동결방지조치

가압송수장치는 항상 내부에 소화용수가 충전되어 있으므로, 동결이 되지 않는 장소에 설치하거나동절기에 얼지 않도록 난방 또는 보온 등의 조치를 한다.

펌프실은 적절한 조명과 보온, 배수시설 그리고 통풍이 고려되어야 한다. 펌프가 설치되는 장소의 경우 난방을 고려하거나 보온 등의 조치를 해야 한다.

특히, 건물 내부의 지하층이 아닌 옥외에 별도 펌프실을 만드는 경우 보온에 특히 유의하여야 하며 일반적으로 마감하는 보온테이프 방식보다 함석으로 마감하는 보온 방식이 유리하다.

5) 내연기관을 사용하는 경우

옥내소화전설비의 가압송수장치로 내연기관(주로 디젤엔진을 사용)을 사용하는 경우에 기동용수압개폐장치를 이용하여 자동기동이 되도록 하고, 또한 제어반(펌프실의 제어반 및 화재 수신반)에서도 유사 시 수동으로 기동할 수 있어야 하며, 기동 시에는 제어반에서 펌프가 기동되었는지 여부를 확인할 수 있어야 한다.

또한 항상 내연기관 구동 펌프가 기동될 수 있도록 축전지는 상시 충전할 수 있는 구조의 축전지설비를 갖추어야 한다.

6) 내연기관의 개요

가) on-off기동방식이나 압력챔버에 의한 자동기동방식으로 기동

나) 엔진과 펌프가 일체로 된 형태로 내연기관에 의한 가압송수장치

다) 특징

1) 엔진과 펌프가 일체
2) 전선의 연결이 없다
3) 고장 확률 작다
4) 정전에 관계없이 사용할 수 있기 때문에 비상용으로 많이 설치. 소규모 건물의 옥내소화전, 스프링클러를 설치 시 발전기 없이 엔진펌프 설치
5) 고가수조 미설치 건물
6) 비상전원에 준하는 배터리 관리
7) 환기 및 급, 배기 장치
8) 주펌프와 동등 이상의 성능이 있는 별도의 펌프로서 내연기관의 기동에 따르거나 비상전원을 연결하여 설치한 경우

2.5 소화전함

1) 옥외소화전설비에는 옥외소화전마다 그로부터 5 m 이내의 장소에 소화전함을 설치해야 한다.
   - 10개 이하 : 소화전마다 1개 이상
   - 11개 이상 30개 이하 : 11개 이상의 함을 각각 분산 설치
   - 31개 이상 : 소화전 3개마다 1개 이상
2) 호스의 구경은 65 mm의 것으로 한다.
3) 함의 표면에는 "옥외소화전"이라고 표시를 하고, 가압송수장치 기동표시의 적색등을 설치해야 한다.

2.6 설치대상의 산정

「소방시설 설치 및 관리에 관한 법률 시행령」 별표 4에서 정하는 특정소방대상물로 하는데 1층 및 2층의 바닥면적 합계 산정 시에는 연소의 우려가 있는 구조인 경우 이를 하나의 특정소방대상물로 산정해야 한다.

참고

소방시설 설치 및 관리에 관한 법률 시행규칙 제17조(연소 우려가 있는 건축물의 구조)

건축물대장의 건축물 현황도에 표시된 대지경계선 안에 2 이상의 건축물이 있는 경우로서 각각의 건축물이 다른 건축물의 외벽으로부터 수평거리가 1층의 경우에는 6 m 이하, 2층 이상의 층의 경우에는 10 m 이하이고, 개구부가 다른 건축물을 향하여 설치된 구조를 말한다.

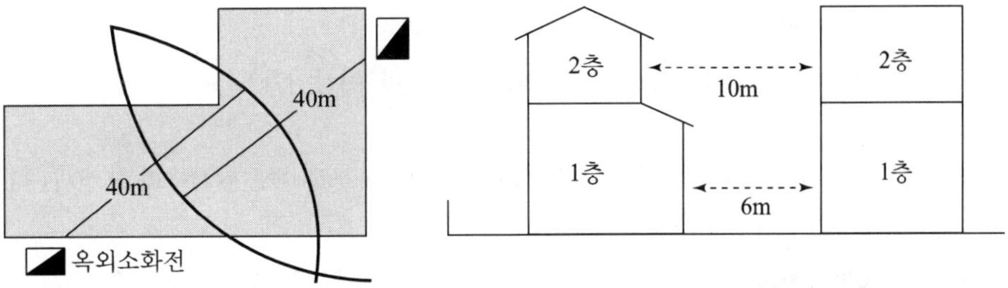

그림 2-9 수평거리 및 바닥면적 산정

연습문제

01 옥외소화전설비에 대한 다음 물음에 답하시오.

가) 방수압력(MPa)과 방수량(L/min)은 얼마인가?

나) 펌프방식의 전양정 산출식을 쓰고 설명하시오.

다) 노즐 구경(mm)은 얼마인가?

02 어떤 특정소방대상물의 소화설비로 옥외소화전을 7개 설치하였다. 다음 물음에 서술하시오.

가) 수원의 저수량(m^3)은 얼마 이상인가?

나) 가압송수장치의 토출량(L/min)은 얼마 이상인가?

03 어떤 특정소방대상물의 소화설비로 옥외소화전을 3개 설치하려고 한다. 다음의 조건을 참조하여 답하시오.

조건

(1) 옥외소화전은 지상용 A형을 사용한다.
(2) 펌프에서 옥외소화전까지의 직관길이는 150 m이고 관 내경은 100 mm이다.
(3) 모든 규격치는 최소량을 적용한다.

가) 수원의 저수량(m^3)은 얼마 이상인가?

나) 가압송수장치의 토출량(L/min)은 얼마 이상인가?

다) 직관 부분에서의 마찰손실수두(m)는 얼마인가? (단, 달시－워서 식 사용하고 마찰손실계수는 0.02이다.)

04 5층 건물에 옥외소화전을 5개 설치하였으며 펌프의 실양정은 37 m이었다. 또한 배관의 마찰손실과 관 부속품, 소방호스의 마찰손실수두의 합은 16 m이며 송수펌프의 효율이 60%인 것을 사용하였으며, 지하실에는 그림과 같이 할로겐 소화설비를 하였을 경우 물음에 답하시오.

가) 펌프의 전양정(m)은 얼마인가?

나) 필요한 수원의 양(m^2)은 얼마인가?

다) 펌프의 토출량(L/min)은 얼마 이상인가?

라) 펌프의 전동기용량 P는?

해답

01 가) 방수압력 0.25 MPa, 방수량 350 L/min

나) $H \geq h_1 + h_2 + 25$

여기서, H : 전양정(m)

h_1 : 소방 호스의 마찰손실수두(m)

h_2 : 배관 및 관부속품의 마찰손실수두(m)

다) 옥외소화전 19 mm

02 가) $Q = 7N = 7 \times 2 = 14\ \text{m}^3$ 이상(옥외 소화전개수 최대 2개)

나) $Q = N \times 350\,\text{L/min} = 2 \times 350\ \text{L/min} = 700\ \text{L/min}$ 이상

03 가) $Q = 7N = 7 \times 2 = 14\ \text{m}^3$ 이상(옥외 소화전개수 최대 2개)

나) $Q = N \times 350\,\text{L/min} = 2 \times 350\,\text{L/min} = 700\,\text{L/min}$ 이상

다) $H = \dfrac{flv^2}{2gD}$

여기서, H : 마찰손실수두(m)

f : 마찰손실계수

L : 길이(m)

V : 유속(m/s)

g : 중력가속도(9.8m/s^2)

D : 내경(m)

$Q = AU$ 공식을 사용해서 풀면 유속 V는

$Q = AU$에서 $A = \dfrac{\pi}{4}(D)^2$

$$V = \frac{Q}{A} = \frac{700\,\text{L/min}}{\frac{\pi}{4}(0.1\,\text{m})^2} = \frac{0.7\,\text{m}^3/60\,\text{s}}{\frac{\pi}{4}(0.1\,\text{m})^2} = 1.485 = 1.49\ /\text{sec}$$

마찰손실수두 H는

$$H = \frac{flv^2}{2gD} = \frac{0.02 \times 150\,\text{m} \times (1.49\,\text{m/s})^2}{2 \times 9.8\,\text{m/s}^2 \times 0.1\,\text{m}} = 3.398 = 3.4\,\text{m}$$

04 가) $H = h_1 + h_2 + h_3 + 25 = 16 + 37 + 25 = 78\,\text{m}$

여기서, H : 전양정(m)

h_1 : 소방 호스의 마찰손실수두(m)

h_2 : 배관 및 관부속품의 마찰손실수두(m)

h_3 : 실양정(흡입양정+토출양정배관)(m)

나) $Q = 7N = 7 \times 2 = 14\,\text{m}^3$ 이상(옥외 소화전개수 최대 2개)

다) $Q = N \times 350\,\text{L/min} = 2 \times 350\,\text{L/min} = 700\,\text{L/min}$ 이상

라) $P = \dfrac{0.163\,QH}{\eta}K = \dfrac{0.163 \times 700\,\text{L/min} \times 78\,\text{mm}}{0.6} \times 1$

$= \dfrac{0.163 \times 0.7\,\text{m}^3/\text{min} \times 78\,\text{m}}{0.6} \times 1 = 14.83 = 14.83\,\text{kW}$ 이상

$$P = \frac{0.163\,QH}{\eta}K$$

여기서, P : 전동기의 용량(kW)

η : 효율

K : 여유계수

H : 전양정(m)

Q : 양수량(유량)(m^3/min)

3. 스프링클러설비

3.1 개요

스프링클러설비는 특정소방대상물의 화재를 자동으로 감지하여 소화작업을 실시하는 자동식 물소화설비의 일종으로서 수원 및 가압송수장치, 유수검지장치, 스프링클러헤드, 배관 및 밸브류 등으로 구성되어 있다. 특정소방대상물에 화재가 발생하여 온도가 상승하게 되면 스프링클러헤드의 감열체 또는 화재감지기 등 화재감지장치가 작동하여 배관 내의 가압수가 스프링클러헤드로 방사되어 소화작업을 하는 설비이다.

스프링클러설비의 화재안전기술기준(NFTC 103)에서는 스프링클러설비의 설치유지 및 안전관리에 필요한 사항을 포괄적으로 규정하고 있으며, 특수목적용으로 사용되는 화재조기진압용 스프링클러설비 및 간이스프링클러설비는 설비의 효율적인 설치유지 및 안전관리를 위하여 별도의 기준[화재조기진압용 스프링클러설비 NFTC (103B), 간이스프링클러설비 NFTC(103A)]을 정하여 운영하고 있다.

3.2 스프링클러설비의 장단점

1) 장점

가) 초기화재에 적합하다.

나) 소화약제가 물이기 때문에 경제적이다.

다) 감지부가 기계적이므로 오보 및 오동작이 적다.

라) 조작이 쉽고 안전하다.

마) 자동적으로 화재감지 및 소화하기 때문에 사람이 없을 때에도 효과적이다.

사) 화재 진화 후 복구가 용이하다.

2) 단점

가) 초기 설치비용이 크다.

나) 타 설비보다 시공이 복잡하다.

다) 물로 인한 피해가 크다.

3.3 설치 대상

스프링클러의 설치 대상은 보통 화재로 막대한 경제적 손실을 입을 우려가 큰 대형창고, 고층건물, 지하상가, 공장, 복지시설, 병원 호텔, 백화점 등 일단 화재가 발생하면 대량 인명과 관련된 사태가 우려되는 곳에서 사용한다.

3.4 소방시설 설치 및 관리에 관한 법률 시행령

특정소방대상물	스프링클러 적용기준	비고
1. 6층 이상인 특정소방대상물		모든 층
2. 기숙사(교육연구시설·수련시설 내에 있는 학생 수용을 위한 것) 또는 복합건축물	연면적 5,000 m^2 이상	모든 층
3. 문화 및 집회시설(동·식물원 제외), 종교시설(주요구조부가 목조인 것 제외), 운동시설(물놀이형 시설 및 바닥이 불연재료이고 관람석이 없는 운동시설 제외)	가. 수용인원 100명 이상 나. 영화상영관 용도로 쓰는 층의 바닥면적 - 지하층, 무창층 : 500 m^2 이상 - 그 밖의 층 : 1,000 m^2 이상 다. 무대부 면적 - 지하층, 무창층, 4층 이상의 층 : 300 m^2 이상 - 그 밖의 층 : 500 m^2 이상	모든 층
4. 판매시설, 운수시설 및 창고시설(물류터미널 한정)	가. 바닥면적 합계 5,000 m^2 이상 나. 수용인원 500명 이상	모든 층
5. 근린생활시설(조산원, 산후조리원), 의료시설(정신의료기관, 종합병원, 병원, 치과병원, 한방병원 및 요양병원), 노유자 시설, 숙박이 가능한 수련시설, 숙박시설	바닥면적 합계 600 m^2 이상	모든 층
6. 창고시설(물류터미널 제외)	바닥면적 합계 5,000 m^2 이상	모든 층
7. 지하층·무창층(축사 제외) 또는 4층 이상인 층	바닥면적 1,000 m^2 이상	해당 층
8. 랙식 창고(rack warehouse)	천장 또는 반자 높이 10 m 초과하고, 랙이 설치된 층 바닥면적 합계 1,500 m^2 이상	모든 층

9. 공장 또는 창고시설	가. 정하는 수량의 1,000배 이상의 특수가연물을 저장·취급하는 시설 나. 중·저준위방사성폐기물의 저장시설 중 소화수를 수집·처리하는 설비가 있는 저장시설	
10. 지붕 또는 외벽이 불연재료가 아니거나 내화구조가 아닌 공장 또는 창고시설	가. 4.에 해당하지 않는 창고시설로서 바닥면적의 합계 2,500 m^2 이상이거나 수용인원 250명 이상 나. 6.에 해당하지 않는 창고시설로서 바닥면적의 합계 2,500 m^2 이상 다. 7.에 해당하지 않는 공장 또는 창고시설로서 바닥면적 500 m^2 이상 라. 8.에 해당하지 않는 랙식 창고로서 바닥면적 750 m^2 이상 마. 9.의 가.에 해당하지 않는 공장 또는 창고시설로서 정하는 수량의 500배 이상의 특수가연물을 저장·취급하는 시설	모든 층
11. 교정 및 군사시설	가. 보호감호소, 교도소, 구치소 및 그 지소, 보호관찰소, 갱생보호시설, 치료감호시설, 소년원 및 소년분류심사원의 수용거실 나. 보호시설(외국인보호소 경우 보호대상자의 생활공간으로 한정)로 사용하는 부분(임차건물에 있는 경우 제외) 다. 유치장	해당 장소
12. 지하가(터널 제외)	연면적 1,000 m^2 이상	
13. 발전시설 중 전기저장시설		
14. 1.~13.의 특정소방대상물에 부속된 보일러실 또는 연결통로 등		

가스시설 및 지하구는 제외한다.

3.5 스프링클러설비의 종류

1) 습식 스프링클러설비(Wet Pipe System)

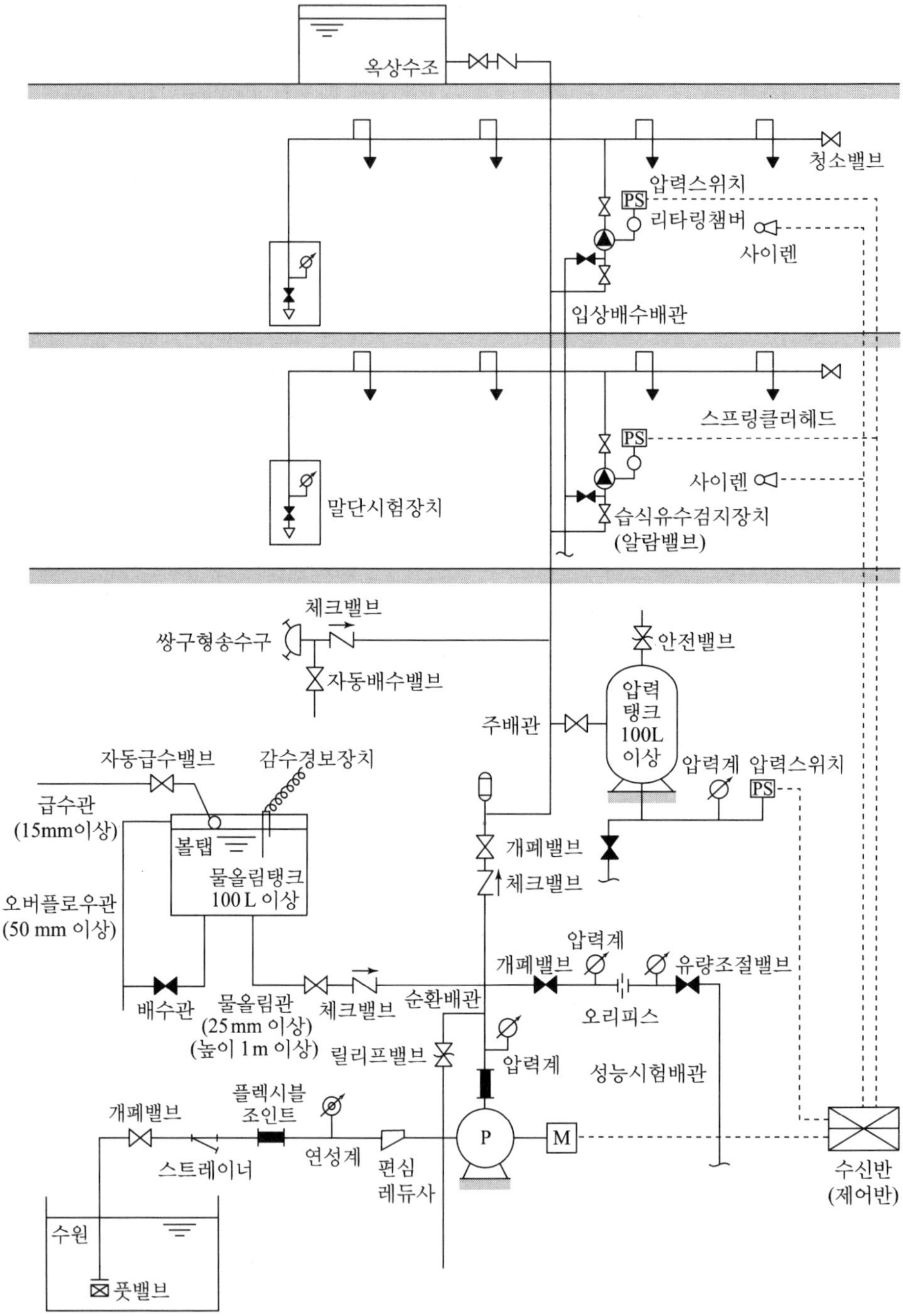

그림 2-10 습식 스프링클러설비 계통도

가압송수장치는 자동기동방식(기동용 수압개폐장치)의 옥내소화전설비의 가압송수장치와 동일하며, 작동원리는 말단의 폐쇄형헤드까지 전 배관에 압력수를 가압시켜 놓고 화재가 발생되면 폐쇄형헤드의 감열부분이 열에 의해 녹아떨어지면서 헤드를 개방시켜 화재부위에 방수되고, 배관 내 압력이 감소됨에 따라 유수검지장치(경보체크밸브, 자동경보밸브)가 작동되면서 경보를 발령하고 수신반에 화재표시등이 점등된다. 완전소화 후에는 유수검지장치의 1차측 주밸브를 폐쇄시켜 수류를 차단하고 수신반을 복구한 후 개방된 헤드를 다시 폐쇄형헤드로 교체시켜야 한다.

스프링클러설비의 가압송수장치는 옥내소화전설비의 가압송수장치를 참고하고 본 장에서는 유수검지장치 이후의 구성부분을 나누어 설명하기로 한다.

가) 유수검지장치

유수검지장치로는 자동경보밸브, 패들형 유수검지기, 유수작동밸브, 오리피스형 유수검지기 등이 있으나 알람밸브(Alarm Valve)라 불리는 자동경보밸브가 가장 많이 사용된다.

(1) 자동경보밸브(경보체크밸브)

유수검지장치는 하나의 방호구역마다 설치되는데 유수검지장치의 1차측에는 바로 가압송수장치가 연결되어 가압수를 계속 공급하고 있는 상태로 그림상의 압력계는 알람밸브를 중심으로 1차측(가압송수장치측)과 2차측(헤드측)에 각 1개씩 부착되어 항상 같은 압력치를 지시하고 있다가 헤드가 개방되면 2차측의 압력이 감소되면서 알람밸브가 개방되어 수신반에 화재표시등을 점등시킴과 동시에 경보를 발령하게 된다. 자동경보밸브(경보체크밸브)의 구조 및 동작은 그림 2-11 (b)와 같다. 평상시에는

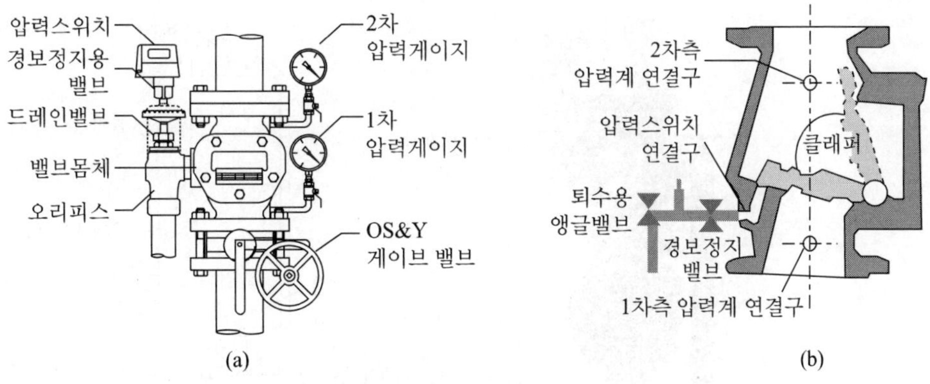

그림 2-11 (a) 자동경보밸브 (b) 자동경보밸브의 동작

작동 전의 그림과 같이 클래퍼가 닫혀져 있으며 펌프측과 헤드측의 압력이 동일하게 유지된다.

① 리타딩챔버

알람밸브에 연결된 리타딩챔버는 알람밸브의 클래퍼가 조금만 열려도 압력수가 흘러 들어가게 되는데 이때 그림 2-12의 오리피스(Orifice)에서 소량의 물은 자동적으로 배수되며, 일시에 많은 물이 유입되어 용량전체가 포화되게 되면 상단부의 압력스위치나 워터 모터공으로 압력수가 전달된다. 리타딩챔버는 이러한 동작과정 중간에 설치되어 작동을 지연하게 된다. 리타딩챔버의 용량은 약 1 L 정도로 쓰이나 제품의 제작에 따라 다소 차이가 있다.

알람밸브의 2차측의 압력이 감소되어 1차측 압력에 의해 클래퍼가 열려서 그림 2-11 (b)의 작동 후와 같은 상태가 되면 유입구의 배관을 따라서 리타딩챔버로 압력수가 흘러들어가게 된다.

리타딩챔버의 기능은 누수로 인한 유수검지장치의 오동작을 방지하기 위한 안전장치로 지속적이 아닌 순간적 압력을 상부에 연결되어 있는 압력스위치에 전달되지 않게 함으로써 오보를 막아주고 과도한 압력은 오리피스를 통해서 외부로 배출시켜줌으로써 안전밸브의 역할도 하여 배관 및 압력스위치의 손상을 막고 보호해주는 순간동요압력 조정실 역할을 한다. 일반적으로 20초 정도는 압력스위치 작동을 지연시킬 수 있다.

그러나 최근에 시공되는 설비에서는 이러한 리타딩챔버를 생략하고 압력스위치를 바로 연결시키는 경우가 많은데 이와 같은 설비에서는 압력스위치 내부에 지연타이머를 부착하여 접점이 이루어지더라도 작동을 지연시켜서 오보를 방지하도록 하고 있다.

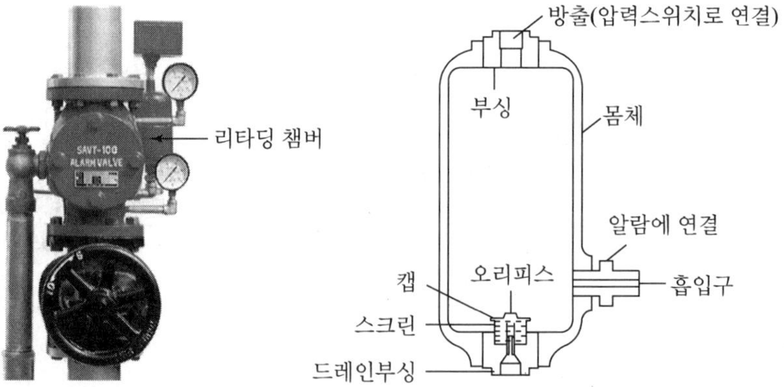

그림 2-12 **리타딩챔버**

② 압력스위치

리타딩챔버 상단 또는 알람밸브와 직접 연결된 압력스위치는 가압수가 압력스위치에 도달하면 압력스위치의 벨로우즈를 가압하여 접점을 이루어서 회로를 연결시킴으로써 수신부에 화재표시 및 경보를 발령시키게 된다. 벨로우즈는 고무튜브나 알루미늄튜브형식으로 되어있다.

압력스위치는 제어반의 펌프 및 수신반과 연결되어 펌프를 직접 가동시키는 방식과 단순히 작동에 의하여 경보와 수신반에 화재표시만 되게 하고 펌프의 기동 자체는 배관 내의 감압에 따라 기동용 수압개폐장치에 의한 작동으로 하는 방식의 2가지가 있으나 주로 기동용 수압개폐장치방식의 것이 통용되고 있다.

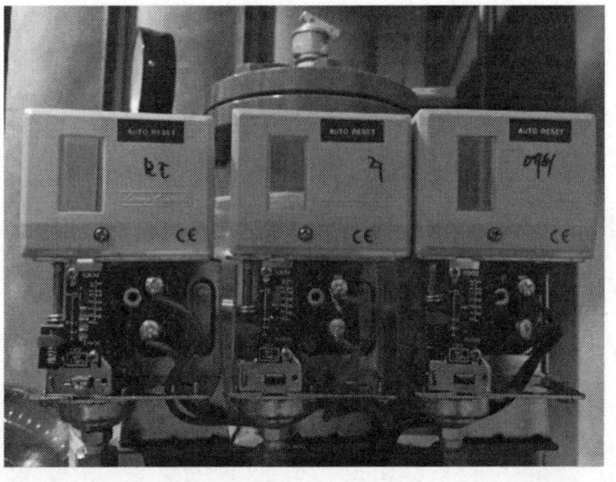

그림 2-13 압력스위치

(2) 패들(Paddle)형 유수검지장치

배관 내에 패들을 부착시켜 유수에 의하여 패들의 위치가 변동됨에 따라 접점을 이루면 회로가 연결되고 경보가 발령되어 유수를 신호한다.

(3) 유수작동밸브

이것은 체크밸브의 구조로서 유수 시 밸브의 작동으로 유수 신호를 발하게 되는데 이 밸브에는 마이크로스위치가 설치되어 있어 밸브가 유수에 의하여 개방될 때 마이크로스위치가 작동되면 이 신호가 수신반으로 전달되어 경보 및 화재를 표시하게 된다. 이와 같은 유수검지장치 중에서 최근에 가장 많이 통용되는 것은 자동경보밸브(알람밸브)이다.

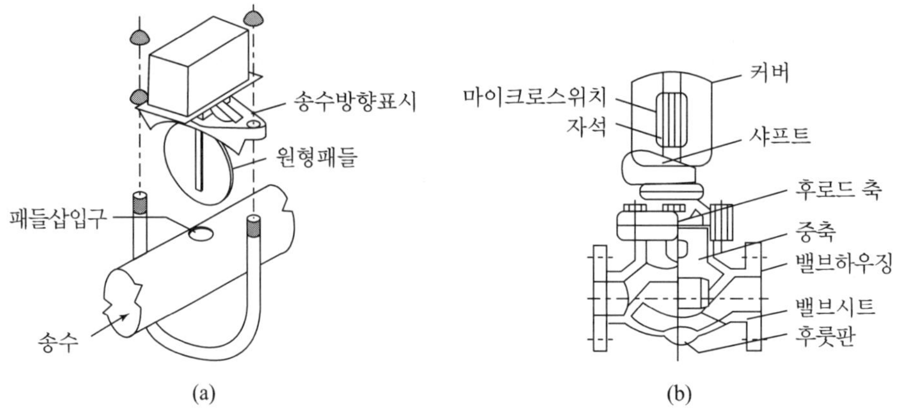

그림 2-14 (a) 패들형 유수검지장치 (b) 유수작동밸브

(4) 장점

① 감지가 없는 설비로서 구조가 간단하다.

② 화재발생 시에 물이 즉시 방사되어 소화에는 가장 신뢰성이 있는 설비이다.

(5) 단점

① 배관이 동결우려가 있는 장소에는 설치할 수 없다.

② 배관의 누수 등으로 물의 피해가 우려되는 장소에는 부적합하다.

③ 화재발생시 준비작동식보다 경보를 늦게 발한다.

2) 준비작동식 스프링클러설비

수조에서부터 준비작동식밸브 1차측까지는 배관 내에 가압수가 들어 있으며, 밸브 2차측부터 폐쇄형헤드까지는 대기압 또는 저압의 공기가 들어 있는 빈 배관으로서 화재발생으로 감지기가 작동하면 화재경보가 발생하며 닫혀 있던 프리액션밸브가 열리면서 배관 내의 가압수가 빈 배관으로 흘러 들어간다. 화재의 열기에 의하여 폐쇄형헤드가 개방되며 배관에 들어 있는 물이 개방된 헤드로 방수되어 화재를 소화한다.

가) 장점

(1) 동파의 우려가 있는 추운 장소에 설치할 수 있다(프리액션밸브 1차측까지 물이 차 있는 배관 및 프리액션밸브를 보온재로 보온조치를 하면 동파의 우려가 있는 장소에도 설치할 수 있다).

(2) 초기화재에도 빨리 경보음을 발한다(화재의 감지를 감지기가 하므로 열이나 연기의 발생에서 초기에 경보음을 발생한다. 습식이나 건식설비는 감지기를 설치하지 않지만 준비작동식은 프리액션밸브의 기동용 감지기를 설치하므로 경보음이나 건식설비보다 빨리 작동된다).

나) 단점

(1) 설비가 복잡하며 설치비가 많이 든다.
(2) 고장의 우려 및 화재 시에 작동에 대한 신뢰성이 낮다(습식이나 건식설비와는 달리 기동용 감지기와 프리액션밸브를 작동의 우려는 많을 수밖에 없으며 또한 습식이나 건식설비는 기계적인 작동시스템이지만 프리액션밸브는 솔레노이드밸브의 전기적인 시스템이므로 고장이 일어날 가능성이 많으며 이에 대한 작동의 신뢰성은 습식이나 건식설비보다 낮을 수밖에 없다).
(3) 복잡한 설비로서 관리가 힘들다.

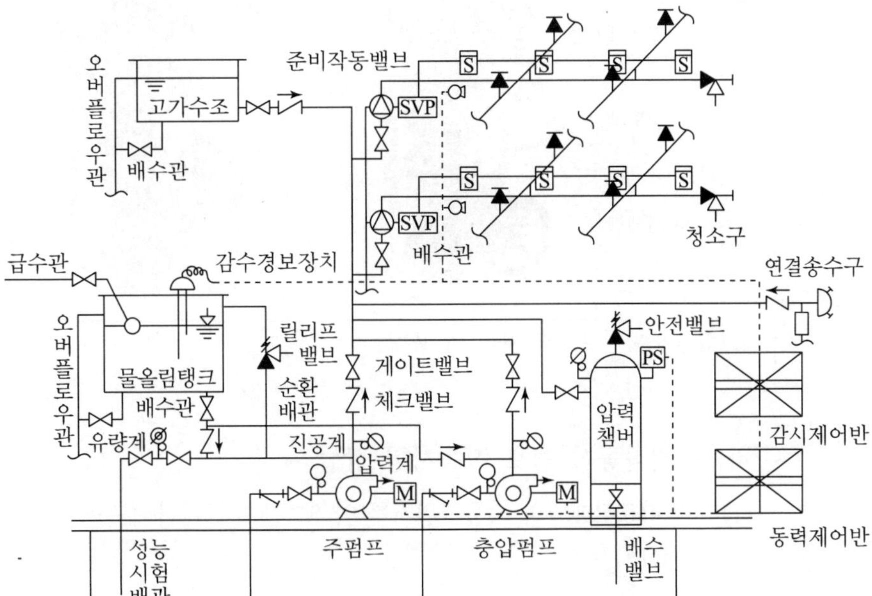

그림 2-15 준비작동식 계통도

다) 준비작동식 밸브 세팅(복구)방법

(1) ⑤ 복구핸들을 시계방향으로 돌려 클래퍼를 닫아준다.
(2) 1차측 개폐밸브 ①, ②, ④를 잠근다.
(3) ③ 전동밸브의 레버를 Close위치로 복구 시킨다.
(4) ① 세팅밸브를 연다.
(5) 1차 압력계 작동 확인을 한다.
(6) 1차측 개폐밸브를 서서히 연다(개방유지).
(7) 2차측 압력계 "0"표시이며, 경보신호가 없고 2차측으로의 누수현상이 없으며 정상
(8) ① 세팅밸브를 닫으면 작동준비 완료

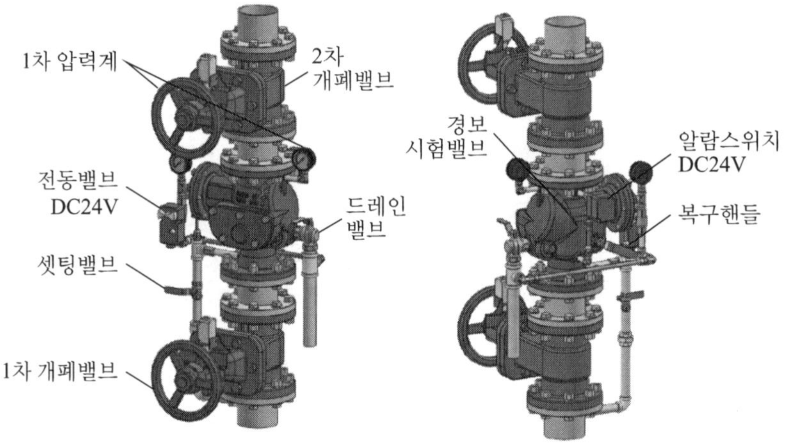

그림 2-16 프리액션밸브의 구조

라) 준비작동식 밸브 작동시험 방법

(1) 슈퍼비죠리패널의 기동스위치를 약 5초간 누르거나 전동밸브를 수동개방(Open)시킨다.
(2) 전동밸브를 수동개방(Open)시킨다.
(3) 전동밸브 레버가 Open으로 회전하고 배수관으로 물이 배수되며 경보가 울린다.
(4) 2차 압력계에 압력이 걸리면서 2차측으로 방수

마) 솔레노이드밸브(전동밸브)의 수동개방 및 복구방법

- 먼저버튼을 누른 뒤 레버회전 : 시계방향(Close), 즉 전동밸브 닫힘
  반시계방향(Open), 즉 전동밸브 열림

(1) 경보장치 작동시험 - ④ 경보시험밸브 Open 화재경보 발신

(2) 평상시 세팅위치 - 1차 개폐밸브 : Open - ①②③④밸브 : Close

① 솔레노이드밸브 : 감지기 작동이나 수동조작함의 기동스위치 조작 또는 화재수신반의 수동 개방스위치 조작 시 자동으로 솔레노이드밸브를 개방시켜 중간챔버의 압력을 감소시켜 준비작동밸브의 디스크를 개방시켜 주는 밸브로서 평상시에는 폐쇄상태로 유지된다.

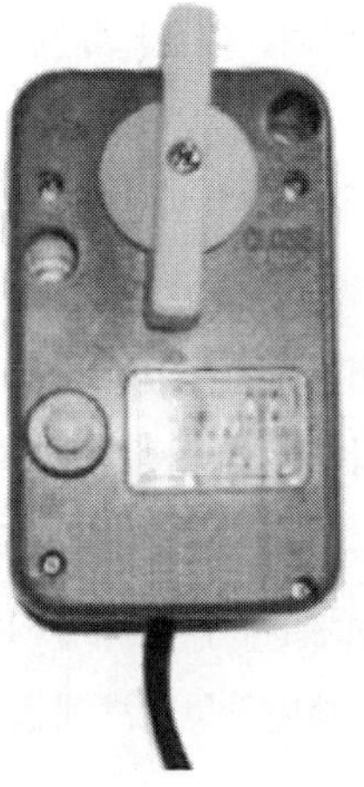

그림 2-17 솔레노이드밸브

바) 주의사항

밸브본체는 열선 또는 보온조치 후 동파대비 및 물 피해를 방지한다.

사) 점검사항

(1) 준비작동밸브의 2차측 주밸브를 잠그고 실시할 것

(2) 수신반에서 솔레노이드밸브를 개방한다.

(3) 준비작동밸브의 긴급해체밸브(수동기동밸브)를 작동한다.

(4) 슈퍼비죠리패널의 기동스위치를 On한다.

(5) A, B회로가 다른 두 개의 감지기를 동시에 작동한다.

아) 점검확인사항

(1) 해당 방호구역의 음향 경보 확인

(2) 유수검지장치의 압력스위치작동 및 수신반의 화재표시등 점등확인

(3) 기동용 수압개폐장치의 작동과 가압송수장치의 기동확인

자) 주요구성품

(1) 클래퍼식 준비작동밸브

그림 2-18은 클래퍼식 준비작동밸브로서 평상 시 정상상태에서는 "작동 전"의 그림과 같이 클래퍼를 걸쇠에 의해서 지지하고 걸쇠는 클래퍼 1차측으로부터 공급되는 바이패스 관로에 의해서 1차측의 수압에 의해서 밀대를 가압하기 때문에 걸쇠를 밀고 있다. 그러므로 밀대의 걸쇠가 해제시키지 않는 한 클래퍼는 1차측 수압에 의해서 열릴 수 없다. 솔레노이드가 동작하여 밀대를 밀고 있던 가압수를 배출시키면 밀대는 밀려나고 걸쇠를 해제시키기 때문에 클래퍼 1차측 수압에 의해서 클래퍼는 열리고 준비작동밸브의 2차측으로 압력수를 송수하게 된다. 이러한 클래퍼방식의 특징은 밸브가 작동되어 클래퍼가 개방되면 작동 후 그림 2-18과 같이 걸쇠가 클래퍼의 원래 상태로의 복구를 방지하기 위하여 클래퍼를 받치고 있기 때문에 클래퍼가 닫히지 않는다. 소화가 완료된 후에는 ⑫번의 복구레버를 정면에서 시계 반대방향으로 돌리면 걸쇠의 클래퍼를 받친 위치에서 이탈되면서 클래퍼가 원래의 위치로 내려와 닫히게 된다. 따라서 이러한 준비작동밸브에는 P.O.R.V가 생략된다.

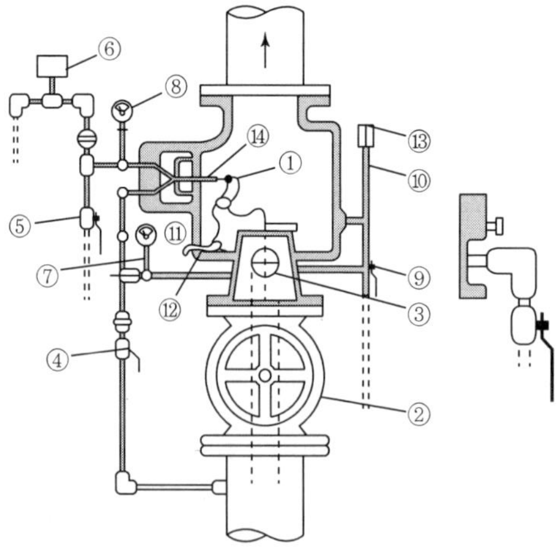

① 걸쇠
② 제어밸브
③ 배수관로
④ 바이패스밸브
⑤ 긴급해제밸브
⑥ 솔레노이드밸브
⑦ 1차측 압력계
⑧ 2차측 압력계
⑨ 경보시험밸브
⑩ 압력스위치용 밸브
⑪ 배수플러그
⑫ 복구레버
⑬ 압력스위치
⑭ 밀대

그림 2-18 클래퍼식 준비작동밸브의 구성도

(2) 다이어프램식 준비작동밸브

다이어프램실 내의 스프링과 1차측에서 중간챔버 급수용밸브에 의해서 공급된 가압수의 압력에 의해서 다이어프램을 가압하면 밸브디스크가 닫힌 상태를 유지하고 있는데 화재감지기의 작동에 의해서 솔레노이드가 개방되면 다이어프램실 내의 압력이 감압되면서 밸브디스크가 앞쪽(다이어프램실쪽)으로 밀려나면서 밸브를 개방시키게 되면 압력수가 송수되어 준비작동밸브의 2차측의 말단 스프링클러헤드까지 충전되며 화재에 의해서 헤드가 개방되면 습식스프링클러설비와 같이 살수가 이루어져 소화하게 된다.

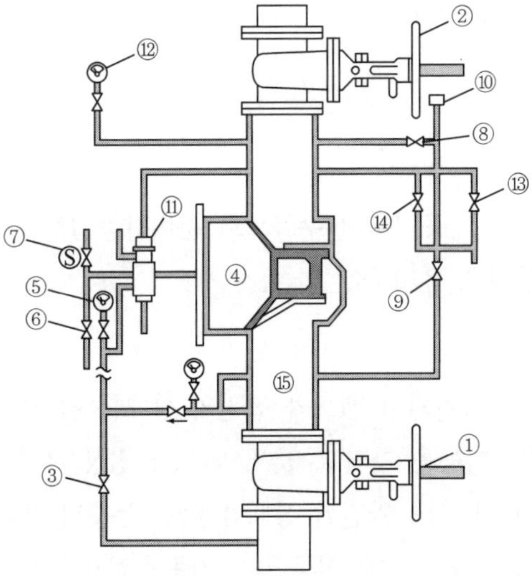

① 1차측 제어밸브
② 2차측 제어밸브
③ 중간챔버급수밸브
④ 중간챔버
⑤ 1차측 압력계
⑥ 긴급해체밸브
⑦ 솔레노이드밸브
⑧ 압력스위치밸브
⑨ 압력스위치시험밸브
⑩ 압력스위치
⑪ PORV
⑫ 2차측 압력계
⑬ 주 배수밸브
⑭ 자동배수밸브
⑮ 준비작동밸브본체

그림 2-19 **다이어프램식 준비작동밸브**

(3) P·O·R·V (Pressure Operated Relief Valve)

전자밸브 또는 긴급해제밸브의 개방으로 작동된 준비작동밸브가 1차측 공급수의 압력으로 인해 자동으로 복구되는 것을 방지하기 위한 밸브로서 다이어프램식에만 있으며 현재 일부 소방용 기계·기구 제조회사에서는 솔레노이드밸브 상부에 복구방지 스위치를 달아 P.O.R.V 기능을 겸하는 제품이 생산되기도 한다.

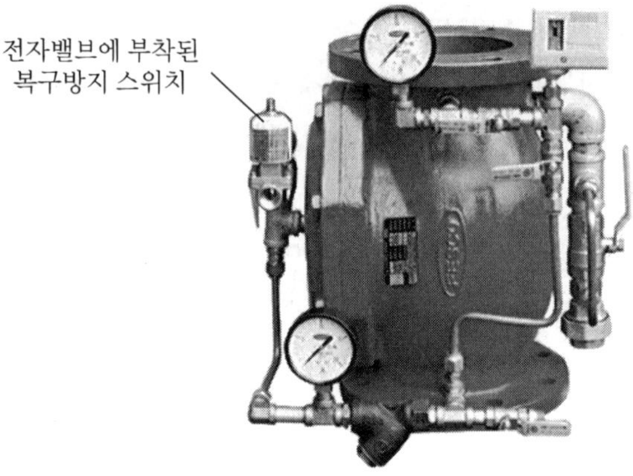

그림 2-20 P·O·R·V 밸브

(4) 긴급해제밸브(수동기동밸브)

화재발생 또는 밸브의 작동시험시 수동으로 준비작동밸브를 개방시켜주는 밸브로서 평상시에는 폐쇄상태로 유지해야 한다.

(5) 슈퍼비죠리패널

준비작동밸브와 함께 설치되어 밸브와 전원의 상태를 감시하고 수동으로 직접 밸브를 개방시킬 수 있는 기능을 가지고 있다. 밸브가 정상상태일 때에는 상단부의 전원표시등만이 점등되고 밸브의 완전한 상태가 아닌 누수나 클래퍼의 정상 복구상태가 아닐 때에는 밸브주의 표시등이 점등된다. 기동스위치를 누르면 화재감지기가 동작된 것과 같이 솔레노이드밸브가 개방되어 준비작동밸브가 작동하게 된다.

그림 2-21 슈퍼비죠리패널

(6) 화재감지장치

준비작동식 스프링클러설비는 별도로 화재감지기를 설치하여야 하며 감지기회로는 교차회로(2개 이상의 감지회로)방식으로 하여 각 회로상 감지기의 동시감지에 의하여 준비작동밸브가 작동되도록 함으로써 오작동을 줄이기 위한 것으로 하나의 회로가 동작하면 경보만 울릴 뿐 준비작동밸브는 동작되지 않고 2개의 회로가 동시에 동작될 때 준비작동밸브가 동작되도록 구성하는 설비이다.

그러나 스프링클러설비의 배관 또는 헤드에 누설경보용 물 또는 압축공기가 채워지는 경우와 자동화재탐지설비 및 시각경보장치의 화재안전성능기준(NFPC 203) 제7조제1항 단서의 감지기(불꽃감지기, 아날로그방식의 감지기, 다신호방식의 감지기, 광전식분리형감지기, 정온식감지선형감지기, 분포형감지기, 복합형감지기, 축적방식의 감지기)를 설치한 때에는 교차회로방식으로 하지 않아도 된다.

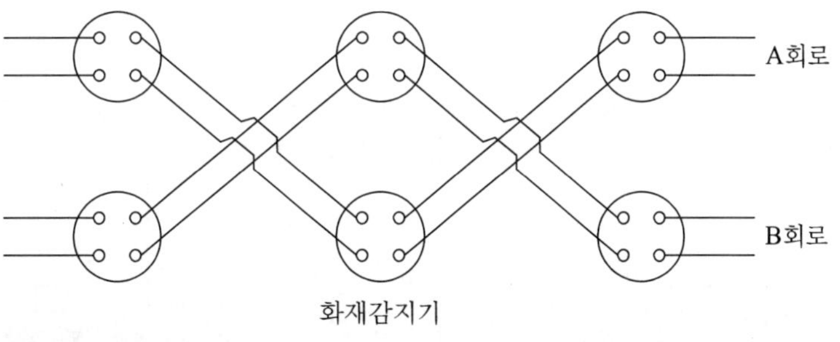

그림 2-22 **교차회로방식**

(7) 경보시험밸브

준비작동밸브를 정상적으로 작동하지 않고 화재경보를 시험하는 밸브로서 평상시에는 폐쇄상태로 유지하고 시험 시 밸브의 개폐만으로 화재경보를 시험할 수 있다.

3) 건식스프링클러

건식 시스템은 프리액션밸브 대신에 드라이 밸브를 설치한 것이며 스프링클러는 폐쇄형을 사용하고 또한 드라이 밸브 주위에는 여러 주변장치들이 설치되고 드라이 밸브 2차측에 압축공기로 채워져 있는 것이 다른 스프링클러 시스템과 다르다. 2차측의 공기압력은 드라이 밸브마다 Air Compressor를 설치하여 일정 압력 이하가 되면 자동으로 압력을 유지시켜주는 방법과 대형 Air Compressor를 설치하여 Air Maintenance Device를 통하여 일정압력으로 감압된 공기를 공급해 주는 방법이 있다.

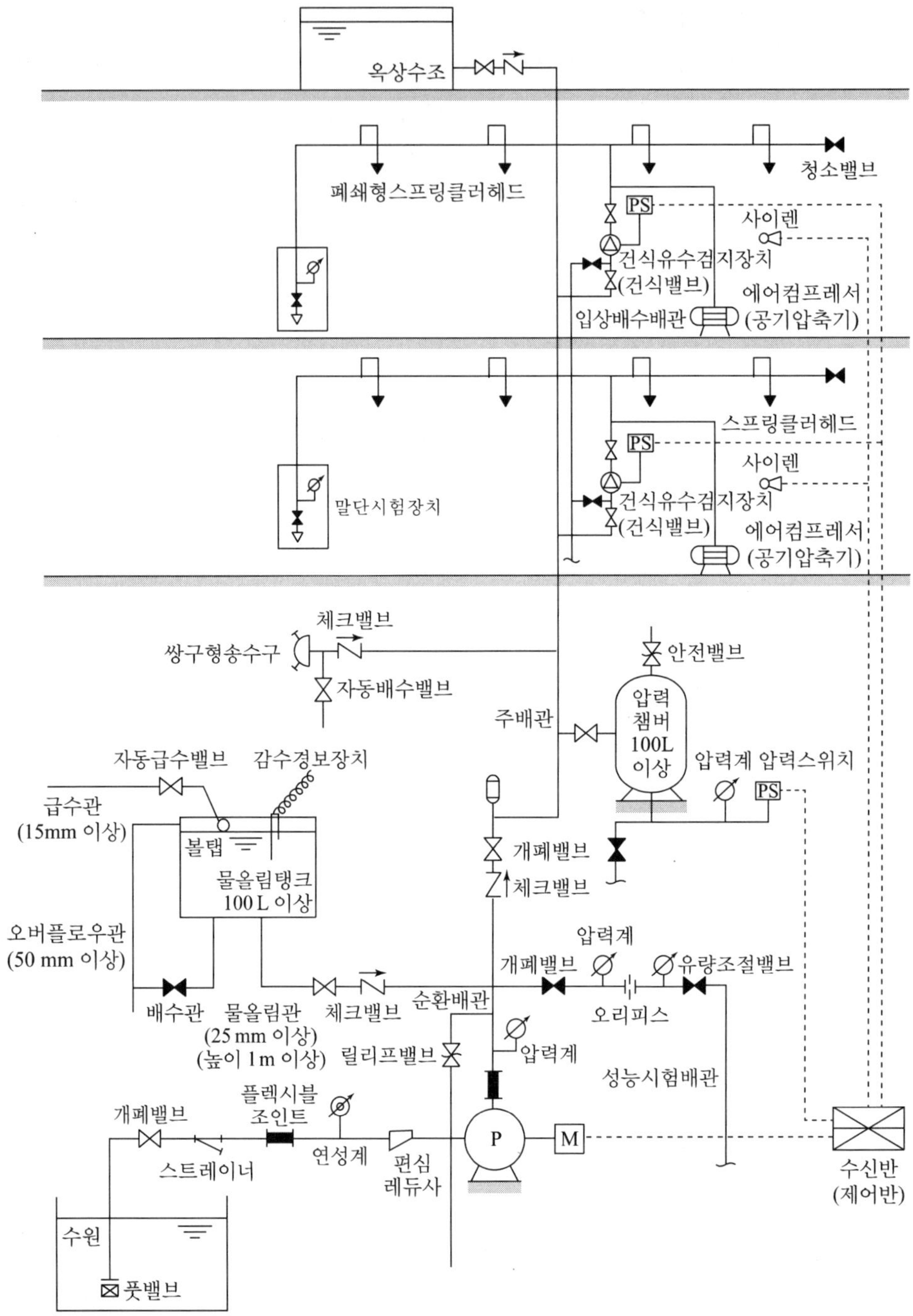

그림 2-23 건식스프링클러 계통도

가) 작동방법

화재가 발생하여 스프링클러 주위온도가 상승하면 개방되고, 배관 내의 압축 공기가 스프링클러를 통하여 배기되면서 드라이 파이프 밸브의 압력균형이 깨진다. 그리고 클래퍼가 빠른 속도로 열리면서 밸브 내부에 있는 래치(Latch)에 걸리게 되어 물의 흐름을 방해하지 않으며 밸브의 1차 압력이 떨어지게 되고 압력 탱크에 부착된 압력스위치에 의하여 펌프가 자동으로 동작한다. 펌프가 가동되면 화재로 인하여 개방된 스프링클러를 통하여 물을 분사하여 소화시킨다. 또한 배관 내의 압축공기를 빨리 방출시키기 위한 기기들이 설치된다.

나) 장점

(1) 동파의 우려가 있는 추운장소에 설치할 수 있다(프리액션밸브 1차측까지 물이 차 있는 배관 및 프리액션밸브를 보온재로 보온조치를 하면 동파의 우려가 있는 장소에도 설치할 수 있다).
(2) 감지기를 설치하지 않는 등 전기설비의 공사가 없어서 공사가 간단하다.
(3) 준비작동식에 비해 공사비가 저렴하다.
(4) 폐쇄형헤드에 의해 화재를 감지하므로 오동작의 우려가 없다(감지기에 의한 기동 시스템이 아니며 화재의 열기에 의하여 폐쇄형헤드가 개방되는 물리적 작동이므로 오동작의 우려가 적다).

다) 단점

(1) 건식밸브에 공기충전기(컴프레서) 등의 설치로 인하여 설치면적이 크다.
(2) 밸브 2차측에 가압공기를 상시 충전하여야하므로 배관의 기밀성이 요구되며 배관공사의 정밀성이 요구된다.
(3) 배관 내의 압축공기가 화재 시에는 화기를 더욱 세게 확대시킬 우려가 있다. 건식밸브에서부터 헤드까지 에어컴프레서로서 공기를 넣음으로써 화재가 발생했을 때에는 개방된 헤드로 공기가 배출되고 나서 물이 나온다. 이때의 공기가 화재를 더욱 확산시킬 우려가 있다. 배관 내에 에어컴프레서로 질소를 채우면 합리적이지만 현장에서는 공기를 채운다.

가압된 공기 또는 질소를 냉장하고 있는 배관설비에 부착되어 스프링클러헤드 개방에 의해 방출되어 수압이 건식밸브라고 하는 밸브를 개방할 수 있도록 하는 자동스프링클러헤드를 사용하는 스프링클러설비 밸브가 개방된 후 배관 계통으로 물이 흐르며 개방된 스프링클러헤드를 통해 방수된다.

수조에서부터 건식밸브 1차측까지는 배관 내에 가압수가 들어 있으며, 2차측부터 폐쇄형헤드까지는 공기가 들어 있는 빈 배관이다.

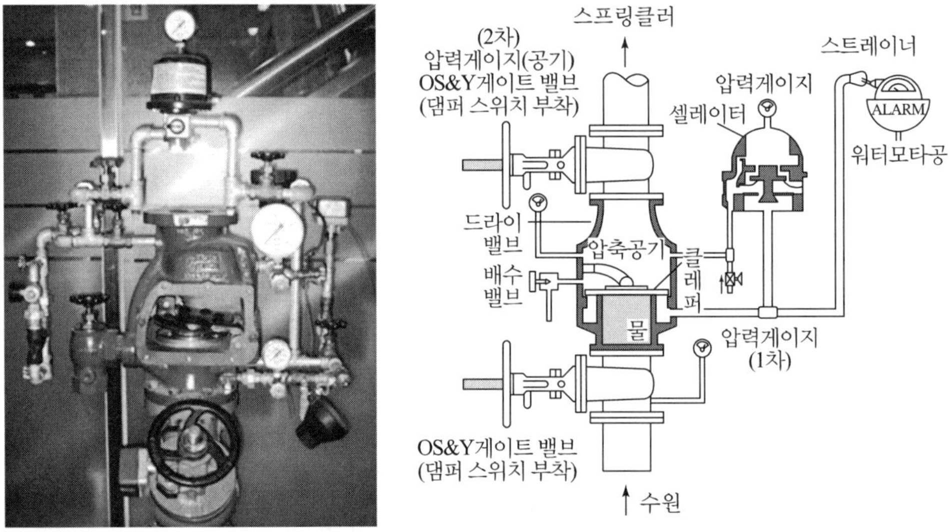

그림 2-24 건식스프링클러설비 구조도

라) 점검확인사항

(1) 건식밸브의 2차측 주밸브를 잠그고 실시

(2) 시험밸브를 개방한다.

(3) 시험밸브의 개방으로 압력스위치의 동작 및 경보장치의 작동 확인

(4) 작동상태 점검 후 시설을 반드시 복원 조치할 것

마) 급속개방기구(Quick Opening Devices : QOD)

건식설비에 있어서는 물이 헤드를 통해 압력을 갖고 방출되기 위해서는 2차측 관로중의 압축기체가 모두 방출된 이후라야 한다.

이런 연유로 인해 습식설비보다 작동이 늦어져 초기 소화에 차질이 생길 수 있다. 따라서 헤드가 개방되었을 때 밸브 2차측의 압력강하를 이용하여 1차, 2차측의 균형을 신속히 파괴시킴으로써 단시간 내에 헤드를 통해 방수할 수 있도록 하기 위한 장치로서 그 기능에 따라 액셀러레이터와 익져스트가 사용되고 있다.

(1) 액셀러레이터(Accelerator)

헤드가 개방되어 2차측의 압력이 급격히 저하할 때 배관의 공기를 빼주는 속도를 증가시켜주기 위하여 액셀러레이터의 입구측은 건식밸브의 클래퍼 2차측 또는 설비 배관의 말단부분과 연결되며 출구측은 건식밸브의 중간챔버에 연결되어 있다.

액셀러레이터 입구측인 2차측의 적은 압력강하에 의해 액셀러레이터가 작동되면 공기 배기밸브를 자동으로 개방하여 2차측 공기압력을 중간챔버로 보내면 이 압력이 클래퍼를 밀어 올려(개방되도록 하여) 신속하게 유수가 시작된다.

(2) 익져스트(Exhauster)

익져스트의 입구측은 건식밸브 직상부 2차측에 연결되어 있으며 출구는 대기 중으로 노출되어 있어 헤드의 개방으로 건식밸브 2차측의 공기 압력이 세팅 압력보다 낮아졌을 때 익져스트(공기배출기)가 작동하여 2차측의 압축공기가 대기 중으로 신속히 배출되도록 한다.

바) 공기압축기

건식스프링클러설비에는 밸브의 2차측에 압축공기를 채우기 위해 컴프레서를 설치하여야 하는데 이것은 주로 스프링클러설비 전용의 것으로 하나 일반 컴프레서를 사용하는 경우에는 드라이밸브와 주공기공급관 사이에 반드시 공기압력조절기(에어레귤레이터)를 설치해야 한다.

사) 공기압력조절기 및 저압경보스위치

건식설비에서 컴프레서가 스프링클러설비의 전용이 아닌 경우에 건식밸브와 주공기공급관 사이에 설치되며 수동 또는 자동으로 조정되며 저압경보스위치는 건식설비의 배관 어느 부분에 공기누설이 생기거나 헤드가 작동했을 때 저압의 공기분출을 감지해서 경보하게 장치된 것으로 건식밸브와 공기공급관 사이에 설치된다.

아) 주배수밸브

화재발생으로 인한 작동 또는 밸브시험 후 2차측 배관 내의 물을 배수시키는 밸브로서 평상시에는 폐쇄상태로 유지되며, 클래퍼 개방 시에만 2차측의 물을 배수할 수 있도록 되어 있고, 출구는 인위적인 배수밸브의 오동작으로부터 시스템을 보호하기 위하여 물시트(Water Seat) 아래쪽에 설치한다.

자) 드라이펜던트형 헤드

건식설비의 헤드는 습식설비의 폐쇄형헤드를 그대로 사용할 수 있는데 되도록 상향형헤드를 사용해야 하고 하향형헤드를 사용해야 하는 경우에는 그림 2-25와 같이 드라이펜던트형 헤드를 설치한다. 건식설비에는 배관 내에 물이 없기 때문에 하향형 헤드 설치 시 일단 작동되어 급수가 되면 하향형헤드 내에 물이 들어가 배수를 시키더라도 물이 남아있게 되어 동파될 우려가 있기 때문에 드라이 펜던트형헤드(헤드의 롱 닛블 부분에 공기 등을 주입하여 놓은 형태의 헤드)를 설치함으로써 동파를 방지할 수 있게 되는데 작동이 된 이후에는 2차측 배관 내의 물을 완전히 배출하는 것이 바람직하다.

그림 2-25 드라이펜던트형 헤드

4) 일제살수식스프링클러설비

수조에서 일제개방밸브 1차측까지는 가압수가 들어 있으며, 2차측 배관의 개방형헤드까지의 배관 내에는 공기(대기압)가 들어 있는 빈 배관으로서, 화재에 의하여 일제개방밸브 기동용 감지기가 작동하면 일제개방밸브에 설치된 솔레노이드밸브가 작동하여 일제개방밸브가 개방된다. 가압수는 개방된 일제개방밸브를 통하여 개방형헤드로 방수된다. 일제개방밸브의 기동용감지기는 설비의 오작동을 방지하기 위하여 A, B 회로의 교차회로로 설치하여 A, B 회로가 모두 작동하면 일제개방밸브의 솔레노이드밸브가 작동한다.

우리나라의 화재안전기준에서는 일제개방밸브를 작동시키는 폐쇄형헤드에 의한 시스템은 인정하지 않고 있다.

가) 장점(폐쇄형헤드방식)

(1) 화재를 조기에 진압할 수 있다(일제살수식 특성상 설치되는 모든 헤드가 개방형헤드이므로 일제히 살수되어 화재를 조기에 진압할 수 있다).

(2) 감지기 기동방식보다 오동작이 적으며 신뢰성이 높다(화재를 감지하는 시스템이 폐쇄형헤드이므로 물리적이며 오동작 우려가 적다).

나) 단점(폐쇄형헤드방식)

(1) 기동용 폐쇄형헤드를 별도로 설치해야하므로 공사가 어렵다.

(2) 수손의 피해가 일어날 수 있다.

다) 장점(감지기 기동방식)

(1) 화재를 조기에 진압할 수 있다(일제살수식 특성상 설치되는 모든 헤드가 개방형 헤드이므로 일제히 살수되어 화재를 조기에 진압할 수 있다).

(2) 폐쇄형스프링클러헤드 기동방식보다 작동이 빠르다.

라) 주요 구성부분

(1) 델류지 밸브를 사용한 설비

준비작동식 스프링클러설비 참조

(2) 일제개방밸브를 사용한 설비

일제개방밸브는 감압개방식과 가압개방식의 2가지 종류가 있으며 어느 것이든 밸브의 2차측 배관에는 개방형헤드와 같이 항시 개방되어 있는 개방형 스프링클러헤드, 물분무헤드, 포헤드, 드렌쳐헤드 등을 배관상에 부착할 수 있다.

① 가압개방식

가압개방식은 그림과 같은 밸브의 1차측에는 가압송수장치로부터 가압수가 충수되어 있으나 ①로 표시된 실에는 압력수가 없다. 그래서 1차측 배관의 가압수로부터 바이패스시켜서 ①실로 가압수가 도달되도록 되어 있다. 따라서 이 관로상에 그림과 같이 전자개방밸브, 즉 솔레노이드밸브를 설치하거나, 수동개방밸브를 설치하여 화재감지기가 화재를 감지해서 솔레노이드밸브를 개방하거나, 수동개방밸브를 개방하면 압력수가 밀려들어가 ①실의 밸브피스톤을 밀어 올리고 일제개방밸브가 열려서 가압수가 일제히 송수되어 헤드로부터 방수되게 된다.

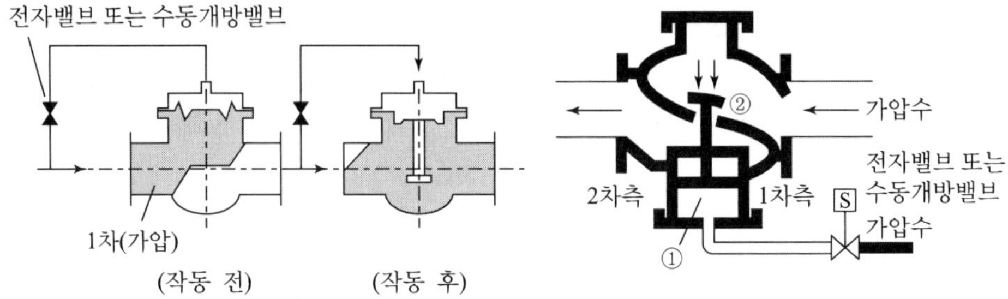

그림 2-26 **가압개방식구조**

② 감압개방식

감압개방식은 밸브의 1차측 및 ①실까지 가압수가 충수되어 있다가 ①실의 압력이 감압되어 실린더가 위로 밀려 올라가 일제개방밸브가 열리면서 밸브 2차측으로 송수되어 개방형헤드로부터 살수가 이루어진다.

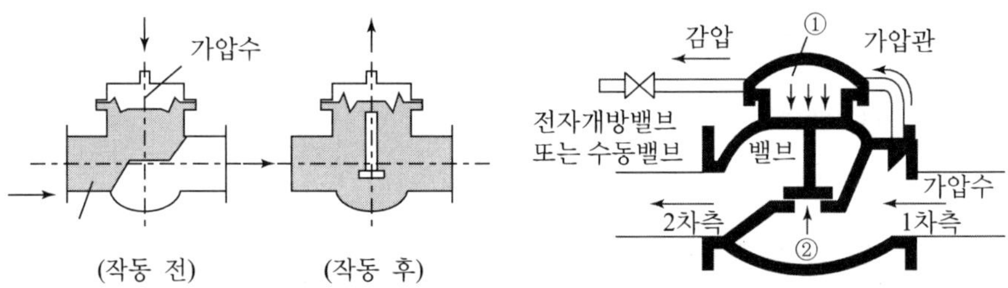

그림 2-27 **감압개방식구조**

③ 전자개방밸브(솔레노이드밸브)

일제개방밸브에 설치하거나 준비작동식밸브에 설치하는 전자개방밸브의 구조는 아래 그림과 같으며 일제개방밸브는 가압식, 감압식 중 종류에 따라 부착위치가 다르며 감지기가 작동되면 스프링에 의해 지지되어 있던 밸브가 위로 올라가면서 통수가 된다.

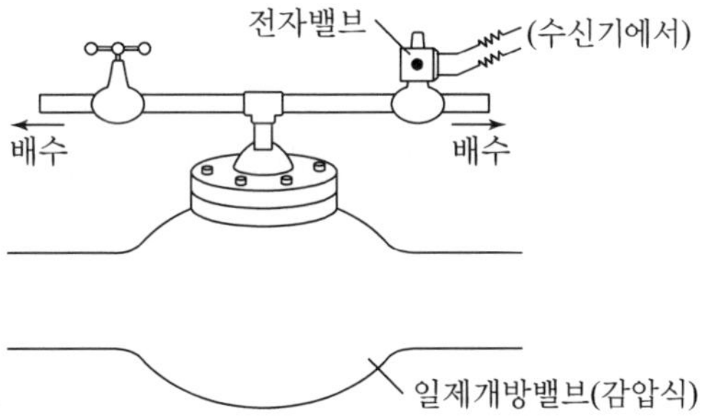

그림 2-28 **전자개방밸브(솔레노이드밸브) 구조**

④ 감시스위치

(a) 주밸브 감시스위치

주밸브 감시스위치는 주 관로 상의 주밸브인 게이트밸브의 밸브핸들에 부착시켜 밸브봉을 스위치의 접촉부에 접촉시켜 놓고, 밸브를 닫게 되면 접촉부와 밸브봉이 떨어지게 되고 수신반에 이상신호를 보내어 항상 관로상의 주밸브를 감시하게 되어 있다.

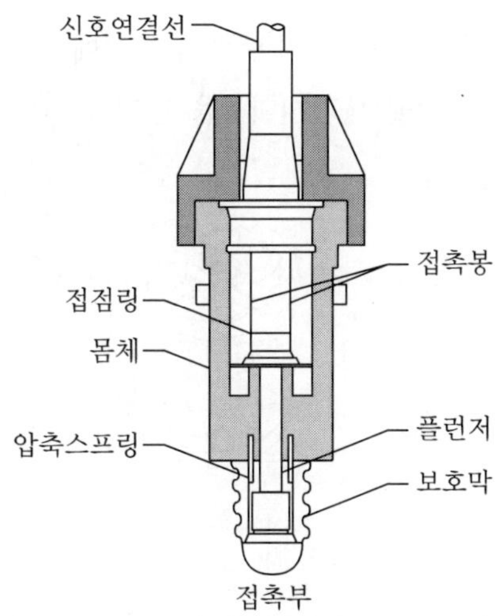

그림 2-29 **주밸브 감시스위치**

(b) 모니터 스위치

주밸브 감시스위치와 마찬가지로 주관로상의 주밸브인 요크밸브의 핸들, 즉 그림상의 게이트밸브의 요크에 걸어서 부착시키는데 밸브를 완전히 열어놓은 상태에서 부착시키면 밸브봉과 밸브스템이 접촉되어 정상을 유지하고 있다가 밸브를 닫게 되면 밸브봉이 짧아져서 밸브스텝과 떨어지게 되고 수신반이 이상경보를 발하여 주밸브의 개폐를 항상 감시할 수 있다.

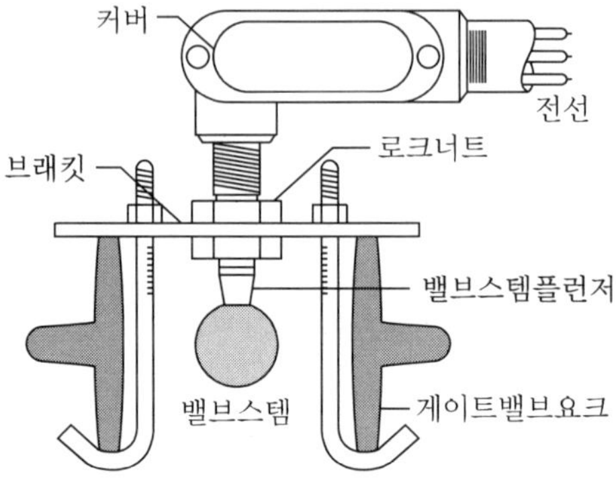

그림 2-30 **모니터 스위치**

(c) 탬퍼스위치

탬퍼스위치도 주밸브의 요크에 걸어서 밸브의 개폐를 수신반에 전달하는 주밸브 감시기능을 한다.

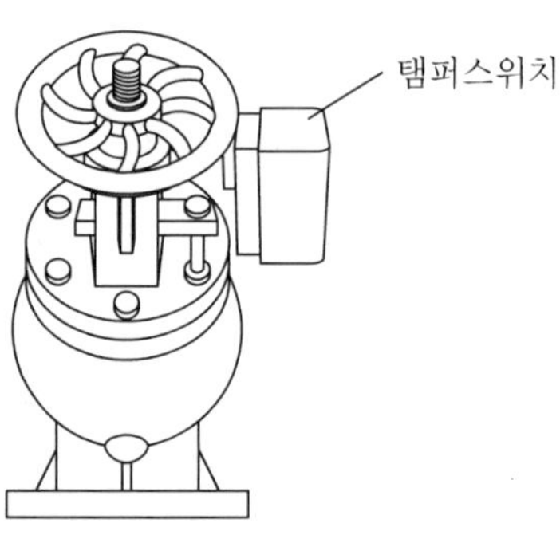

그림 2-31 **탬퍼스위치**(Tamper Switch)

(d) 수위 감시스위치

수위 감시스위치는 부판이 수위에 따라 부력에 의해 떠오른다. 부판아래에 부착된 멈춤판에 의해 위에 설치된 멈춤판이 아래로 내려가면 접촉스위치를 접촉시켜 급수펌프를 가동시키고 아래에 부착된 멈춤판이 접촉스위치에 접촉되면 만수위를 의미하며 급수펌프의 기동을 중지시키게 된다.

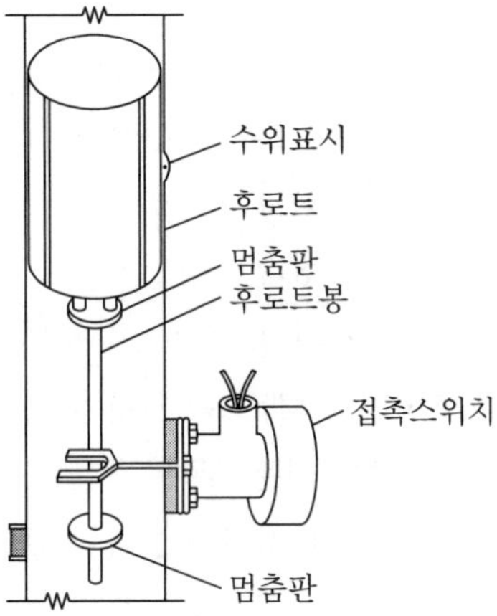

그림 2-32 수위 감시스위치

(e) 밸브 감시스위치

이것은 주배관이 지하로 통과되는 곳의 지하에 개폐밸브를 설치하였을 경우 지하밸브의 개폐를 조작하는 밸브봉의 몸체에 스위치를 부착하여 그림 2-33의 두 가지 방법 중 어느 것이나 채택, 사용할 수 있으며 닫혀서는 안 되는 주배관의 주밸브를 항시 감시하는 기능을 한다.

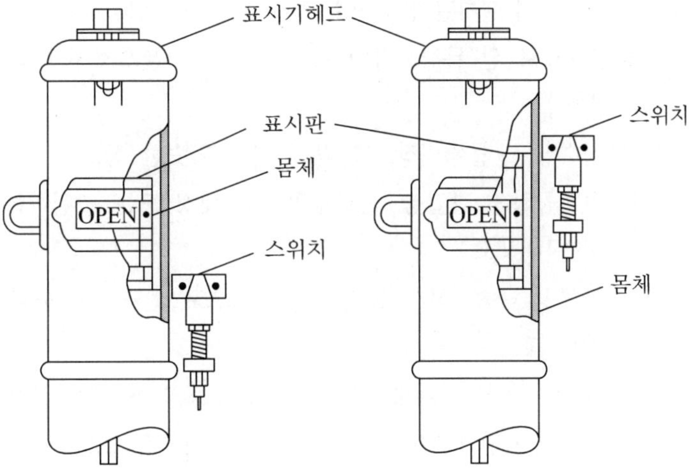

그림 2-33 밸브 감시스위치

3.6 스프링클러헤드 제외장소

1. 통신기기실, 전자기기실, 기타 이와 비슷한 장소
2. 발전실, 변전실, 변압기, 기타 이와 비슷한 전기설비가 설치되어 있는 장소
3. 계단실(특별피난계단의 부속실 포함), 경사로, 승강기의 승강로, 비상용승강기의 승강장, 파이프덕트 및 덕트피트(파이프·덕트를 통과시키기 위한 구획된 구멍에 한함), 목욕실, 수영장(관람석부분 제외), 화장실, 직접 외기에 개방되어 있는 복도, 기타 이와 비슷한 장소
4. 병원의 수술실, 응급처치실, 기타 이와 비슷한 장소
5. 천장과 반자 양쪽이 불연재료로 되어 있는 경우로서 그 사이의 거리 및 구조가 다음의 어느 하나에 해당하는 부분
   가) 천장과 반자 사이의 거리가 2 m 미만인 부분
   나) 천장과 반자 사이의 벽이 불연재료이고 천장과 반자 사이의 거리가 2 m 이상으로서 그 사이에 가연물이 존재하지 않는 부분
6. 천장, 반자 중 한쪽이 불연재료로 되어 있고 천장과 반자 사이의 거리가 1 m 미만인 부분
7. 천장 및 반자가 불연재료 외의 것으로 되어 있고 천장과 반자 사이의 거리가 0.5 m 미만인 부분
8. 펌프실, 물탱크실, 엘리베이터 권상기실, 그 밖의 이와 비슷한 장소
9. 현관 또는 로비 등으로서 바닥으로부터 높이가 20 m 이상인 장소
10. 영하의 냉장창고의 냉장실 또는 냉동창고의 냉동실
11. 고온의 노가 설치된 장소 또는 물과 격렬하게 반응하는 물품의 저장 또는 취급 장소
12. 불연재료로 된 특정소방대상물 또는 그 부분으로서 다음의 어느 하나에 해당하는 장소
    가) 정수장, 오물처리장, 그 밖의 이와 비슷한 장소
    나) 펄프공장의 작업장, 음료수공장의 세정 또는 충전하는 작업장, 그 밖의 이와 비슷한 장소
    다) 불연성 금속, 석재 등의 가공공장으로서 가연성 물질을 저장 또는 취급하지 않는 장소
    라) 가연성 물질이 존재하지 않는 「건축물의 에너지절약설계기준」에 따른 방풍실
13. 실내에 설치된 테니스장, 게이트볼장, 정구장 또는 이와 비슷한 장소로서 실내 바닥, 벽, 천장이 불연재료 또는 준불연재료로 구성되어 있고 가연물이 존재하지 않는 장소로서 관람석이 없는 운동시설(지하층 제외)

3.7 스프링클러헤드 종류

특정소방대상물의 천장 또는 지붕 밑에 설치되어 작동하는 노즐로서 노즐입구를 막고 있는 감열체(폐쇄형)가 화재 등의 열기류에 의해 작동, 분해되어 방수구에서 나오는 물을 화점(화재지점)에 고루 살수시켜 소화하는 장치이다.

스프링클러헤드는 설치유무, 감열부유무, 부착방식, 설계, 성능 특성 에 따라 분류할 수 있다.

(1) 감열부 설치유무에 따른 분류는 폐쇄형과 개방형 그리고 용융형과 파열형으로 분류할 수 있다.

(2) 부착방식에 의한 분류는 상향형, 하향형, 측벽형, 반매입형, 은폐형으로 분류할 수 있다.

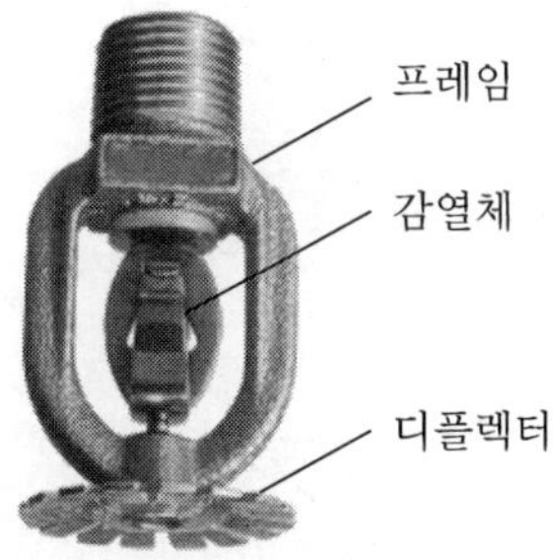

그림 2-34 스프링클러헤드 구조

1) 설치유무

가) 폐쇄형 : 방수구가 폐쇄되어 있는 구조

나) 개방형 : 방수구가 개방되어 있는 구조

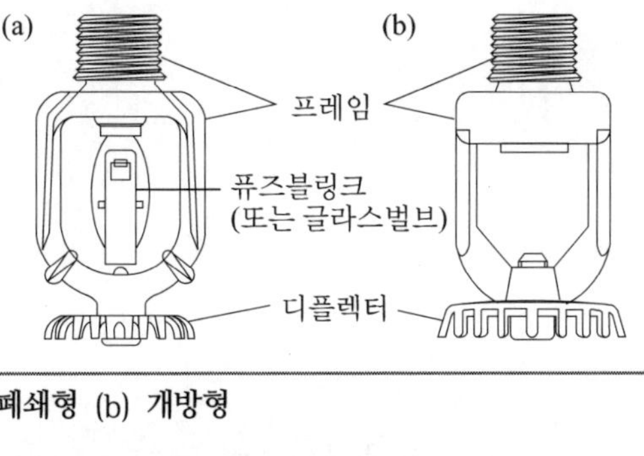

그림 2-35 (a) 폐쇄형 (b) 개방형

2) 감열부구조별

가) 용융형

퓨즈블링크형(Fusible link type)으로 이융성(낮은 열에도 쉽게 녹을 수 있는 성질)의 금속을 lever형으로 조립한 감열체를 이용 화재감지속도가 빨라 신속히 작동하며, 파손 시 재생이 가능하다.

나) 파열형

글라스벌브형(Glass bulb type)으로 유리구 내에 알코올, Ether 등 액체를 봉입하여 밀봉한 감열체를 이용 동작이 정확하며 녹이 슬 염려 없고 반영구적이다.

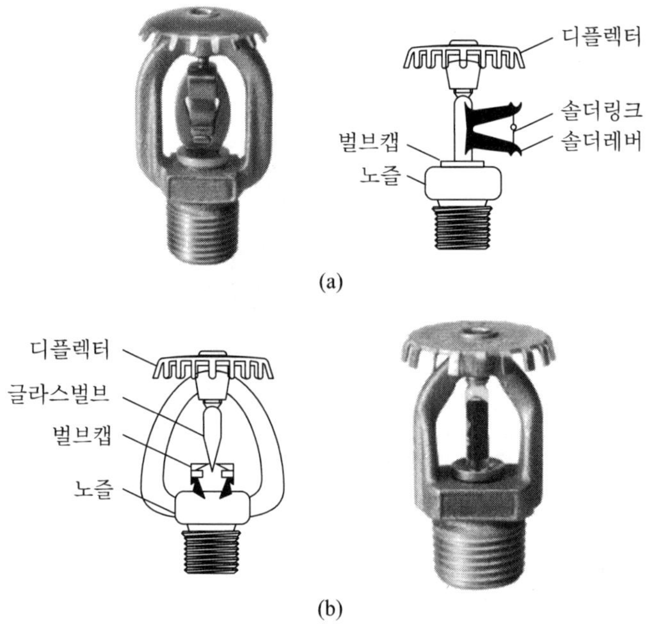

그림 2-36 (a) 퓨즈블링크형 (b) 글라스벌브형

3) 부착방식

구분	내용	사진
상향형	• 반자가 없는 곳에 설치한다. • 분사패턴이 가장우수하다. • 준비작동식 및 건식설비는 원칙적으로 상향형헤드 사용	
하향형	• 반자가 있는 곳에 설치 • 습식설비에 사용 • 설치 시 회향식으로 가지관 상부에서 분기해야 함 • 분사패턴이 상향형보다 못한 편이다.	
측벽형	• 실내의 벽상부에 설치(단, 폭이 9 m 이하인 경우 사용) • 분사패턴은 축심으로 한 반원상에 균일하게 방사	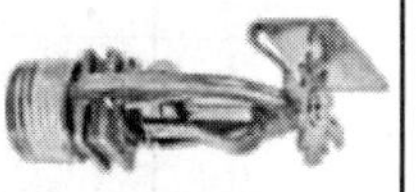
반매입형	• 헤드의 몸체 전부 또는 일부는 반자 내부에 감열부만 반자 아래로 노출 국내검정기준의 용어는 "플러시형"으로 되어 있음 • 업무용 건물과 같이 사람의 출입이 많은 경우 • 미관고려 천장면과 거의 평탄하게 부착되는 헤드	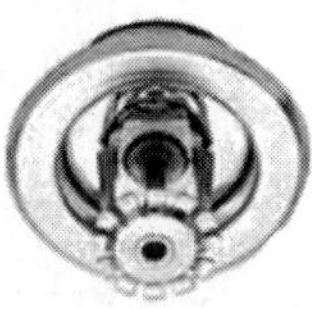
은폐형	• 덮개가 있는 매입형 스프링클러헤드 • 국내검정기준용어는 "컨실드형" • 헤드가 덮개판에 의해 감추어지는 고품격의 제품 • 실내가구 이동이나 부주의에 의한 파손의 우려가 없다. • 내부배관과 천장면과의 차이로 인한 높이의 조정이 가능한 구조 동작은 이중구조 • 1단계 온도 도달 → 퓨즈 메탈 덮개판이 이탈 → 2단계 온도 → 조기반응형헤드와 동일한 원리로 작동 살수 개시	

3.8 스프링클러 설계 및 성능특성으로 분류

화재조기진압형 스프링클러헤드 (Early Suppression Fast – Response sprinkler)	• 화재를 초기에 진압가능 • 빠른 작동능력 • 속도형이고 빠른 시간에 물이 방사되어야 하므로 습식설비만 인정	
라지드롭 스프링클러헤드 (Large Drop Sprinkler)	• 동일조건의 물압력에서 표준형헤드보다 큰 물방울 방출 • 저장창고처럼 대형화재 진압가능 • 습식, 건식, 준비작동식설비에 사용	
주거형 스프링클러헤드 (Rack Sprinkler)	• 폐쇄형 헤드의 일종 • 주거지역의 화재에 적합한 감도, 방수량 및 살수분포 • 간이형 스프링클러헤드 포함 • 주목적은 화재 시 거주자가 안전하게 대피할 수 있도록 대피시간 연장 • 주거용헤드의 특정상 실내의 헤드를 1개만 설치하는 경우가 많이 발생 • 살수 분포는 전 방향에 걸쳐 균일	
랙형 스프링클러헤드 (Rack Sprinkler)	• 랙식 창고에 설치하는 헤드 • 랙식 창고 : 화재 비중이 매우 높은 장소 • 차폐판이 부착	
플러시 스프링클러헤드 (Flush Sprinkler)	• 부착나사를 포함한 몸체의 일부나 전부가 천장면 위에 설치	
컨실드 스프링클러헤드 (Concealed Sprinkler)	• 리세스드 스프링클러헤드에 덮개가 부착된 스프링클러헤드 • 실내가구 이동이나 부주의에 의한 파손의 우려가 없을 것 • 내부배관과 천장면 차이로 인한 높이 조정이 가능	
속도형 스프링클러헤드 (Quick–Response Sprinkler)	• 화재반응속도가 일반 스프링클러보다 빠르다. • 사람이 밀집한 지역이나 인명피해 우려되는 장소에 사용	
드라이 펜던트 스프링클러헤드 (Dry Pendent Sprinkler)	• 동파방지를 위해 롱 니플 내에 질소가스가 충전되어 있는 헤드 • 습식과 건식시스템에 사용 • 배관 내의 물이 스프링클러 몸체에 들어가지 않도록 설계	

3.9 스프링클러헤드 설치기준

1) 헤드의 배치방법

가) 정사각형(정방형) :

스프링클러헤드 2개 거리와 스프링클러 파이프 2가닥의 거리가 같은 경우

$S = 2R\cos 45°$

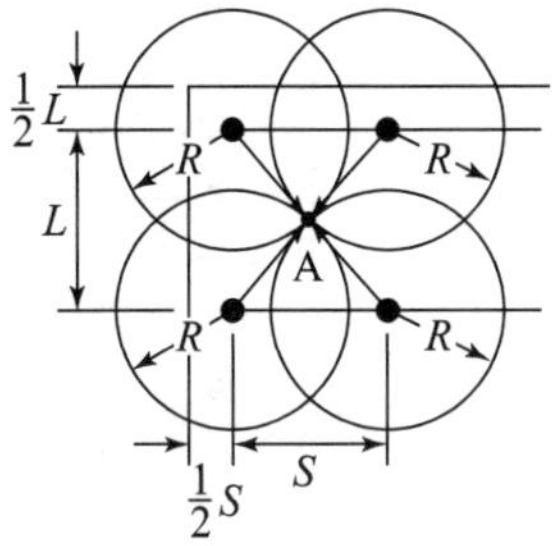

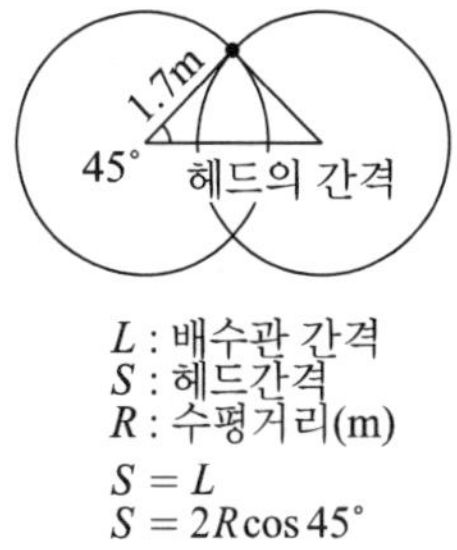

(예) 헤드의 간격이 2.1 m의 경우 : $2 \times 2.1 \times \cos45° = 3$ m

나) 직사각형(장방형) :

스프링클러헤드 2개의 거리와 스프링클러 파이프 2가닥의 거리가 같지 않은 경우

$S = 2R$

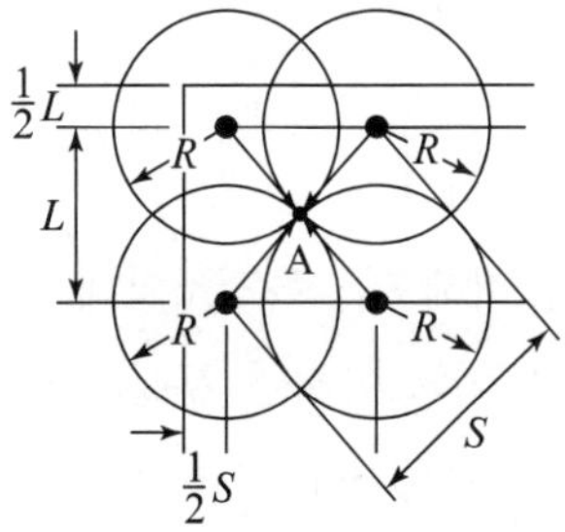

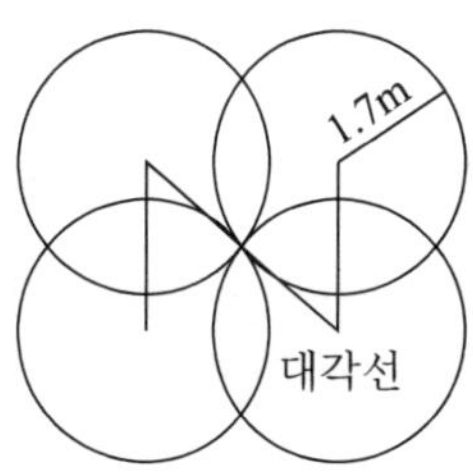

(예) 헤드의 간격이 2.1 m의 경과 : $2 \times 2.1 = 4.2$ m

다) 지그재그형(나란히꼴형) :

한 스프링클러가 2개의 스프링클러 사이점, 즉 삼각형을 이루고 4개의 경우는 나란히꼴 4각형을 이루는 경우

$S = 2R\cos 30°$

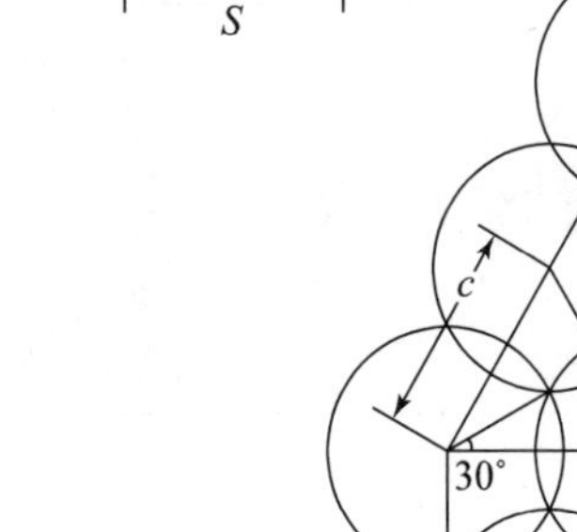

(예) 헤드의 간격이 2.1 m의 경우 : $2 \times 3.6 \times \cos30°$ $= 6.2$ m

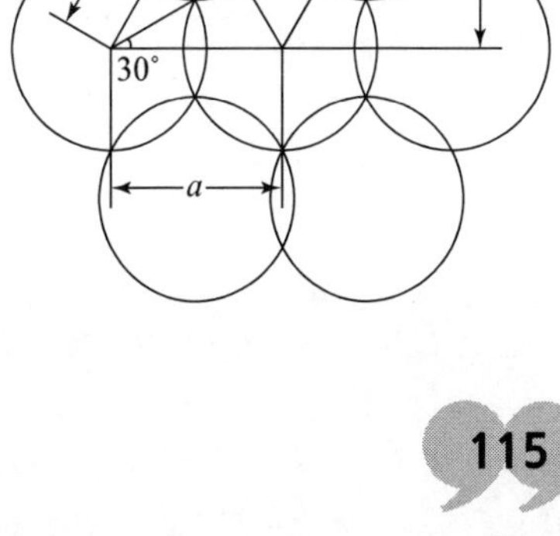

라) 잡형 : 가), 나), 다) 어느 곳에도 속하지 않는 형

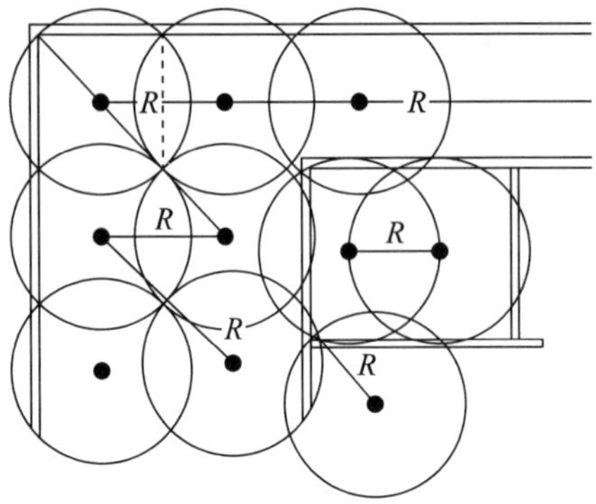

2) 헤드의 배치기준

가) 무대부 또는 연소할 우려가 있는 개구부에 있어서는 개방형 스프링클러헤드를 설치해야 한다.

나) 스프링클러헤드는 특정소방대상물의 천장・반자・천장과 반자 사이, 덕트・선반, 기타 이와 유사한 부분(폭이 1.2 m를 초과하는 것에 한함)에 설치해야 한다. 다만, 폭이 9 m 이하인 실내에 있어서는 측벽에 설치할 수 있다.

<table>
<tr><th colspan="3">설치장소</th><th>설치기준</th></tr>
<tr><td rowspan="3">폭 1.2 m 초과하는 천장반자, 덕트 선반, 기타 이와 유사한 부분</td><td colspan="2">무대부, 특수가연물</td><td>수평거리 1.7 m 이하</td></tr>
<tr><td rowspan="2">위 규정 외의 특정소방대상물</td><td>기타구조</td><td>수평거리 2.1 m 이하</td></tr>
<tr><td>내화구조</td><td>수평거리 2.3 m 이하</td></tr>
<tr><td rowspan="2">연소할 우려가 있는 개구부</td><td colspan="2">개구부 폭이 2.5 m 초과</td><td>상하좌우에 2.5 m 간격으로</td></tr>
<tr><td colspan="2">개구부 폭이 2.5 m 이하</td><td>중앙에</td></tr>
<tr><td rowspan="2">측벽형 헤드 설치</td><td colspan="2">폭 4.5 m 미만(긴 변의 한쪽 벽에 일렬로 설치)</td><td rowspan="2">3.6 m 이내마다 설치</td></tr>
<tr><td colspan="2">폭 4.5 m 이상 9 m 이하(긴 변의 양쪽에 각각 일렬로 마주보는 헤드가 나란히꼴이 되도록 설치)</td></tr>
</table>

다) 헤드의 거리

방화대상물부분		각 부분으로부터의 수평거리	헤드 1개의 방호면적
무대부		1.7 m 이하	5.76 m^2
기타 부분	비내화 부분	1.7 m 이하	8.8 m^2
	내화 부분	1.7 m 이하	10.56 m^2
연소할 우려가 있는 부분의 개구부		개구부 윗인방 2.5 m마다	

라) 헤드의 설치기준

(1) 스프링클러헤드와 그 부착면(상향식 헤드의 경우에는 그 헤드의 직상부의 천장・반자 또는 이와 비슷한 것을 말한다)과의 거리는 30 cm 이하로 할 것

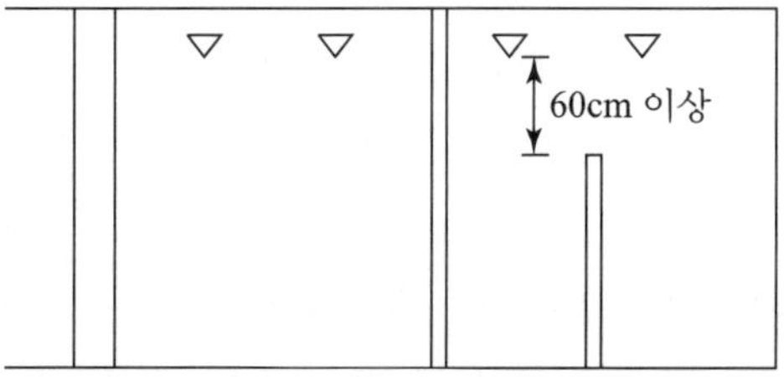

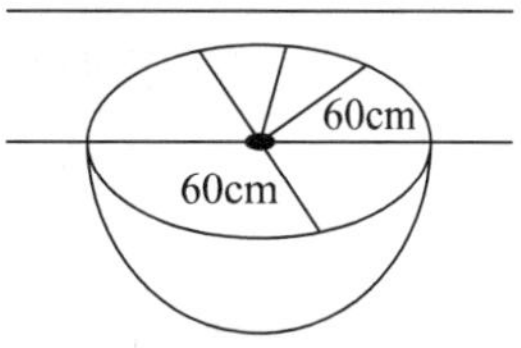

(주위공간 확보)

(2) 살수가 방해되지 않도록 그림과 같이 스프링클러헤드로부터 반경 60 cm 이상의 공간을 보유할 것. 다만, 벽과 스프링클러헤드 간의 공간은 10 cm 이상으로 한다.

(3) 스프링클러헤드의 반사판은 그 부착면과 평행하게 설치할 것. 다만, 측벽형 헤드 또는 (5)에 따른 연소할 우려가 있는 개구부에 설치하는 스프링클러헤드의 경우에는 그렇지 않다.

(4) 배관・행거 및 조명기구 등 살수를 방해하는 것이 있는 경우에는 (1) 및 (2)에도 불구하고 그로부터 아래에 설치하여 살수에 장애가 없도록 할 것. 다만, 스프링클러헤드와 장애물과의 이격거리를 장애물 폭의 3배 이상 확보한 경우에는 그렇지 않다.

(5) 연소할 우려가 있는 개구부에는 그 상하좌우에 2.5 m 간격으로(개구부의 폭이 2.5 m 이하인 경우에는 그 중앙에) 스프링클러헤드를 설치하되, 스프링클러헤드와 개구부의 내측면으로부터 직선거리는 15 cm 이하가 되도록 할 것. 이 경우 사람이 상시 출입하는 개구부로서 통행에 지장이 있는 때에는 개구부의 상부 또는 측면(개구부의 폭이 9 m 이하인 경우에 한함)에 설치하되, 헤드 상호 간의 간격은 1.2 m 이하로 설치해야 한다.

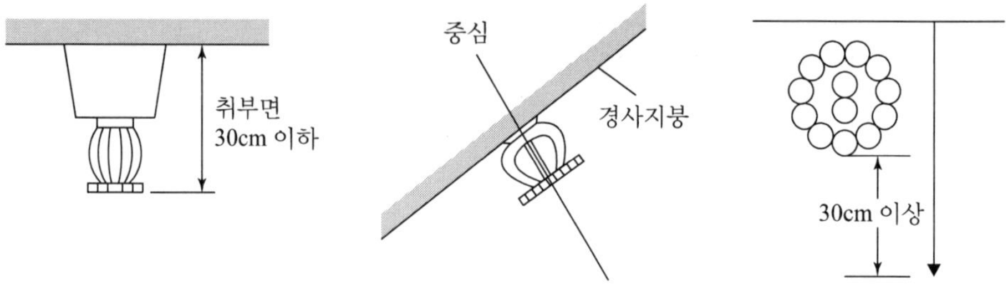

(6) 천장의 기울기가 1/10을 초과하는 경우에는 가지관을 천장의 마루와 평행하게 설치하고, 스프링클러헤드는 다음의 어느 하나에 적합하게 설치할 것.

① 천장의 최상부에 스프링클러헤드를 설치하는 경우에는 최상부에 설치하는 스프링클러헤드의 반사판을 수평으로 설치할 것

② 천장의 최상부를 중심으로 가지관을 서로 마주보게 설치하는 경우에는 최상부의 가지관 상호간의 거리가 가지관상의 스프링클러헤드 상소간의 거리의 1/2 이하(최소 1 m 이상이 되어야 한다)가 되게 스프링클러헤드를 설치하고, 가지관의 최상부에 설치하는 스프링클러헤드는 천장의 최상부로부터의 수직거리가 90 cm 이하가 되도록 할 것. 톱날지붕, 둥근지붕, 기타 이와 유사한 지붕의 경우에도 이에 준한다.

(7) 습식 스프링클러설비 및 부압식 스프링클러설비 외의 설비에는 상향식 스프링클러헤드를 설치할 것. 다만, 다음의 어느 하나에 해당하는 경우에는 그렇지 않다.

① 드라이펜던트 스프링클러헤드를 사용하는 경우

② 스프링클러헤드의 설치장소가 동파의 우려가 없는 곳인 경우

③ 개방형 스프링클러헤드를 사용하는 경우

(8) 측벽형 스프링클러헤드를 설치하는 경우 긴 변의 한쪽 벽에 일렬로 설치(폭이 4.5 m 이상 9 m 이하인 실에 있어서는 긴 변의 양쪽에 각각 일렬로 설치하되 마주보는 스프링클러헤드가 나란히꼴이 되도록 설치)하고 3.6 m 이내마다 설치할 것

(9) 상부에 설치된 헤드의 방출수에 따라 감열부에 영향을 받을 우려가 있는 헤드에는 방출수를 차단할 수 있는 유효한 차폐판을 설치할 것

3.10 가압송수장치 설치기준

1) 중간 가압송수장치 : 지하층을 제외한 건물의 높이가 60 m를 초과할 때에는 중간 가압송수장치를 별도로 설치해야 한다.
2) 정격토출압력 : 헤드 선단에 1～12 kg/cm^{2}의 방수 압력을 유지
3) 충압펌프의 설치기준
   가) 정격토출압력 : 최고위 살수 장치의 2 kg/cm^2 이상
   나) 정격토출량 : 펌프의 정격토출량은 정상적인 누설량보다 적어서는 안 되며, 스프링클러설비가 자동적으로 작동할 수 있도록 충분한 토출량을 유지해야 한다.
   다) 송수량 80 L/min[방수압력 1 kg/cm^2 기준(속도수두는 포함하지 않음)]

3.11 스프링클러설비의 배관

그림 2-37과 같이 입상관, 수평주행배관, 교차배관, 가지배관 등이 있는데 입상관은 가압송수장치로부터 각층을 관통하여 층마다 물을 보급시켜주는 배관을 말하며, 수평주행배관은 해당 층에서 유수검지장치로부터 교차배관까지 물을 보급시켜 주는 배관을 지칭하나, 층의 구조 및 배관형태에 따라서 교차배관이 수평주행배관을 대신하여 쓰이는 경우가 많다. 교차배관은 스프링클러헤드가 달린 가지배관을 분기시켜 주는 배관이다.

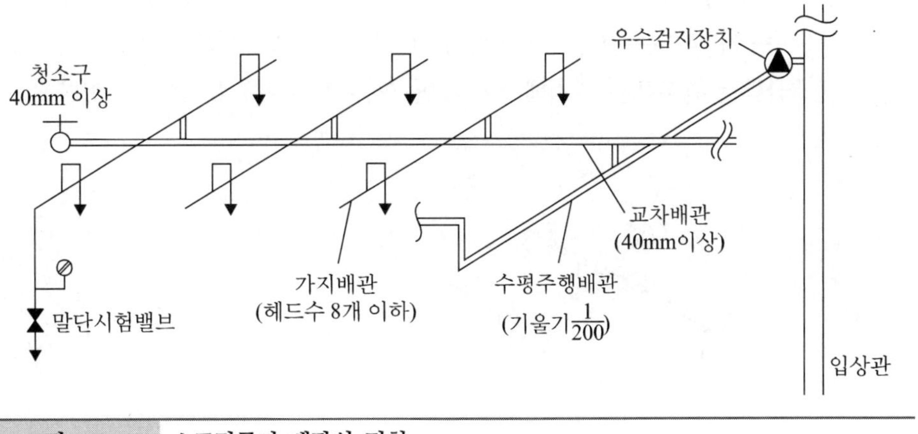

그림 2-37 스프링클러 배관의 명칭

1) 가지배관

가지배관에는 헤드의 설치지점 사이마다 1개 이상의 행거를 설치하되, 헤드간의 거리가 3.5 m를 초과하는 경우에는 3.5 m 이내마다 1개 이상을 설치할 것. 이 경우 상향식 헤드와 행거 사이에는 8 cm 이상의 간격을 두어야 한다.

2) 교차배관

가) 교차배관은 가지배관과 수평으로 설치하거나 가지배관 밑에 설치하고, 최소구경은 40 mm 이상이 되도록 한다. 다만, 패들형 유수검지장치를 사용하는 경우에는 교차배관의 구경과 동일하게 설치할 수 있다.

나) 청소구는 교차배관 끝에 40 mm 이상 크기의 개폐밸브를 설치하고, 호스접결이 가능한 나사식 또는 고정배수 배관식으로 한다. 이 경우 나사식의 개폐밸브는 옥내소화전 호스접결용으로 하고, 나사보호용의 캡으로 마감해야 한다.

다) 교차배관에는 가지배관과 가지배관 사이에 1개 이상의 행거를 설치하되, 가지배관 사이의 거리가 4.5 m를 초과하는 경우에는 4.5 m 이내마다 1개 이상 설치한다. 또한 수평주행배관에도 4.5 m 이내마다 1개 이상 설치해야 한다.

3) 하향식헤드를 설치하는 경우

하향식헤드를 설치하는 경우에 가지배관으로부터 헤드에 이르는 헤드접속배관은 가지배관 상부에서 분기해야 한다.

이것은 배관 내에서 물이 충전되어 있어 물속에 있는 불순물에 의하여 헤드의 방수구가 막히는 것을 방지하기 위한 것이다. 다만, 덮개가 있는 저수조로부터 물을 공급받는 경우에는 가지배관의 측면 또는 하부에서 분기할 수 있다.

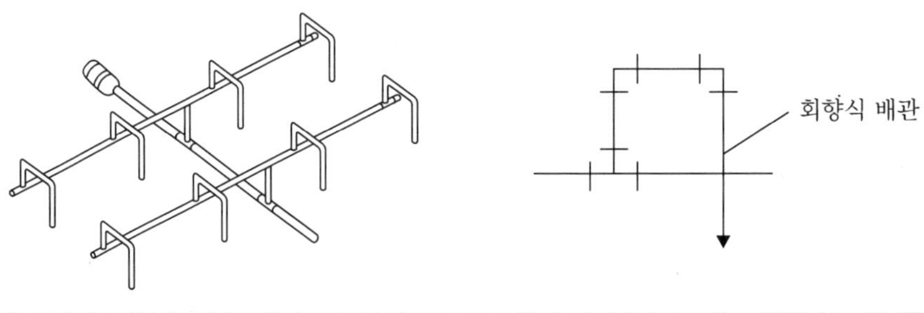

그림 2-38 회향식 배관

4) 개폐밸브 감시스위치

급수배관에 설치되어 급수를 차단할 수 있는 개폐밸브에는 그 밸브의 개폐상태를 감시제어반에서 확인할 수 있도록 급수개폐밸브 작동표시 스위치를 설치해야 한다.

5) 유수검지장치 시험밸브

유수검지장치에서 가장 먼 가지배관의 구경과 동일한 구경으로 하고 그 끝에 개방형헤드를 설치하는데 이 경우 개방형헤드는 반사판 및 프레임을 제거한 것으로 할 수 있으며 배수처리 및 시험이 쉬운 장소에 설치해야 한다.

6) 일제개방밸브의 배관

습식 스프링클러설비의 배관은 수평으로 해야 하며 배관의 구조상 소화수가 남아 있는 곳에는 배수밸브를 설치해야 한다.

습식 외의 설비에는 헤드를 향하여 상향으로 수평주행배관의 기울기를 500분의 1 이상, 가지배관의 기울기를 250분의 1 이상으로 해야 한다.

다만, 배관의 구조상 기울기를 줄 수 없는 경우에는 배수를 원활하게 할 수 있도록 배수밸브를 설치해야 한다. 일제개방밸브를 중심으로 습식은 1차측에 개폐표시형 밸브를 설치하고, 습식 외의 것은 1차측과 2차측에 개폐표시형 밸브를 설치해야 하며, 평상시 개폐밸브는 항상 열려 있어야 하고, 배수관로 상의 밸브는 닫혀 있어야 한다.

수직배수배관의 구경은 50 mm 이상이어야 한다.

7) 급수배관의 구경

구분 \ 급수관의 구경 (mm)	25	32	40	50	65	80	90	100	125	150
가	2	3	5	10	30	60	80	100	160	161 이상
나	2	4	7	15	30	60	65	100	160	161 이상
다	1	2	5	8	15	27	40	55	90	91 이상

가) 폐쇄형 스프링클러헤드를 사용하는 설비의 경우로서 1개 층에 하나의 급수배관이 담당하는 구역의 최대면적은 3,000 m^2를 초과하지 않아야 한다.

나) 폐쇄형 스프링클러헤드를 설치하는 경우에는 "가"란의 헤드 수에 따른다. 다

만, 100개 이상의 헤드를 담당하는 급수배관의 구경은 100 mm로 할 수 있다.

다) 폐쇄형 스프링클러헤드를 설치하고, 반자 아래의 헤드와 반자 속의 헤드를 동일 급수관의 가지관상에 병설하는 경우에는 "나"란의 헤드 수에 준한다.

라) 무대부 특수가연물 취급 장소에는 폐쇄형 스프링클러헤드를 설치하는 설비의 배관 구경은 "다"란에 따른다.

마) 개방형 스프링클러헤드를 설치하는 경우 하나의 방수구역이 담당하는 헤드의 개수가 30개 이하일 때는 "다"란의 헤드 수에 의하고, 30개를 초과할 때는 수리계산 방법에 따른다.

바) 배관의 배수를 위한 기울기

습식 스프링클러 설비의 배관을 수평으로 할 것. 단, 배관의 구조상 소화수가 남아 있는 곳에는 배수밸브를 설치해야 한다.

사) 일제개방밸브의 2차측 배관 부대설비 설치기준

(1) 개폐표시형 밸브를 설치할 것

(2) 수직배수배관과 연결하고 동 연결배관 상에는 개폐밸브를 설치하며, 자동배수장치 및 압력스위치를 설치할 것

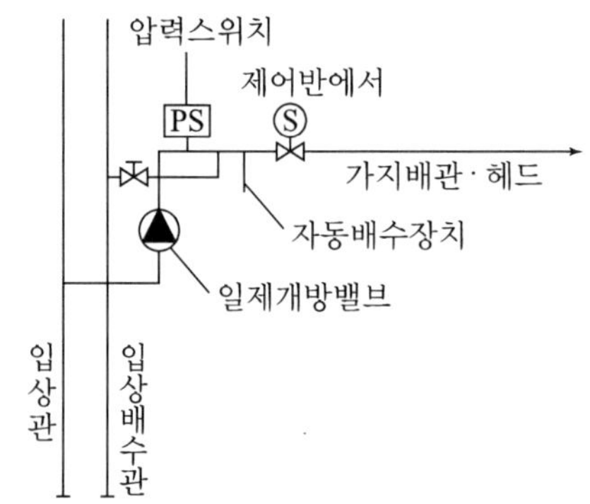

그림 2-39 일제개방밸브의 설치

아) 배관의 고정방법

(1) 가지배관

가지배관에는 헤드의 설치지점 사이마다 1개 이상의 행거를 설치하되, 헤드간의 거리가 3.5 m를 초과하는 경우에는 3.5 m 이내마다 1개 이상 설치한다. 이 경우 상향식 헤드와 행거 사이에는 8 cm 이상의 간격을 두어야 한다.

(2) 교차배관

교차배관에는 가지배관과 가지배관 사이마다 1개 이상의 행거를 설치하되, 가지배관 사이의 거리가 4.5 m를 초과하는 경우에는 4.5 m 이내마다 1개 이상 설치한다. 또 수평주행배관에는 4.5 m 이내마다 1개 이상 설치해야 한다.

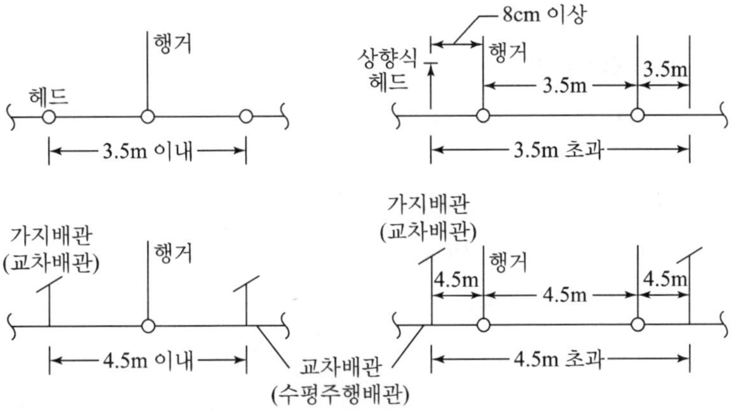

그림 2-40 가지배관 및 교차배관의 행거 설치

3.12 가압송수장치

1) 가압송수장치의 종류

옥내소화전설비방식에 준한 고가수조방식, 압력수조방식, 펌프방식이 그대로 적용된다.

2) 양정계산

가) 고가수조방식

$$H = h_1 + 10\,\mathrm{m}$$

여기서, H : 필요한 낙차(m)

h_1 : 배관의 마찰손실수두(m)

10 m : 헤드선단의 방수압력환산수두(1 kg/cm^2 = 10 m)

나) 압력수조방식

$$P = p_1 + p_2 + 0.1$$

여기서, P : 필요한 압력(MPa)

p_1 : 낙차의 환산수두압(MPa)

p_2 : 배관의 마찰손실수두압(MPa)

다) 펌프방식

$$H = h_1 + h_2 + 10\,\text{m}$$

여기서, H : 펌프의 전 양정(m)

h_1 : 낙차(m)

h_2 : 배관 및 부속밸브류 마찰손실(m)

10 m : 헤드선단의 방수압력환산수두(1 kg/cm^2 = 10m)

스프링클러설비 설치장소			기준개수
지하층을 제외한 층수가 10층 이하인 특정소방대상물	공장	특수가연물을 저장·취급하는 것	30
		그 밖의 것	20
	근린생활시설, 판매시설, 운수시설 또는 복합건축물	판매시설 또는 복합건축물(판매시설이 설치되는 복합건축물을 말한다)	30
		그 밖의 것	20
	그 밖의 것	헤드의 부착높이가 8 m 이상인 것	20
		헤드의 부착높이가 8 m 미만인 것	10
지하층을 제외한 층수가 11층 이상인 특정소방대상물, 지하가 또는 지하역사			30

비고 : 하나의 특정소방대상물이 2 이상의 "스프링클러헤드의 기준개수"란에 해당하는 때에는 기준개수가 많은 것을 기준으로 한다. 다만, 각 기준개수에 해당하는 수원을 별도로 설치하는 경우에는 그렇지 않다.

3.13 스프링클러헤드 설치기준개수

간단하게 요약하면

<table>
<tr><th colspan="2">특정소방대상물</th><th>폐쇄형 헤드의 기준개수</th></tr>
<tr><td colspan="2">지하가 · 지하역사</td><td rowspan="4">30</td></tr>
<tr><td colspan="2">11층 이상</td></tr>
<tr><td rowspan="2">10층 이하</td><td>공장(특수가연물)</td></tr>
<tr><td>판매시설 또는 판매시설이 설치되는 복합건축물</td></tr>
<tr><td colspan="2">10층 이하(8 m 이상)</td><td>20</td></tr>
<tr><td colspan="2">10층 이하(8 m 미만)</td><td>10</td></tr>
</table>

4. 간이스프링클러설비

4.1 개요

간이스프링클러의 특징으로는 화재발생시 간이헤드 2개(일부 특정소방대상물의 경우 5개 헤드)를 동시에 방수하여 화재를 진압 또는 제어하도록 하고 있는 설비

4.2 용어의 정의

용어의 정의는 다음과 같다.

1. "간이헤드"란 폐쇄형헤드의 일종으로 간이스프링클러설비를 설치해야 하는 특정소방대상물의 화재에 적합한 감도 · 방수량 및 살수분포를 갖는 헤드를 말한다.
2. "충압펌프"란 배관 내 압력손실에 따른 주펌프의 빈번한 기동을 방지하기 위하여 충압 역할을 하는 펌프를 말한다.
3. "고가수조"란 구조물 또는 지형지물 등에 설치하여 자연낙차 압력으로 급수하는 수조를 말한다.
4. "압력수조"란 소화용수와 공기를 채우고 일정압력 이상으로 가압하여 그 압력으로 급수하는 수조를 말한다.

5. "가압수조"란 가압원인 압축공기 또는 불연성 기체의 압력으로 소화용수를 가압하여 그 압력으로 급수하는 수조를 말한다.
6. "진공계"란 대기압 이하의 압력을 측정하는 계측기를 말한다.
7. "연성계"란 대기압 이상의 압력과 대기압 이하의 압력을 측정할 수 있는 계측기를 말한다.
8. "기동용수압개폐장치"란 소화설비의 배관 내 압력변동을 검지하여 자동적으로 펌프를 기동 및 정지시키는 것으로서 압력챔버 또는 기동용압력스위치 등을 말한다.
9. "가지배관"이란 헤드가 설치되어 있는 배관을 말한다.
10. "교차배관"이란 가지배관에 급수하는 배관을 말한다.
11. "주배관"이란 가압송수장치 또는 송수구 등과 직접 연결되어 소화수를 이송하는 주된 배관을 말한다.
12. "신축배관"이란 가지배관과 스프링클러헤드를 연결하는 구부림이 용이하고 유연성을 가진 배관을 말한다.
13. "급수배관"이란 수원 및 송수구 등으로부터 소화설비에 급수하는 배관을 말한다.
14. "습식유수검지장치"란 습식스프링클러설비 또는 부압식스프링클러설비에 설치되는 유수검지장치를 말한다.
15. "준비작동식유수검지장치"란 준비작동식스프링클러설비에 설치되는 유수검지장치를 말한다.
16. "반사판(디플렉터)"이란 스프링클러헤드의 방수구에서 유출되는 물을 세분시키는 작용을 하는 것을 말한다.
17. "개폐표시형 밸브"란 밸브의 개폐여부를 외부에서 식별이 가능한 밸브를 말한다.
18. "캐비닛형 간이스프링클러설비"란 가압송수장치, 수조(「캐비닛형 간이스프링클러설비 성능인증 및 제품검사의 기술기준」에서 정하는 바에 따라 분리형으로 할 수 있다) 및 유수검지장치 등을 집적화하여 캐비닛 형태로 구성시킨 간이 형태의 스프링클러설비를 말한다.
19. "상수도직결형 간이스프링클러설비"란 수조를 사용하지 않고 상수도에 직접 연결하여 항상 기준 방수압 및 방수량 이상을 확보할 수 있는 설비를 말한다.
20. "정격토출량"이란 펌프의 정격부하운전 시 토출량으로서 정격토출압력에서의 토출량을 말한다.
21. "정격토출압력"이란 펌프의 정격부하운전 시 토출압력으로서 정격토출량에서의 토출측 압력을 말한다.

4.3 설치대상

특정소방대상물	설치대상 기준
근린생활시설	사용부분 바닥면적 합계가 1,000 m² 이상인 경우에는 모든 층
교육연구시설 내 합숙소	연면적 100 m² 이상인 경우에는 모든 층
의료시설 중 정신의료기관(입원실이 없는 정신의학과 의원은 제외)	해당 시설부분 바닥면적 합계가 300 m² 이상 600 m² 미만인 시설
	해당 시설부분 바닥면적 합계가 300 m² 미만이고, 창살(철재·플라스틱 또는 목재 등으로 사람의 탈출 등을 막기 위하여 설치한 것을 말하며, 화재 시 자동으로 열리는 구조로 되어 있는 창살은 제외)이 설치된 시설
노유자 시설	가) 노유자 생활시설(제7조제1항제7호)
	나) 가)에 해당하지 않는 노유자 시설로 해당 시설로 사용하는 바닥면적 합계가 300 m² 이상 600 m² 미만인 시설
	다) 가)에 해당하지 않는 노유자 시설로 해당 시설로 사용하는 바닥면적 합계가 300 m² 미만이고, 창살(철재·플라스틱 또는 목재 등으로 사람의 탈출을 막기 위하여 설치한 것을 말하며, 화재 시 자동으로 열리는 구조로 되어 있는 창살은 제외)이 설치된 시설
보호시설	건물을 임차하여「출입국관리법」제52조제2항에 따른 보호시설로 사용하는 부분

4.4 간이스프링클러설비의 4종류

1) 가압수조를 이용한 간이스프링클러설비

무전원 방식으로 고압의 기체병인 기동용기에 고압기체를 충전하고 화재발생과 동시에 기동용기의 고압기체가 배출되어 고압가스 기체병의 격막을 터트려 가스가 배출되고 가스의 압력으로 수원을 헤드 쪽으로 이동시켜 기준방수량 및 방수압력 이상을 확보하는 설비

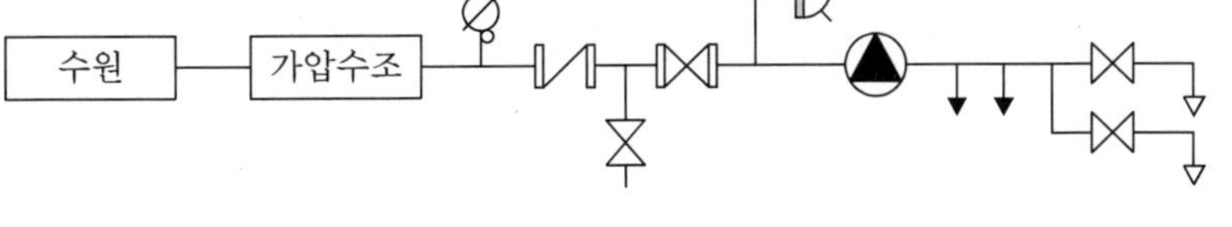

2) 펌프 등의 가압송수장치를 이용한 간이스프링클러설비

일반적인 스프링클러설비와 마찬가지로 수원을 설치하고 펌프 또는 압력수조를 이용하여 기준방수압력 및 방수량 이상을 확보하는 설비

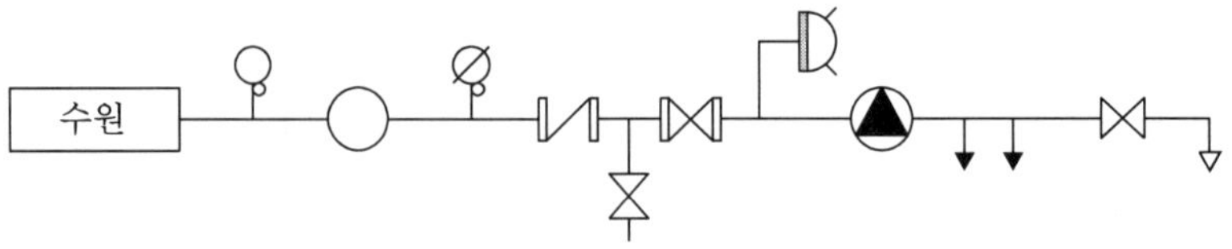

3) 캐비닛형 간이스프링클러설비

가압송수장치·수조 및 유수검지장치 등을 집적화하여 캐비닛형태로 구성한 간이형태의 스프링클러설비

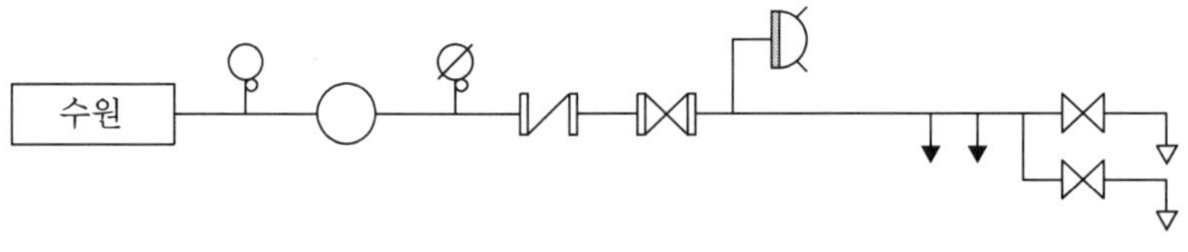

4) 상수도 직결형 간이스프링클러설비

수조를 사용하지 않고 상수도에 직접연결하여 항상 기준 압력 및 방수량 이상을 확보할 수 있는 설비 따라서 반드시 화재 시 간이스프링클러설비 이외의 배관에는 급수차단장치를 설치해야 한다.

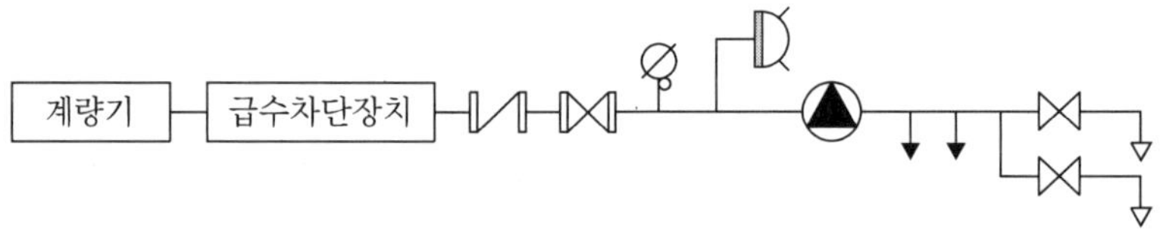

5. 화재조기진압용 스프링클러설비

5.1 개요

화재를 초기에 진압할 수 있도록 정해진 면적에 충분한 물을 방사할 수 있는 빠른 작동능력의 스프링클러헤드를 사용한 설비

5.2 용어의 정의

화재조기진압용 스프링클러설비 용어의 정의는 다음과 같다

1. "화재조기진압용 스프링클러헤드"란 특정한 높은 장소의 화재위험에 대하여 조기에 진화할 수 있도록 설계된 헤드를 말한다.
2. "충압펌프"란 배관 내 압력손실에 따른 주펌프의 빈번한 기동을 방지하기 위하여 충압 역할을 하는 펌프를 말한다.
3. "고가수조"란 구조물 또는 지형지물 등에 설치하여 자연낙차의 압력으로 급수하는 수조를 말한다.
4. "압력수조"란 소화용수와 공기를 채우고 일정압력 이상으로 가압하여 그 압력으로 급수하는 수조를 말한다.
5. "정격토출량"이란 펌프의 정격부하운전 시 토출량으로서 정격토출압력에서의 토출량을 말한다.
6. "정격토출압력"이란 펌프의 정격부하운전 시 토출압력으로서 정격토출량에서의 토출측 압력을 말한다.
7. "진공계"란 대기압 이하의 압력을 측정하는 계측기를 말한다.
8. "연성계"란 대기압 이상의 압력과 대기압 이하의 압력을 측정할 수 있는 계측기를 말한다.
9. "체절운전"이란 펌프의 성능시험을 목적으로 펌프 토출측의 개폐밸브를 닫은 상태에서 펌프를 운전하는 것을 말한다.
10. "기동용수압개폐장치"란 소화설비의 배관 내 압력변동을 검지하여 자동적으로 펌프를 기동 및 정지시키는 것으로서 압력챔버 또는 기동용압력스위치 등을 말한다.
11. "유수검지장치"란 유수현상을 자동적으로 검지하여 신호 또는 경보를 발하는 장

치를 말한다.

12. “가지배관”이란 헤드가 설치되어 있는 배관을 말한다.
13. “교차배관”이란 가지배관에 급수하는 배관을 말한다.
14. “주배관”이란 가압송수장치 또는 송수구 등과 직접 연결되어 소화수를 이송하는 주된 배관을 말한다.
15. “신축배관”이란 가지배관과 스프링클러헤드를 연결하는 구부림이 용이하고 유연성을 가진 배관을 말한다.
16. “급수배관”이란 수원 및 송수구 등으로부터 소화설비에 급수하는 배관을 말한다.
17. “개폐표시형 밸브”란 밸브의 개폐여부를 외부에서 식별이 가능한 밸브를 말한다.
18. “가압수조”란 가압원인 압축공기 또는 불연성 기체의 압력으로 소화용수를 가압하여 그 압력으로 급수하는 수조를 말한다.

5.3 수원

① 화재조기진압용 스프링클러설비의 수원을 옥내소화전설비 · 스프링클러설비 · 간이스프링클러설비 · 물분무소화설비 · 포소화설비 및 옥외소화전설비의 수원을 겸용하여 설치하는 경우의 저수량은 각 소화설비에 필요한 저수량을 합한 양 이상이 되도록 해야 한다. 다만, 이들 소화설비 중 고정식 소화설비(펌프 · 배관과 소화수 또는 소화약제를 최종 방출하는 방출구가 고정된 설비를 말한다. 이하 같다)가 2 이상 설치되어 있고, 그 소화설비가 설치된 부분이 방화벽과 방화문으로 구획되어 있는 경우에는 각 고정식 소화설비에 필요한 저수량 중 최대의 것 이상으로 할 수 있다.

② 화재조기진압용 스프링클러설비의 가압송수장치로 사용하는 펌프를 옥내소화전설비 · 스프링클러설비 · 간이스프링클러설비 · 물분무소화설비 · 포소화설비 및 옥외소화전설비의 가압송수장치와 겸용하여 설치하는 경우의 펌프의 토출량은 각 소화설비에 해당하는 토출량을 합한 양 이상이 되도록 해야 한다. 다만, 이들 소화설비 중 고정식 소화설비가 2 이상 설치되어 있고, 그 소화설비가 설치된 부분이 방화벽과 방화문으로 구획되어 있으며 각 소화설비에 지장이 없는 경우에는 펌프의 토출량 중 최대의 것 이상으로 할 수 있다.

③ 옥내소화전설비 · 스프링클러설비 · 간이스프링클러설비 · 화재조기진압용 스프링클러설비 · 물분무소화설비 · 포소화설비 및 옥외소화전설비의 가압송수장치에 있어서 각 토출측 배관과 일반급수용의 가압송수장치의 토출측 배관을 상

호 연결하여 화재 시 사용할 수 있다. 이 경우 연결배관에는 개폐표시형 밸브를 설치해야 하며, 각 소화설비의 성능에 지장이 없도록 해야 한다.

④ 화재조기진압용 스프링클러설비의 송수구를 옥내소화전설비 · 스프링클러설비 · 간이스프링클러설비 · 물분무소화설비 · 포소화설비 또는 연결살수설비의 송수구와 겸용으로 설치하는 경우에는 스프링클러설비의 송수구의 설치기준에 따르되 각각의 소화설비의 기능에 지장이 없도록 해야 한다.

5.4 설치장소의 구조

화재조기진압용 스프링클러설비를 설치할 장소의 구조는 다음의 기준에 적합해야 한다.

1. 해당 층의 높이가 13.7 m 이하일 것. 다만, 2층 이상일 경우에는 해당 층의 바닥을 내화구조로 하고 다른 부분과 방화구획 할 것
2. 천장의 기울기가 1,000분의 168을 초과하지 않아야 하고, 이를 초과하는 경우에는 반자를 지면과 수평으로 설치할 것
3. 천장은 평평해야 하며 철재나 목재트러스 구조인 경우, 철재나 목재의 돌출 부분이 102 mm를 초과하지 않을 것
4. 보로 사용되는 목재 · 콘크리트 및 철재 사이의 간격이 0.9 m 이상 2.3 m 이하일 것. 다만, 보의 간격이 2.3 m 이상인 경우에는 화재조기진압용 스프링클러헤드의 동작을 원활히 하기 위해 보로 구획된 부분의 천장 및 반자의 넓이가 28 m^2를 초과하지 않을 것
5. 창고 내의 선반 등의 형태는 하부로 물이 침투되는 구조로 할 것

연습문제

01 스프링클러헤드를 방호반경 2.3 m로 하여 정방형(정사각형)으로 배열할 때 헤드가 담당하는 면적이 최대가 될 수 있는 헤드간의 직선거리 몇 m인가?

02 가로 30 m, 세로 20 m의 내화구조로 된 특정소방대상물의 스프링클러헤드를 설치하려고 한다. 헤드를 정사각형으로 설치할 때 헤드의 소요개수는?

03 스프링클러설비의 스프링클러헤드에서 방사되는 방수량(L/min)을 최소방수량과 최대방수량으로 구분하여 계산하시오. (단, 방출계수 $K = 80$으로 하고 속도수두는 계산에 포함하지 아니하며 정수로 표시한다.)
가) 최소방수량(L/min)은 얼마인가?
나) 최대방수량(L/min)은 얼마인가?

04 지상 10층 백화점건물에 습식 스프링클러설비를 설계하고자 한다. 수원의 저수량(m^3)은 얼마인가? (단, 헤드는 50개를 설치한다.)

05 11층의 백화점건물에 습식 스프링클러설비를 설치하고자 한다. 설비의 전양정은 89 m이고, 소화펌프의 효율은 60%, 전달계수 $K = 1.1$이다. 다음 각 물음에 답하시오.
가) 소화수조에 저장하여야 할 수원의 양(m^3)은?
나) 소화펌프의 최소 토출량(L/min)은?
다) 내연기관의 용량(HP)은?
라) 최상단에 설치된 헤드의 방사압 0.15 MPa, 방수량 150 L/min일 때 방출계수 K를 구하시오.
마) 스프링클러헤드의 규격방수압과 규격방수량을 쓰시오.

06 건식 스프링클러설비에 사용하는 액셀러레이터(accelerator)의 설치목적을 간단히 쓰시오.

07 건식 스프링클러설비에서 익져스터(exhauster)의 설치이유를 간단히 설명하시오.

08 스프링클러설비 중 폐쇄형헤드를 사용하고 경보밸브의 1차측에만 물을 채우고 가압한 상태를 유지하며 2차측에는 대기압상태로 두게 되고, 화재의 발견은 자동화재 탐지설비의 감지기의 작동에 의해 이루어지며 감지기의 작동에 따라 밸브를 미리개방, 2차측의 배관 내에 송수시켜 두었다가 화재의 열에 의해 헤드가 개방되면 살수되게 하는 방식을 무엇이라 하는가?

09 준비작동식 스프링클러설비의 작동원리를 간단히 설명하시오.

10 습식 스프링클러시스템과 준비작동식 시스템의 차이점을 2가지만 쓰시오.

11 스프링클러설비의 오리피스 내경이 25 mm이고 방수량이 100 L/min일 때 방수압력(kPa)을 계산하시오.

12 스프링클러설비에서 헤드선단의 허용방수압의 범위는 얼마인가?

13 스프링클러설비에 사용하는 압력챔버의 기능 2가지를 쓰시오.

14 스프링클러설비의 가지배관의 배관은 토너먼트방식이 아니어야 한다. 그 이유는 무엇인지 두 가지를 쓰시오.

15 토너먼트방식이란 무엇이며 적용설비 및 토너먼트방식에 대해서 그림을 그리고 기술하시오.

16 습식 스프링클러설비의 유수검지장치에서 가장 먼 가지배관의 끝부분에는 시험밸브함을 설치해야 한다. 이 시험밸브함 내에 설치하여야 하는 것을 3가지만 쓰시오.

17 스프링클러설비에는 소방대 연결송수구설비를 함께 갖추도록 하는 이유를 두 가지만 설명하시오.

18 스프링클러설비의 반응시간지수(response time index)에 대하여 설명하시오.

해답

01 $2 \times 2.3 \times \cos 45° = 3.252 = 3.25\ \mathrm{m}$

따라서 3.25m

02 수평헤드간격 S는 [내화구조 수평거리(R) : 2.3m]

① $S = 2R\cos 45° = 2 \times 2.3\,\mathrm{m} \times \cos 45° = 3.25\ \mathrm{m}$

② 가로의 헤드 소요개수

$$\frac{\text{가로길이}}{\text{수평헤드간격}} = \frac{30\,\mathrm{m}}{3.25\,\mathrm{m}} = 9.23 = 10\text{개}\ (\text{헤드는 절상한다})$$

③ 세로의 헤드 소요개수

$$\frac{\text{세로길이}}{\text{수평헤드간격}} = \frac{20\,\mathrm{m}}{3.25\,\mathrm{m}} = 6.15 = 7\text{개}\ (\text{헤드는 절상한다})$$

* 필요한 헤드의 소요개수 = 가로개수 × 세로개수 = 10개 × 7개 = 70개

따라서 70개이다.

03 가) 스프링클러헤드의 최소방수압 범위는 0.1MPa이므로

최소방수량 $Q_{\min}$은

$Q_{\min} = K\sqrt{10P} = 80\sqrt{10 \times 0.1\,\mathrm{MPa}} = 80\,\mathrm{L/min}$

나) 스프링클러헤드의 최소방수압 범위는 1.2MPa이므로

최소방수량 $Q_{\max}$은

$Q_{\min} = K\sqrt{10P} = 80\sqrt{10 \times 1.2\,\mathrm{MPa}} = 277.128 = 277\,\mathrm{L/min}$

04 백화점 N(헤드개수)는 30개이다.

$Q = 1.6N = 1.6 \times 30 = 48\,(\mathrm{m^3})$ 이상

05 가) 백화점 N(헤드개수)는 30개이다.

$Q = 1.6N = 1.6 \times 30 = 48\,(\mathrm{m^3})$ 이상

나) N : 폐쇄형 헤드 11층 이상 기준개수는 30개

펌프의 최소토출량 Q는

$Q = N \times 80\,\mathrm{L/min} = 30 \times 80\,\mathrm{L/min} = 2{,}400\,\mathrm{L/min}$

다) 내연기관의 용량 P (kW)는

$$P = \frac{0.163QH}{\eta}K$$

$$= \frac{0.163 \times 2{,}400\,\mathrm{L/min} \times 89\,\mathrm{m}}{0.6} \times 1.1$$

$$= \frac{0.163 \times 2.4\,\text{m}^3/\text{min} \times 89\,\text{m}}{0.6} \times 1.1$$

$$= 63.83\,\text{kW}$$

$1\,\text{HP} = 0.746\,\text{kW}$ 이기 때문에 단위환산하면

$$63.83\,\text{kW} = \frac{1\,\text{HP}}{0.746\,\text{kW}} \times 63.83\,\text{kW} = 85.563 = 85.56\,\text{HP} \text{ 이상}$$

라) 방출계수 K 구하는 식은

$$Q = K\sqrt{10P}$$

$$K = \frac{150\,\text{L/min}}{\sqrt{10 \times 0.15\,\text{MPa}}} = 122.474 = 122.47$$

마) 규격방수압 : 0.1 MPa

규격방수량 : 80 L/min

06 건식밸브 개방 시 압축공기의 배출속도를 가속시켜 신속한 소화를 하기 위하여

07 건식밸브 개방 시 압축공기의 배출속도를 가속시켜 신속한 소화를 하기 위하여

08 준비작동식

09 준비작동밸브의 1차측에는 가압수, 2차측에는 대기압상태로 있다가 화재발생시 감지기에 의하여 준비작동밸브(pre-action valve)를 개방하여 헤드까지 가압수를 송수시켜 놓고 있다가 열에 의해 헤드가 개방되면 소화하는 방식

10 습식설비와 준비작동식설비의 차이점

습 식	준비작동식
① 습식밸브의 1·2차측 배관 내에 가압수가 상시 충수되어있다. ② 습식밸브(자동경보밸브·알람체크밸브)를 사용한다. ③ 자동화재탐지설비를 별도로 설치할 필요가 없다. ④ 오동작의 우려가 크다. ⑤ 구조가 간단하다. ⑥ 설치비가 저가이다. ⑦ 보온이 필요하다.	① 준비작동밸브의 1차측에는 가압수 2차측에는 대기압 상태로 되어 있다. ② 준비작동밸브를 사용한다. ③ 감지장치로 자동화재탐지설비를 별도로 설치해야 한다. ④ 오동작의 우려가 작다. ⑤ 구조가 복잡하다. ⑥ 설치비가 고가이다. ⑦ 보온이 불필요하다.

11 $Q = 0.653D^2\sqrt{10P}$ 에서 방수압력 P는

$$10P = \left(\frac{Q}{0.653D^2}\right)^2$$

$$P = \frac{1}{10}\left(\frac{Q}{0.653D^2}\right)^2 = \frac{1}{10}\left(\frac{100\,\mathrm{L/min}}{0.653\times(25\,\mathrm{mm})^2}\right)^2 = 0.006\,\mathrm{MPa} = 6\,\mathrm{kPa}$$

$1\,\mathrm{MPa} = 10^3\,\mathrm{kPa}$이다.

12 0.1MPa 이상 1.2MPa 이하

13 ① 배관 내의 압력저하 시 충압펌프 또는 주펌프의 자동기동
② 수격작용 방지

14 ① 유체의 마찰손실이 너무 크므로 압력손실을 최소화하기 위하여
② 수격작용에 의한 배관의 파손을 방지하기 위하여

15 ① 토너먼트방식 : 가스계 소화설비에 적용하는 방식으로 가스계 소화설비는 용기로부터 노즐까지의 마찰손실이 각각 일정하여야 하므로 헤드의 배관을 토너먼트 방식으로 적용한다. 또한 가스계 소화설비는 토너먼트방식으로 적용하여도 약제가 가스이므로 유체의 마찰손실 및 수격작용의 우려가 적다.
② 토너먼트방식 적용설비 (가) 분말소화설비 (나) 할론소화설비 (다) 이산화탄소소화설비 (라) 할로겐화합물 및 불활성기체소화설비
③ 토너먼트방식 그림

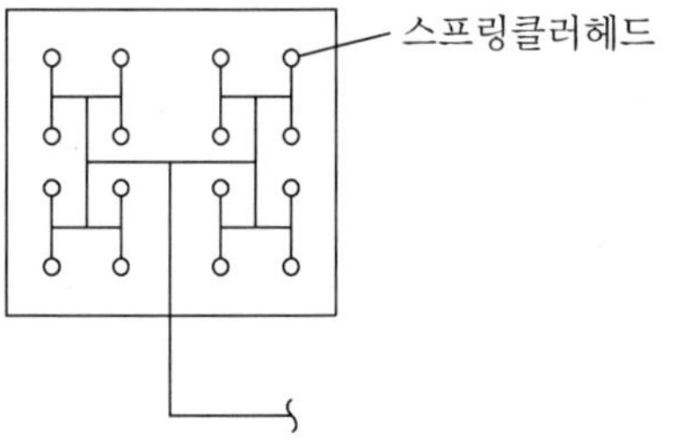

16 시험장치의 설치기준
① 유수검지장치에서 가장 먼 가지배관의 끝으로부터 연결 설치한다.
② 개폐밸브 및 개방형 헤드를 설치하는데 이 경우 개방형 헤드는 반사판 및 프레임을 제거한 오리피스만으로 설치할 수 있다.
③ 시험배관의 끝에는 물받이통 및 배수관을 설치하여 시험 중 방사된 물이 바닥에 흘러내리지 않도록 해야 한다.

17 ① 초기진화에 실패한 후 본격화재시 소방차에서 물을 공급하기 위하여
② 가압송수장치 등의 고장 시 소방차에서 물을 공급하기 위하여

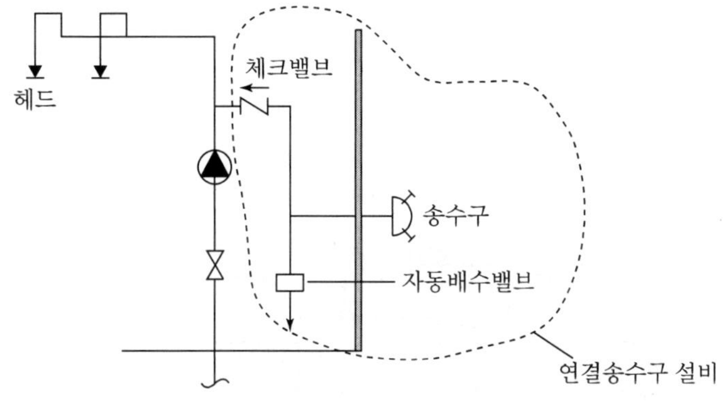

18 기류의 온도 속도 및 작동시간에 대하여 스프링클러헤드의 반응시간을 예상한 지수

6. 물분무소화설비

6.1 개요

물을 분무상으로 방사하여 연소면을 감싸서 소화하는 설비로서 주차장 · 변전실 등 기름 화재 · 전기 화재에 사용하며, 분무수로 냉각, 질식 소화한다.

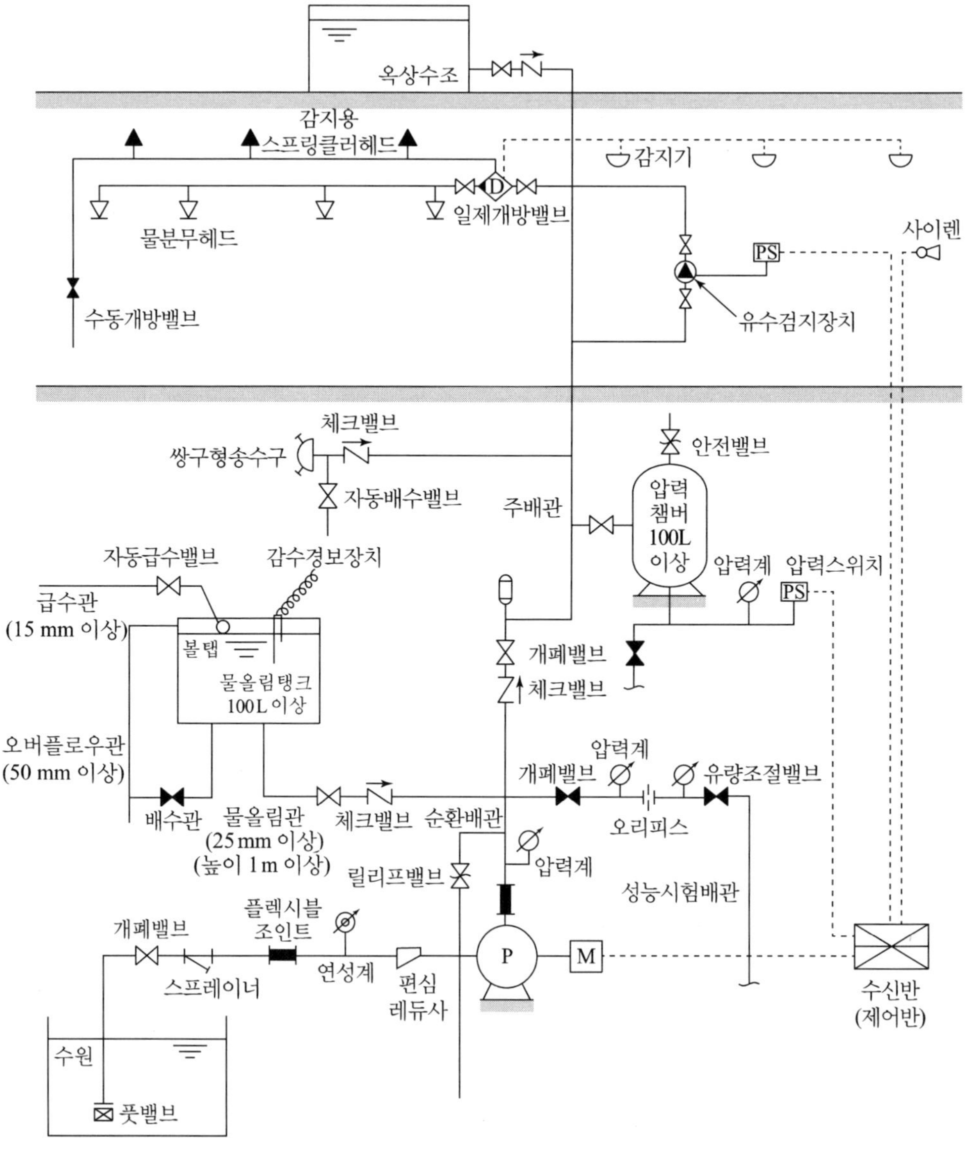

그림 2-41 물분무소화설비의 계통도

6.2 물분무소화설비의 소화작용

물분무소화설비는 화재 시 분무헤드에서 물을 미립자의 무상으로 방사하여 소화하는 설비로서 냉각작용, 질식작용, 희석작용으로 주로 가연성 액체, 전기설비 등의 화재에 유효하여 소화 및 화재의 진압 또는 연소의 방지목적으로 사용된다.

1) 물분무소화설비의 소화효과

(1) 유화작용(에멀젼 효과)

기름 표면에 방사시킴으로서 불연성의 유화층을 형성하게 되므로 유면을 덮는 유화작용을 하게 된다. 즉 석유, 그리스 등 불용성의 가연성 액체의 표면에 불연성의 증기층을 형성하여 소화한다.

(2) 질식작용

물은 기화하면 체적이 약 1,680배나 팽창하여 화재열에 의해 분무는 수증기가 된다. 증기로 연소면을 피복해서 산소의 보급을 차단하여 질식에 의해서 소화한다.

(3) 냉각작용

무상으로 방사된 미립자가 화열에 의해 신속하게 수증기로 되므로 다량의 증발잠열을 흡수하게 되어 강력한 냉각작용으로 소화한다.

(4) 희석작용

알코올 등의 수용성 액체는 방수에 의해 열기류를 냉각하면서 수용성 액체를 희석하여 연소한계 이하 농도의 수용액으로 하여 소화한다.

2) 법적 설치대상물

특정소방대상물		기 준
항공기 및 자동차 관련 시설 중 항공기 격납고		
주차용도의 건축물	차고, 주차용 건축물 또는 철골 조립식 주차시설	연면적 800 m^2 이상
	건축물 내부에 설치된 차고, 주차장으로서 차고 또는 주차의 용도로 사용되는 부분	바닥면적 200 m^2 이상
	기계장치에 의한 주차시설	20대 이상
전기실, 발전실, 변전실(가연성 절연유를 사용하지 않는 변압기, 전류차단기 등의 전기기기, 가연성 피복을 사용하지 않은 전선 및 케이블만을 설치한 전기실, 발전실 및 변전실은 제외), 축전지실, 통신기기실, 전산실, 그 밖에 이와 비슷한 것		바닥면적 300 m^2 이상

소화수를 수집·처리하는 설비가 설치되어 있지 않은 중·저준위방사성폐기물의 저장시설	이산화탄소소화설비, 할론소화설비 또는 할로겐화합물 및 불활성기체 소화설비를 설치
지하가 중 예상 교통량, 경사도 등 터널의 특성을 고려하여 행정안전부령으로 정하는 터널	물분무소화설비를 설치
국가유산 중 「문화유산의 보존 및 활용에 관한 법률」에 따른 지정문화유산(문화유산자료를 제외한다) 또는 「자연유산의 보존 및 활용에 관한 법률」에 따른 천연기념물등(자연유산자료를 제외)으로서 소방청장이 국가유산청장과 협의하여 정하는 것	

위험물 저장 및 처리 시설 중 가스시설 및 지하구는 제외

3) 물분무설비의 장점, 단점

(1) 장점

- 소화효과 이외에 연소의 제어할 노출부분의 방호할 연소 확대 방지 등에 효과가 있다.
- 물을 주체로 한 수계소화설비이나 B급, C급 화재에도 사용할 수 있다.
- 수손의 피해가 적다.

(2) 단점

- 다량의 급수 체계가 필요하다.
- 동절기 및 옥외의 경우 동파 관계로 사용이 제한된다.
- 배수처리가 필수적으로 필요하다.

4) 설비의 종류

가) 이동식 물분무소화설비

소화전, 소화펌프 또는 기타 소화용 배관의 호스에 물분무 노즐을 결합하거나 스프링클러 등에 접속하여 사용할 수 있는 방식

나) 고정식 물분무소화설비

(1) 수동식

화재 시 수동으로 방호구역의 물분무헤드에서 물이 분사되도록 조작하는 방식으로 직접조작법과 원격조작법이 있다.

(2) 자동식

화재감지장치의 화재감지에 의해 물분무헤드가 자동적으로 개방되어 소화하는 방식으로 폐쇄형 물분무헤드를 사용하는 방식과 화재감지형 제어밸브를 사용하는 방식이 있다.

6.3 수원

물분무소화설비의 수원은 그 저수량이 다음 표의 기준에 적합해야 한다.

특정소방대상물	필요저수량(L/min)	비고
차고・주차장	바닥면적(m^2) × 20(L/min・m^2) × 20(min)	바닥면적이 50 m^2 미만인 경우에는 50 m^2 적용
특수가연물을 저장하거나 취급하는 특정소방대상물 또는 그 부분	바닥면적(m^2) × 10(L/min・m^2) × 20(min)	
절연유봉입 변압기	바닥부분을 제외한 표면적을 합한 면적(m^2) × 10(L/min・m^2) × 20(min)	
케이블트레이, 덕트 등	투영된 면적(m^2) × 12(L/min・m^2) × 20(min)	
위험물저장탱크	원주둘레길이(m) × 37(L/min・m^2) × 20(min)	
컨베이어벨트 등	벨트부분의 바닥면적(m^2) × 20(L/min・m^2) × 20(min)	

6.4 가압송수장치

1) 펌프의 양정

$H = h_1 + h_2$

여기서, H : 펌프의 양정(m)

h_1 : 물분무헤드의 설계압력 환산수두(m)

h_2 : 배관의 마찰손실수두(m)

2) 고가수조의 자연낙차 이용방식

$H = h_1 + h_2$

여기서, H : 필요한 낙차(m)(수조의 하단으로부터 최고층에 설치된 물분무헤드까지의 수직거리를 말한다)

h_1 : 물분무헤드의 설계압력 환산수두(m)

h_2 : 배관의 마찰손실수두(m)

3) 압력수조 이용방식

① 압력수조 소요압력

$P = p_1 + p_2 + p_3$

여기서, P : 필요한 압력(MPa)

p_1 : 물분무헤드의 설계압력(MPa)

p_2 : 배관의 마찰손실수두압(MPa)

p_3 : 낙차의 환산수두압(MPa)

② 압력수조에는 수위계, 급수관, 배수관, 급기관, 맨홀, 압력계, 안전장치 및 압력저하 방지를 위한 자동식 공기압축기를 설치할 것

6.5 배수설비(차고, 주차장에 설치조건)

1) 차량이 주차하는 바닥은 배수구를 향하여 2/100 이상의 기울기를 유지할 것
2) 차량이 주차하는 장소의 적당한 곳에 높이 10 cm 이상의 경계턱으로 배수구를 설치할 것
3) 배수구에는 새어 나온 기름을 모아 소화할 수 있도록 길이 40 m 이하마다 집수관, 소화피트 등 기름분리장치를 설치할 것
4) 배수설비는 가압송수장치의 최대송수능력의 수량을 유효하게 배수할 수 있는 크기 및 기울기로 할 것

7. 미분무소화설비

7.1 개요

① 과학적 의미의 Mist는 직경이 5 μm 정도인 에어로졸과 직경이 10~100 μm인 안개로 구성되는 운무현상을 말한다.

② NFPA에서는 1 mm 이하의 물입자, 즉 Dv0.99 = 1,000 μm에 해당되는 물방울들의 집합적 분포로 Mist를 정의하고 있다(표준 S/P Dv0.99 = 5,000 μm).

③ 미분무수는 표면적대 체적비를 최대화함으로써 증발을 통한 질식작용과 열흡수효과의 극대화를 통해 화재를 제어한다.

④ 물입자의 크기가 감소함에 따라 단위면적당 더 많은 열이 흡수되므로 분무수에 포함되어 있는 미세 물방울의 비율이 증가하면 화재진압에 필요한 물의 양이 감소하고 방출효율이 향상된다.

⑤ 근래 들어 IMO(국제해사기구)에서 승선인원 35명을 초과하는 선박에 스프링클러 설치를 의무화 하면서 최소한의 중량으로 소화성능을 극대화 시킬 필요성이 증대하였고, 할론소화약제의 생산 중단에 따른 대체기술로 미분무수가 연구되고 있다.

7.2 용어의 정의

용어의 정의는 다음과 같다.

1. "미분무소화설비"란 가압된 물이 헤드 통과 후 미세한 입자로 분무됨으로써 소화성능을 가지는 설비로서, 소화력을 증가시키기 위해 강화액 등을 첨가할 수 있다.
2. "미분무"란 물만을 사용하여 소화하는 방식으로 최소설계압력에서 헤드로부터 방출되는 물입자 중 99%의 누적체적분포가 400 μm 이하로 분무되고 A, B, C급 화재에 적응성을 갖는 것을 말한다.
3. "미분무헤드"란 하나 이상의 오리피스를 가지고 미분무소화설비에 사용되는 헤드를 말한다.
4. "개방형 미분무헤드"란 감열체 없이 방수구가 항상 열려져 있는 헤드를 말한다.
5. "폐쇄형 미분무헤드"란 정상상태에서 방수구를 막고 있는 감열체가 일정온도에서 자동적으로 파괴·용융 또는 이탈됨으로써 방수구가 개방되는 헤드를 말한다.

6. “저압 미분무소화설비”란 최고사용압력이 1.2 MPa 이하인 미분무소화설비를 말한다.
7. “중압 미분무소화설비”란 사용압력이 1.2 MPa을 초과하고 3.5 MPa 이하인 미분무소화설비를 말한다.
8. “고압 미분무소화설비”란 최저사용압력이 3.5 MPa을 초과하는 미분무소화설비를 말한다.
9. “폐쇄형 미분무소화설비”란 배관 내에 항상 물 또는 공기 등이 가압되어 있다가 화재로 인한 열로 폐쇄형 미분무헤드가 개방되면서 소화수를 방출하는 방식의 미분무소화설비를 말한다.
10. “개방형 미분무소화설비”란 화재감지기의 신호를 받아 가압송수장치를 동작시켜 미분무수를 방출하는 방식의 미분무소화설비를 말한다.
11. “유수검지장치(패들형을 포함한다)”란 유수현상을 자동적으로 검지하여 신호 또는 경보를 발하는 장치를 말한다.
12. “전역방출방식”이란 고정식 미분무소화설비에 배관 및 헤드를 고정 설치하여 구획된 방호구역 전체에 소화수를 방출하는 설비를 말한다.
13. “국소방출방식”이란 고정식 미분무소화설비에 배관 및 헤드를 설치하여 직접 화점에 소화수를 방출하는 설비로서 화재발생 부분에 집중적으로 소화수를 방출하도록 설치하는 방식을 말한다.
14. “호스릴방식”이란 소화수 또는 소화약제 저장용기 등에 연결된 호스릴을 이용하여 사람이 직접 화점에 소화수 또는 소화약제를 방출하는 방식을 말한다.
15. “교차회로방식”이란 하나의 방호구역 내에 2 이상의 화재감지기회로를 설치하고 인접한 2 이상의 화재감지기에 화재가 감지되어 작동되는 때에 소화설비가 작동하는 방식을 말한다.
16. “가압수조”란 가압원인 압축공기 또는 불연성 기체의 압력으로 소화용수를 가압하여 그 압력으로 급수하는 수조를 말한다.
17. “개폐표시형 밸브”란 밸브의 개폐여부를 외부에서 식별이 가능한 밸브를 말한다.
18. “연소할 우려가 있는 개구부”란 각 방화구획을 관통하는 컨베이어・에스컬레이터 또는 이와 유사한 시설의 주위로서 방화구획을 할 수 없는 부분을 말한다.
19. “설계도서”란 점화원, 연료의 특성과 형태 등에 따라서 건축물에서 발생할 수 있는 화재의 유형이 고려되어 작성된 것을 말한다.
20. “호스릴”이란 원형의 소방호스를 원형의 수납장치에 감아 정리한 것을 말한다.

7.3 설계도서 작성

① 미분무소화설비의 성능을 확인하기 위하여 하나의 발화원을 가정한 설계도서는 화재 시 건축물에서 발생 가능한 상황을 고려하여 작성되어야 하며, 설계도서는 일반설계도서와 특별설계도서로 구분한다.

1. 점화원의 형태
2. 초기 점화되는 연료 유형
3. 화재 위치
4. 문과 창문의 초기상태(열림, 닫힘) 및 시간에 따른 변화상태
5. 공기조화설비, 자연형(문, 창문) 및, 기계형 여부
6. 시공 유형과 내장재 유형

② 일반설계도서는 유사한 특정소방대상물의 화재사례 등을 이용하여 작성하고, 특별설계도서는 일반설계도서에서 발화 장소 등을 변경하여 위험도를 높게 만들어 작성해야 한다.

③ ①항 및 ②항에도 불구하고 검증된 기준에서 정하고 있는 것을 사용할 경우에는 적합한 도서로 인정할 수 있다.

7.4 설계도서의 검증

① 소방관서에 허가동의를 받기 전에 법 제46조제1항에 따라 성능시험기관으로 지정받은 기관에서 그 성능을 검증받아야 한다.

② 설계도서의 변경이 필요한 경우 ①항에 의해 재검증을 받아야 한다.

7.5 수원

① 미분무소화설비에 사용되는 소화용수는 「먹는물관리법」 제5조에 적합하고, 저수조 등에 충수할 경우 필터 또는 스트레이너를 통해야 하며, 사용되는 물에는 입자·용해고체 또는 염분이 없어야 한다.

② 배관의 연결부(용접부 제외) 또는 주배관의 유입측에는 필터 또는 스트레이너를 설치해야 하고, 사용되는 스트레이너에는 청소구가 있어야 하며, 검사·유지관리 및 보수 시에 배치위치를 변경하지 않아야 한다. 다만, 노즐이 막힐 우려가 없는 경우에는 설치하지 않을 수 있다.

③ 사용되는 필터 또는 스트레이너의 메쉬는 헤드 오리피스 지름의 80% 이하가 되어야 한다.

④ 수원의 양은 다음의 식을 이용하여 계산한 양 이상으로 해야 한다.

$Q = N \times D \times T \times S + V$

여기서, Q : 수원의 양(m^3)

N : 방호구역(방수구역) 내 헤드의 개수

D : 설계유량(m^3/min)

T : 설계방수시간(min)

S : 안전율(1.2 이상)

V : 배관의 총체적(m^3)

⑤ 첨가제의 양은 설계방수시간 내에 충분히 사용될 수 있는 양 이상으로 산정한다. 이 경우 첨가제가 소화약제인 경우 소방청장이 정하여 고시한 「소화약제의 형식승인 및 제품검사의 기술기준」에 적합한 것으로 사용해야 한다.

7.6 수조

① 수조의 재료는 냉간 압연 스테인리스 강판 및 강대(KS D 3698)의 STS304 또는 이와 동등 이상의 강도 · 내식성 · 내열성이 있는 것으로 해야 한다.

② 수조를 용접할 경우 용접찌꺼기 등이 남아 있지 않아야 하며, 부식의 우려가 없는 용접방식으로 해야 한다.

③ 미분무소화설비용 수조는 다음의 기준에 따라 설치해야 한다.

1. 전용수조로 하고, 점검에 편리한 곳에 설치할 것
2. 동결방지조치를 하거나 동결의 우려가 없는 장소에 설치할 것
3. 수조의 외측에 수위계를 설치할 것. 다만, 구조상 불가피한 경우에는 수조의 맨홀 등을 통하여 수조 안의 물의 양을 쉽게 확인할 수 있도록 해야 한다.
4. 수조의 상단이 바닥보다 높은 때에는 수조의 외측에 고정식 사다리를 설치할 것
5. 수조가 실내에 설치된 때에는 그 실내에 조명설비를 설치할 것
6. 수조의 밑 부분에는 청소용 배수밸브 또는 배수관을 설치할 것
7. 수조 외측의 보기 쉬운 곳에 "미분무소화설비용 수조"라고 표시한 표지를 할 것
8. 소화설비용 펌프의 흡수배관 또는 소화설비의 수직배관과 수조의 접속부분에는 "미분무소화설비용 배관"이라고 표시한 표지를 할 것. 다만, 수조와 가까운

장소에 소화설비용 펌프가 설치되고 해당 펌프에 제7호에 따른 표지를 설치한 때에는 그렇지 않다.

7.7 가압송수장치

① 전동기 또는 내연기관에 따른 펌프를 이용하는 가압송수장치는 다음의 기준에 따라 설치해야 한다.

1. 쉽게 접근할 수 있고 점검하기에 충분한 공간이 있는 장소로서 화재 및 침수 등의 재해로 인한 피해를 받을 우려가 없는 곳에 설치할 것
2. 동결방지조치를 하거나 동결의 우려가 없는 장소에 설치할 것
3. 펌프는 전용으로 할 것
4. 펌프의 토출측에는 압력계를 체크밸브 이전에 펌프 토출측 플랜지에서 가까운 곳에 설치할 것
5. 펌프의 성능은 체절운전 시 정격토출압력의 140%를 초과하지 않고, 정격토출량의 150%로 운전 시 정격토출압력의 65% 이상이 되어야 하며, 펌프의 성능을 시험할 수 있는 성능시험배관을 설치할 것
6. 가압송수장치의 송수량은 최저설계압력에서 설계유량(L/min) 이상의 방수성능을 가진 기준개수의 모든 헤드로부터의 방수량을 충족시킬 수 있는 양 이상의 것으로 할 것
7. 내연기관을 사용하는 경우에는 제어반에 따라 내연기관의 자동기동 및 수동기동이 가능하고, 상시 충전되어 있는 축전지설비를 갖출 것
8. 가압송수장치에는 “미분무펌프”라고 표시한 표지를 할 것. 다만, 호스릴방식의 경우 “호스릴방식 미분무펌프”라고 표시한 표지를 할 것
9. 가압송수장치가 기동이 된 경우에는 자동으로 정지되지 않도록 할 것
10. 가압송수장치는 부식 등으로 인한 펌프의 고착을 방지할 수 있도록 다음의 각 기준에 적합한 것으로 할 것. 다만, 충압펌프는 제외한다.
   가. 임펠러는 청동 또는 스테인리스 등 부식에 강한 재질을 사용할 것
   나. 펌프축은 스테인리스 등 부식에 강한 재질을 사용할 것

② 압력수조를 이용하는 가압송수장치는 다음의 기준에 따라 설치해야 한다.

1. 압력수조는 배관용 스테인리스 강관(KS D 3676) 또는 이와 동등 이상의 강도·내식성, 내열성을 갖는 재료를 사용할 것
2. 용접한 압력수조를 사용할 경우 용접찌꺼기 등이 남아 있지 않아야 하며, 부식

의 우려가 없는 용접방식으로 해야 한다.

3. 쉽게 접근할 수 있고 점검하기에 충분한 공간이 있는 장소로서 화재 및 침수 등의 재해로 인한 피해를 받을 우려가 없는 곳에 설치할 것
4. 동결방지조치를 하거나 동결의 우려가 없는 장소에 설치할 것
5. 압력수조는 전용으로 할 것
6. 압력수조에는 수위계・급수관・배수관・급기관・맨홀・압력계・안전장치 및 압력저하방지를 위한 자동식 공기압축기를 설치할 것
7. 압력수조의 토출측에는 사용압력의 1.5배 범위를 초과하는 압력계를 설치해야 한다.
8. 작동장치의 구조 및 기능은 다음의 기준에 적합해야 한다.
   가. 화재감지기의 신호에 의하여 자동적으로 밸브를 개방하고 소화수를 배관으로 송출할 것
   나. 수동으로 작동할 수 있게 하는 장치를 설치할 경우에는 부주의로 인한 작동을 방지하기 위한 보호 장치를 강구할 것

③ 가압수조를 이용하는 가압송수장치는 다음의 기준에 따라 설치해야 한다.

1. 가압수조의 압력은 설계 방수량 및 방수압이 설계방수시간 이상 유지되도록 할 것
2. 가압수조 및 가압원은 「건축법 시행령」 제46조에 따른 방화구획 된 장소에 설치할 것
3. 가압수조를 이용한 가압송수장치는 소방청장이 정하여 고시한 「가압수조식 가압송수장치의 성능인증 및 제품검사의 기술기준」에 적합한 것으로 설치할 것
4. 가압수조는 전용으로 설치할 것

7.8 배관 등

① 설비에 사용되는 구성요소는 STS304 이상의 재료를 사용해야 한다.

② 배관은 배관용 스테인리스 강관(KS D 3576)이나 이와 동등 이상의 강도・내식성 및 내열성을 가진 것으로 해야 하고, 용접할 경우 용접찌꺼기 등이 남아 있지 아니해야 하며, 부식의 우려가 없는 용접방식으로 해야 한다.

③ 급수배관은 다음의 기준에 따라 설치해야 한다.

1. 전용으로 할 것
2. 급수배관에 설치되어 급수를 차단할 수 있는 개폐밸브는 개폐표시형으로 할 것. 이 경우 펌프의 흡입측 배관에는 버터플라이밸브 외의 개폐표시형 밸브를

설치해야 한다.

④ 펌프의 성능시험배관은 다음의 기준에 적합하도록 설치해야 한다.

1. 성능시험배관은 펌프의 토출측에 설치된 개폐밸브 이전에서 분기하여 직선으로 설치하고, 유량측정장치를 기준으로 전단 직관부에는 개폐밸브를 후단 직관부에는 유량조절밸브를 설치할 것. 이 경우 개폐밸브와 유량측정장치 사이의 직관부 거리 및 유량측정장치와 유량조절밸브 사이의 직관부 거리는 해당 유량측정장치 제조사의 설치사양에 따르고, 성능시험배관의 호칭지름은 유량측정장치의 호칭지름에 따른다.
2. 유입구에는 개폐밸브를 둘 것
3. 유량측정장치는 펌프의 정격토출량의 175 % 이상까지 측정할 수 있는 성능이 있을 것
4. 가압송수장치의 체절운전 시 수온의 상승을 방지하기 위하여 체크밸브와 펌프 사이에서 분기한 구경 20 mm 이상의 배관에 체절압력 미만에서 개방되는 릴리프밸브를 설치할 것

⑤ 배관은 동결방지조치를 하거나 동결의 우려가 없는 장소에 설치해야 한다. 다만, 보온재를 사용할 경우에는 난연재료 성능 이상의 것으로 해야 한다.

⑥ 교차배관의 위치·청소구 및 가지배관의 헤드설치는 다음의 기준에 따른다.

1. 교차배관은 가지배관과 수평으로 설치하거나 또는 가지배관 밑에 설치할 것
2. 청소구는 교차배관 끝에 개폐밸브를 설치하고, 호스접결이 가능한 나사식 또는 고정배수 배관식으로 할 것. 이 경우 나사식의 개폐밸브는 나사보호용의 캡으로 마감할 것

⑦ 미분무소화설비에는 동 장치를 시험할 수 있는 시험장치를 다음의 기준에 따라 설치해야 한다. 다만, 개방형헤드를 설치한 경우에는 그렇지 않다.

1. 가압송수장치에서 가장 먼 가지배관의 끝으로부터 연결하여 설치할 것
2. 시험장치 배관의 구경은 가압장치에서 가장 먼 가지배관의 구경과 동일한 구경으로 하고, 그 끝에 개방형헤드를 설치할 것. 이 경우 개방형헤드는 동일 형태의 오리피스만으로 설치할 수 있다.
3. 시험배관의 끝에는 물받이 통 및 배수관을 설치하여 시험 중 방사된 물이 바닥에 흘러내리지 않도록 할 것. 다만, 목욕실·화장실 또는 그 밖의 곳으로서 배수처리가 쉬운 장소에 시험배관을 설치한 경우에는 그렇지 않다.

⑧ 배관에 설치되는 행거는 다음의 기준에 따라 설치해야 한다.

1. 가지배관에는 헤드의 설치지점 사이마다, 교차배관에는 가지배관과 가지배관

사이마다 1개 이상의 행거를 설치할 것

2. 제1호의 수평주행배관에는 4.5 m 이내마다 1개 이상 설치할 것

⑨ 수직배수배관의 구경은 50 mm 이상으로 해야 한다. 다만, 수직배관의 구경이 50 mm 미만인 경우에는 수직배관과 동일한 구경으로 할 수 있다.

⑩ 주차장의 미분무소화설비는 습식 외의 방식으로 해야 한다. 다만, 주차장이 벽 등으로 차단되어 있고 출입구가 자동으로 열리고 닫히는 구조인 것으로서 다음의 어느 하나에 해당하는 경우에는 그렇지 않다.

1. 동절기에 상시 난방이 되는 곳이거나 그 밖에 동결의 염려가 없는 곳
2. 미분무소화설비의 동결을 방지할 수 있는 구조 또는 장치가 된 것

⑪ 급수배관에 설치되어 급수를 차단할 수 있는 개폐밸브에는 그 밸브의 개폐상태를 감시제어반에서 확인할 수 있도록 급수개폐밸브 작동표시 스위치를 다음의 기준에 따라 설치해야 한다.

1. 급수개폐밸브가 잠길 경우 탬퍼스위치의 동작으로 인하여 감시제어반 또는 수신기에 표시되어야 하며 경보음을 발할 것
2. 탬퍼스위치는 감시제어반 또는 수신기에서 동작의 유무 확인과 동작시험, 도통시험을 할 수 있을 것
3. 급수개폐밸브의 작동표시 스위치에 사용되는 전기배선은 내화전선 및 내열전선으로 설치할 것

⑫ 미분무설비 배관의 배수를 위한 기울기는 다음의 기준에 따른다.

1. 폐쇄형 미분무소화설비의 배관을 수평으로 할 것. 다만, 배관의 구조상 소화수가 남아 있는 곳에는 배수밸브를 설치해야 한다.
2. 개방형 미분무소화설비에는 헤드를 향하여 상향으로 수평주행배관의 기울기를 500분의 1 이상, 가지배관의 기울기를 250분의 1 이상으로 할 것. 다만, 배관의 구조상 기울기를 줄 수 없는 경우에는 배수를 원활하게 할 수 있도록 배수밸브를 설치해야 한다.

⑬ 배관은 다른 설비의 배관과 쉽게 구분이 될 수 있는 위치에 설치하거나, 그 배관표면 또는 배관 보온재표면의 색상은 「한국산업표준(배관계의 식별 표시, KS A 0503)」 또는 적색으로 식별이 가능하도록 소방용설비의 배관임을 표시해야 한다.

⑭ 호스릴방식의 설치는 다음의 기준에 따라 설치해야 한다.

1. 차고 또는 주차장 외의 장소에 설치하되 방호대상물의 각 부분으로부터 하나의 호스접결구까지의 수평거리가 25 m 이하가 되도록 할 것
2. 소화약제 저장용기의 개방밸브는 호스의 설치장소에서 수동으로 개폐할 수 있

는 것으로 할 것

3. 소화약제 저장용기의 가장 가까운 곳의 보기 쉬운 곳에 표시등을 설치하고, “호스릴 미분무소화설비”라고 표시한 표지를 할 것
4. 그 밖의 사항은 「옥내소화전설비의 화재안전기술기준(NFTC 102)」 2.4(함 및 방수구 등)에 적합할 것

연습문제

01 미분무설비의 장점, 단점에 대해 논하시오.

02 물분무소화설비 중 (1) 질식효과, (2) 냉각효과, (3) 유화효과, (4) 희석효과에 대해서 설명하시오.

03 주차장 건물에 물분무소화설비를 하려고 한다. 법정 수원의 용량은 몇 m^3 이상인가? (단, 주차장 면적 : 150 m^2)

04 절연유 봉입 변압기에 물분무소화설비를 그림과 같이 적용하고자 한다. 바닥 부분을 제외한 변압기의 표면적을 100 m^2라고 할 때 물분무헤드의 K상수를 구하시오. (표준 방사량은 10 L/min · m^2로 하며, 물분무헤드의 방사압력은 0.4 MPa로 한다.)

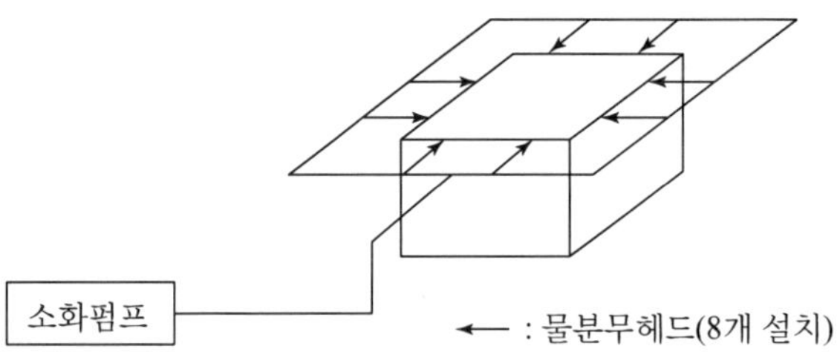

가) 펌프의 분당 토출량(L/min)은 얼마인가?
나) 헤드 1개당 방사량(L/min)은 얼마인가?
다) 방출계수 K값은 얼마인가?

해답

01 가) 장점

- A, B, C급 화재 모두에 적응성이 있다.
- 독성 및 환경영향성 없다.
- 소화효과가 우수하다(냉각, 질식, 희석, 복사열 차단).
- 폭발억제설비로 사용가능하다.
- 수손피해가 적다.
- 가스설비보다 소화제 가격이 저렴하여 경제적이다.
- 전역방출방식 사용가능

나) 단점

- A급 심부화재에는 부적합
- 차폐되거나 장애물 있는 장소 부적합
- 실제실험 후 성능을 확인한 장소에만 사용하는 것이 바람직
- SP설비보다는 고비용이다.

02 (1) 질식효과 : 공기 중 산소농도를 16% 이하로 희박하게 하는 방법

(2) 냉각효과 : 점화원을 냉각시키는 방법

(3) 유효효과 : 유류표면에 유화층의 막을 형성시켜 공기의 접촉을 막는 방법

(4) 희석효과 : 고체, 기체, 액체에서 나오는 분해가스나 증기의 농도를 낮추어 연소를 중지시키는 방법

03 수원의 용량 Q

Q = 바닥면적(최소 $50\ m^2$) $\times 20\ L/min \cdot m^2 \times 20\ min$

$= 150\ m^2 \times 20\ L/min \cdot m^2 \times 20 min = 60{,}000\ L = 60\ m^3$

* 20 min은 소방차가 최소 출동하는 시간

04 가) 절연유 봉입변압기

Q = 표면적(바닥면적 제외) $\times 10\ L/min \cdot m^2$

$= 100\ m^2 \times 10\ L/min \cdot m^2 = 1{,}000\ L/min$

나) 헤드 1개의 방사량 Q_1은

$$Q_1 = \frac{Q}{\text{헤드개수}} = \frac{1{,}000\ L/min}{8\text{개}} = 125\ L/min$$

다) $Q = K\sqrt{10P}$

$125\ L/min = K\sqrt{10 \times 0.4 MPa}$

$K = 62.5$

8. 포소화설비

8.1 개요

포소화설비는 물분무등소화설비로 분류되며 특정소방대상물의 화재 시 해당 특정소방대상물의 보호를 목적으로 자동 또는 수동으로 화재를 감지하여 신속히 화재를 진압할 수 있는 소화설비이다.

본 설비는 물에 의한 소화방법으로는 효과가 적거나 오히려 화재가 확대될 위험성이 있는 가연성 액체 등의 화재에 사용하는 설비로서 그 소화원리는 물과 포소화약제가 일정한 비율로 혼합된 포수용액이 공기에 의하여 발포되어 기포들을 형성하여 연소물의 표면을 덮어 공기를 차단하는 질식효과와 포에 함유된 수분에 의한 냉각효과이다.

포소화설비의 구성요소는 포소화약제, 포소화약제의 저장탱크, 수조, 가압송수장치, 기동용수압개폐장치, 포소화약제의 혼합장치, 포방출장치, 배관, 유수검지장치, 일제개방밸브, 송수구 등이다.

8.2 포소화약제의 종류

1) 단백포 소화약제

이 소화약제의 주성분은 식물이나 동물에서 추출한 것으로 수소를 함유한 유기물이며 단백질을 가수분해한 다음 여과, 중화, 농축을 하고 안정제, 접착제, 방부제 등을 첨가하여 제조된 것이다. 이 포소화약제는 다른 포소화약제에 비하여 내화성, 밀봉성이 좋고 가격이 싸지만 부식성이 높고 소화속도가 느리며 경년기간이 짧은 것이 단점이다.

2) 불화단백포 소화약제

이 액은 불소계면제의 성상을 합성했다는 것 외에는 단백포와 같다. 단백포액이 드라이케미컬이나 탄화수소계계면활성제, 알코올형포액과 병용하지 못하는데 반하여 이것은 병용할 수 있다는 것이 특징이다. 또한 내화성, 내유성, 유동성이 좋아 소화속도가 빠르고 기름에 오염되지 않으며 경년기간이 길지만 가격이 비싸다는 것이 흠이다.

3) 수성막포

일명 라이트 워터라고 상품명으로 쓰이기도 하며 불소계계면활성제포의 일종으로 1960년 초 미국에서 개발되었다. 이것은 연소하고 있는 액체 위에 흘러들어 도포되면서 액체표면 위에 산소를 견고하고 조밀하게 차단하고 또한 동시에 연소액체 증기의 전개 및 확대를 억제하도록 액면에 수성막을 형성함으로써 질식과 냉각의 두 가지의 작용으로서 소화한다.

4) 내알코올형포

내알코올형포는 단백질의 가수분해생성물과 합성세제 등을 주성분으로 하고 있다. 또한 저팽창률형과 고팽창률형의 원액이 알코올, 기타의 극성액체(수용성액체)보다 속히 파괴되어 끝나는 것에 대하여 어떤 종류의 물질의 첨가에 따라 다음과 같은 작용을 일으켜서 포의 파괴를 방지하고 있다. 즉, 원액을 희석하여 공기를 흡입함과 동시에 포말 중의 침전물을 포막 중에 균일하게 분산시켜 포의 안정성을 좋게 하기 위해서는 원액을 희석함으로써 발포할 때까지의 시간을 되도록 단축해야 한다.

5) 합성계면활성제포

합성계면활성제포는 탄화수소계계면활성제를 주제로 만든 포소화약제를 말하며 유동성이 좋아 소화속도가 빠르고 유출유화재에 적합하다. 내화성과 내유성은 약하여 대형유류 탱크화재에서는 유류에 의한 포의 파괴현상이 나타날 수 있다.

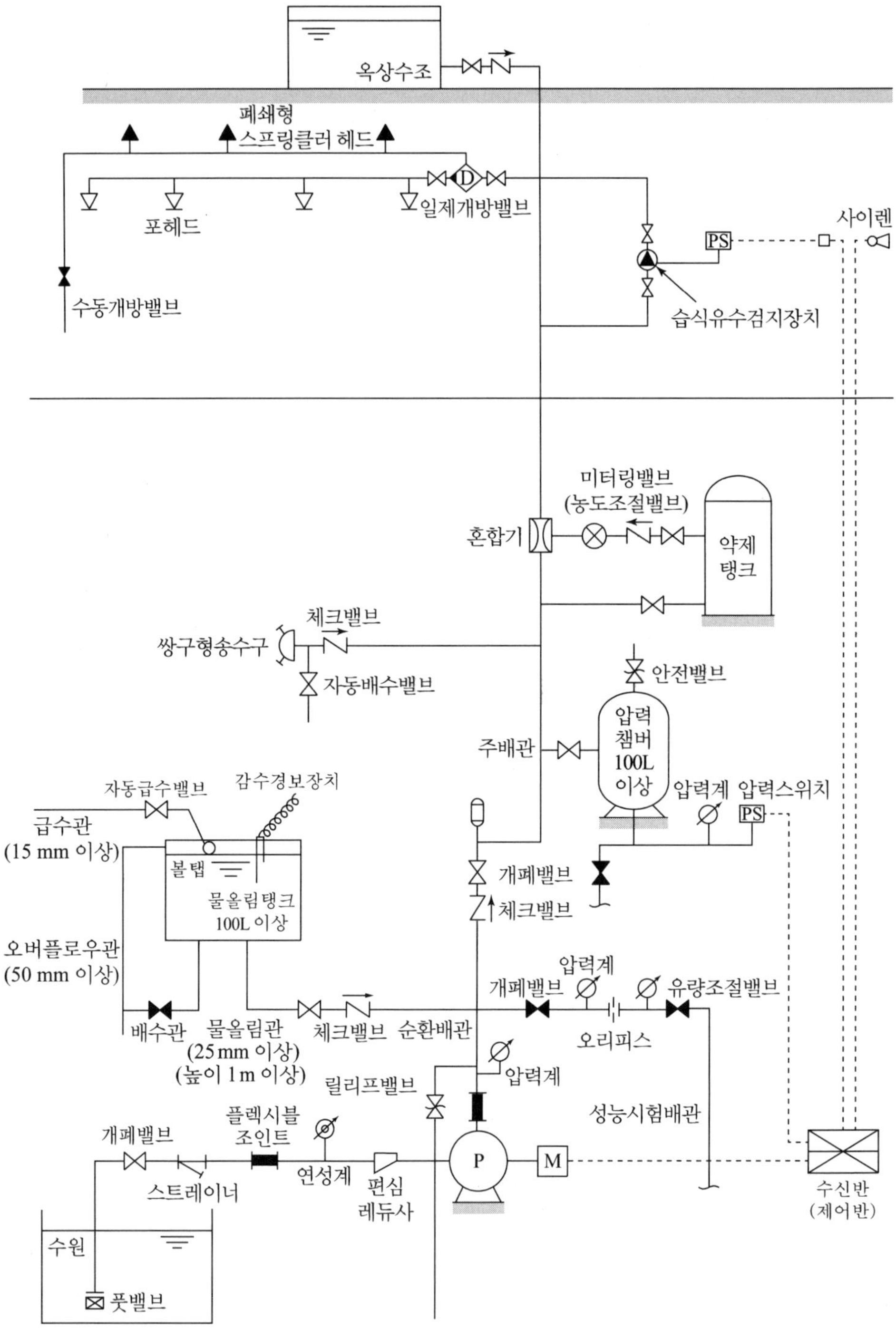

그림 2-42 포소화설비 계통도

8.3 기계포 및 알코올포

1) 기계포

약제 종류	주성분	소화특성	사용농도	방호대상
단백포	계면활성제, 사포닌 (동식물 가수분해단백질, 기포안정제)	• 포유동성이 작다. • 소화속도 느림 • 포안정성이 높다. • 재연방지효과가 우수 • 제4류 위험물 옥외저장탱크 측벽고정포방출구용 • 산화변질우려, 침전 • 사용온도 −5℃∼−30℃	3% 6%	
불화 단백포	단백포+불소계면활성제(미량)	• 열안정성증대 • 표면 하 주입방식에 적당	3% 6%	• 석유류화재 • 석유화학공장
합성계면 활성제포	계면활성제 +기포안정제	• 포유동성이 좋다. • 내유성이 약하다. • 포가 빨리 소멸됨 • 팽창범위가 넓어 고체, 기체 화재에 좋다. • 셀룰로이드류, 금속칼륨, 금속나트륨, 전기설비에 부적합	1%(고발포용) 1.5%(고발포용) 2%(고발포용) 3%(저발포용) 6%(저발포용)	• 가스화재 • 위험물저장소 • 차고 • 주차장 • 석유화학공장
수성막포	불소계습윤제 +기포안정제	• 포소화제 중 소화력이 가장 우수 • 보존성이 좋다. • 화학적으로 안정하다. • 단백포보다 300% 소화효과 • 포헤드용	6%	• 석유류화재 • 석유화학공장
알코올포	합성계면활성제 +기포안정제	• 수용성 위험물 화재에 적당	6%	• 수용성 위험물 (알코올, 케톤, 에스테르)

2) 기계포의 종류

포의 종류	팽창비
제1종 기계포	80배 이상 250배 미만
제2종 기계포	250배 이상 500배 미만
제3종 기계포	500배 이상 1000배 미만

포의 종류	뜻	포방출구 종별(활용처)
저발포	팽창비 20배 이하	포헤드, 홈워터 스프링클러헤드
고발포	팽창비 80~1,000배 미만	고발포용 포방출구

3) 알코올포

<table>
<tr><th rowspan="2">종별 / 항목</th><th colspan="2">수성막포</th><th>합성계면활성제포</th><th>단백포</th><th colspan="2">내알코올포</th><th rowspan="2">검정규격</th></tr>
<tr><th>3%형</th><th>6%형</th><th colspan="2">3%형</th><th>3%형</th><th>6%형</th></tr>
<tr><td>사용온도범위</td><td colspan="2">−5℃~30℃</td><td colspan="2">−10℃~30℃</td><td colspan="2">−10℃~30℃</td><td>−5℃~30℃</td></tr>
<tr><td>유동점</td><td colspan="2">−15℃</td><td colspan="2">−15℃</td><td colspan="2">−12.5℃</td><td>사용온도 하한치보다 2.5℃ 낮은 온도</td></tr>
<tr><td>주요소방대상</td><td colspan="2">주차장 등</td><td>주차장, 지하실, 창고</td><td>옥내외 저장탱크, 항공기 격납고, 위험물 창고</td><td colspan="2">알코올 등의 수용성가연성 액체를 사용하는 시설</td><td>비수용성</td></tr>
<tr><td>발포 종류</td><td colspan="2">저발포</td><td>고발포
저발포</td><td>저발포</td><td colspan="2">저발포</td><td></td></tr>
</table>

8.4 포소화설비의 약제 혼합방식(4가지 방식)

1) 펌프프로포셔너 방식

펌프의 토출관과 흡입관 사이의 배관 도중에 설치한 흡입기에 펌프에서 토출된 물의 일부를 보내고 농도조절밸브에서 조정된 포소화약제 필요량을 소화약제 탱크에서 펌프흡입측으로 보내어 약제를 혼합하는 방식이다.

장점	• 보수가 용이하다. • 원액의 흡입을 위한 압력손실이 적다.
단점	• 수원으로 원액이 역류하여 물과 폼액이 혼합될 수 있다.

참고

펌프 중심으로 흡입측은 저압이며 토출측은 고압이므로 펌프중심으로 배관을 연결하면 고압에서 저압으로 유체가 흐르는 걸 이용하여 바이패스배관이라 하며 밸브를 바이패스밸브라 한다.

※ 위험물 제조소등의 포소화설비에는 펌프프로포셔너 방식을 사용하지 않으며, 소방펌프차에 주로 사용되고 있다.

2) 라인프로포셔너 방식

펌프와 발포기 중간에 설치된 벤투리관의 벤투리작용에 의하여 포소화약제를 흡입·혼합하는 방식이다.

장점	• 설치비가 저렴하고 설치하기가 용이하다.
단점	• 혼합기를 통한 압력손실이 크다. • 혼합기의 흡입을 할 수 있는 높이가 한정된다(약 1.8 m 이하). • 1개의 혼합기에서의 유효방사 유량범위가 좁다.

3) 프레셔프로포셔너 방식

펌프와 발포기의 중간에 설치된 벤투리관의 벤투리작용과 펌프가압수의 포소화약제 저장탱크에 대한 압력의 의하여 포소화약제를 흡입·혼합하는 방식이다.

장점	• 원액의 흡입 시에 혼합기에 의한 압력손실이 적다. • 1개의 혼합기에서의 유효방사 유량범위가 넓다.
단점	• 혼합비에 도달하는 시간이 다소 소요된다(2~10분 정도 소요). • 다이어프램(고무튜브) 파손 시 원액이 물가 혼합되어 폼액이 못쓰게 된다.

4) 프레셔사이드프로포셔너 방식

펌프의 토출관에 압입기를 설치하여 포소화약제 압입용펌프로 포소화약제를 압입시켜 혼합하는 방식이다.

장점	• 약제와 수원관의 혼합우려가 없다. • 혼합기의 압력손실이 적다.
단점	• 설치비가 많이 들고 시설이 복잡하다. • 원액펌프의 토출압력이 급수펌프의 토출압력보다 커야 한다.

5) 포소화약제의 저장량 방식

가) 고정포방출구

$Q = A \times Q_1 \times T \times S$

여기서, Q : 포소화약제의 양(L)

A : 저장탱크의 액표면적(m^2)

Q_1 : 단위 포소화수용액의 양($L/m^2 \cdot min$)

T : 방출시간(min)

S : 포소화약제의 사용농도(%)

나) 보조포소화전

$Q = N \times S \times 8{,}000\ L$

여기서, Q : 포소화약제의 양(L)

N : 호스접결구 개수(3개 이상인 경우는 3개)

S : 포소화약제의 사용농도(%)

다) 가장 먼 탱크까지의 송액관

$Q = V \times S \times 1{,}000\ L/m^3$ (내경 75 mm 이하의 송액관을 제외)

여기서, Q : 포소화약제의 양(L)

V : 송액관 내부의 체적(m^3)

S : 포소화약제의 사용농도(%)

라) 옥내포소화전방식 또는 호스릴방식

$Q = N \times S \times 6{,}000$ L(바닥면적 200 m^2 미만은 75%)

여기서, Q : 포소화약제의 양(L)

N : 호스접결구 개수(5개 이상인 경우는 5개)

S : 포소화약제의 사용농도(%)

6) 포방출구

탱크의 종류	포방출구
고정지붕구조(콘루프탱크)	• I형 방출구 • II형 방출구 • III형 방출구(표면 하 주입방식) • IV형 방출구(반표면 하 주입방식)
부상덮개부착 고정지붕구조	• II형 방출구
부상지붕구조(플루팅루프탱크)	• 특형 방출구

가) I형 방출구

고정지붕구조의 탱크에 상부포주입법을 이용하는 것으로서 방출된 포가 액면 아래로 몰입되거나 액면을 뒤섞지 않고 액면상을 덮을 수 있는 통계단 또는 미끄럼판 등의 설비 및 탱크 내의 위험물증기가 외부로 역류되는 것을 저지할 수 있는 구조이다.

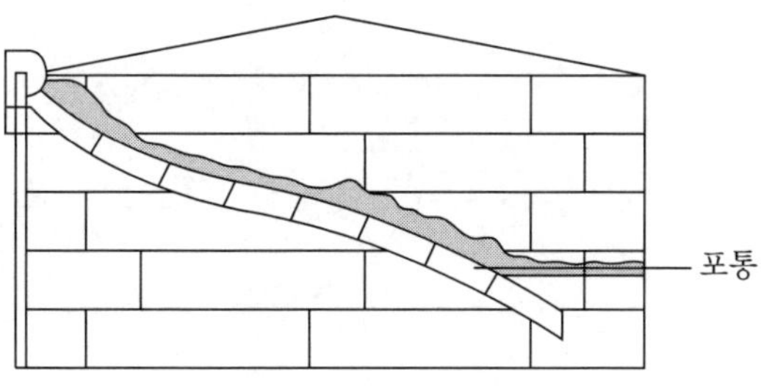

그림 2-43 I형 방출구

나) Ⅱ형 방출구

고정지붕구조 또는 부상덮개부착 고정지붕구조의 탱크에 상부포주입법을 이용하는 것으로서 방출된 포가 탱크옆판의 내면을 다라 흘러내려 가면서 액면 아래로 몰입되거나 액면을 뒤섞지 않고 액면상을 덮을 수 있는 반사판 및 탱크내의 위험물증기가 외부로 역류되는 것을 저지할 수 있는 구조이다.

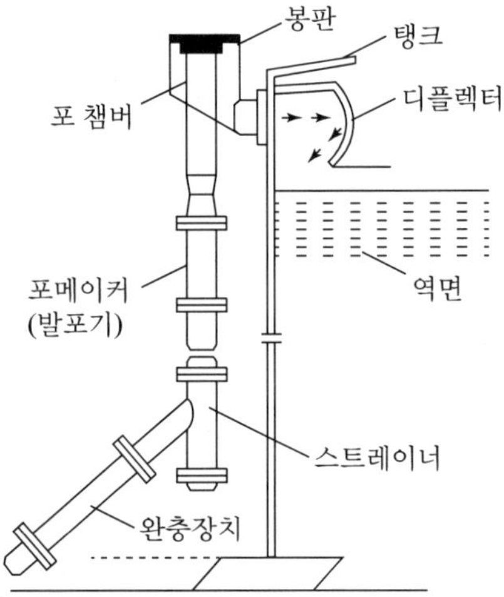

그림 2-44 Ⅱ형 방출구

다) Ⅲ형 방출구

고정지붕구조의 탱크에 저부포주입법을 이용하는 것으로서 송포관으로부터 포를 방출하는 포방출구이다.

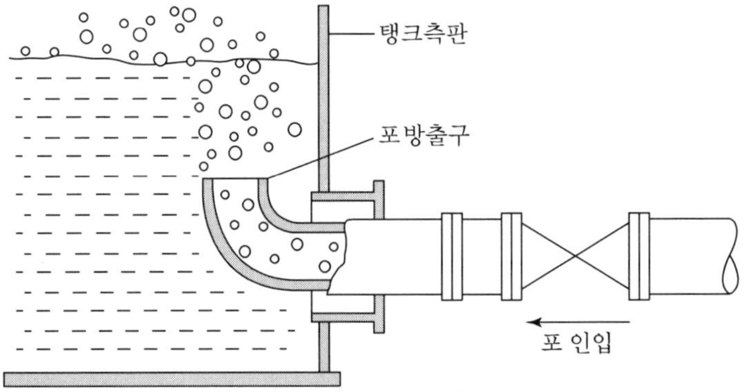

그림 2-45 Ⅲ형 방출구

라) Ⅳ형 방출구

고정지붕구조의 탱크에 저부포주입법을 이용하는 것으로서 평상시에는 탱크의 액면하의 저부에 설치된 격납통에 수납되어 있는 특수호스 등이 송포관의 말단에 접속되어 있다가 포를 보내는 것에 의하여 특수호스 등이 전개되어 그 선단이 액면까지 도달한 후 포를 방출하는 포방출구이다.

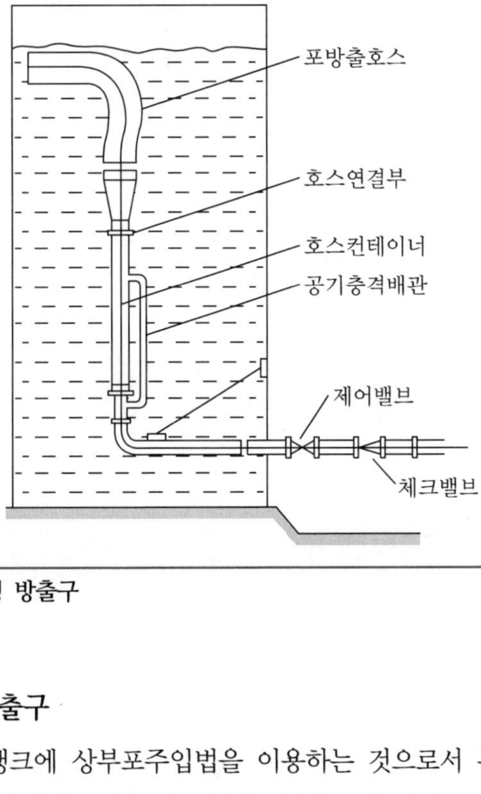

그림 2-46 Ⅳ형 방출구

마) Ⅴ(특)형 방출구

부상지붕구조의 탱크에 상부포주입법을 이용하는 것으로서 부상지붕의 부상부분상에 높이 0.9 m 이상의 금속제의 칸막이를 탱크옆판의 내측으로부터 1.2 m 이상 이격하여 설치하고 탱크옆판과 칸막이에 의하여 형성된 환상부분에 포를 주입하는 것이 가능한 구조의 반사판을 갖는 포방출구이다.

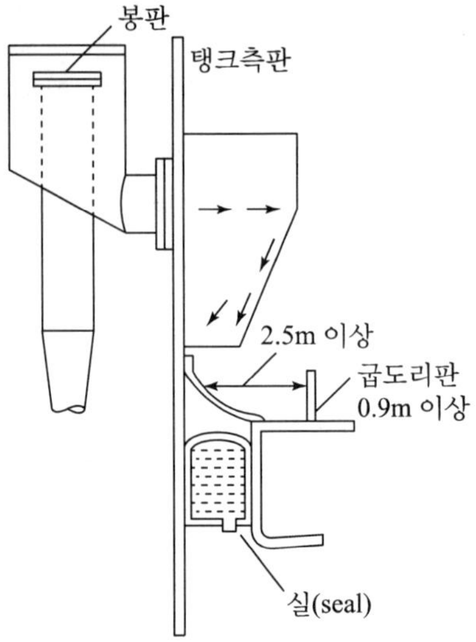

그림 2-47 V형 방출구

연습문제

01 3%의 포원액을 사용하여 800의 발포배율(팽창비)로 방출된 포의 체적 1,600 L 속에는 몇 L의 물이 함유되어 있는가?

02 포소화설비에서 포혼합장치에 따른 4까지 방식 종류를 쓰시오.

03 펌프와 발포기 중간에 설치된 벤투리관의 벤투리작용과 펌프가압수의 포소화약제 저장탱크에 대한 압력에 의하여 포소화약제를 흡입 혼합하는 방식의 포혼합장치의 명칭은 무엇인가?

04 포소화설비의 약제혼합장치 중 프레셔프로포셔너 방식에 대하여 간단히 설명하시오.

05 포소화설비에서 포워터 스프링클러헤드가 5개 설치된 경우 수원의 양(m^3)은?

06 고정포방출구의 보조포소화전이 6개 설치되어 있을 때, 저장하여야 할 약제의 양(m^3) 및 수원의 양(m^3)을 계산하시오. (단, 3% 단백포를 사용한다.)

07 콘루프탱크(Cone Roof Tank)에 설치하는 표면 하 주입방식(III형 방출구)의 포소화설비에 대해 설명하시오.

08 석유류 저장탱크에 설치하는 포소화설비의 고정포방출구로서 I형과 II형 차이점을 서술하시오.

09 석유 벤젠 등과 같은 유기용매에 흡착하여 유면위에 수용성의 얇은 막(경막)을 일으켜서 소화하는 포소화약제의 명칭을 쓰시오.

10 포소화설비에서 사용하는 수성막포의 장점을 3가지 서술하시오.

해답

01 발포배율(팽창비) $= \dfrac{\text{방출된 포의 체적(L)}}{\text{방출 전 포수용액의 체적(L)}}$

방출 전 포수용액의 체적(L) $= \dfrac{\text{방출된 포의 체적(L)}}{\text{발포배율(팽창비)}} = \dfrac{1{,}600\,\text{L}}{800} = 2\,\text{L}$

따라서, 포수용액 = 포원액 + 물

포원액이 3%이므로 물은 98%$(100-3=97\%)$가 된다.

≫ 물 $= 2\,\text{L} \times 0.97 = 1.94\,\text{L}$

02 ① 펌프프로포셔너 방식

② 라인프로포셔너 방식

③ 프레셔프로포셔너 방식

④ 프레셔사이드프로포셔너 방식

03 프레셔프로포셔너 방식

04 펌프와 발포기의 중간에 설치된 벤투리관의 벤투리작용과 펌프가압수의 포소화약제 저장탱크에 대한 압력의 의하여 포소화약제를 흡입·혼합하는 방식

05 포워터 스프링클러헤드 표준방사량 : 75 L/min 이상

포헤드 표준방사량 : 10 min

포워터 스프링클러헤드의 수원의 양 Q는

Q = 헤드개수 5 × 75 L/min × 10 min = 3,750 L = 3.75 m^3

06 • 보조포소화전의 약제의 양 Q

$Q = N \times S \times 8{,}000 = 3 \times 0.03 \times 8{,}000 = 720\,\text{L} = 0.72\,\text{m}^3$

(N : 호스접결구 수 최대 3개)

• 보조포소화전의 수원의 양 Q

$Q = N \times S \times 8{,}000 = 3 \times 0.97 \times 8{,}000 = 23{,}280\,\text{L} = 23.28\,\text{m}^3$

(N : 호스접결구 수 최대 3개)

07 고정지붕구조의 탱크에 저부포주입법을 이용하는 것

08 가) I형 방출구

고정지붕구조의 탱크에 상부포주입법을 이용하는 것으로서 방출된 포가 액면 아래로 몰입되거나 액면을 뒤섞지 않고 액면상을 덮을 수 있는 통계단 또는 미끄럼판 등의 설비 및 탱크 내의 위험물증기가 외부로 역류되는 것을 저지할 수 있는 구조

나) II형 방출구

고정지붕구조 또는 부상덮개부착 고정지붕구조의 탱크에 상부포주입법을 이용하는 것으로서 방출된 포가 탱크옆판의 내면을 따라 흘러내려 가면서 액면 아래로 몰입되거나 액면을 뒤섞지 않고 액면상을 덮을 수 있는 반사판 및 탱크 내의 위험물증기가 외부로 역류되는 것을 저지할 수 있는 구조

09 수성막포 소화약제

10
- 석유류표면에 신속히 피막을 형성하여 유류증발을 억제한다.
- 안전성이 좋아 장기보존이 가능하다.
- 내약품성이 좋아 타약제와 겸용사용도 가능하다.

9. 이산화탄소소화설비

9.1 개요

질식작용에 의한 소화를 목적으로 이산화탄소를 방출하여 산소의 농도를 저하시켜 연소작용을 정지시키는 소화설비이며 저장용기, 화재감지장치, 분사헤드, 기동장치, 배관, 제어반, 비상전원, 자동폐쇄장치 등으로 구성되어 있다.

9.2 작동원리 및 계통도

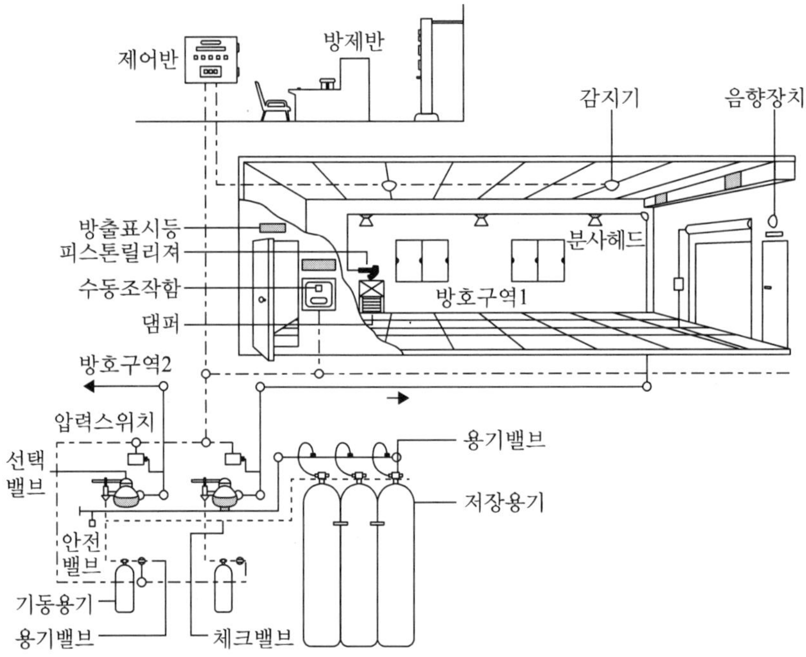

그림 2-48 이산화탄소 작동원리

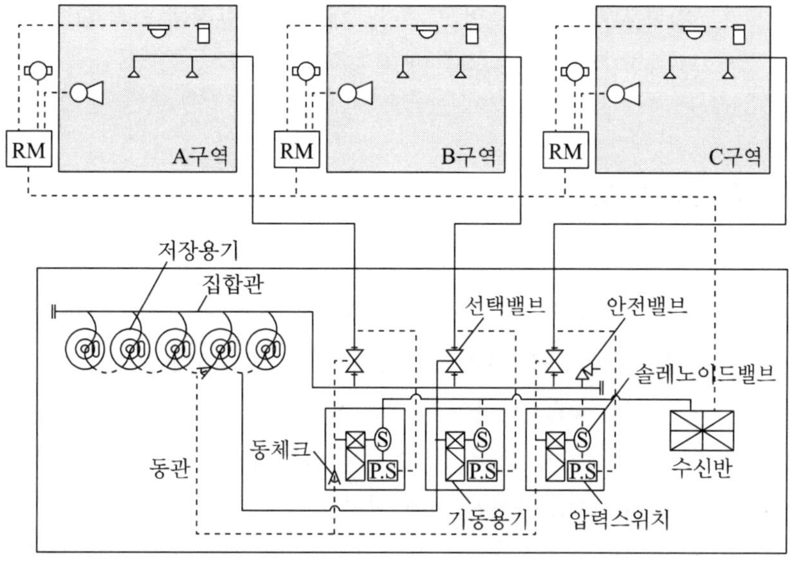

그림 2-49 이산화탄소 계통도

9.3 용어의 정의

이 기준에서 사용하는 용어의 정의는 다음과 같다.

1. “전역방출방식”이란 소화약제 공급장치에 배관 및 분사헤드 등을 설치하여 밀폐 방호구역 전체에 소화약제를 방출하는 방식을 말한다.
2. “국소방출방식”이란 소화약제 공급장치에 배관 및 분사헤드 등을 설치하여 직접 화점에 소화약제를 방출하는 방식을 말한다.
3. “호스릴방식”이란 소화수 또는 소화약제 저장용기 등에 연결된 호스릴을 이용하여 사람이 직접 화점에 소화수 또는 소화약제를 방출하는 방식을 말한다.
4. “충전비”란 소화약제 저장용기의 내부 용적과 소화약제의 중량과의 비(용적/중량)를 말한다.
5. “심부화재”란 목재 또는 섬유류와 같은 고체가연물에서 발생하는 화재형태로서 가연물 내부에서 연소하는 화재를 말한다.
6. “표면화재”란 가연성물질의 표면에서 연소하는 화재를 말한다.
7. “교차회로방식”이란 하나의 방호구역 내에 2 이상의 화재감지기회로를 설치하고 인접한 2 이상의 화재감지기에 화재가 감지되는 때에 소화설비가 작동하는 방식을 말한다.

8. "방화문"이란 「건축법 시행령」 제64조의 규정에 따른 60분+ 방화문, 60분 방화문 또는 30분 방화문을 말한다.

9.4 저장용기 등

① 이산화탄소 소화약제의 저장용기는 다음의 기준에 적합한 장소에 설치해야 한다.

1. 방호구역 외의 장소에 설치할 것. 다만, 방호구역 내에 설치할 경우에는 피난 및 조작이 용이하도록 피난구 부근에 설치해야 한다.
2. 온도가 40℃ 이하이고, 온도변화가 작은 곳에 설치할 것
3. 직사광선 및 빗물이 침투할 우려가 없는 곳에 설치할 것
4. 방화문으로 구획된 실에 설치할 것
5. 용기의 설치장소에는 해당 용기가 설치된 곳임을 표시하는 표지를 할 것
6. 용기 간의 간격은 점검에 지장이 없도록 3 cm 이상의 간격을 유지할 것
7. 저장용기와 집합관을 연결하는 연결배관에는 체크밸브를 설치할 것. 다만, 저장용기가 하나의 방호구역만을 담당하는 경우에는 그렇지 않다.

② 이산화탄소 소화약제의 저장용기는 다음의 기준에 적합해야 한다.

1. 저장용기의 충전비는 고압식은 1.5 이상 1.9 이하, 저압식은 1.1 이상 1.4 이하로 할 것
2. 저압식 저장용기에는 내압시험압력의 0.64배부터 0.8배의 압력에서 작동하는 안전밸브와 내압시험압력의 0.8배부터 내압시험압력에서 작동하는 봉판을 설치할 것
3. 저압식 저장용기에는 액면계 및 압력계와 2.3 MPa 이상 1.9 MPa 이하의 압력에서 작동하는 압력경보장치를 설치할 것
4. 저압식 저장용기에는 용기 내부의 온도가 섭씨 영하 18℃ 이하에서 2.1 MPa의 압력을 유지할 수 있는 자동냉동장치를 설치할 것
5. 저장용기는 고압식은 25 MPa 이상, 저압식은 3.5 MPa 이상의 내압시험압력에 합격한 것으로 할 것

③ 이산화탄소 소화약제 저장용기의 개방밸브는 전기식·가스압력식 또는 기계식에 따라 자동으로 개방되고 수동으로도 개방되는 것으로서 안전장치가 부착된 것으로 해야 한다.

④ 이산화탄소 소화약제 저장용기와 선택밸브 또는 개폐밸브 사이에는 배관의 최소 사용설계압력과 최대허용압력 사이의 압력에서 작동하는 안전장치를 설치해야 하

며, 안전장치를 통하여 나온 소화가스는 전용의 배관 등을 통하여 건축물 외부로 배출될 수 있도록 해야 한다. 이 경우 안전장치로 용전식을 사용해서는 안 된다.

9.5 소화약제

이산화탄소 소화약제 저장량은 다음의 기준에 따른 양으로 한다. 이 경우 동일한 특정소방대상물 또는 그 부분에 2 이상의 방호구역이나 방호대상물이 있는 경우에는 각 방호구역 또는 방호대상물에 대하여 다음 각 기준에 따라 산출한 저장량 중 최대의 것으로 할 수 있다.

1. 전역방출방식에 있어서 가연성액체 또는 가연성가스 등 표면화재 방호대상물의 경우에는 다음의 기준에 따른다.

가. 방호구역의 체적(불연재료나 내열성의 재료로 밀폐된 구조물이 있는 경우에는 그 체적을 감한 체적) 1 m^3에 대하여 다음 표에 따른 양. 다만, 다음 표에 따라 산출한 양이 동표에 따른 저장량의 최저한도의 양 미만이 될 경우에는 그 최저한도의 양으로 한다.

방호구역 체적	방호구역의 체적 1 m^3에 대한 소화약제의 양 (kg/m^3)	소화약제 저장량의 최저한도의 양
45 m^3 미만	1.00 kg	45 kg
45 m^3 이상 150 m^3 미만	0.90 kg	
150 m^3 이상 1,450 m^3 미만	0.80 kg	135 kg
1,450 m^3 이상	0.75 kg	1,125 kg

나. 다음 표에 따른 설계농도가 34 % 이상인 방호대상물의 소화약제량은 가목의 기준에 따라 산출한 기본 소화약제량에 다음 그림에 따른 보정계수를 곱하여 산출한다.

방호대상물	설계농도(%)
수소(Hydrogen)	75
아세틸렌(Acetylene)	66
일산화탄소(Carbon Monoxide)	64
산화에틸렌(Ethylene Oxide)	53
에틸렌(Ethylene)	49
에탄(Ethane)	40
석탄가스, 천연가스(Coal gas, Natural gas)	37
사이클로 프로판(Cyclopropane)	37
이소부탄(Isobutane)	36
프로판(Propane)	36
부탄(Butane)	34
메탄(Methane)	34

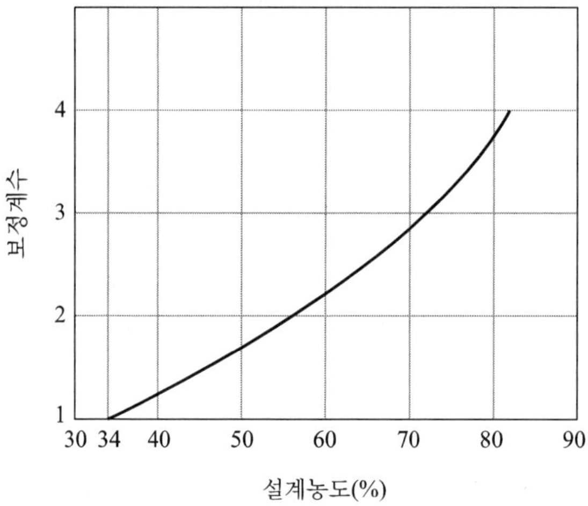

다. 방호구역의 개구부에 자동폐쇄장치를 설치하지 아니한 경우에는 가목 및 나목의 기준에 따라 산출한 양에 개구부면적 1 m^2당 5 kg을 가산해야 한다. 이 경우 개구부의 면적은 방호구역 전체 표면적의 3 % 이하로 해야 한다.

2. 전역방출방식에 있어서 종이·목재·석탄·섬유류·합성수지류 등 심부화재 방호대상물의 경우에는 다음의 기준에 따른다.

가. 방호구역의 체적(불연재료나 내열성의 재료로 밀폐된 구조물이 있는 경우에는 그 체적을 감한 체적) 1 m^3에 대하여 다음 표에 따른 양 이상으로 해야 한다.

방호대상물	방호구역의 체적 1 m^3에 대한 소화약제의 양 (kg/m^3)	설계농도 (%)
유압기기를 제외한 전기설비, 케이블실	1.3 kg	50
체적 55 m^3 미만의 전기설비	1.6 kg	50
서고, 전자제품창고, 목재가공품창고, 박물관	2.0 kg	65
고무류, 면화류창고, 모피창고, 석탄창고, 집진설비	2.7 kg	75

나. 방호구역의 개구부에 자동폐쇄장치를 설치하지 아니한 경우에는 가목의 기준에 따라 산출한 양에 개구부 면적 1 m^2당 10 kg을 가산해야 한다. 이 경우 개구부의 면적은 방호구역 전체 표면적의 3 % 이하로 해야 한다.

3. 국소방출방식은 다음의 기준에 따라 산출한 양에 고압식은 1.4, 저압식은 1.1을 각각 곱하여 계산하여 나온 양 이상으로 할 것

가. 윗면이 개방된 용기에 저장하는 경우와 화재 시 연소면이 한정되고 가연물이 비산할 우려가 없는 경우에는 방호대상물의 표면적 1 m^2에 대하여 13 kg

나. 가목 외의 경우에는 방호공간(방호대상물의 각 부분으로부터 0.6 m의 거리에 따라 둘러싸인 공간을 말한다. 이하 같다)의 체적 1 m^3에 대하여 다음의 식에 따라 산출한 양

$$Q = 8 - 6\frac{a}{A}$$

여기서, Q : 방호공간 1 m^3에 대한 이산화탄소 소화약제의 양(kg/m^3)

a : 방호대상물 주위에 설치된 벽 면적의 합계(m^2)

A : 방호공간의 벽 면적(벽이 없는 경우에는 벽이 있는 것으로 가정한 해당 부분의 면적)의 합계(m^2)

4. 호스릴이산화탄소소화설비는 하나의 노즐에 대하여 90 kg 이상으로 할 것

9.6 기동장치

① 이산화탄소소화설비의 수동식 기동장치는 다음의 기준에 따라 설치해야 한다. 이 경우 수동식 기동장치의 부근에는 소화약제의 방출을 지연시킬 수 있는 방출지연스위치(자동복귀형 스위치로서 수동식 기동장치의 타이머를 순간 정지시키는 기능의 스위치를 말한다)를 설치해야 한다.

1. 전역방출방식은 방호구역마다, 국소방출방식은 방호대상물마다 설치할 것

2. 해당 방호구역의 출입구 부근 등 조작을 하는 자가 쉽게 피난할 수 있는 장소에 설치할 것
3. 기동장치의 조작부는 바닥으로부터 0.8 m 이상 1.5 m 이하의 위치에 설치하고, 보호판 등에 따른 보호장치를 설치할 것
4. 기동장치 인근의 보기 쉬운 곳에 "이산화탄소소화설비 수동식 기동장치"라는 표지를 할 것
5. 전기를 사용하는 기동장치에는 전원표시등을 설치할 것
6. 기동장치의 방출용 스위치는 음향경보장치와 연동하여 조작될 수 있는 것으로 할 것
7. 기동장치에는 보호장치를 설치해야 하며, 보호장치를 개방하는 경우 기동장치에 설치된 버저 또는 벨 등에 의하여 경고음을 발할 것
8. 기동장치를 옥외에 설치하는 경우 빗물 또는 외부 충격의 영향을 받지 않도록 설치할 것

② 이산화탄소소화설비의 자동식 기동장치는 자동화재탐지설비의 감지기의 작동과 연동하는 것으로서 다음의 기준에 따라 설치해야 한다.

1. 자동식 기동장치에는 수동으로도 기동할 수 있는 구조로 할 것
2. 전기식 기동장치로서 7병 이상의 저장용기를 동시에 개방하는 설비는 2병 이상의 저장용기에 전자 개방밸브를 부착할 것
3. 가스압력식 기동장치는 다음의 기준에 따를 것
   가. 기동용 가스용기 및 해당 용기에 사용하는 밸브는 25 MPa 이상의 압력에 견딜 수 있는 것으로 할 것
   나. 기동용 가스용기에는 내압시험압력의 0.8배부터 내압시험압력 이하에서 작동하는 안전장치를 설치할 것
   다. 기동용 가스용기의 체적은 5 L 이상으로 하고, 해당 용기에 저장하는 질소 등의 비활성기체는 6.0 MPa 이상(21℃ 기준)의 압력으로 충전할 것
   라. 질소 등의 비활성기체 기동용 가스용기에는 충전 여부를 확인할 수 있는 압력게이지를 설치할 것
4. 기계식 기동장치는 저장용기를 쉽게 개방할 수 있는 구조로 할 것

③ 이산화탄소소화설비가 설치된 부분의 출입구 등의 보기 쉬운 곳에 소화약제의 방출을 표시하는 표시등을 설치해야 한다.

9.7 제어반 등

이산화탄소소화설비의 제어반 및 화재표시반은 다음의 기준에 따라 설치해야 한다. 다만, 자동화재탐지설비의 수신기 제어반이 화재표시반의 기능을 가지고 있는 것은 화재표시반을 설치하지 않을 수 있다.

1. 제어반은 수동기동장치 또는 화재감지기에서의 신호를 수신하여 음향경보장치의 작동, 소화약제의 방출 또는 지연 등 기타의 제어기능을 가진 것으로 하고, 제어반에는 전원표시등을 설치할 것
2. 화재표시반은 제어반에서의 신호를 수신하여 작동하는 기능을 가진 것으로 하되, 다음의 기준에 따라 설치할 것
   가. 각 방호구역마다 음향경보장치의 조작 및 감지기의 작동을 명시하는 표시등과 이와 연동하여 작동하는 벨·버저 등의 경보기를 설치할 것. 이 경우 음향경보장치의 조작 및 감지기의 작동을 명시하는 표시등을 겸용할 수 있다.
   나. 수동식 기동장치는 그 방출용스위치의 작동을 명시하는 표시등을 설치할 것
   다. 소화약제의 방출을 명시하는 표시등을 설치할 것
   라. 자동식 기동장치는 자동·수동의 절환을 명시하는 표시등을 설치할 것
3. 제어반 및 화재표시반은 화재 및 침수 등의 재해로 인한 피해를 받을 우려가 없고 점검에 편리한 장소에 설치할 것
4. 제어반 및 화재표시반에는 해당 회로도 및 취급설명서를 비치할 것
5. 수동잠금밸브의 개폐여부를 확인할 수 있는 표시등을 설치할 것

9.8 배관 등

① 이산화탄소소화설비의 배관은 다음의 기준에 따라 설치해야 한다.

1. 배관은 전용으로 할 것
2. 강관을 사용하는 경우의 배관은 압력배관용 탄소강관(KS D 3562) 중 스케줄 80(저압식은 스케줄 40) 이상의 것 또는 이와 동등 이상의 강도를 가진 것으로 아연도금 등으로 방식 처리된 것을 사용할 것. 다만, 배관의 호칭구경이 20 mm 이하인 경우에는 스케줄 40 이상인 것을 사용할 수 있다.
3. 동관을 사용하는 경우의 배관은 이음이 없는 동 및 동합금관(KS D 5301)으로서 고압식은 16.5 MPa 이상, 저압식은 3.75 MPa 이상의 압력에 견딜 수 있는 것을 사용할 것

4. 고압식의 1차측(개폐밸브 또는 선택밸브 이전) 배관부속의 최소사용설계압력은 9.5 MPa로 하고, 고압식의 2차측과 저압식의 배관부속의 최소사용설계압력은 4.5 MPa로 할 것

② 배관의 구경은 이산화탄소 소화약제의 소요량이 다음의 기준에 따른 시간 내에 방출될 수 있는 것으로 해야 한다.

1. 전역방출방식에 있어서 가연성액체 또는 가연성가스 등 표면화재 방호대상물의 경우에는 1분
2. 전역방출방식에 있어서 종이, 목재, 석탄, 섬유류, 합성수지류 등 심부화재 방호대상물의 경우에는 7분. 이 경우 설계농도가 2분 이내에 30 %에 도달해야 한다.
3. 국소방출방식의 경우에는 30초

③ 소화약제의 저장용기와 선택밸브 사이의 집합배관에는 수동잠금밸브를 설치하되 선택밸브 직전에 설치할 것. 다만, 선택밸브가 없는 설비의 경우에는 저장용기실 내에 설치하되 조작 및 점검이 쉬운 위치에 설치해야 한다.

9.9 선택밸브

하나의 특정소방대상물 또는 그 부분에 2 이상의 방호구역 또는 방호대상물이 있어 소화약제 저장용기를 공용하는 경우에는 다음의 기준에 따라 선택밸브를 설치해야 한다.

1. 방호구역 또는 방호대상물마다 설치할 것
2. 각 선택밸브에는 해당 방호구역 또는 방호대상물을 표시할 것

9.10 분사헤드

① 전역방출방식의 이산화탄소소화설비의 분사헤드는 다음의 기준에 따라 설치해야 한다.

1. 방출된 소화약제가 방호구역의 전역에 균일하고 신속하게 확산할 수 있도록 할 것
2. 분사헤드의 방출압력이 2.1 MPa(저압식은 1.05 MPa) 이상의 것으로 할 것
3. 특정소방대상물 또는 그 부분에 설치된 이산화탄소소화설비의 소화약제의 저장량은 9.8 ②항 제1호 및 제2호의 기준에서 정한 시간 이내에 방출할 수 있는 것으로 할 것

② 국소방출방식의 이산화탄소소화설비의 분사헤드는 다음의 기준에 따라 설치해야 한다.

1. 소화약제의 방출에 따라 가연물이 비산하지 않는 장소에 설치할 것
2. 이산화탄소 소화약제의 저장량은 30초 이내에 방출할 수 있는 것으로 할 것
3. 성능 및 방출압력이 ①항 제1호 및 제2호의 기준에 적합한 것으로 할 것

③ 화재 시 현저하게 연기가 찰 우려가 없는 장소(차고 또는 주차의 용도로 사용되는 부분 제외)로서 다음의 어느 하나에 해당하는 장소에는 호스릴이산화탄소소화설비를 설치할 수 있다.

1. 지상 1층 및 피난층에 있는 부분으로서 지상에서 수동 또는 원격조작에 따라 개방할 수 있는 개구부의 유효면적의 합계가 바닥면적의 15 % 이상이 되는 부분
2. 전기설비가 설치되어 있는 부분 또는 다량의 화기를 사용하는 부분(해당 설비의 주위 5 m 이내의 부분을 포함한다)의 바닥면적이 해당 설비가 설치되어 있는 구획의 바닥면적의 5분의 1 미만이 되는 부분

④ 호스릴이산화탄소소화설비는 다음의 기준에 따라 설치해야 한다.

1. 방호대상물의 각 부분으로부터 하나의 호스접결구까지의 수평거리가 15 m 이하가 되도록 할 것
2. 호스릴이산화탄소소화설비의 노즐은 20℃에서 하나의 노즐마다 60 kg/min 이상의 소화약제를 방출할 수 있는 것으로 할 것
3. 소화약제 저장용기는 호스릴을 설치하는 장소마다 설치할 것
4. 소화약제 저장용기의 개방밸브는 호스릴의 설치장소에서 수동으로 개폐할 수 있는 것으로 할 것
5. 소화약제 저장용기의 가장 가까운 곳의 보기 쉬운 곳에 적색의 표시등을 설치하고, 호스릴이산화탄소소화설비가 있다는 뜻을 표시한 표지를 할 것

⑤ 이산화탄소소화설비의 분사헤드의 오리피스구경 등은 다음의 기준에 적합해야 한다.

1. 분사헤드에는 부식방지조치를 해야 하며 오리피스의 크기, 제조일자, 제조업체가 표시되도록 할 것
2. 분사헤드의 개수는 방호구역에 소화약제의 방출 시간이 충족되도록 설치할 것
3. 분사헤드의 방출률 및 방출압력은 제조업체에서 정한 값으로 할 것
4. 분사헤드의 오리피스의 면적은 분사헤드가 연결되는 배관구경 면적의 70 % 이하가 되도록 할 것

9.11 분사헤드 설치제외

이산화탄소소화설비의 분사헤드는 다음의 장소에 설치해서는 안 된다.

1. 방재실 · 제어실 등 사람이 상시 근무하는 장소
2. 니트로셀룰로스 · 셀룰로이드제품 등 자기연소성물질을 저장 · 취급하는 장소
3. 나트륨 · 칼륨 · 칼슘 등 활성금속물질을 저장 · 취급하는 장소
4. 전시장 등의 관람을 위하여 다수인이 출입 · 통행하는 통로 및 전시실 등

9.12 자동식 기동장치의 화재감지기

이산화탄소소화설비의 자동식 기동장치는 다음의 기준에 따른 화재감지기를 설치해야 한다.

1. 각 방호구역 내의 화재감지기의 감지에 따라 작동되도록 할 것
2. 화재감지기의 회로는 교차회로방식으로 설치할 것. 다만, 화재감지기를 「자동화재탐지설비 및 시각경보장치의 화재안전기술기준(NFTC 203)」 2.4.1 단서의 각 감지기로 설치하는 경우에는 그렇지 않다.
3. 교차회로 내의 각 화재감지기회로별로 설치된 화재감지기 1개가 담당하는 바닥면적은 「자동화재탐지설비 및 시각경보장치의 화재안전기술기준(NFTC 203)」 2.4.3.5, 2.4.3.8부터 2.4.3.10까지의 규정에 따른 바닥면적으로 할 것

9.13 음향경보장치

① 이산화탄소소화설비의 음향경보장치는 다음의 기준에 따라 설치해야 한다.

1. 수동식 기동장치를 설치한 것은 그 기동장치의 조작과정에서, 자동식 기동장치를 설치한 것은 화재감지기와 연동하여 자동으로 경보를 발하는 것으로 할 것
2. 소화약제의 방출개시 후 1분 이상 경보를 계속할 수 있는 것으로 할 것
3. 방호구역 또는 방호대상물이 있는 구획 안에 있는 자에게 유효하게 경보할 수 있는 것으로 할 것

② 방송에 따른 경보장치를 설치할 경우에는 다음의 기준에 따라야 한다.

1. 증폭기 재생장치는 화재 시 연소의 우려가 없고, 유지관리가 쉬운 장소에 설치할 것

2. 방호구역 또는 방호대상물이 있는 구획의 각 부분으로부터 하나의 확성기까지의 수평거리는 25 m 이하가 되도록 할 것
3. 제어반의 복구스위치를 조작하여도 경보를 계속 발할 수 있는 것으로 할 것

9.14 자동폐쇄장치

전역방출방식의 이산화탄소소화설비를 설치한 특정소방대상물 또는 그 부분에 대하여는 다음의 기준에 따라 자동폐쇄장치를 설치해야 한다.

1. 환기장치 등을 설치한 것은 소화약제가 방출되기 전에 해당 환기장치 등이 정지될 수 있도록 할 것
2. 개구부가 있거나 천장으로부터 1 m 이상의 아래 부분 또는 바닥으로부터 해당 층의 높이의 3분의 2 이내의 부분에 통기구가 있어 소화약제의 유출에 따라 소화효과를 감소시킬 우려가 있는 것은 소화약제가 방출되기 전에 해당 개구부 및 통기구를 폐쇄할 수 있도록 할 것
3. 자동폐쇄장치는 방호구역 또는 방호대상물이 있는 구획의 밖에서 복구할 수 있는 구조로 하고, 그 위치를 표시하는 표지를 할 것

9.15 비상전원

이산화탄소소화설비(호스릴이산화탄소소화설비를 제외한다)에는 자가발전설비, 축전지설비(제어반에 내장하는 경우를 포함한다. 이하 같다) 또는 전기저장장치(외부 전기에너지를 저장해 두었다가 필요한 때 전기를 공급하는 장치. 이하 같다)에 따른 비상전원을 다음의 기준에 따라 설치해야 한다. 다만, 2 이상의 변전소(「전기사업법」 제67조에 따른 변전소를 말한다. 이하 같다)에서 전력을 동시에 공급받을 수 있거나 하나의 변전소로부터 전력의 공급이 중단되는 때에는 자동으로 다른 변전소로부터 전력을 공급받을 수 있도록 상용전원을 설치한 경우에는 비상전원을 설치하지 않을 수 있다.

1. 점검에 편리하고 화재 및 침수 등의 재해로 인한 피해를 받을 우려가 없는 곳에 설치할 것
2. 이산화탄소소화설비를 유효하게 20분 이상 작동할 수 있어야 할 것
3. 상용전원으로부터 전력의 공급이 중단된 때에는 자동으로 비상전원으로부터 전력

을 공급받을 수 있도록 할 것

4. 비상전원의 설치장소는 다른 장소와 방화구획 할 것. 이 경우 그 장소에는 비상전원의 공급에 필요한 기구나 설비 외의 것(열병합발전설비에 필요한 기구나 설비는 제외한다)을 두어서는 안 된다.
5. 비상전원을 실내에 설치하는 때에는 그 실내에 비상조명등을 설치할 것

9.16 배출설비

지하층, 무창층 및 밀폐된 거실 등에 이산화탄소소화설비를 설치한 경우에는 방출된 소화약제를 배출하기 위한 배출설비를 갖추어야 한다.

9.17 이산화탄소 소화약제의 특성

1) 이산화탄소의 일반적 특성

① 상온에서 기체이므로 화재의 모든 부분으로 침투되고 확산된다.

② 저장용기로부터 방출될 때 자체의 압력으로 방출한다.

③ 기체로서 또는 "Dry Ice"로 불리는 미세하게 쪼개진 고체로서 비전도성이므로 통전된 전기기기에 사용될 수 있다.

④ 사용 후 잔유물을 남기지 않으므로 약제자체에 청소의 필요성이 없다.

2) 이산화탄소의 열역학적 특성

① 실온과 대기압 상태에서 기상이며 압축이나 냉각에 의해 쉽게 액화되며 더욱 압축하면 고체가 된다.

② 상평형도에서와 같이 −57℃와 임계온도 31.3℃ 사이에는 용기 내의 이산화탄소가 기상과 액상으로 존재한다. 기상과 액상이 공존할 때 압력이 온도와 상관되며, 압력과 온도가 증가될 때 기상의 경우 밀도가 증가하나 액상의 경우 밀도가 감소한다.

③ 임계점에서는 기상의 밀도와 액상의 밀도가 같아져서 두 상간의 구분이 없어지며 이와 같이 임계온도 이상에서는 고압의 이산화탄소는 유체 상태로만 존재한다.

④ 5.14 kg/cm^2 상태에서 −56.4℃로 감소되면 기상, 액상, 고상이 공존하는 3중점(Triple Point)이 된다. 3중점 이하에서는 기상과 고상으로만 존재함으로써 액

상의 이산소화탄소가 대기압으로 방출될 때 부분적으로 증발하여 증기가 되며, 이러한 증발에 의해 기화열을 빼앗겨 냉각되어 결국 −79℃ 부근에서 Dry Ice가 생성된다.

3) 이산화탄소 저장관련 특성

① 저장용기 내의 이산화탄소는 대기온도에 따라 저장압력이 변화하는 특성에 따라 상온에서는 고압 실린더에 저장하고, −18℃ 부근의 온도에서는 저압냉동용기에 저장한다.

② 저장방식에 따라 고압저장방식과 저압저장방식으로 분류된다.

항목	고압식	저압식
저장압력	20℃에서 6 MPa	−18℃에서 2.1 MPa
저장용기	45 kg/68 L 용기 사용	대형저장탱크 사용
충전비	1.5∼1.9	1.1∼1.4
배관	압력배관용 탄소강관 스케줄 80	압력배관용 탄소강관 스케줄 40
방사압	분사헤드 기준 2.1 MPa	분사헤드 기준 1.05 MPa
적용	소용량의 방호구역	대용량의 방호구역

4) 소화약제의 인체의 영향 특성

① 이산화탄소는 호흡을 조절하는 역할을 함으로써 적당한 산소를 체내에 공급하게 된다.

② 공기 중에 6∼7%일 때 호흡은 최대로 촉진되며 더 이상 증가하면 호흡은 서서히 감소된다.

③ 공기 중에 25∼30% 정도에 이르면 최면효과가 나타나며, 이어서 호흡도 중지된다.

농 도	신 체 이 상 증 상
2%	불쾌감이 있다.
3%	호흡수가 늘어나며, 호흡이 가빠진다.
4%	눈, 목의 점막에 자극이 있다.
8%	두통, 귀울림, 어지럼증, 혈압상승 등이 일어난다.
9%	호흡이 곤란해진다.
10%	구토를 한다. 실신한다.
20%	시력장애, 몸이 떨리며 1분 이내 실신한다.

9.18 이산화탄소소화설비의 장·단점

1) 장점

- 소화 후 약제의 잔존물이 없다.
- 전기부도체로서 C급 화재에 매우 효과적이다.
- 가스상태로 화재심부까지 침투가 용이하다(비중=1.53).
- 약제 수명이 반영구적이며 가격이 저렴하다.
- 기화잠열이 크므로 열 흡수에 의한 냉각작용이 크다.

2) 단점

- 질식의 위험이 있어 사용이 제한된다.
- 용기 및 배관 밸브 등이 고압설비이다.
- 기화 시 온도가 급랭하여 동결의 위험이 있으며 정밀 기계에 손상을 줄 수 있다.
- 방사 시 소음 시 매우 심하여 시야를 가리게 된다.

9.19 이산화탄소소화설비의 법적 설치대상물

특정소방대상물		기 준
공장 및 창고에서의 특수가연물 저장, 취급		지정수량의 1,000배 이상
비행기 격납고		전부
주차용도의 건축물	주차용 건축물	연면적 800 m^2 이상
	차고 및 주차장으로서 주차의 용도인 부분	바닥면적 200 m^2 이상
	승강기 등 기계장치에 의한 주차시설	20대 이상
자동차 검사장, 자동차 정비공장		자동차를 상시 보관하는 장소의 바닥면적 200 m^2 이상
전기실, 발전실, 변전실, 축전지실, 통신기실, 전산실		바닥면적 300 m^2 이상

9.20 이산화탄소소화 저장방식

1) 저장방식에 의한 분류

저장방식에 따라 고압저장방식과 저압저장방식으로 분류된다.

가) 고압저장방식

이 방식에서는 탄산가스가 액체상태로 용기에 저장된다. 고압저장용기의 충전비는 1.5 이상 1.9 이하로 하는데 충전비는 $C = \frac{V}{G}$ [여기서, C : 충전비, V : 용기의 내용적(L), G : 충전하는 액화탄산가스의 중량(kg)]로 계산된다.

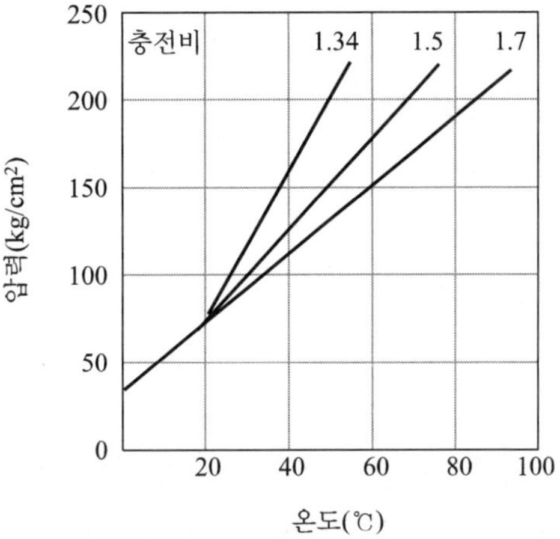

그림 2-50 **탄산가스 용기 내의 충전비에 의한 온도 압력 관계표**

그림 2-50에서와 같이 충전비에 따른 온도와 압력의 관계는 15℃에서 게이지압력 53 kg/cm^{2}의 압력을 갖는 것으로 주위온도의 변화에 따라 용기 내 압력도 변화하므로 소방법상 용기 설치장소를 40℃ 이하이고 온도 변화가 작은 곳에 설치토록 하고 있으며 이러한 저장방식을 고압저장방식의 설비라 하고 일반적으로 가장 많이 설치하는 방식이다.

나) 저압저장방식

상온에서 저장하는 고압저장방식에 대하여 단열구조 자동냉동기를 장치한 저압용기를 사용하여 약 −18℃에서 게이지압력 20 kg/cm^{2}로 유지하며 액화탄산가스를 저장하여 사용하는 방식으로 충전비는 법상 1.1 이상 1.4 이하로 하도록 되어 있는데 특히 저압저장방식은 소화상 대량의 탄산가스가 필요한 곳에 유효한 설비로 쓰일 수 있다.

2) 방출방식에 의한 분류

가) 전역방출방식

전역방출방식은 화재 시 밀폐된 공간에 고정된 배관 분사헤드를 따라서 저장된 규정량의 탄산가스를 전량 방출하여 산소농도를 저하시켜 연소를 정지시키는 소화방식이다.

공기 중에 포함되는 산소량은 체적비로 약 21% 정도인데 유류화재 시 일반적으로 산소농도를 15% 이하로 떨어뜨리면 즉시 소화된다. 산소농도는 가연성 물질의 종류와 표면화재 심부화재의 종류에 따라 서로 다르며 전역방출방식은 이와 같은 원리를 응용한 소화방식이다.

나) 국소방출방식

위험물이 밀폐되어 있지 않거나 방호구역이 전역방출방식에 맞지 않는 곳에서 인화성 액체, 가스, 얇은 고체에서의 표면화재 소화용으로 적합하며 고정된 배관과 분사헤드에서 저장된 탄산가스를 국소연소부분에 직접분사하여 효과적으로 연소부분을 덮고 산소공급을 급격히 차단함으로서 소화하는 방식이다.

다) 호스릴방식

분사헤드가 배관에 고정되어 있지 않고 저장된 규정량의 탄산가스를 호스를 통해서 수동으로 직접 연소부분에 분사하여 소화를 행하는 것으로서 기본적으로 국소방출방식과 같은 것으로 일명 이동식이라고 한다.

3) 기동장치에 의한 분류

가) 기계식

약제 저장용기밸브를 수동으로 직접 개방하거나 와이어로프 등을 이용하여 개방하는 방식으로 쉽게 조작하여 저장용기를 개방할 수 있는 구조로 되어 있어야 한다.

나) 전기식

용기밸브로 전자개방밸브(솔레노이드밸브)를 장치하고 전기적으로 솔레노이드밸브를 작동하여 밸브를 개방하는 방식이며 약제 저장용기 7병 이상을 동시에 개방하는 설비에 있어서는 2병 이상의 약제 저장용기에 전자개방밸브를 부착해야 한다.

다) 가스압력식

가장 많이 사용하는 방식으로 액체 이산화탄소가 충전된 기동용기를 별도로 설치하고 화재 시 이 용기를 개방하여 분출된 가스압력 에너지로 약제 저장용기의 밸브를 개방한다.

9.21 이산화탄소의 주요설비

1) 저장용기

이산화탄소소화약제를 고압으로 저장하는 저장용기는 고압가스안전관리법의 적용을 받는 것으로 보통 68 L의 내용적을 가지는 용기를 사용한다.

그림 2-51 이산화탄소 저장용기

2) 저장용기밸브

기동용기로부터 압종된 가스압력으로 저장가스를 개방하는 밸브로서 용기밸브를 개방하는 니들밸브가 부착된다.

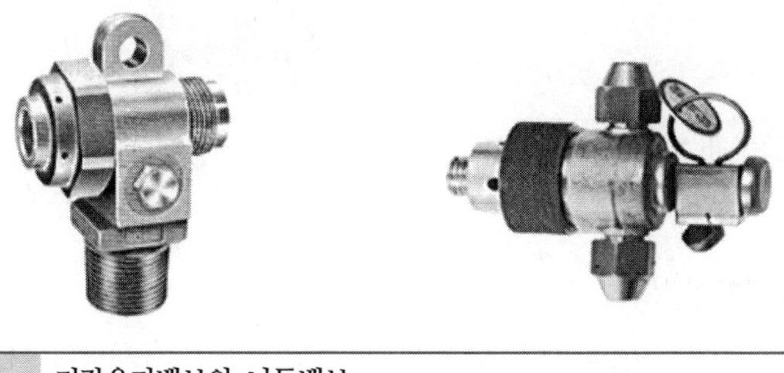

그림 2-52 저장용기밸브와 니들밸브

3) 연결관 및 집합관

연결관은 이산화탄소 저장용기와 집합관을 연결시키는 것으로 플렉시블튜브로 신축성이 있는 관이다.

집합관은 각각의 저장용기에서 방출된 이산화탄소 소화약제를 모아주는 관으로서 높은 압력에 견디는 압력배관으로 설치해야 한다.

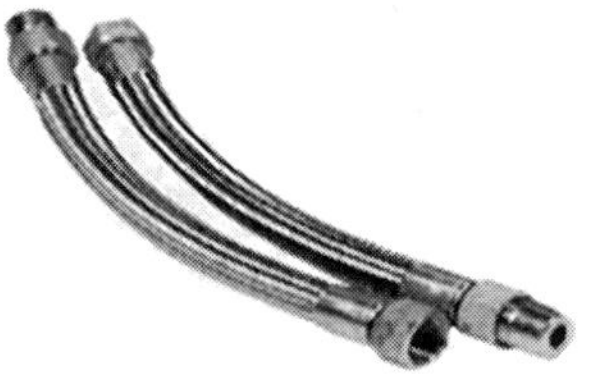

그림 2-53 연결관과 집합관

4) 안전밸브

약제 저장용기와 선택밸브 사이 배관 도중에 설치하여 저장용기의 용기밸브는 개방되었으나 선택밸브가 개방되지 아니하였을 때 설비의 안전을 위하여 개방되는 안전장치이다.

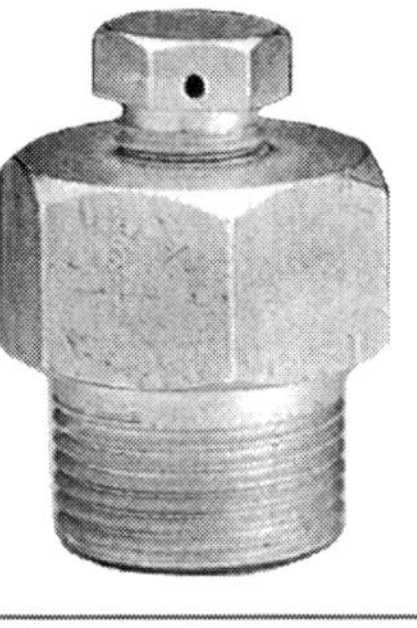

그림 2-54 안전밸브

5) 선택밸브

방호구역 및 방호대상물이 여러 곳인 특정소방대상물에서 저장용기는 공용으로 하고 해당 방호구역 및 방호대상물마다 설치하여 방사구역을 선택하여주는 밸브이며,

저장용기가 개방되기 전에 잠금장치를 해제시켜 주는 피스톤릴리져가 부착되어 있다.

그림 2-55 선택밸브

6) 기동용기함

기동용 가스용기를 냉하는 함으로서 선택밸브와 같이 하나의 방호구역마다 1개씩 설치되며 기동용기 기동용 솔레노이드 및 압력스위치가 함께 내장된다.

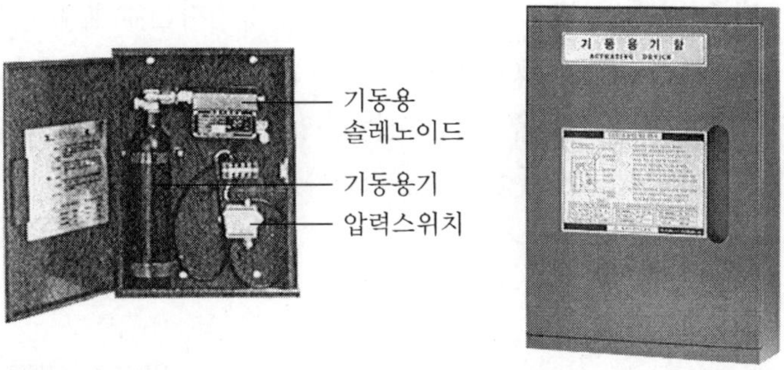

그림 2-56 기동용기함

7) 기동용기

저장용기밸브를 개방시키기 위한 가압용 가스를 저장하는 용기로서 내용적이 1 L 이상으로 액체 이산화탄소가 0.6 kg 이상 충전되어 있다.

8) 기동용 솔레노이드

화재감지기의 작동에 따라 화재신호가 수신부(제어반)로 수신되면 솔레노이드가 작동되어 커터(파괴침)가 기동용기밸브의 봉판을 뚫어서 기동용 가스를 방출시키는 역할을 한다.

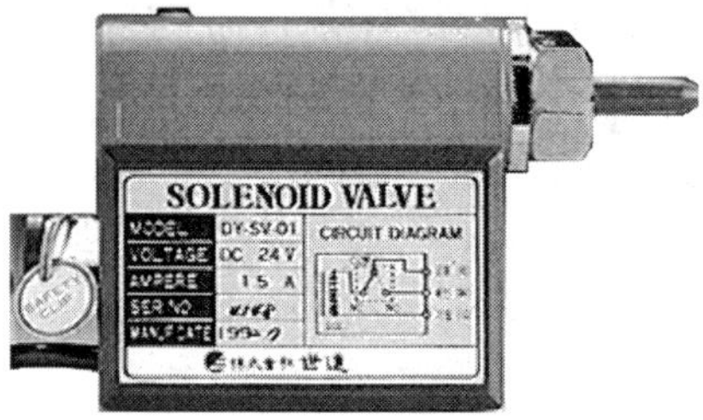

그림 2-57 기동용 솔레노이드

9) 압력스위치 및 방출표시등

압력스위치는 저장용기의 가스가 방출될 때 가스압력에 의해 접점신호를 제어반으로 입력시켜 방출표시등을 점등시키는 역할을 하는 스위치로서 일반적으로 선택밸브 2차측 배관상에서 동관으로 분기하고 동관을 연장시켜 기동용기함 내에 설치한다.

방출표시등은 방호구역의 출입구마다 설치하는데 출입구 바깥쪽 상단에 설치하여 가스 방출시 점등 "CO_2 방출 중"이라는 문자로 표기됨)되어 옥내로 사람이 입실하는 것을 막아주는 역할을 한다. 이는 출입구 상단 외에 수동조작함과 제어반 등에도 점등되어 가스가 방출 중임을 표시한다.

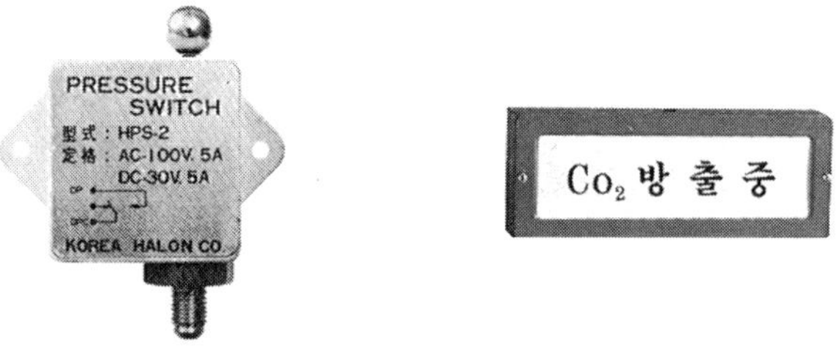

그림 2-58 압력스위치 및 방출표시등

10) 체크밸브

체크밸브는 기동용 동관 및 집합관과 연결관 사이 설치하여 가스가 역류하는 것을 방지하는 밸브로서 ← 표가 표시되어 있어 가스 흐름 방향을 나타내고 있으므로 설치 시 방향에 주의하여야 하며, 저장용기를 공용으로 하고 각 방호구역마다 필요로 하는 소요 저장용기만을 개방시켜 주고 개방되지 않은 다른 용기의 개방을 방지하기 위하여 설치한다.

그림 2-59 가스체크밸브

11) 자동폐쇄장치

자동폐쇄장치는 이산화탄소 소화약제를 방사하는 실내에 출입문, 창문, 환기구 등 개구부가 있을 때 방출 전 이들 개구부를 폐쇄하여 방사된 가스의 누출로 인한 소화 효과의 감소를 최소화하기 위하여 설치한다. 이는 방출되는 소화약제의 방사압력으로 피스톤릴리져를 작동하여 개구부를 폐쇄하게 된다.

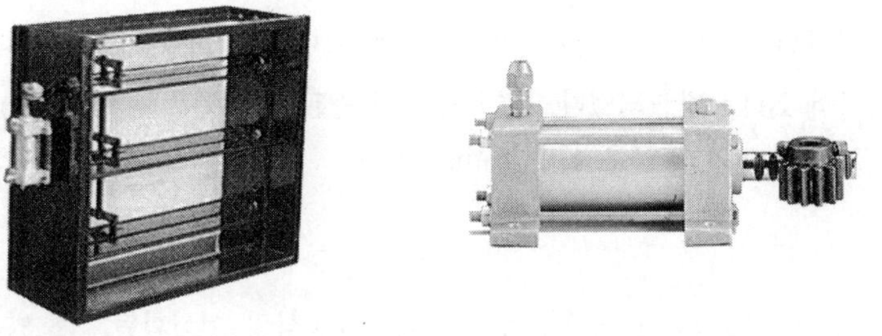

그림 2-60 댐퍼와 피스톤릴리져

연습문제

01 이산화탄소 약제저장용기의 내용적이 100 L이다.
이 용기에 이산화탄소 80 kg을 저장하였을 경우 충전비는 얼마인가?

02 CO_2 소화설비의 방호구역 내에 경보장치를 사이렌으로 할 경우 CO_2 소화설비를 설치하였다는 표지를 그 구역 내에 설치하는데 가장 적합하다고 생각되는 문안 내용을 기술하시오.

03 피스톤릴리져란 무엇인가를 서술하시오.

04 이산화탄소의 특성 중에서 삼중점에 대하여 서술하시오.

05 이산화탄소소화설비에서 저장용기에 있던 이산화탄소가스가 대기압상태에서 대기 중에 20 kg 방출되었다. 대기 중에 방출된 CO_2 가스의 체적(m^3)은? [단, 대기온도는 20℃이며, 대기압은 1기압(atm)이다.]

06 체적이 500 m^3인 방호구역에 전역방출방식의 이산화탄소를 방사하였을 때 산소의 설계농도가 10%이었다. 이 때 방사된 이산화탄소의 양은 얼마인가? [단, 내부압력은 1.2기압(atm), 내부온도는 15℃이었다.]

07 그림과 같은 위험물탱크에 국소방출방식으로 CO_2 소화설비를 설치하려고 한다. 다음 물음에 답하시오. (단, 고압식이며, 방호대상물 주위에는 방호대상물과 동일한 크기의 벽이 설치되어 있다.)

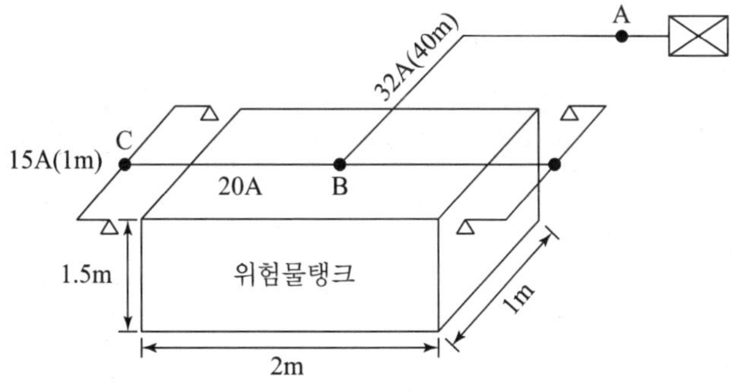

가) 방호공간의 체적(m^3)은 얼마인가?

나) 소화약제 저장량(kg)은 얼마인가?

다) 하나의 분사헤드에 대한 방사량(kg/s)은 얼마인가?

08 그림과 같이 에탄을 저장하는 창고에 CO_2 소화설비를 설치하려고 할 때 다음 사항에 답하시오.

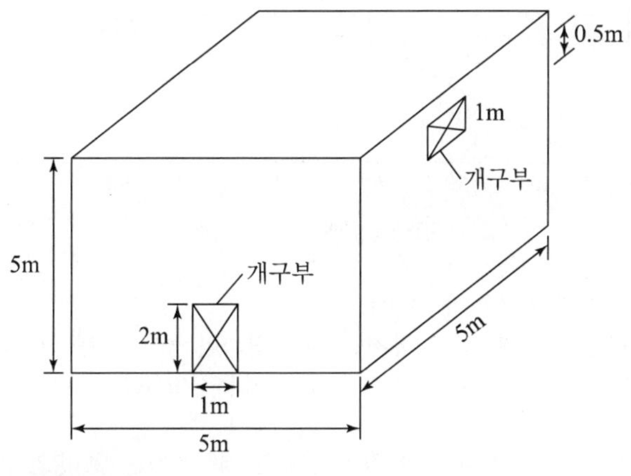

조건

(1) 소화설비의 방식 : 전역방출방식(고압식)

(2) 저장창고의 규모 : 5 m × 5 m × 5 m

(3) 에탄소화에 필요한 이산화탄소의 설계농도 : 40%

(4) 저장창고의 개구부 크기와 개수

- 1 m × 0.5 m × 1개소
- 2 m × 1 m × 1개소

(5) 표면화재의 전역방출방식에서 방호구역의 체적당 이산화탄소의 약제량

방호구역의 체적(m^3)	방호구역의 체적(m^3)에 대한 소화약제의 양	소화약제 저장량의 최저한도의 양(kg)
45 미만	1.00	45
45 이상～150 미만	0.90	
150 이상～1,450 미만	0.80	135
1,450 이상	0.75	1,125

(6) 설계농도에 대한 보정계수

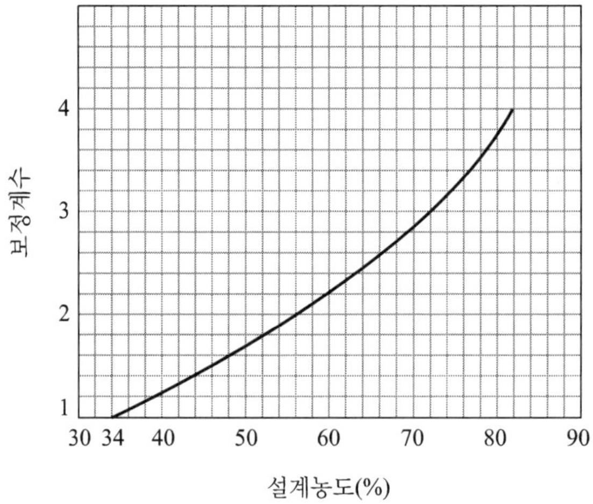

가) 필요한 CO_2 약제의 양(kg)을 계산하시오.
나) 방호구역 내에 CO_2가 설계농도로 유지될 때의 산소의 농도(%)는 얼마인가?
다) CO_2 저장용기의 충전비를 최대 1.9로 할 경우의 저장용기(68 L) 1병당 저장약제의 중량(kg)은 얼마인가?
라) 다)와 같이 충전비를 최대(1.9)로 할 경우 필요한 저장용기는 몇 병인가?
마) CO_2 소화설비의 자동식 기동장치에 사용되는 화재감지기회로는 어떤 방식이어야 하는지 그 방식의 이름과 내용을 서술하시오.

해답

01 $C = \dfrac{V}{G}$

여기서, C : 충전비(L/kg)

V : 내용적(L)

G : 저장량(kg)

$$C = \frac{V}{G} = \frac{100\ \text{L}}{80\ \text{kg}} = 1.25\ \text{L/kg}$$

02 해당 구역 내 CO_2 소화설비 했을 경우 소화약제 방출 전에 사이렌이 울리므로 이때에는 즉시 안전한 장소로 대피해야 함.

03 가스의 방출에 따라 가스의 누설이 발생될 수 있는 급배기댐퍼나 자동개폐문 등에 설치하여 가스의 방출과 동시에 자동적으로 개구부를 차단시키기 위한 장치임.

04 고체, 액체, 기체가 공존하는 점이며, 이때의 온도는 약 -56.3℃이다.

05 $PV = \dfrac{W}{M}RT$

여기서, P : 기압(atm)

V : 방출가스량(m^3)

W : 무게(kg)

M : 분자량(CO_2 : 44)

R : 0.082 (atm · m^3/kg mole · K)

T : 절대온도(273 + ℃) (K)

방출가스량 V (m^3)는

$$PV = \frac{W}{M}RT$$

$$= \frac{20\ \text{kg}}{1\ \text{atm} \times 44} \times 0.082\ \text{atm} \cdot \text{m}^3/\text{kg mole} \cdot \text{K} \times (273 + 20)\text{K}$$

$$= 10.92\ \text{m}^3$$

06 $$방출가스량 = \frac{21 - O_2}{O_2} \times 방호구역체적$$

O_2 : O_2의 농도(%)

$$방출가스량 = \frac{21 - O_2}{O_2} \times 방호구역체적 = \frac{21 - O_2}{O_2} \times 500\ m^3 = 550\ m^3$$

여기서 이상기체 상태방정식 적용

$$PV = \frac{W}{M}RT$$

CO_2의 양(무게) W는

$$W = \frac{PVM}{RT} = \frac{1.2\ atm \times 550\ m^3 \times 44}{0.082 atm \cdot m^3/kg\ mole \cdot K \times (273 + 15)K} = 1229.67\ kg$$

07 가) 방호공간 : 방호대상물의 각 부분으로부터 0.6 m의 거리에 둘러싸인 공간
방호공간체적 = 가로 3.2 m × 세로 2.2 m × 높이 2.1 m = 14.78 m^3

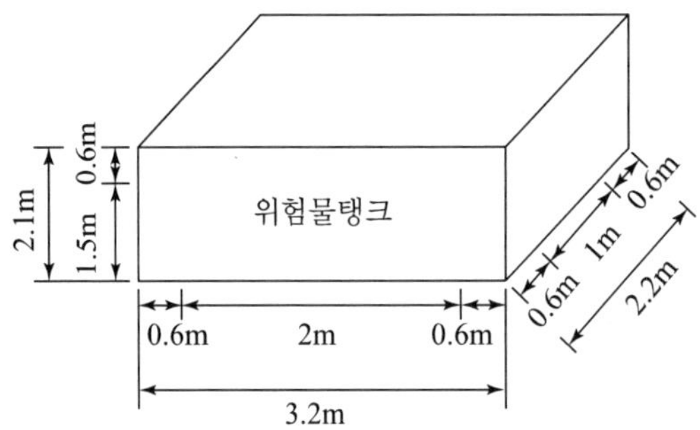

나) 국소방출방식의 이산화탄소 저장량

특정소방대상물	고압식	저압식
• 연소면 한정 및 비산우려가 없는 경우 • 윗면개방용기	방호대상물표면적 × 13 kg/m^2 × 1.4	방호대상물표면적 × 13 kg/m^2 × 1.1
• 기타	방호공간체적 $\times\left(8-6\frac{a}{A}\right)\times 1.4$	방호공간체적 $\times\left(8-6\frac{a}{A}\right)\times 1.1$

여기서, a : 방호대상물 주위에 설치된 벽면적의 합계(m^2)
A : 방호공간의 벽면적의 합계(m^2)

상기 문제는 국소방출방식 고압식이며 그림과 같이 적용하면

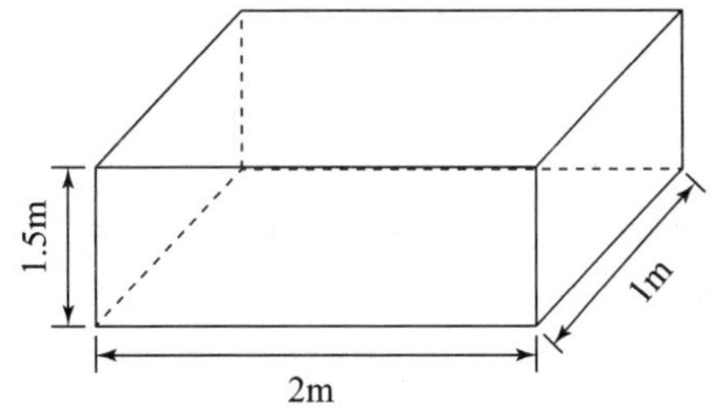

a =(가로 2 m × 높이 1.5 m × 2면) + (세로 1 m × 높이 1.5 m × 2면) = 9 m^2

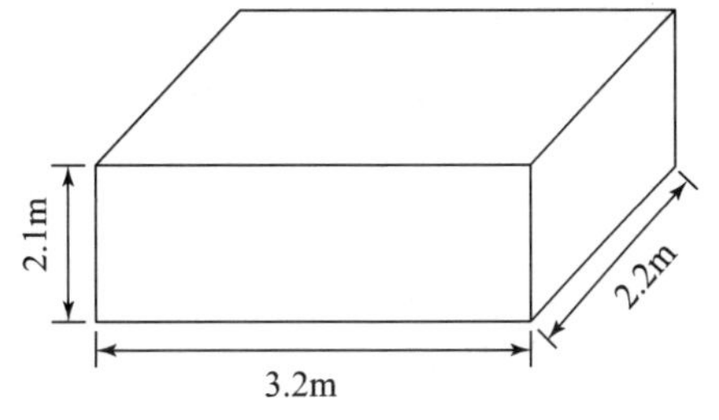

A = (가로 3.2 m × 높이 2.1 m × 2면) + (세로 2.2 m × 높이 2.1 m × 2면)
+ (가로 3.2 m × 세로 2.2 m)
=29.72 m^2

소화약제저장량 공식을 적용하면

$$소화약제저장량 = 방호공간체적 \times \left(8 - 6\frac{a}{A}\right) \times 1.4$$

$$= 14.78\ m^3 \times \left(8 - 6 \times \frac{9}{29.72}\right) \times 1.4 = 127.939 = 127.94\,kg$$

다) 국소방출방식의 약제 방사시간은 30 sec 이내

$$분사헤드에\ 대한\ 방사량(kg/s) = \frac{127.94\ kg}{30\ sec \times 4개} = 1.066 = 1.07\ kg/sec$$

약제 방사시간

소화설비		전역방출방식		국소방출방식	
		일반 건축물	위험물 제조소	일반 건축물	위험물 제조소
할로겐화합물소화설비		10초 이내	30초 이내	10초 이내	30초 이내
분말소화설비		30초 이내		30초 이내	
CO_2 소화설비	표면화재	1분 이내	60초 이내		
	심부화재	7분 이내			

- 표면화재 : 가연성 액체 · 가연성 가스
- 심부화재 : 종이 · 목재 · 석탄 · 석유류 · 합성수지류

08 가)

CO_2 약제의 양(kg) = 방호구역체적(m^3) × 약제량(kg/ m^3) × 보정계수 + 개구부 면적(m^2) × 개구부 가산량(kg/ m^2)

방호구역체적(m^3) = 가로 5 m × 세로 5 m × 높이 5 m = 125 m^3

개구부면적(m^2) = (1 m × 0.5 m × 1개소) + (2 m × 1 m × 1개소) = 2.5 m^2

※ 개구부가산량 조건 ⑤ 표면화재는 5 kg/m^2이며 심부화재는 10 kg/m^2이다.

CO_2 약제의 양(kg) = (125 m^3 × 0.9 kg/m^3 × 1.2) + (2.5 m^2 × 5 kg/m^2) = 147.5 kg

나) $CO_2\,(\%) = \dfrac{21 - O_2\,(\%)}{21} \times 100$에서

산소의 농도 O_2 (%)는 조건 ③에서 CO_2 (%)는 40%이다.

$$40 = \frac{21 - O_2\,(\%)}{21} \times 100$$

$$40 \times 21 = (21 - O_2) \times 100$$

$$840 = (21 \times 100) - (O_2 \times 100)$$

$$840 = 2,100 - (100O_2)$$

$$\therefore O_2 = \frac{2,100 - 840}{100} = 12.6\%$$

다) $C = \dfrac{V}{G}$

여기서, C : 충전비(L/kg)

V : 내용적(L)

G : 저장량(kg)

1병당 약제중량 G는

$$G = \frac{V}{C} = \frac{68\,\text{L}}{1.9\,\text{L/kg}} = 35.789\,\text{kg} = 35.79\,\text{kg}$$

라) $\text{저장용기수} = \dfrac{\text{약제의 양}}{\text{1병당 약제중량}} = \dfrac{147.5\ \text{kg}}{35.79\ \text{kg}} = 4.2 = 5\text{병}$

∴저장용기수는 항상 절상한다(4.2병은 없다).

마) 하나의 방호구역 내에 2개 이상의 화재감지기회로를 설치하고 인접한 2개 이상의 화재감지기가 동시에 감지될 때 CO_2 소화설비가 작동하여 소화약제가 방출될 수 있도록, 즉 감지기회로의 오동작 방지를 위해 교차회로방식으로 해야 한다.

10. 할론소화설비

10.1 개요

할론소화설비는 불소, 염소, 취소, 수소와 같은 할로겐화합물의 원소 중 하나 또는 여러 개의 원자를 함유하고 있으며, 화학적으로 안정되고 우수한 성능을 가지고 있다.

할론이 최초에 개발된 것은 항공기의 소화설비용이었으나 그 우수성에 따라 지상의 주요대상에 대한 소화용으로도 사용된 것이다. 할론은 중량 및 용적이 적어도 단위용적당의 소화력이 우수하고 또한 액체연료 화재 시 소화시간이 짧다.

할론소화약제는 할론 1211, 할론 2402, 할론 1301 등이 주로 사용되며 소화설비의 구성은 소화약제 저장용기, 가압용 가스용기, 기동장치, 분사헤드, 화재감지장치, 음향경보장치, 배관, 전자개방장치 등으로 구성되어 있다.

한편 내성이 크고 내금속부식성, 안정성, 휘발성 등이 크며 방사 후에는 오염과 소화흔적이 전혀 없다는 것이 특징이다. 고가의 소화약제이므로 사용용도는 항공기, 컴퓨터실, 전기실 등에 주로 사용되고 있으며, 통상 액화된 상태로 저장되어 가스로 방사한다.

10.2 장점과 단점

1) 장점

가) 화학적 부촉매에 의한 연소억제작용이 크며, 소화능력이 양호하다.

나) 전기적 부도체로서 C급 화재에 매우 효과적이다.

다) 저농도로서 소화가 가능하며, 질식의 우려가 없다.

라) 소화 후 잔존물이 없다.

마) 금속에 대한 부식성이 적고, 독성이 비교적 적다.

2) 단점

가) CFC(Chloro Fluoro Carbon, 불화염화탄소) 계열의 물질로 오존층 파괴의 원인물질이다.

나) 가격이 매우 비싸다.

다) 약제 생산 및 사용제한으로 안정적 수급이 불가능하다.

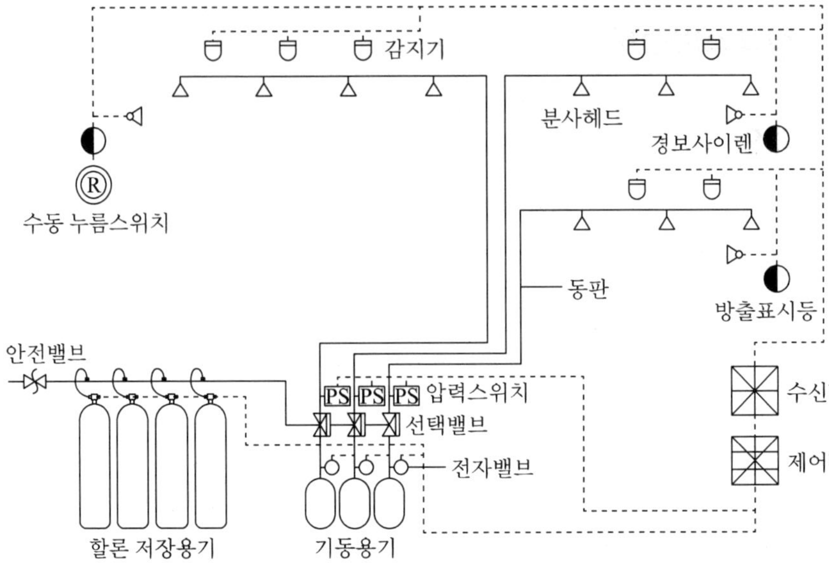

그림 2-61 **할론소화설비 계통도**

10.3 용어의 정의

용어의 정의는 다음과 같다.

1. "전역방출방식"이란 소화약제 공급장치에 배관 및 분사헤드 등을 설치하여 밀폐 방호구역 전체에 소화약제를 방출하는 방식을 말한다.
2. "국소방출방식"이란 소화약제 공급장치에 배관 및 분사헤드 등을 설치하여 직접 화점에 소화약제를 방출하는 방식을 말한다.
3. "호스릴방식"이란 소화수 또는 소화약제 저장용기 등에 연결된 호스릴을 이용하여 사람이 직접 화점에 소화수 또는 소화약제를 방출하는 방식을 말한다.
4. "충전비"란 소화약제 저장용기의 내부 용적과 소화약제의 중량과의 비(용적/중량)를 말한다.
5. "교차회로방식"이란 하나의 방호구역 내에 2 이상의 화재감지기회로를 설치하고 인접한 2 이상의 화재감지기가 화재를 감지하는 때에 소화설비가 작동하는 방식을 말한다.
6. "방화문"이란 「건축법 시행령」 제64조의 규정에 따른 60분+ 방화문, 60분 방화문 또는 30분 방화문을 말한다.
7. "방호구역"이란 소화설비의 소화범위 내에 포함된 영역을 말한다.

8. “별도 독립방식”이란 소화약제 저장용기와 배관을 방호구역별로 독립적으로 설치하는 방식을 말한다.
9. “선택밸브”란 2 이상의 방호구역 또는 방호대상물이 있어 소화수 또는 소화약제를 해당하는 방호구역 또는 방호대상물에 선택적으로 방출되도록 제어하는 밸브를 말한다.
10. “집합관”이란 개별 소화약제(가압용 가스 포함) 저장용기의 방출관이 연결되어 있는 관을 말한다.
11. “호스릴”이란 원형의 소방호스를 원형의 수납장치에 감아 정리한 것을 말한다.

10.4 소화약제의 저장용기 등

① 할론소화약제의 저장용기는 다음의 기준에 적합한 장소에 설치해야 한다.
  1. 방호구역 외의 장소에 설치할 것. 다만, 방호구역 내에 설치할 경우에는 피난 및 조작이 용이하도록 피난구 부근에 설치해야 한다.
  2. 온도가 40℃ 이하이고, 온도 변화가 작은 곳에 설치할 것
  3. 직사광선 및 빗물이 침투할 우려가 없는 곳에 설치할 것
  4. 방화문으로 방화구획 된 실에 설치할 것
  5. 용기의 설치장소에는 해당 용기가 설치된 곳임을 표시하는 표지를 할 것
  6. 용기 간의 간격은 점검에 지장이 없도록 3 cm 이상의 간격을 유지할 것
  7. 저장용기와 집합관을 연결하는 연결배관에는 체크밸브를 설치할 것. 다만, 저장용기가 하나의 방호구역만을 담당하는 경우에는 그렇지 않다.

② 할론소화약제의 저장용기는 다음의 기준에 따라 적합해야 한다.
  1. 축압식 저장용기의 압력은 온도 20℃에서 할론 1211을 저장하는 것은 1.1 MPa 또는 2.5 MPa, 할론 1301을 저장하는 것은 2.5 MPa 또는 4.2 MPa이 되도록 질소가스로 축압할 것
  2. 저장용기의 충전비는 할론 2402를 저장하는 것 중 가압식 저장용기는 0.51 이상 0.67 미만, 축압식 저장용기는 0.67 이상 2.75 이하, 할론 1211은 0.7 이상 1.4 이하, 할론 1301은 0.9 이상 1.6 이하로 할 것
  3. 동일 집합관에 접속되는 저장용기의 소화약제 충전량은 동일 충전비의 것으로 할 것

③ 가압용 가스용기는 질소가스가 충전된 것으로 하고, 그 압력은 21℃에서 2.5 MPa 또는 4.2 MPa이 되도록 해야 한다.

④ 할론소화약제 저장용기의 개방밸브는 전기식・가스압력식 또는 기계식에 따라 자

동으로 개방되고 수동으로도 개방되는 것으로서 안전장치가 부착된 것으로 해야 한다.

⑤ 가압식 저장용기에는 2.0 MPa 이하의 압력으로 조정할 수 있는 압력조정장치를 설치해야 한다.

⑥ 하나의 방호구역을 담당하는 소화약제 저장용기의 소화약제량의 체적합계보다 그 소화약제 방출 시 방출경로가 되는 배관(집합관을 포함)의 내용적의 비율이 1.5배 이상일 경우에는 해당 방호구역에 대한 설비는 별도 독립방식으로 해야 한다.

10.5 소화약제

할론소화약제의 저장량은 다음의 기준에 따라야 한다. 이 경우 동일한 특정소방대상물 또는 그 부분에 2 이상의 방호구역 또는 방호대상물이 있는 경우에는 각 방호구역 또는 방호대상물에 대하여 다음 각 기준에 따라 산출한 저장량 중 최대의 것으로 할 수 있다.

1. 전역방출방식은 다음의 기준에 따라 산출한 양 이상으로 할 것

가. 방호구역의 체적(불연재료나 내열성의 재료로 밀폐된 구조물이 있는 경우에는 그 체적을 제외한다) 1 m^3에 대하여 다음 표에 따른 양

<table>
<tr><th colspan="2">특정소방대상물 또는 그 부분</th><th>소화약제의 종류</th><th>방호구역의 체적 1 m³당 소화약제의 양 (kg/m³)</th></tr>
<tr><td colspan="2">차고・주차장・전기실・통신기기실・전산실 기타 이와 유사한 전기설비가 설치되어 있는 부분</td><td>할론 1301</td><td>0.32 kg 이상 0.64 kg 이하</td></tr>
<tr><td rowspan="3">「화재의 예방 및 안전관리에 관한 법률 시행령」 별표 2의 특수가연물을 저장・취급하는 특정소방대상물 또는 그 부분</td><td>가연성고체류・가연성액체류</td><td>할론 2402
할론 1211
할론 1301</td><td>0.40 kg 이상 1.10 kg 이하
0.36 kg 이상 0.71 kg 이하
0.32 kg 이상 0.64 kg 이하</td></tr>
<tr><td>면화류・나무껍질 및 대팻밥・넝마 및 종이부스러기・사류・볏짚류・목재가공품 및 나무부스러기를 저장・취급하는 것</td><td>할론 1211
할론 1301</td><td>0.60 kg 이상 0.71 kg 이하
0.52 kg 이상 0.64 kg 이하</td></tr>
<tr><td>합성수지류를 저장・취급하는 것</td><td>할론 1211
할론 1301</td><td>0.36 kg 이상 0.71 kg 이하
0.32 kg 이상 0.64 kg 이하</td></tr>
</table>

나. 방호구역의 개구부에 자동폐쇄장치를 설치하지 아니한 경우에는 “가”목에 따라 산출한 양에 다음 표에 따라 산출한 양을 가산한 양

<table>
<tr><th colspan="2">특정소방대상물 또는 그 부분</th><th>소화약제의 종류</th><th>가산량(개구부의 면적 $1\,m^2$당 소화약제의 양)</th></tr>
<tr><td colspan="2">차고・주차장・전기실・통신기기실・전산실 기타 이와 유사한 전기설비가 설치되어 있는 부분</td><td>할론 1301</td><td>2.4 kg</td></tr>
<tr><td rowspan="3">「화재의 예방 및 안전관리에 관한 법률 시행령」 별표 2의 특수가연물을 저장・취급하는 특정소방대상물 또는 그 부분</td><td>가연성고체류・가연성액체류</td><td>할론 2402
할론 1211
할론 1301</td><td>3.0 kg
2.7 kg
2.4 kg</td></tr>
<tr><td>면화류・나무껍질 및 대팻밥・넝마 및 종이부스러기・사류・볏짚류・목재가공품 및 나무부스러기를 저장・취급하는 것</td><td>할론 1211
할론 1301</td><td>4.5 kg
3.9 kg</td></tr>
<tr><td>합성수지류를 저장・취급하는 것</td><td>할론 1211
할론 1301</td><td>2.7 kg
2.4 kg</td></tr>
</table>

2. 국소방출방식은 다음의 기준에 따라 산출한 양에 할론 2402 또는 할론 1211은 1.1을, 할론 1301은 1.25를 각각 곱하여 산출한 양 이상으로 할 것

가. 윗면이 개방된 용기에 저장하는 경우와 화재 시 연소면이 1면에 한정되고 가연물이 비산할 우려가 없는 경우에는 다음 표에 따른 양

소화약제의 종류	방호대상물의 표면적 $1\,m^2$에 대한 소화약제의 양
할론 2402	8.8 kg
할론 1211	7.6 kg
할론 1301	6.8 kg

나. 가목 외의 경우에는 방호공간(방호대상물의 각 부분으로부터 0.6 m의 거리에 따라 둘러싸인 공간을 말한다. 이하 같다)의 체적 $1\,m^3$에 대하여 다음의 식에 따라 산출한 양

$$Q = X - Y\frac{a}{A}$$

여기서, Q : 방호공간 $1\,m^3$에 대한 할론소화약제의 양(kg/m^3)

a : 방호대상물의 주위에 설치된 벽 면적의 합계(m^2)

A : 방호공간의 벽 면적(벽이 없는 경우에는 벽이 있는 것으로 가정한 해당 부분의 면적)의 합계(m^2)

X 및 Y : 다음 표의 수치

소화약제의 종류	X의 수치	Y의 수치
할론 2402	5.2	3.9
할론 1211	4.4	3.3
할론 1301	4.0	3.0

3. 호스릴방식의 할론소화설비는 하나의 노즐에 대하여 다음 표에 따른 양 이상으로 할 것

소화약제의 종류	소화약제의 양
할론 2402 또는 1211 할론 1301	50 kg 45 kg

10.6 기동장치

① 할론소화설비의 수동식 기동장치는 다음의 기준에 따라 설치해야 한다. 이 경우 수동식 기동장치의 부근에는 소화약제의 방출을 지연시킬 수 있는 방출지연스위치(자동복귀형 스위치로서 수동식 기동장치의 타이머를 순간 정지시키는 기능의 스위치를 말한다)를 설치해야 한다.

1. 전역방출방식은 방호구역마다, 국소방출방식은 방호대상물마다 설치할 것
2. 해당 방호구역의 출입구 부근 등 조작을 하는 자가 쉽게 피난할 수 있는 장소에 설치할 것
3. 기동장치의 조작부는 바닥으로부터 0.8 m 이상 1.5 m 이하의 위치에 설치하고, 보호판 등에 따른 보호장치를 설치할 것
4. 기동장치 인근의 보기 쉬운 곳에 "할론소화설비 수동식 기동장치"라는 표지를 할 것
5. 전기를 사용하는 기동장치에는 전원표시등을 설치할 것
6. 기동장치의 방출용 스위치는 음향경보장치와 연동하여 조작될 수 있는 것으로 할 것

② 할론소화설비의 자동식 기동장치는 자동화재탐지설비의 감지기의 작동과 연동하는 것으로서 다음의 기준에 따라 설치해야 한다.

1. 자동식 기동장치에는 수동으로도 기동할 수 있는 구조로 할 것
2. 전기식 기동장치로서 7병 이상의 저장용기를 동시에 개방하는 설비는 2병 이상의 저장용기에 전자 개방밸브를 부착할 것
3. 가스압력식 기동장치는 다음의 기준에 따를 것
   가. 기동용 가스용기 및 해당 용기에 사용하는 밸브는 25 MPa 이상의 압력에 견딜 수 있는 것으로 할 것
   나. 기동용 가스용기에는 내압시험압력의 0.8배부터 내압시험압력 이하에서 작동하는 안전장치를 설치할 것

다. 기동용 가스용기의 체적은 5 L 이상으로 하고, 해당 용기에 저장하는 질소 등의 비활성기체는 6.0 MPa 이상(21℃ 기준)의 압력으로 충전할 것. 다만, 기동용 가스용기의 체적을 1 L 이상으로 하고, 해당 용기에 저장하는 이산화탄소의 양은 0.6 kg 이상으로 하며, 충전비는 1.5 이상 1.9 이하의 기동용 가스용기로 할 수 있다.

4. 기계식 기동장치는 저장용기를 쉽게 개방할 수 있는 구조로 할 것

③ 할론소화설비가 설치된 부분의 출입구 등의 보기 쉬운 곳에 소화약제의 방출을 표시하는 표시등을 설치해야 한다.

10.7 제어반 등

할론소화설비의 제어반 및 화재표시반은 다음의 기준에 따라 설치해야 한다. 다만, 자동화재탐지설비의 수신기 제어반이 화재표시반의 기능을 가지고 있는 것은 화재표시반을 설치하지 않을 수 있다.

1. 제어반은 수동기동장치 또는 감지기에서의 신호를 수신하여 음향경보장치의 작동, 소화약제의 방출 또는 지연 등 기타의 제어기능을 가진 것으로 하고, 제어반에는 전원표시등을 설치할 것
2. 화재표시반은 제어반에서의 신호를 수신하여 작동하는 기능을 가진 것으로 하되, 다음의 기준에 따라 설치할 것
   가. 각 방호구역마다 음향경보장치의 조작 및 감지기의 작동을 명시하는 표시등과 이와 연동하여 작동하는 벨·버저 등의 경보기를 설치할 것. 이 경우 음향경보장치의 조작 및 감지기의 작동을 명시하는 표시등을 겸용할 수 있다.
   나. 수동식 기동장치는 그 방출용 스위치의 작동을 명시하는 표시등을 설치할 것
   다. 소화약제의 방출을 명시하는 표시등을 설치할 것
   라. 자동식 기동장치는 자동·수동의 절환을 명시하는 표시등을 설치할 것
3. 제어반 및 화재표시반은 화재 및 침수 등의 재해로 인한 피해를 받을 우려가 없고 점검에 편리한 장소에 설치할 것
4. 제어반 및 화재표시반에는 해당 회로도 및 취급설명서를 비치할 것

10.8 배관

할론소화설비의 배관은 다음의 기준에 따라 설치해야 한다.

1. 배관은 전용으로 할 것
2. 강관을 사용하는 경우의 배관은 압력배관용 탄소강관(KS D 3562) 중 스케줄 40 이상의 것 또는 이와 동등 이상의 강도를 가진 것으로서 아연도금 등에 따라 방식 처리된 것을 사용할 것
3. 동관을 사용하는 경우에는 이음이 없는 동 및 동합금관(KS D 5301)의 것으로서 고압식은 16.5 MPa 이상, 저압식은 3.75 MPa 이상의 압력에 견딜 수 있는 것을 사용할 것
4. 배관 부속 및 밸브류는 강관 또는 동관과 동등 이상의 강도 및 내식성이 있는 것으로 할 것

10.9 선택밸브

하나의 특정소방대상물 또는 그 부분에 2 이상의 방호구역 또는 방호대상물이 있어 소화약제 저장용기를 공용하는 경우에는 다음의 기준에 따라 선택밸브를 설치해야 한다.

1. 방호구역 또는 방호대상물마다 설치할 것
2. 각 선택밸브에는 해당 방호구역 또는 방호대상물을 표시할 것

10.10 분사헤드

① 전역방출방식의 할론소화설비의 분사헤드는 다음의 기준에 따라 설치해야 한다.

1. 방출된 소화약제가 방호구역의 전역에 균일하고 신속하게 확산할 수 있도록 할 것
2. 할론 2402를 방출하는 분사헤드는 해당 소화약제가 무상으로 분무되는 것으로 할 것
3. 분사헤드의 방출압력은 할론 2402를 방출하는 것은 0.1 MPa 이상, 할론 1211을 방출하는 것은 0.2 MPa 이상, 할론 1301을 방출하는 것은 0.9 MPa 이상으로 할 것
4. 10.5조에 따른 기준저장량의 소화약제를 10초 이내에 방출할 수 있는 것으로 할 것

② 국소방출방식의 할론소화설비의 분사헤드는 다음의 기준에 따라 설치해야 한다.

1. 소화약제의 방출에 따라 가연물이 비산하지 않는 장소에 설치할 것
2. 할론 2402를 방출하는 분사헤드는 해당 소화약제가 무상으로 분무되는 것으로

할 것

3. 분사헤드의 방출압력은 할론 2402를 방출하는 것은 0.1 MPa 이상, 할론 1211을 방출하는 것은 0.2 MPa 이상, 할론 1301을 방출하는 것은 0.9 MPa 이상으로 할 것

4. 10.5조에 따른 기준저장량의 소화약제를 10초 이내에 방출할 수 있는 것으로 할 것

③ 화재 시 현저하게 연기가 찰 우려가 없는 장소로서 다음의 어느 하나에 해당하는 장소에는 호스릴방식의 할론소화설비를 설치할 수 있다. 다만, 차고 또는 주차의 용도로 사용되는 장소는 제외한다.

1. 지상 1층 및 피난층에 있는 부분으로서 지상에서 수동 또는 원격조작에 따라 개방할 수 있는 개구부의 유효면적의 합계가 바닥면적의 15 % 이상이 되는 부분

2. 전기설비가 설치되어 있는 부분 또는 다량의 화기를 사용하는 부분(해당 설비의 주위 5 m 이내의 부분을 포함한다)의 바닥면적이 해당 설비가 설치되어 있는 구획의 바닥면적의 5분의 1 미만이 되는 부분

④ 호스릴방식의 할론소화설비는 다음의 기준에 따라 설치해야 한다.

1. 방호대상물의 각 부분으로부터 하나의 호스접결구까지의 수평거리가 20 m 이하가 되도록 할 것

2. 소화약제 저장용기의 개방밸브는 호스릴의 설치장소에서 수동으로 개폐할 수 있는 것으로 할 것

3. 소화약제 저장용기는 호스릴을 설치하는 장소마다 설치할 것

4. 호스릴방식의 할론소화설비의 노즐은 20℃에서 하나의 노즐마다 1분당 다음 표에 따른 소화약제를 방출할 수 있는 것으로 할 것

소화약제의 종류	1분당 방출하는 소화약제의 양
할론 2402	45 kg
할론 1211	40 kg
할론 1301	35 kg

5. 소화약제 저장용기의 가장 가까운 곳의 보기 쉬운 곳에 적색의 표시등을 설치하고, 호스릴방식의 할론소화설비가 있다는 뜻을 표시한 표지를 할 것

⑤ 할론소화설비의 분사헤드의 오리피스구경 등은 다음의 기준에 적합해야 한다.

1. 분사헤드에는 부식방지조치를 해야 하며 오리피스의 크기, 제조일자, 제조업체가 표시되도록 할 것

2. 분사헤드의 개수는 방호구역에 소화약제의 방출시간이 충족되도록 설치할 것

3. 분사헤드의 방출률 및 방출압력은 제조업체에서 정한 값으로 할 것

4. 분사헤드의 오리피스의 면적은 분사헤드가 연결되는 배관구경 면적의 70 % 이하가 되도록 할 것

10.11 할론소화약제

1) 소화약제 특성

가) 할론소화약제는 탄화수소의 수소원자를 주기율표 VII족의 할로겐족(Halogen) 원소로 치환한 것으로 할로겐족원소란 불소(Fluorine), 염소(Chlorine), 브롬 또는 취소(Bromine), 요오드 또는 옥소(Iodine)를 말한다. 할론 소화약제의 정식 명칭은 할론 1301(CF_3Br)의 경우 Bromo trifluoro methane으로 불리는 긴 이름이다. 따라서 이와 같이 긴 명칭으로 인한 불편함을 해소하기 위하여 미국 육군에서 고안한 방법인 할론 명명법을 국제적으로 사용하고 있다.

나) 할론 명명법은 탄소(C)를 맨 앞에 두고 Halogen 원소를 주기율표 순서대로 불소(F) → 염소(Cl) → 브롬(Br) → 요오드(I)의 원자수 만큼 해당하는 숫자를 부여하며 맨 끝의 숫자가 0일 경우는 이를 생략한다.

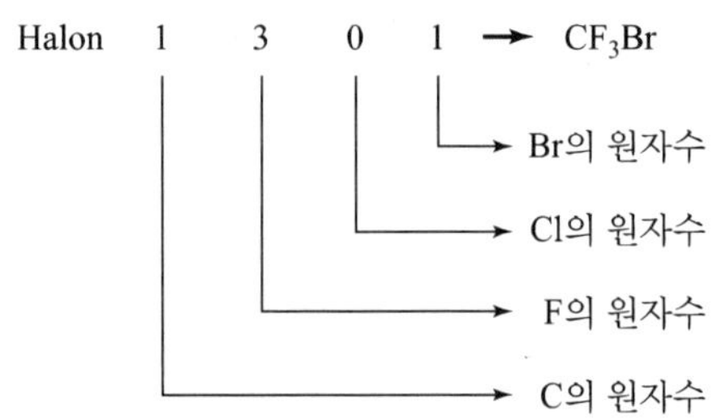

그림 2-62 할론(Halon) 1301 명명법

2) Halon의 구조식(Structural formula)

가) 할론은 파라핀(Paraffin)계 탄화수소(C_nH_{2n+2})에서 수소원자 H를 할로겐원자로 치환한 것으로 따라서 탄소원자 1개에 대하여 할로겐족(Halogen Group)원소 4개 탄소원자 2개이면 할로겐족 원소 6개가 연결되는 구조식이 되어야 한다.

나) 구조식에서 탄소는 원자가가 4가이며 할로겐족은 7족으로 원자가가 −1가이므로 탄소원자 1개에 4개의 할로겐족 원자가 연결되는 구조로서 이를 구조식으로 표현하면 다음과 같다.

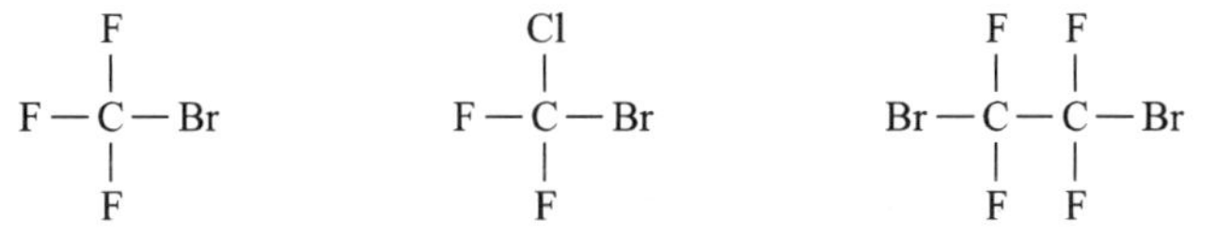

할론 1301 CF_3Br 할론 1211 CF_2ClBr 할론 2402 CF_2BrCF_2Br

그림 2-63 할론(Halon)의 구조식

(1) Halon 1301(CF_3Br) : 증기압 1.4 MPa(14 kg/cm^2), 비점 −57.8℃
원래 용도는 저온냉매로 사용하는 화합물로서 상온에서 공기 밀도는 약 5배 정도이며 무색무취의 기체이다. Critical Point는 67℃로서 임계온도까지는 압축하여 액화 사용할 수 있다.
① 상온에서는 기체 상태이나 액화시켜 액상으로 저장한다.
② 할론 약제 중 대표적인 소화약제로서 이산화탄소에 비해 저농도(5%)로 사용
③ 열분해 시 HF 등 미량의 독성 물질이 발생되나, 인체에 안정성은 매우 높다.
④ 전역방출방식 등 고정식 설비에 주로 사용된다.

(2) Halon 1211(CF_2ClBr) : 증기압 0.25 MPa(2.5 kg/cm^2), 비점 −3.4℃
주로 소화기용으로 사용되며, 사용 시 독성의 우려가 있으므로 Halon 1211 소화기는 지하층, 무창층, 밀폐된 거실로서 바닥면적 20 m^2 미만의 경우 사용을 제한한다.
① Halon 1301보다는 독성이 높은 관계로 소규모 공간 사용 금지
② 증기압 낮아 낮은 압력에서도 액화 저장 가능하다.
③ ABC급 소화기로 주로 사용된다.

(3) Halon 2402(CF_2BrCF_2Br) : 증기압 0.048 MPa(0.48 kg/cm^2), 비점 47.5℃
독성문제로 Halon 2402는 소화약제의 기준에서 제외되었으며, 국내에서도 검정기준에서 삭제되었다. 화재안전기술기준(NFTC)에서 일본 소방법을 준용하여 소화약제로는 적용하고 있다.
① 상온에서 액상으로 증기비중이 크고, 독성이 강하다.
② 약제가 액상이므로 가압식으로 사용한다.
③ FRT(Floating Roof Tank) 등 옥외 위험물 저장탱크 시설과 같은 옥외 시설물에 국한되어 사용한다.

연습문제

01 Halon 1301(CF_3Br) 성질에 대해 서술하시오.

02 할론소화설비에서 약제의 저장용기에 질소가스를 충전하는 이유를 설명하시오.

03 할론소화설비의 방출방식 중 전역방출방식, 국소방출방식, 호스릴방식에 대해 서술하시오.

04 그림과 같은 전산실에 할론 1301 소화설비를 하려고 한다. 법정 최소 소요약제는 몇 kg 이상으로 하여야 되는가? (단, 개구부 2 m^2 1개소 있음. 전역방출방식)

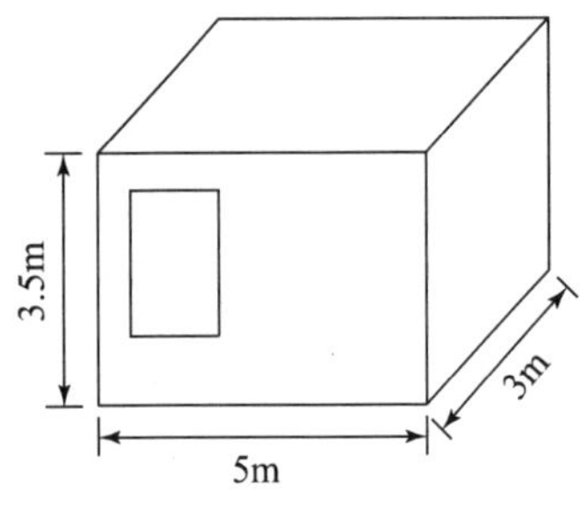

05 그림과 같은 통신기기실에 할론소화설비를 설계하려고 한다. 조건을 참고하여 다음 각 물음에 답하시오.

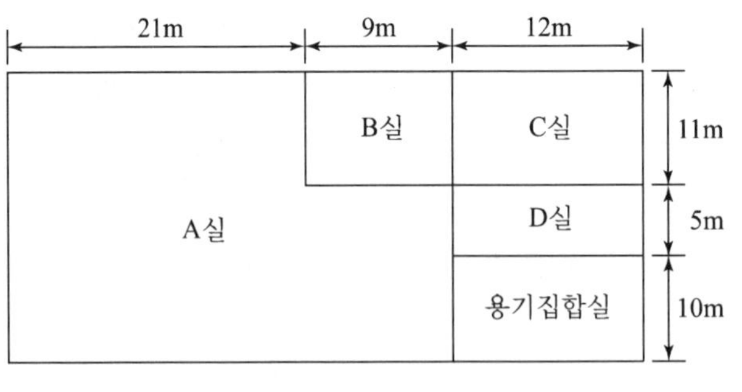

조건

(가) 각 실의 높이는 3 m이다.
(나) 각 실에는 자동폐쇄장치가 설치되어 있다.
(다) 사용약제는 할론 1301로서, 약제방출은 전역방출방식이다.
(라) 용기의 내용적은 68 L, 약제충전량은 50 kg이다.
(마) 각 실의 개구부면적은 A실 2.4 m^2, B실 0.9 m^2, C실 1.8 m^2, D실 1.2 m^2이다.

가) 각 실별 소화약제의 저장용기 수량은?
나) 가장 많은 실은?

06 다음과 같은 조건이 주어질 때 할론 1301의 소화설비를 설계하는데 필요한 다음 각 물음에 답하시오.

조건

(가) 약제소요량 120 kg(출입구 자동폐쇄장치 설치)
(나) 초기압력강하 1.6 MPa
(다) 고저에 의한 압력손실 0.04 MPa
(라) A－B간의 마찰저항에 의한 압력손실 0.04 MPa
(마) B－C, B－D간의 각 압력손실 0.02 MPa
(바) 약제저장압력 4.2 MPa
(사) 작동 30초 이내에 약제전량이 방출된다.

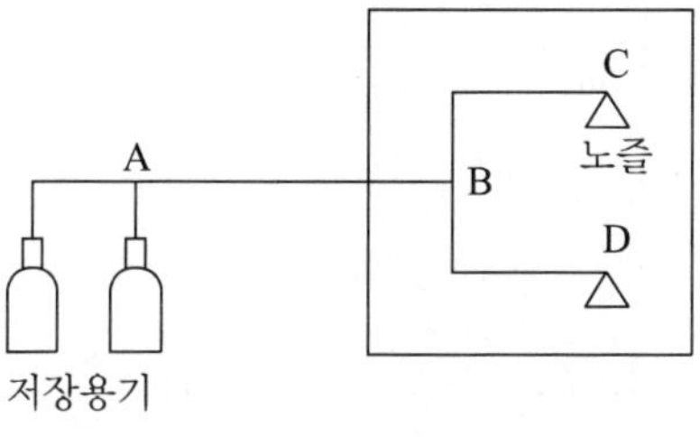

가) 소화설비가 작동하였을 때 A－B간의 배관 내를 흐르는 유량(kg/s)은 얼마인가?
나) B－C간의 배관 내를 흐르는 유량(kg/s)은 얼마인가? (단, B－D간의 유량과 같다.)
다) C점 노즐에서 방출되는 약제의 압력(MPa)은 얼마인가? (단, D점의 방사압력과 같다.)
라) 노즐 1개당 방사량(kg/개)은 얼마인가?
마) C점 노즐에서의 방출량이 2.5 kg/s・cm^2일 때 헤드의 등가분구면적(cm^2)은 얼마인가? (단, 헤드의 개수가 오리피스구멍개수임.)

07 내용적이 100 m^3인 어느 실에 대해 할론 1301 설비를 하고자 한다. 소화에 필요한 할론의 설계농도를 8%라고 하면 필요한 약제는 몇 kg인가? (단, 설계기준온도는 21℃이고 이 온도에서의 할론 1301의 비체적은 0.16 m^3/kg이며, 개구부에 대한 소요량은 무시한다.)

조건

(가) 건물의 층고는 5 m이다.
(나) 약제 방출방식은 전역방출방식이다.
(다) 개구부는 자동폐쇄장치가 설치되어 있다.
(라) 약제 저장용기는 50 kg/병이다.
(마) A, C실의 기본 약제량은 0.33 kg/cm^3, B, D실의 기본 약제량은 0.52 kg/m^3 이다.

08 다음 도면과 같이 전산실 방호대상물에 할론 1301 소화설비를 설계하고자 한다. 설계조건을 참조하여 각 물음에 답하시오.

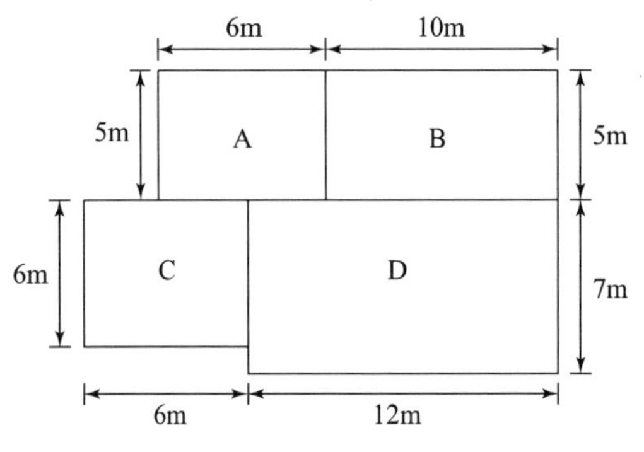

조건

(가) 자동폐쇄장치 설치
(나) 각 실의 높이는 5 m
(다) 약제량 50 kg

가) 각 실의 약제소요량과 용기 수를 구하시오.
나) 할론 1301 소화설비의 Isometric Diagram을 설계하시오.

해답

01 원래 용도는 저온냉매로 사용하는 화합물로서 상온에서 공기 밀도는 약 5배 정도이며 무색무취의 기체이다. Critical Point는 67℃로서 임계온도까지는 압축하여 액화 사용할 수 있다.

02 할론소화약제를 효과적으로 방출시키기 위함.

03 가) 전역방출방식 : 소화약제 공급장치에 배관 및 분사헤드 등을 설치하여 밀폐 방호구역 전체에 소화약제를 방출하는 방식을 말한다.

나) 국소방출방식 : 소화약제 공급장치에 배관 및 분사헤드 등을 설치하여 직접 화점에 소화약제를 방출하는 방식을 말한다.

다) 호스릴방식 : 소화수 또는 소화약제 저장용기 등에 연결된 호스릴을 이용하여 사람이 직접 화점에 소화수 또는 소화약제를 방출하는 방식을 말한다.

04 상기 그림에 할론 1301의 약제량(0.32 kg/m^3) 및 개구부 면적(2 m^2 × 1개소)
이 문제처럼 자동폐쇄장치에 대한 언급이 없을 때는 개구부 면적 및 개구부 가산량을 적용할 것

- 할론저장량(kg) = [방호구역 체적(m^3) × 약제량(kg/m^3)] + [개구부 면적(m^2) × 개구부 가산량(kg/m^2)]
- 할론저장량(kg) = [방호구역 체적(5 m × 3 m × 3.5 m) × 약제량(0.32 kg/m^3)] + [개구부 면적(2 m^2 × 1개소) × 개구부 가산량(2.4 kg/m^2)] = 21.6 kg

05 가) A실

- 할론저장량 = [(21 × 26 + 9 × 15) m^2 × 3 m] × 0.32 kg/m^3 = 653.76 kg
- 저장용기 수 $= \frac{\text{할론저장량}}{\text{약제충전량}} = \frac{653.76\ kg}{50\ kg} = 13.07 = 14$병

B실

- 할론저장량 = [(9 × 11) m^2 × 3 m] × 0.32 kg/m^3 = 95.04 kg
- 저장용기 수 $= \frac{\text{할론저장량}}{\text{약제충전량}} = \frac{95.04\ kg}{50\ kg} = 1.9 = 2$병

C실

- 할론저장량 = [(12 × 11) m^2 × 3 m] × 0.32 kg/m^3 = 126.72 kg
- 저장용기 수 $= \frac{\text{할론저장량}}{\text{약제충전량}} = \frac{126.72\ kg}{50\ kg} = 2.53 = 3$병

D실

- 할론저장량 = [(12 × 5) m^2 × 3 m] × 0.32 kg/m^3 = 57.6 kg
- 저장용기 수 = $\dfrac{\text{할론저장량}}{\text{약제충전량}} = \dfrac{57.6\ \text{kg}}{50\ \text{kg}} = 1.15 = 2$병

나) 각각 방호구역 저장용기 수 중 가장 많은 것을 기준으로 하기 때문에 A실 14병이다.

06 가) 유량 = $\dfrac{\text{약제소요량}}{\text{약제방출시간}} = \dfrac{120\ \text{kg}}{30\ \text{sec}} = 4\ \text{kg/sec}$

나) A－B간의 유량은 B－C간과 B－D간으로 흐르므로 B－C간의 유량은 A－B간의 유량을 2로 나누면 됨.

B－C간의 유량 = $\dfrac{4\ \text{kg/sec}}{2} = 2\ \text{kg/sec}$

다) C점 노즐 방사압력
= 약제저장압력 － (초기압력강하 ＋ 고저에 의한 압력손실 ＋ A, B간의 마찰 손실에 의한 압력손실 ＋ B－C간의 압력손실)
= 4.2 MPa － (1.6 ＋ 0.04 ＋ 0.04 ＋ 0.02) MPa = 2.5 MPa

라) 그림에서 노즐이 2개이므로

노즐 1개당 방사량 = $\dfrac{\text{약제소요량}}{\text{노즐개수}} = \dfrac{120\ \text{kg}}{2\text{개}} = 60\ \text{kg/개}$

마) 등가분구면적 = $\dfrac{\text{유량(kg/sec)}}{\text{방출량(kg/sec}\cdot\text{m}^2)\times\text{오리피스구멍개수}}$

$= \dfrac{2\ \text{kg/sec}}{2.5\ \text{kg/sec}\cdot\text{cm}^2\times 1\text{개}} = 0.8\ \text{cm}^2$

07 할론농도(%) = $\dfrac{21-O_2}{21}\times 100$

$8 = \dfrac{21-O_2}{21}\times 100$

$168 = (21-O_2)\times 100$

$\dfrac{168}{100} = 21-O_2$

$O_2 = 19.32\%$

방출가스량 = $\dfrac{21-O_2}{O_2}$ × 방호구역체적(내용적)

$= \dfrac{21-19.32}{19.32}\times 100\ \text{m}^3 = 8.695 = 8.7\ \text{m}^3$

$$약제량 = \frac{방출가스량}{비체적} = \frac{8.7\ m^3}{0.16\ m^3/kg} = 54.375 = 54.38\ kg$$

08 가) ① A실 할론저장량(kg) $= (5\ m \times 6\ m \times 5\ m) \times 0.32\ kg/m^3 = 48\ kg$

$$= \frac{48\ kg}{50\ kg/병} = 0.96 = 1병$$

② B실 할론저장량(kg) $= (5\ m \times 10\ m \times 5\ m) \times 0.32\ kg/m^3 = 80\ kg$

$$= \frac{80\ kg}{50\ kg/병} = 1.60 = 2병$$

③ C실 할론저장량(kg) $= (6\ m \times 6\ m \times 5\ m) \times 0.32\ kg/m^3 = 57.6\ kg$

$$= \frac{57.6\ kg}{50\ kg/병} = 1.15 = 2병$$

④ D실 할론저장량(kg) $= (12\ m \times 7\ m \times 5\ m) \times 0.52\ kg/m^3 = 134.4\ kg$

$$= \frac{134.4\ kg}{50\ kg/병} = 2.69 = 3병$$

나)

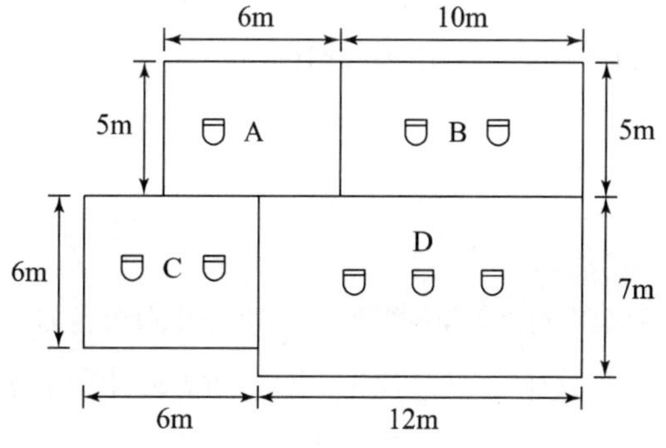

11. 할로겐화합물 및 불활성기체소화설비

11.1 개요

지구오존층 보존을 위해 1987년 9월 16일부터 발효된 몬트리올 의정서에 따라 할론 1211 및 할론 1301 소화약제가 사용에 제한을 받게 되었다. 이에 선진국은 1994년 1월 1일부터 생산 및 사용이 중지되었고, 우리나라를 포함한 개발도상국은 2010년 1월 1일 이후부터는 생산 및 사용을 중지하게 되었다.

이와 관련 우리나라에서는 "청정소화약제의 종류 및 소화설비의 기술기준"을 1994년 6월 18일 최초 제정, 그동안 수차례 개정을 거쳐 현재는 할로겐화합물 및 불활성기체소화설비의 화재안전성능기준(NFPC 107A)을 제정하려 그 설치 기준 등에 대하여 규정하고 있다.

할로겐화합물 및 불활성기체소화설비는 선진국에서 개발한 것을 국내 도입사용해서 사용되고 있으며, 선진국시스템 구성 등에 대한 상이함을 고려하지 않고 적용함에 따라 많은 문제점이 나타나고 있는 것이 사실이다.

11.2 용어의 정의

1. "할로겐화합물 및 불활성기체소화약제"란 할로겐화합물(할론 1301, 할론 2402, 할론 1211 제외) 및 불활성기체로서 전기적으로 비전도성이며 휘발성이 있거나 증발 후 잔여물을 남기지 않는 소화약제를 말한다.
2. "할로겐화합물소화약제"란 불소, 염소, 브롬 또는 요오드 중 하나 이상의 원소를 포함하고 있는 유기화합물을 기본성분으로 하는 소화약제를 말한다.
3. "불활성기체소화약제"란 헬륨, 네온, 아르곤 또는 질소가스 중 하나 이상의 원소를 기본성분으로 하는 소화약제를 말한다.
4. "충전밀도"란 소화약제의 중량과 소화약제 저장용기의 내부 용적과의 비(중량/용적)를 말한다.
5. "방화문"이란 「건축법 시행령」 제64조의 규정에 따른 60분+ 방화문, 60분 방화문 또는 30분 방화문을 말한다.

11.3 소화약제의 종류

소화설비에 적용되는 할로겐화합물 및 불활성기체소화약제는 다음 표에서 정하는 것에 한한다.

소 화 약 제	화 학 식
퍼플루오로부탄(이하 "FC-3-1-10"이라 한다)	C_4F_{10}
하이드로클로로플루오로카본혼화제 (이하 "HCFC BLEND A"라 한다)	HCFC-123($CHCl_2CF_3$) : 4.75% HCFC-22($CHClF_2$) : 82% HCFC-124($CHClFCF_3$) : 9.5% $C_{10}H_{16}$: 3.75%
클로로테트라플루오르에탄(이하 "HCFC-124"라 한다)	$CHClFCF_3$
펜타플루오로에탄(이하 "HFC-125"라 한다)	CHF_2CF_3
헵타플루오로프로판(이하 "HFC-227ea"라 한다)	CF_3CHFCF_3
트리플루오로메탄(이하 "HFC-23"라 한다)	CHF_3
헥사플루오로프로판(이하 "HFC-236fa"라 한다)	$CF_3CH_2CF_3$
트리플루오로이오다이드(이하 "FIC-1311"라 한다)	CF_3I
도데카플루오로-2-메틸펜탄-3-원(이하 "FK-5-1-12"라 한다)	$CF_3CF_2C(O)CF(CF_3)_2$
불연성·불활성기체혼합가스(이하 "IG-01"라 한다)	Ar
불연성·불활성기체혼합가스(이하 "IG-100"라 한다)	N_2
불연성·불활성기체혼합가스(이하 "IG-541"라 한다)	N_2 : 52%, Ar : 40%, CO_2 : 8%
불연성·불활성기체혼합가스(이하 "IG-55"라 한다)	N_2 : 50%, Ar : 50%

11.4 설치 제외

할로겐화합물 및 불활성기체소화설비는 다음의 장소에는 설치할 수 없다.

1. 사람이 상주하는 곳으로써 11.6의 ②항의 최대허용 설계농도를 초과하는 장소
2. 「위험물안전관리법 시행령」 별표 1의 제3류 위험물 및 제5류 위험물을 저장·보관·사용하는 장소. 다만, 소화성능이 인정되는 위험물은 제외한다.

11.5 저장용기

① 할로겐화합물 및 불활성기체소화약제의 저장용기는 다음의 기준에 적합한 장소에 설치해야 한다.

1. 방호구역 외의 장소에 설치할 것. 다만, 방호구역 내에 설치할 경우에는 피난 및 조작이 용이하도록 피난구 부근에 설치해야 한다.

2. 온도가 55℃ 이하이고, 온도 변화가 작은 곳에 설치할 것
3. 직사광선 및 빗물이 침투할 우려가 없는 곳에 설치할 것
4. 저장용기를 방호구역 외에 설치한 경우에는 방화문으로 구획된 실에 설치할 것
5. 용기의 설치장소에는 해당 용기가 설치된 곳임을 표시하는 표지를 할 것
6. 용기 간의 간격은 점검에 지장이 없도록 3 cm 이상의 간격을 유지할 것
7. 저장용기와 집합관을 연결하는 연결배관에는 체크밸브를 설치할 것. 다만, 저장용기가 하나의 방호구역만을 담당하는 경우에는 그렇지 않다.

② 할로겐화합물 및 불활성기체소화약제의 저장용기는 다음의 기준에 적합해야 한다.

1. 저장용기의 충전밀도 및 충전압력은 다음 표에 따를 것

할로겐화합물소화약제 저장용기의 충전밀도 · 충전압력 및 배관의 최소사용설계압력

항목 \ 소화약제	HFC-227ea				FC-3-1-10	HCFC BLEND A	
최대충전밀도 (kg/m³)	1,265	1,201.4	1,153.3	1,153.3	1,281.4	900.2	900.2
21℃ 충전압력 (kPa)	303**	1,034*	2,482*	4,137*	2,482*	4,137*	2,482*
최소사용설계 압력(kPa)	2,868	1,379	2,868	5,654	2,482	4,689	2,979

항목 \ 소화약제	HFC-23						HCFC-124	
최대충전밀도 (kg/m³)	865	768.9	720.8	640.7	560.6	480.6	1,185.4	1,185.4
21℃ 충전압력 (kPa)	4,198**	4,198**	4,198**	4,198**	4,198**	4,198**	1,655*	2,482*
최소사용설계 압력(kPa)	12,038	9,453	8,605	7,626	6,943	6,392	1,951	3,199

항목 \ 소화약제	HFC-125		HFC-236fa			FK-5-1-12					
최대충전밀도 (kg/m³)	865	897	1,185.4	1,201.4	1,185.4	1,441.7	1,441.7	1,441.7	1,201	1,441.7	1,121
21℃ 충전압력 (kPa)	2,482*	4,137*	1,655*	2,482*	4,137*	1,034*	1,344*	2,482*	3,447*	4,206*	6,000*
최소사용설계 압력(kPa)	3,392	5,764	1,931	3,310	6,068	1,034	1,344	2,482	3,447	4,206	6,000

[비고]
1. "*" 표시는 질소로 축압한 경우를 표시한다.
2. "**" 표시는 질소로 축압하지 않은 경우를 표시한다.
3. 소화약제 방출을 위해 별도의 용기로 질소를 공급하는 경우 배관의 최소사용설계압력은 충전된

질소압력에 따른다. 다만, 다음 각 목에 해당하는 경우에는 조정된 질소의 공급압력을 최소사용설계압력으로 적용할 수 있다.

가. 질소의 공급압력을 조정하기 위해 감압장치를 설치할 것

나. 폐쇄할 우려가 있는 배관 구간에는 배관의 최대허용압력 이하에서 작동하는 안전장치를 설치할 것

불활성기체소화약제 저장용기의 충전밀도·충전압력 및 배관의 최소사용설계압력

항목 \ 소화약제		IG-01			IG-541			IG-55			IG-100		
21℃ 충전압력 (kPa)		16,341	20,436	31,097	14,997	19,996	31,125	15,320	20,423	30,634	16,575	22,312	28,000
최소사용설계압력 (kPa)	1차측	16,341	20,436	31,097	14,997	19,996	31,125	15,320	20,423	30,634	16,575	22,312	28,000
	2차측	"[비고] 2" 참조											

[비고]

1. 1차측과 2차측은 감압장치를 기준으로 한다.
2. 2차측의 최소사용설계압력은 제조사의 설계프로그램에 의한 압력값에 따른다.
3. 저장용기에 소화약제가 21℃ 충전압력보다 낮은 압력으로 충전되어 있는 경우에는 실제 저장용기에 충전되어 있는 압력값을 1차측 최소사용설계압력으로 적용할 수 있다.

2. 저장용기는 약제명·저장용기의 자체중량과 총중량·충전일시·충전압력 및 약제의 체적을 표시할 것
3. 동일 집합관에 접속되는 저장용기는 동일한 내용적을 가진 것으로 충전량 및 충전압력이 같도록 할 것
4. 저장용기에 충전량 및 충전압력을 확인할 수 있는 장치를 하는 경우에는 해당 소화약제에 적합한 구조로 할 것
5. 저장용기의 약제량 손실이 5 %를 초과하거나 압력손실이 10 %를 초과할 경우에는 재충전하거나 저장용기를 교체할 것. 다만, 불활성기체소화약제 저장용기의 경우에는 압력손실이 5 %를 초과할 경우 재충전하거나 저장용기를 교체해야 한다.

③ 하나의 방호구역을 담당하는 저장용기의 소화약제의 체적 합계보다 소화약제의 방출 시 방출경로가 되는 배관(집합관을 포함한다)의 내용적의 비율이 할로겐화합물 및 불활성기체소화약제 제조업체(이하 "제조업체"라 한다)의 설계기준에서 정한 값 이상일 경우에는 해당 방호구역에 대한 설비는 별도 독립방식으로 해야 한다.

④ 할로겐화합물 및 불활성기체소화약제 저장용기와 선택밸브 또는 개폐밸브 사이에는 배관의 최소사용설계압력과 최대허용압력 사이의 압력에서 작동하는 안전장

치를 설치해야 하며, 안전장치를 통하여 나온 소화가스는 전용의 배관 등을 통하여 건축물 외부로 배출될 수 있도록 해야 한다. 이 경우 안전장치로 용전식을 사용해서는 안 된다.

11.6 소화약제량의 산정

① 소화약제의 저장량은 다음의 기준에 따른다.

1. 할로겐화합물소화약제는 다음 식에 따라 산출한 양 이상으로 할 것

$$W = V/S \times [C/(100 - C)]$$

여기서, W : 소화약제의 무게(kg)

V : 방호구역의 체적(m^3)

C : 체적에 따른 소화약제의 설계농도(%)

S : 소화약제별 선형상수($K_1 + K_2 \times t$)(m^3/kg)

t : 방호구역의 최소예상온도(℃)

소화약제	K_1	K_2
FC-3-1-10	0.094104	0.00034455
HCFC BLEND A	0.2413	0.00088
HCFC-124	0.1575	0.0006
HFC-125	0.1825	0.0007
HFC-227ea	0.1269	0.0005
HFC-23	0.3164	0.0012
HFC-236fa	0.1413	0.0006
FIC-1311	0.1138	0.0005
FK-5-1-12	0.0664	0.0002741

2. 불활성기체소화약제는 다음 식에 따라 산출한 양 이상으로 할 것

$$X = 2.303(V_s/S) \times \mathrm{Log}10[100/(100 - C)]$$

여기서, X : 공간체적당 더해진 소화약제의 부피(m^3/ m^3)

C : 체적에 따른 소화약제의 설계농도(%)

V_s : 20℃에서 소화약제의 비체적(m^3/kg)

S : 소화약제별 선형상수($K_1 + K_2 \times t$)(m^3/kg)

t : 방호구역의 최소예상온도(℃)

소화약제	K_1	K_2
IG-01	0.5685	0.00208
IG-100	0.7997	0.00293
IG-541	0.65799	0.00239
IG-55	0.06598	0.00242

3. 체적에 따른 소화약제의 설계농도(%)는 상온에서 제조업체의 설계기준에 따라 인증받은 소화농도(%)에 다음 표에 따른 안전계수를 곱한 값 이상으로 할 것

설계농도	소화농도	안전계수
A급	A급	1.2
B급	B급	1.3
C급	A급	1.35

② ①항의 기준에 의해 산출한 소화약제량은 사람이 상주하는 곳에서는 다음 표에 따른 최대허용 설계농도를 초과할 수 없다.

소화약제	최대허용 설계농도(%)
FC-3-1-10	40
HCFC BLEND A	10
HCFC-124	1.0
HFC-125	11.5
HFC-227ea	10.5
HFC-23	30
HFC-236fa	12.5
FIC-1311	0.3
FK-5-1-12	10
IG-01	43
IG-100	43
IG-541	43
IG-55	43

③ 방호구역이 2 이상인 장소의 소화설비가 11.5의 ③항의 기준에 해당하지 않는 경우에 한하여 가장 큰 방호구역에 대하여 ①항의 기준에 의해 산출한 양 이상이 되도록 해야 한다.

11.7 기동장치

① 할로겐화합물 및 불활성기체소화설비의 수동식 기동장치는 다음의 기준에 따라 설치해야 한다. 이 경우 수동식 기동장치의 부근에는 소화약제의 방출을 지연시

킬 수 있는 방출지연스위치(자동복귀형 스위치로서 수동식 기동장치의 타이머를 순간 정지시키는 기능의 스위치를 말한다)를 설치해야 한다.

1. 방호구역마다 설치할 것
2. 해당 방호구역의 출입구 부근 등 조작을 하는 자가 쉽게 피난할 수 있는 장소에 설치할 것
3. 기동장치의 조작부는 바닥으로부터 0.8 m 이상 1.5 m 이하의 위치에 설치하고, 보호판 등에 따른 보호장치를 설치할 것
4. 기동장치 인근의 보기 쉬운 곳에 "할로겐화합물 및 불활성기체소화설비 수동식 기동장치"라는 표지를 할 것
5. 전기를 사용하는 기동장치에는 전원표시등을 설치할 것
6. 기동장치의 방출용 스위치는 음향경보장치와 연동하여 조작될 수 있는 것으로 할 것
7. 50 N 이하의 힘을 가하여 기동할 수 있는 구조로 할 것
8. 기동장치에는 보호장치를 설치해야 하며, 보호장치를 개방하는 경우 기동장치에 설치된 버저 또는 벨 등에 의하여 경고음을 발할 것
9. 기동장치를 옥외에 설치하는 경우 빗물 또는 외부 충격의 영향을 받지 않도록 설치할 것

② 할로겐화합물 및 불활성기체소화설비의 자동식 기동장치는 자동화재탐지설비의 감지기의 작동과 연동하는 것으로서 다음의 기준에 따라 설치해야 한다.

1. 자동식 기동장치에는 수동으로도 기동할 수 있는 구조로 할 것
2. 전기식 기동장치로서 7병 이상의 저장용기를 동시에 개방하는 설비는 2병 이상의 저장용기에 전자 개방밸브를 부착할 것
3. 가스압력식 기동장치는 다음의 기준에 따를 것
   가. 기동용 가스용기 및 해당 용기에 사용하는 밸브는 25 MPa 이상의 압력에 견딜 수 있는 것으로 할 것
   나. 기동용 가스용기에는 내압시험압력의 0.8배부터 내압시험압력 이하에서 작동하는 안전장치를 설치할 것
   다. 기동용 가스용기의 체적은 5 L 이상으로 하고, 해당 용기에 저장하는 질소 등의 비활성기체는 6.0 MPa 이상(21℃ 기준)의 압력으로 충전할 것. 다만, 기동용 가스용기의 체적을 1 L 이상으로 하고, 해당 용기에 저장하는 이산화탄소의 양은 0.6 kg 이상으로 하며, 충전비는 1.5 이상 1.9 이하의 기동용 가스용기로 할 수 있다.

라. 질소 등의 비활성기체 기동용 가스용기에는 충전 여부를 확인할 수 있는 압력게이지를 설치할 것

4. 기계식 기동장치는 저장용기를 쉽게 개방할 수 있는 구조로 할 것

③ 할로겐화합물 및 불활성기체소화설비가 설치된 부분의 출입구 등의 보기 쉬운 곳에 소화약제의 방출을 표시하는 표시등을 설치해야 한다.

11.8 제어반 등

할로겐화합물 및 불활성기체소화설비의 제어반 및 화재표시반은 다음의 기준에 따라 설치해야 한다. 다만, 자동화재탐지설비의 수신기 제어반이 화재표시반의 기능을 가지고 있는 것은 화재표시반을 설치하지 않을 수 있다.

1. 제어반은 수동기동장치 또는 감지기에서의 신호를 수신하여 음향경보장치의 작동, 소화약제의 방출 또는 지연 등 기타의 제어기능을 가진 것으로 하고, 제어반에는 전원표시등을 설치할 것
2. 화재표시반은 제어반에서의 신호를 수신하여 작동하는 기능을 가진 것으로 하되, 다음의 기준에 따라 설치할 것
   가. 각 방호구역마다 음향경보장치의 조작 및 감지기의 작동을 명시하는 표시등과 이와 연동하여 작동하는 벨·버저 등의 경보기를 설치할 것. 이 경우 음향경보장치의 조작 및 감지기의 작동을 명시하는 표시등을 겸용할 수 있다.
   나. 수동식 기동장치는 그 방출용 스위치의 작동을 명시하는 표시등을 설치할 것
   다. 소화약제의 방출을 명시하는 표시등을 설치할 것
   라. 자동식 기동장치는 자동·수동의 절환을 명시하는 표시등을 설치할 것
3. 제어반 및 화재표시반은 화재 및 침수 등의 재해로 인한 피해를 받을 우려가 없고 점검에 편리한 장소에 설치할 것
4. 제어반 및 화재표시반에는 해당 회로도 및 취급설명서를 비치할 것

11.9 배관

① 할로겐화합물 및 불활성기체소화설비의 배관은 다음의 기준에 따라 설치해야 한다.

1. 배관은 전용으로 할 것
2. 배관·배관 부속 및 밸브류는 저장용기의 방출내압을 견딜 수 있어야 하며, 다음의 기준에 적합할 것. 이 경우 설계내압은 11.5의 ②항 1.의 표에서 정한 최

소사용설계압력 이상으로 해야 한다.

가. 강관을 사용하는 경우의 배관은 압력배관용 탄소강관(KS D 3562) 또는 이와 동등 이상의 강도를 가진 것으로서 아연도금 등에 따라 방식처리 된 것을 사용할 것

나. 동관을 사용하는 경우의 배관은 이음이 없는 동 및 동합금관(KS D 5301)의 것을 사용할 것

다. 배관의 두께는 다음의 식에서 구한 값(t) 이상일 것. 다만, 방출헤드 설치부는 제외한다.

$$\text{배관의 두께 } t(\text{mm}) = \frac{PD}{2SE} + A$$

여기서, P : 최대허용압력(kPa)

D : 배관의 바깥지름(mm)

SE : 최대허용응력(kPa) (배관재질 인장강도의 1/4 값과 항복점의 2/3 값 중 작은 값 × 배관이음효율 × 1.2)

※ 배관이음효율

- 이음매 없는 배관 : 1.0
- 전기저항 용접배관 : 0.85
- 가열맞대기 용접배관 : 0.60

A : 나사이음, 홈이음 등의 허용값(mm) (헤드 설치부분은 제외)

- 나사이음 : 나사의 높이
- 절단홈이음 : 홈의 깊이
- 용접이음 : 0

3. 배관 부속 및 밸브류는 강관 또는 동관과 동등 이상의 강도 및 내식성이 있는 것으로 할 것

② 배관과 배관, 배관과 배관 부속 및 밸브류의 접속은 나사접합, 용접접합, 압축접합 또는 플랜지접합 등의 방법을 사용해야 한다.

③ 배관의 구경은 해당 방호구역에 할로겐화합물소화약제는 10초 이내에, 불활성기체소화약제는 A · C급 화재 2분, B급 화재 1분 이내에 방호구역 각 부분에 최소설계농도의 95 % 이상에 해당하는 약제량이 방출되도록 해야 한다.

11.10 선택밸브

하나의 특정소방대상물 또는 그 부분에 2 이상의 방호구역 또는 방호대상물이 있어 소화약제의 저장용기를 공용하는 경우에는 다음의 기준에 따라 선택밸브를 설치해야 한다.

1. 방호구역마다 설치할 것
2. 각 선택밸브에는 해당 방호구역을 표시할 것

11.11 분사헤드

① 할로겐화합물 및 불활성기체소화설비의 분사헤드는 다음의 기준에 따라야 한다.
  1. 분사헤드의 설치높이는 방호구역의 바닥으로부터 최소 0.2 m 이상 최대 3.7 m 이하로 해야 하며 천장높이가 3.7 m를 초과할 경우에는 추가로 다른 열의 분사헤드를 설치할 것. 다만, 분사헤드의 성능인정 범위 내에서 설치하는 경우에는 그렇지 않다.
  2. 분사헤드의 개수는 방호구역에 11.9의 ③항에 따른 방출시간이 충족되도록 설치할 것
  3. 분사헤드에는 부식방지조치를 해야 하며 오리피스의 크기, 제조일자, 제조업체가 표시되도록 할 것

② 분사헤드의 방출률 및 방출압력은 제조업체에서 정한 값으로 할 것

③ 분사헤드의 오리피스의 면적은 분사헤드가 연결되는 배관구경 면적의 70 % 이하가 되도록 할 것

11.12 자동식 기동장치의 화재감지기

할로겐화합물 및 불활성기체소화설비의 자동식 기동장치는 다음의 기준에 따른 화재감지기를 설치해야 한다.

1. 각 방호구역 내의 화재감지기의 감지에 따라 작동되도록 할 것
2. 화재감지기의 회로는 교차회로방식으로 설치할 것. 다만, 화재감지기를 「자동화재탐지설비 및 시각경보장치의 화재안전기술기준(NFTC 203)」 2.4.1 단서의 각 감지기로 설치하는 경우에는 그렇지 않다.

3. 교차회로 내의 각 화재감지기회로별로 설치된 화재감지기 1개가 담당하는 바닥면적은「자동화재탐지설비 및 시각경보장치의 화재안전기술기준(NFTC 203)」2.4.3.5, 2.4.3.8부터 2.4.3.10까지의 규정에 따른 바닥면적으로 할 것

11.13 음향경보장치

① 할로겐화합물 및 불활성기체소화설비의 음향경보장치는 다음의 기준에 따라 설치해야 한다.

1. 수동식 기동장치를 설치한 것은 그 기동장치의 조작과정에서, 자동식 기동장치를 설치한 것은 화재감지기와 연동하여 자동으로 경보를 발하는 것으로 할 것
2. 소화약제의 방출 개시 후 1분 이상 경보를 계속할 수 있는 것으로 할 것
3. 방호구역 또는 방호대상물이 있는 구획 안에 있는 자에게 유효하게 경보할 수 있는 것으로 할 것

② 방송에 따른 경보장치를 설치할 경우에는 다음의 기준에 따라야 한다.

1. 증폭기 재생장치는 화재 시 연소의 우려가 없고, 유지관리가 쉬운 장소에 설치할 것
2. 방호구역 또는 방호대상물이 있는 구획의 각 부분으로부터 하나의 확성기까지의 수평거리는 25 m 이하가 되도록 할 것
3. 제어반의 복구스위치를 조작하여도 경보를 계속 발할 수 있는 것으로 할 것

11.14 자동폐쇄장치

할로겐화합물 및 불활성기체소화설비를 설치한 특정소방대상물 또는 그 부분에 대하여는 다음의 기준에 따라 자동폐쇄장치를 설치해야 한다.

1. 환기장치 등을 설치한 것은 소화약제가 방출되기 전에 해당 환기장치 등이 정지될 수 있도록 할 것
2. 개구부가 있거나 천장으로부터 1 m 이상의 아래부분 또는 바닥으로부터 해당 층의 높이의 3분의 2 이내의 부분에 통기구가 있어 소화약제의 유출에 따라 소화효과를 감소시킬 우려가 있는 것은 소화약제가 방출되기 전에 해당 개구부 및 통기구를 폐쇄할 수 있도록 할 것
3. 자동폐쇄장치는 방호구역 또는 방호대상물이 있는 구획의 밖에서 복구할 수 있는

구조로 하고, 그 위치를 표시하는 표지를 할 것

11.15 비상전원

할로겐화합물 및 불활성기체소화설비에는 자가발전설비, 축전지설비(제어반에 내장하는 경우를 포함한다) 또는 전기저장장치(외부 전기에너지를 저장해 두었다가 필요한 때 전기를 공급하는 장치)에 따른 비상전원을 다음의 기준에 따라 설치해야 한다. 다만, 2 이상의 변전소(「전기사업법」 제67조에 따른 변전소를 말한다. 이하 같다)에서 전력을 동시에 공급받을 수 있거나 하나의 변전소로부터 전력의 공급이 중단되는 때에는 자동으로 다른 변전소로부터 전력을 공급받을 수 있도록 상용전원을 설치한 경우에는 비상전원을 설치하지 않을 수 있다.

1. 점검에 편리하고 화재 및 침수 등의 재해로 인한 피해를 받을 우려가 없는 곳에 설치할 것
2. 할로겐화합물 및 불활성기체소화설비를 유효하게 20분 이상 작동할 수 있어야 할 것
3. 상용전원으로부터 전력의 공급이 중단된 때에는 자동으로 비상전원으로부터 전력을 공급받을 수 있도록 할 것
4. 비상전원의 설치장소는 다른 장소와 방화구획 할 것. 이 경우 그 장소에는 비상전원의 공급에 필요한 기구나 설비 외의 것(열병합발전설비에 필요한 기구나 설비는 제외한다)을 두어서는 안 된다.
5. 비상전원을 실내에 설치하는 때에는 그 실내에 비상조명등을 설치할 것

11.16 과압배출구

할로겐화합물 및 불활성기체소화설비의 방호구역에는 소화약제 방출 시 발생하는 과(부)압으로 인한 구조물 등의 손상을 방지하기 위해 1.부터 4.까지의 내용을 검토하여 과압배출구를 설치해야 한다. 다만, 과(부)압이 발생해도 구조물 등에 손상이 생길 우려가 없음을 시험 또는 공학적인 자료로 입증하는 경우 설치하지 않을 수 있다.

1. 방호구역 누설면적
2. 방호구역의 최대허용압력
3. 소화약제 방출시의 최고압력
4. 소화농도 유지시간

연습문제

01 할로겐화합물 대체 소화약제 중 현재 국가화재안전기준에 의하여 고시된 약제를 2 가지만 기술하시오.

02 할로겐화합물 및 불활성기체소화설비의 배관과 배관, 배관과 배관 부속 및 밸브류의 접속방법을 4가지 쓰고 그에 대해 간단하게 설명하시오.

03 100 m^3의 방호구역에 할로겐화합물 및 불활성기체소화설비를 설치하고자 한다. 할로겐화합물소화약제로는 HCFC-124를 사용한다고 할 때 소화약제의 무게(kg)는? (단, 방호구역의 온도는 20℃이고 HCFC-124 $K_1 = 0.1575$, $K_2 = 0.0006$, 설계농도는 1이다.)

해답

01 ① IG-55
② IG-541

02 (1) 나사접합 : 나사가 있는 관 부속품
(2) 용접접합 : 50 A 이상의 관이음시 사용하며 전기용접, 가스용접 등에 의하여 접속하는 방법이다.
(3) 압축접합 : 고무링 등을 사용해서 배관과 배관사이를 압축하여 접속하는 방법이다.
(4) 플랜지접합 : 배관이음부분에 가스켓 등을 삽입하고 볼트로 체결하는 관이음방법이다.

03 할로겐화합물소화약제

$$W = \frac{V}{S} \times \left(\frac{C}{100 - C} \right)$$

여기서, W : 소화약제의 무게(kg)
V : 방호구역의 체적(m^3)
S : 소화약제별 선형상수($K_1 + K_2 t$)(m^3/kg)
C : 체적에 따른 소화약제의 설계농도(%)
t : 방호구역의 최소예상온도(℃)

$$S = K_1 + K_2 t = (0.1575) + (0.0006 \times 20℃) = 0.1695$$

소화약제의 무게(kg) W는

$$W = \frac{V}{S} \times \left(\frac{C}{100 - C} \right) = \frac{100\,\text{m}^3}{0.1695} \times \left(\frac{1}{100 - 1} \right) = 5.959 = 5.96\ \text{kg}$$

12. 분말소화설비

12.1 개요

분말소화설비는 분말약제탱크에 저장된 소화분말을 가압가스 용기 내의 질소가스 압력으로 밀어내어 배관을 통하여 그 말단에 설치된 분사헤드 또는 호스릴에 의해 방호대상물에 방사하여 소화하는 설비이다.

소화원리는 약제가 열분해로 생성되는 탄산가스에 의한 질식작용과 연소의 연쇄반응을 억제하는 화학작용에 의하여 소화한다.

이 설비는 이산화탄소소화설비 및 할론소화설비 등과 같이 물에 의한 소화방식으로 적당하지 않은 대상물의 소화를 목적으로 한 것으로서 설비의 구성, 형식 등도 이산화탄소소화설비 등과 동일하다. 특정소방대상물로서는 주로 기름이나 전기화재의 일부의 약제는 일반화재에도 유효한 것으로 알려져 있다. 일반적으로는 주차장, 통신기기실, 제4류 위험물, 변전설비 및 발전설비에 이용된다.

12.2 설치기준

1) 소화약제

분말소화설비는 소화능력이 우수하고 소화시간이 짧아 특히 표면화재에 대하여 유효하며 화재확대 및 급속한 인화성액체의 소화에 적합하다. 분말소화약제는 전기절연성이 높아 고압변압기의 소화에도 안전하고 약제의 수명이 반영구적이다.

표 12-1 분말 소화약제의 종류 및 특성

종별	주성분	분자식	색상	적응 화재
제1종 분말	탄산수소나트륨 (Sodium bicarbonate)	$NaHCO_3$	백색	B급, C급
제2종 분말	탄산수소칼륨 (Potassium bicarbonate)	$KHCO_3$	담회색	B급, C급
제3종 분말	제1인산암모늄 (Monoammonium phosphate)	$NH_4H_2PO_4$	담홍색 (또는 황색)	A급, B급, C급
제4종 분말	탄산수소칼륨과 요소와의 반응물 (Urea-based potassium bicarbonate)	$KC_2N_2H_3O_3$	회색	B급, C급

분말소화약제는 위와 같이 분류하며 분말소화설비에는 주로 제1종 분말인 중탄산나트륨을 많이 사용한다. 다만, 차고 또는 주차장에는 제3종 분말을 사용해야 한다.

분말소화약제의 저장량은 다음의 기준에 따라야 한다. 이 경우 동일한 특정소방대상물 또는 그 부분에 2 이상의 방호구역 또는 방호대상물이 있는 경우에는 각 방호구역 또는 방호대상물에 대하여 다음 각 기준에 따라 산출한 저장량 중 최대의 것으로 할 수 있다.

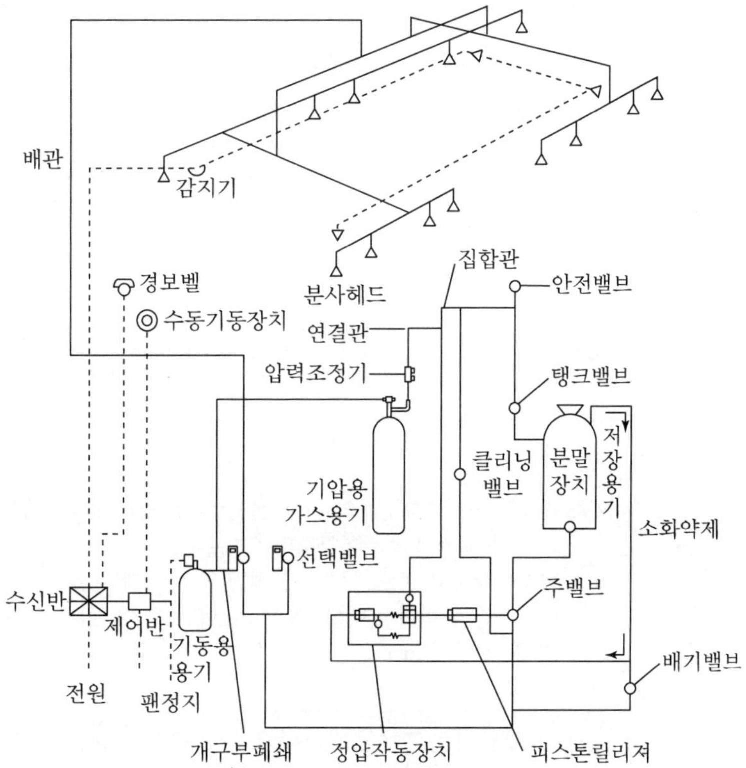

그림 2-64 **분말소화설비 계통도**

가) 전역방출방식

소화약제량(kg) = 방호구역의 체적(m^3) × 체적 1 m^3당 필요소화약제량(kg)
+ 개구부의 면적(m^2) × 개구부 면적 1 m^2당 가산 소화약제량(kg)

※ 단, 개구부 면적은 자동폐쇄장치를 설치하지 않는 개구부 면적의 합계임

분말소화약제의 소화약제 소요량(전역방출방식)

표 12-2

소화약제의 종류	방호구역의 체적 1 m^3당 필요소화약제량(kg)	개구부 면적 1 m^2당 가산 소화약제량(kg)
제1종 분말	0.60	4.5
제2종 · 제3종 분말	0.36	2.7
제4종 분말	0.24	1.8

나) 국소방출방식

분말소화약제의 소화약제 소요량(국소방출방식)

표 12-3

특정소방대상물	소화약제의 종류	소화약제 소요량(kg)
제4류 위험물 및 특수가연물(제1종 · 제2종)을 윗면 개방 용기에 저장하는 경우와 화재 시 연소면이 1면으로 한정되고 가연물이 비산할 우려가 없는 경우	제1종 분말	방호대상물 표면적(m^2) × 8.8
	제2종 · 제3종 분말	방호대상물 표면적(m^2) × 5.2
	제4종 분말	방호대상물 표면적(m^2) × 3.6
상기 이외의 것	제1종 분말	방호공간 체적(m^3) × $(X-Y)$
	제2종 · 제3종 분말	
	제4종 분말	

※ 주1 : $Q = X - Y\frac{a}{A}$

Q : 방호공간(방호대상물의 각 부분으로부터 0.6 m의 거리에 따라 둘러싸인 공간) 1 m^3에 대한 분말소화약제의 양(kg/m^3)

a : 방호대상물의 주변에 설치된 벽면적의 합계(m^2)

A : 방호공간의 벽면적(벽이 없는 경우에는 벽이 있는 것으로 가정한 해당 부분의 면적)의 합계(m^2)

※ 주2 : X 및 Y의 수치

소화약제의 종류	X	Y
제1종 분말	5.2	3.9
제2종 · 제3종 분말	3.2	2.4
제4종 분말	2.0	1.5

다) 호스릴방식

분말소화약제의 소화약제 소요량(노즐 하나에 대한)

표 12-4

소화약제의 종류	소화약제량(kg)
제1종 분말	50
제2종 · 제3종 분말	30
제4종 분말	20

호스릴 분말소화설비의 노즐 1개당 약제 방출량

표 12-5

소화약제의 종류	1분당 방출하는 소화약제량(kg)
제1종 분말	45
제2종・제3종 분말	27
제4종 분말	18

※ 호스릴 분말소화설비는 다음의 기준에 맞도록 설치한다.

a. 화재 시 현저하게 연기가 찰 우려가 없는 장소에 설치할 것
b. 방호대상물의 각 부분으로부터 하나의 호스접결구까지의 수평거리가 15 m 이하가 되도록 설치할 것
c. 소화약제 저장용기는 호스릴을 설치하는 장소마다 설치할 것
d. 노즐은 하나의 노즐마다 1분당 표 12-5에 따른 소화약제를 방출할 수 있는 것으로 할 것
e. 소화약제 저장용기의 가장 가까운 곳의 보기 쉬운 곳에 적색표시등을 설치하고, 호스릴 방식의 분말소화설비가 있다는 뜻을 표시한 표지를 할 것

2) 분사헤드

분사헤드는 방출방식, 대상물 등에 따라서 여러 종류의 것이 사용되나 탄환형(팽이형), 원뿔형(캡슐형), 측사형(부채형), 밀봉형(스핀들형)을 많이 사용하며, 각 방출방식별 소화약제 저장량을 30초 이내에 방출할 수 있어야 한다.

3) 소화약제 저장용기

가) 소화약제 저장용기

(1) 저장용기 내용적

소화약제의 종류	소화약제 1 kg당 저장용기의 내용적
제1종 분말	소화약제량(kg) × 0.80 (L)
제2종・제3종 분말	소화약제량(kg) × 1.00 (L)
제4종 분말	소화약제량(kg) × 1.25 (L)

(2) 저장용기에 설치하여야 할 시설

(가) 안전밸브

① 가압식 : 최고사용압력의 1.8배 이하에서 작동

② 축압식 : 용기 내압시험압력의 0.8배 이하에서 작동

(나) 정압작동장치

(다) 청소장치

(라) 지시압력계(축압식)

(3) 충전비

0.8 이상으로 해야 한다.

나) 가압용 가스용기

(1) 소화약제 저장용기에 접속하여 설치

(2) 가압용 가스용기에 설치하여야 할 시설

(가) 압력조정기(2.5 MPa 이하의 압력에서 조정이 가능한 것)

(나) 전자개방밸브(가압용 가스용기 3병 이상 설치 시 2개 이상 용기에 부착)

(3) 가스량(표 12-6 참조)

표 12-6 가압용 가스량

가스 종류	저장용기 내용적
질소(가압용) 질소(축압용) 이산화탄소(가압・축압용)	소화약제량(kg) × 40 (L)(35℃, 1기압에서 환산) 소화약제량(kg) × 10 (L)(35℃, 1기압에서 환산) 소화약제량(kg) × (20＋배관청소에 필요한 양)(g)

4) 배관

가) 배관은 전용으로 할 것

나) 강관을 사용하는 경우의 배관은 아연도금에 따른 배관용 탄소강관(KS D 3507)이나 이와 동등 이상의 강도, 내식성 및 내열성을 가진 것으로 할 것. 다만, 축압식 분말소화설비에 사용하는 것 중 20℃에서 압력이 2.5 MPa 이상 4.2 MPa 이하인 것은 압력배관용 탄소강관(KS D 3562) 중 이음이 없는 스케줄 40 이상의 것 또는 이와 동등 이상의 강도를 가진 것으로서 아연도금으로 방식 처리된 것을 사용해야 한다.

다) 동관을 사용하는 경우의 배관은 고정압력 또는 최고사용압력의 1.5배 이상의 압력에 견딜 수 있는 것을 사용할 것

라) 밸브류는 개폐위치 또는 개폐방향을 표시한 것으로 할 것

마) 배관의 관부속 및 밸브류는 배관과 동등 이상의 강도 및 내식성이 있는 것으로 할 것

바) 확관형 분기배관을 사용할 경우에는 소방청장이 정하여 고시한 「분기배관의 성능인증 및 제품검사의 기술기준」에 적합한 것으로 설치할 것

12.3 분말소화설비부분

1) 저장용기 등

가압식 분말소화설비와 이산화탄소소화설비를 비교할 때 크게 다른 점은 구성상 이산화탄소소화설비의 저장용기 및 용기밸브 개방장치 대신 분말소화설비에는 가압용 가스용기 및 용기밸브 개방장치, 압력조정장치, 방출밸브 및 방출밸브개방장치, 정압작동장치, 배출장치, 클리닝장치와 같이 각종 밸브류를 설치한 저장탱크로 되어 있다.

충전용 덮개를 저장탱크로부터 떼어내는 경우는 먼저 내부압력이 있는지를 염두에 두고 신중히 해야 한다.

가) 나사형태의 충전용 덮개인 경우는 나사산의 이상 유무에 유의할 것

나) 밀폐형 플랜지식 충전용 덮개의 경우는 상당한 중량이 있으므로 낙하 등에 유의할 것

2) 소화약제

가) 가압식 또는 축압식 모두 사용 가능한 분말소화약제

(1) 제1종 분말(탄산수소나트륨을 주성분으로 하는 것) - 백색 또는 담청색

(2) 제2종 분말(탄산수소칼륨을 주성분으로 하는 것) - 자색계

(3) 제3종 분말(인산염류를 주성분으로 하는 것) - 담홍색

(4) 제4종 분말(탄산수소칼륨과 요소의 반응물) - 쥐색

의 4종류이고, 주차용도 부분에 설치하는 소화약제는 제3종 분말로 할 것

나) 소화약제량

(1) 충전덮개를 떼어내고 충전구로부터 소화약제까지의 높이를 계산하거나 각 저장용기를 저울로 측정한다.

(2) 소량(약 300 g)의 샘플을 채취하여 색조, 고형물의 유무 및 촉감 상태 등으로 이상이 있는지 여부를 확인할 것

※ 유의사항 : 온도 40℃ 이상, 습도 60%를 초과하는 경우는 점검을 보류할 것

3) 충전비

소화약제의 종류	충전비
제1종 분말 제2종 · 제3종 분말 제4종 분말	0.85 이상 1.45 이하 1.05 이상 1.75 이하 1.50 이상 2.50 이하

4) 밸브류

가) 소화약제를 방사하는 경우에 있어서 소화약제와 가압용 또는 축압용 가스가 확실히 분리되고 또 소화약제가 잔류할 우려가 적은 구조일 것

나) 접속관의 구경과 같은 크기일 것

다) 개폐위치 또는 개폐방향을 표시한 것으로써 항상 정위치에 둘 것

라) 수동개폐조작이 용이한지 여부를 확인할 것

마) 방출밸브의 개폐기능 정상 여부를 시험용 가스를 사용하여 확인하고 가스누설이 없는지를 확인할 것

바) 방출밸브, 선택밸브 및 가압가스용 용기밸브의 수동조작부는 화재 시 쉽게 접근할 수 있고 또한 안전한 장소에 설치되어 있을 것. 또한, 소화약제가 통과하는 곳에 설치된 선택밸브와 방출밸브는 마찰손실이 작은 볼코크, 메인코크 또는 그랜드코크 등을 사용하고, 스톱밸브, 글로브밸브 등은 사용하지 말 것

※ 유의사항 : 가스전용의 배관은 글로브 밸브 구조인 것도 무방함.

사) 방출밸브 및 선택밸브는 가스압 또는 전기 등으로 신속하고 확실히 개방되고 또한 수동개방이 가능할 것

※ 유의사항 : 가스압으로 개방하는 방출밸브(또는 선택밸브)의 복구는 실린더 기구의 것에 있어서는 방출밸브(또는 선택밸브)용의 해당 개방장치에 설치된 가스배출밸브 등으로 작동가스를 방출시켜 수동으로 핸들을 "닫힘" 위치에 놓는다. 다만, 방출밸브 개방의 가스압원이 가스용기용 가스에 의한 것에 있어서는 가스배출밸브 등의 개방 조작을 하기 전에 시험용 배관부에 설치된 밸브 또는 개방상태의 가압용 가스용기의 모든 용기밸브를 닫은 후에 행할 것

아) 지시압력계

(1) 축압식의 저장용기 등에는 사용압력 범위를 녹색으로 표시한 지시압력계를 설치할 것

(2) 저장용기 등의 압력배출밸브로 압력을 배출하고 지침이 0점에 오는지를 확인할 것

자) 정압작동장치

(1) 가압식의 분말소화설비(이동식 제외)에 있어서는 소화약제를 효과적으로 방출하기 위하여 기동장치의 작동 후 저장탱크의 내부압력이 설정압력이 될 때 자동적으로 방출밸브를 개방시키는 것으로서 저장탱크마다 설치할 것

(2) 점검 시에는 기능, 구조 등에 대하여 설계도서 등을 검토하고 충분히 숙지한 후 실시할 것

(가) 스프링 방식

① 시험용 가스용기의 밸브를 연다.

② 압력조정장치의 조정핸들을 돌려 조정압력을 0 kg/cm^{2}에서 조금씩 상승시켜 설정압력치 만큼 지침이 작동하는지 여부를 확인할 것

(나) 압력스위치 방식

① 시험용 가스용기의 밸브를 연다.

② 압력조정장치의 조정핸들을 돌려 조정압력 0 kg/cm^{2}에서 조금씩 상승시켜 설정압력치에서 접점이 닫히는지 여부를 확인할 것

(다) 기계적 방식

① 시험용 가스용기의 밸브를 연다.

② 압력조정장치의 조정핸들을 돌려 조정압력 0 kg/cm^{2}에서 조금씩 상승시켜 설정압력치에서 밸브록이 열리는지 여부를 확인할 것

5) 기동용 가스용기

분말소화설비에 사용하는 것은 내용적이 0.7 L이고, 해당 용기에 저장하는 CO_2의 양은 145 g 이상으로서 충전비는 1.5 이상일 것

6) 배관

방호대상물 또는 방호구역의 위쪽에 설치한 배관은 동시 방사하는 분사헤드의 방사압력이 균일하게 되도록 헤드의 취부 가지관에 도달할 때까지의 분기는 토너먼트 형식으로 할 것

또한, 배관의 분기는 그림에 표시한 것처럼 저장용기 또는 저장탱크측에 있는 골곡 부분에서 분기관까지의 길이가 해당 관경의 20배 이상이 되도록 할 것

다만, 소화약제와 가압용 또는 축압용 가스가 분리되지 않도록 조치를 강구한 것은 예외로 한다.

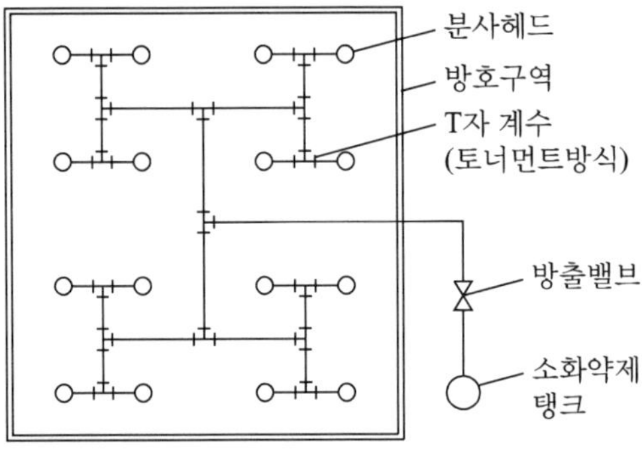

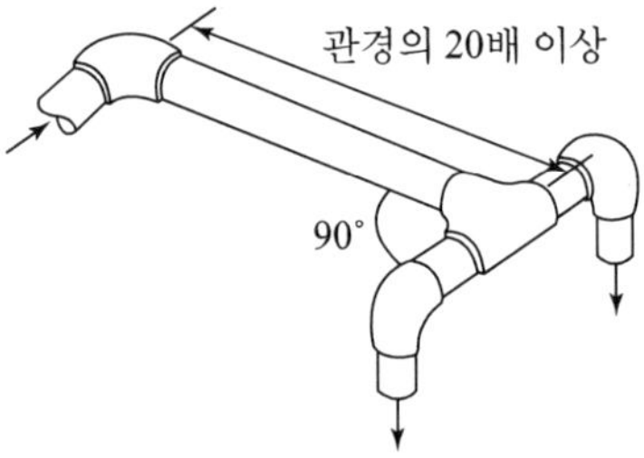

그림 2-65 토너먼트 배관의 설치 예 관경의 분기

7) 가압용 가스용기 등

가) 가압용 가스용기

(1) 저장탱크의 직근에 설치하고 확실히 접속시킬 것

※ 고정식 설비에 설치하는 것은 내용적에 따라 40 L형, 47 L형, 68 L형 등의 것이 일반적으로 사용되고 용기밸브는 개폐 가능한 구조의 것이 많이 사용되고 있다.

(2) 가압용 가스용기는 해당 설비에 설치되는 전체를 동시에 사용하는 기구의 것이기 때문에 점검 시에는 이것을 알고 실시할 것

(3) 가압용 가스용기의 운반, 보관 시 필히 보호캡을 정착시켜 안전을 기할 것

(4) 가압용 가스용기를 소정의 위치에 놓은 후 보호캡은 해당 설치장소의 직근에 정돈하여 보관할 것

나) 용기밸브 개방장치

용기밸브와 개방장치를 간접적으로 조합하여 개방시키는 것과 용기밸브에 직접 개방기구를 조립하여 일체화한 상태에서 기동용 가스의 압력으로 용기밸브를 개방시키는 것 등으로 대별한다. 용기밸브 개방장치에는 여러 구조의 것이 있고 제조업체에 따라 각각의 특성을 갖는 것이 사용되고 있으므로 주의하여 취급할 것. 일시적 대체품으로 다른 용기를 설치해야만 할 경우에는 같은 형식번호의 인정 합격품을 사용할 것

※ 유의사항

가압용 가스용기의 가스량 확인은

a. 질소가스의 경우 용기 내부압력에 의한다.
(가스량 = 용기 내용적의 수치 × 용기 내압측정 수치)

b. CO_2인 경우는 기동용 가스용기의 중량 측정에 준한다.

c. 가압용 또는 축압용 가스
가압용 또는 축압용 가스는 질소가스 또는 CO_2이다. 소화약제의 방사에 필요한 가압용 또는 축압용 가스의 소요량은 소화약제 1 kg에 대하여 아래의 수치에 따라 산출한다.

표 12-7 가압 또는 축압용 가스량

가압용 가스	질소가스	40 L 이상
	CO_2	20 g 이상*
축압용 가스	질소가스	10 L 이상*
	CO_2	20 g 이상*

※ 유의사항

a. 가압용 가스에 질소가스를 사용하는 경우의 수치에는 클리닝용 가스의 양도 포함되어 있다.

b. * 표시의 경우는 클리닝용으로 동량 이상의 양을 별도 용기에 저장하여 보유

c. 가압용 또는 축압용 가스로 CO_2를 사용하는 경우는 소화약제의 저장량 50 kg 이하의 설비에 한한다.

8) 압력조정장치

일반적으로 25 kg/cm^2 이하의 압력으로 조정될 수 있는 것이 설치되어 있다.

※ 유의사항

a. 통상 상태에 있어서는 1차측 압력계와 2차측 압력계도 지침은 0점을 지시하고 있는 것이 정상이다.

b. 가압용 가스용기의 내부압력, 조정압력을 확인할 경우는 용기밸브의 핸들을 끝까지 가볍게 돌려 용기밸브를 개방한다. 소량의 가스가 압력조정장치에 흐르게 되면 각각의 수치 확인이 가능하므로 대량의 가스를 방출하는 핸들 조작은 피해야 한다.

c. 압력조정장치 본체에는 여러 개의 작은 구멍이 설치되어 있다. 다이어프램에 손상 등이 있을 경우 압력을 외부에 안전하게 방출시키기 위하여 안전구가 있으므로 이유 없이 막히는 일이 없도록 할 것

9) 이동식

설비 구성상 배출장치, 클리닝장치 등이 배관 중에 설치되어 있어 장치 전부를 격납함에 수납하고 가압용 또는 축압용 가스로는 CO_2를 사용하는 것이 많다.

또 호스릴을 사용하지 않고 호스걸이에 의한 수납을 한다.

가) 호스접속구는 모든 방호대상물을 유효하게 포용할 수 있도록 방호대상물의 각 부분으로부터 하나의 호스접속구까지의 수평거리가 15 m 이하가 되는지 여부를 확인할 것

나) 클리닝용 가스용기의 보관 상태에 대해서도 확인할 것

10) 종합점검

가) 고정식

방사에 사용하는 시험용 가스의 양은 점검대상, 소요약제량을 방사하는데 필요한 가스의 10%(1개 미만은 1개로 함) 이상으로써 설치되어 있는 가압용 가스용기를 사용할 것

(1) 저장탱크에 설치된 가스 도입용의 밸브를 조작하여 클리닝 회로측으로 바꾼다. 전용클리닝 밸브가 있는 구조에 있어서는 클리닝 밸브만 개방한다.

※ 유의사항

종합점검에는 저장탱크에 설치된 모든 밸브와 선택밸브를 「닫힘」 위치에 놓고 가스를 방출할 때 클리닝 회로 밸브만을 「열림」의 상태로 실시한다.

시험용 가스의 방출시 클리닝용 밸브를 처음부터 「열림」에 놓고 실시하는 방법도 있으나 그 경우는 기동용 가스로부터 가압용 가스용기용 용기밸브 및 선택밸브의 개방과 동시에 가압용 가스가 순식간에 분사헤드로 흐르기 때문에 각 부의 작동상태를 확인할 수 없다.

종합점검은 단순히 가압용 가스를 방출하는 것만이 목적은 아니다.

용기밸브가 개방되어 선택밸브가 작동하여도 가압용 가스의 움직임은 클리닝

용 밸브의 가까운 쪽에 일시 정지시켜 놓고, 그 사이에 작동된 기동장치와 기동용 가스용기는 동일 계통인가? 선택밸브의 작동 계통이 바른가? 방출밸브는 정위치에 있는가? 조정압력은 설정 수치를 만족하고 있는가? 접속부에 누설은 없는가? 제어반 등도 만족할 기능을 갖고 있는가? 등 일련의 상태를 확인하는 일이다. 다만, 저장탱크 주위의 확인은 단시간 내에 행함이 바람직하다.

(2) 안전대책

가스방출 시에는 분사헤드로부터 고정 배관 내의 이물질 등이 가압용 가스와 같이 방출될 염려가 있으므로 분사헤드 아래쪽에서의 관찰을 피할 것

나) 이동식

(1) 소화약제 방사는 저장용기 5개 이내마다의 임의의 저장용기로써 가압용 가스용기 또는 클리닝용 가스용기 1개의 시험용 가스를 방사하여 행할 것

(2) 방사에 사용하는 가압용 가스용기 또는 클리닝용 가스용기를 클리닝용 배관계통에 접속할 것

연습문제

01 분말소화설비에 사용되는 소화약제 제1종, 제2종, 제3종, 제4종에 대해서 상세히 서술하시오.

02 비누화현상(Saponification phenomenon)이란 무엇인가?

03 그림과 같은 분말헤드를 설치하려고 한다. 정상적으로 소화약제가 방출되도록 알맞게 연결하시오.

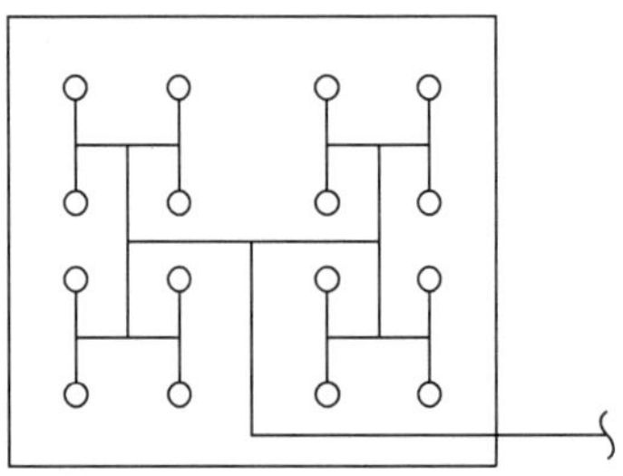

해답

01

종별	주 성 분	분자식	색상	적응 화재
제1종 분말	탄산수소나트륨 (Sodium bicarbonate)	$NaHCO_3$	백색	B급, C급
제2종 분말	탄산수소칼륨 (Potassium bicarbonate)	$KHCO_3$	담회색	B급, C급
제3종 분말	제1인산암모늄 (Monoammonium phosphate)	$NH_4H_2PO_4$	담홍색 (또는 황색)	A급, B급, C급
제4종 분말	탄산수소칼륨과 요소와의 반응물 (Urea-based potassium bicarbonate)	$KC_2N_2H_3O_3$	회색	B급, C급

02 에스테르가 알칼리에 의해 가수분해되어 알코올과 산의 알칼리염이 되는 반응으로 주방의 식용유화재 시에 나트륨이 기름을 둘러싸 외부와 분리시켜 질식소화 및 재발화 억제효과를 나타내는 것

03 분말헤드의 배관은 토너먼트방식으로 한다.

CHAPTER 3

피난설비

1. 피난기구

1.1 개요

피난설비는 크게 피난기구와 유도등·유도표지로 나누어진다. 피난기구는 응급적·보조적 피난수단이며, 피난계단 등으로 피난할 수 없는 경우에 쓰인다. 손쉽게 조작할 수 있고, 기능이 확실하며, 지나치게 불안감을 주지 않는 성능의 것이라야 한다.

이 피난기구에는 미끄럼대·피난교·피난용 트랩·간이완강기·공기안전매트·다수인피난장비·승강식 피난기 등이 있다. 설치해야 할 기구의 종류와 설치 수 등은 소방법에 자세하게 정해져 있다. 또 재해 때 피난기구를 능숙하게 다루려면 평상시에 익숙하게 훈련이 되어 있어야 한다.

유도등과 표지는 비상구의 위치와 피난 방향을 알리기 위한 것으로, 조명장치가 붙은 유도등과 붙어 있지 않는 유도표지로 나누어진다. 유도등과 유도표지의 표시는 누구나 쉽게 식별할 수 있고, 멀리서도 구별할 수 있어야 한다. 표시내용은 피난구를 나타내는 기호, 피난방향의 화살표, 비상구라는 문자 등이다.

1.2 피난기구

1) 화재 발생 시 특정소방대상물※에 거주하는 사람들을 안전한 장소로 피난시킬 수 있는 기구

   ※ 특정소방대상물 – 피난층, 2층, 11층 이상의 층을 제외한 모든 층

2) 화재 시 건물 내 사람들의 안전한 피난을 위한 것으로 설치 대상층에 맞게 피난기구를 설치해야 한다.

3) 피난기구는 지하층도 설치 대상이며 11층 이상의 층은 고층으로 피난기구를 사

용하기에는 부적합하므로 설치 기준에서 제외한다.

4) 종류로는 피난사다리, 구조대, 완강기, 미끄럼대·피난교·피난용 트랩·간이완강기·공기안전매트·다수인피난장비·승강식 피난기 등이 있다.

1.3 피난기구의 설치기준

1) 피난기구는 계단·피난구 기타 피난시설로부터 적당한 거리에 있는 안전한 구조로 된 피난 또는 소화 활동상 유효한 개구부(가로 0.5 m 이상, 세로 1 m 이상인 것을 말한다. 이 경우 개구부 하단이 바닥에서 1.2 m 이상이면 발판 등을 설치해야 하고, 밀폐된 창문은 쉽게 파괴할 수 있는 파괴장치를 비치해야 한다)에 고정하여 설치하거나 필요한 때에 신속하고 유효하게 설치할 수 있는 상태에 둘 것

2) 피난기구를 설치하는 개구부는 서로 동일직선상이 아닌 위치에 있을 것. 다만, 피난교·피난용 트랩·간이완강기·아파트에 설치되는 피난기구(다수인피난장비는 제외한다) 기타 피난상 지장이 없는 것에 있어서는 그렇지 않다.

3) 피난기구는 특정소방대상물의 기둥·바닥·보 기타 구조상 견고한 부분에 볼트조임·매입·용접 기타의 방법으로 견고하게 부착할 것

4) 4층 이상의 층에 피난사다리(하향식 피난구용 내림식 사다리는 제외한다)를 설치하는 경우에는 금속성 고정사다리를 설치하고, 해당 고정사다리에는 쉽게 피난할 수 있는 구조의 노대를 설치할 것

5) 완강기는 강하 시 로프가 건축물 또는 구조물 등과 접촉하여 손상되지 않도록 하고, 로프의 길이는 부착위치에서 지면 또는 기타 피난상 유효한 착지면까지의 길이로 할 것

6) 미끄럼대는 안전한 강하속도를 유지하도록 하고, 전락방지를 위한 안전조치를 할 것

7) 구조대의 길이는 피난상 지장이 없고 안정한 강하속도를 유지할 수 있는 길이로 할 것

1.4 설치장소별 피난기구

특정소방대상물의 설치장소별 피난기구의 적응성

층별 설치장소별	1층	2층	3층	4층 이상 10층 이하
1. 노유자시설	• 미끄럼대 • 구조대 • 피난교 • 다수인피난장비 • 승강식 피난기	• 미끄럼대 • 구조대 • 피난교 • 다수인피난장비 • 승강식 피난기	• 미끄럼대 • 구조대 • 피난교 • 다수인피난장비 • 승강식 피난기	• 구조대[1)] • 피난교 • 다수인피난장비 • 승강식 피난기
2. 의료시설 · 근린생활시설 중 입원실이 있는 의원 · 접골원 · 조산원			• 미끄럼대 • 구조대 • 피난교 • 피난용 트랩 • 다수인피난장비 • 승강식 피난기	• 구조대 • 피난교 • 피난용 트랩 • 다수인피난장비 • 승강식 피난기
3. 「다중이용업소의 안전관리에 관한 특별법 시행령」 제2조에 따른 다중이용업소로서 영업장의 위치가 4층 이하인 다중이용업소		• 미끄럼대 • 피난사다리 • 구조대 • 완강기 • 다수인피난장비 • 승강식 피난기	• 미끄럼대 • 피난사다리 • 구조대 • 완강기 • 다수인피난장비 • 승강식 피난기	• 미끄럼대 • 피난사다리 • 구조대 • 완강기 • 다수인피난장비 • 승강식 피난기
4. 그 밖의 것			• 미끄럼대 • 피난사다리 • 구조대 • 완강기 • 피난교 • 피난용 트랩 • 간이완강기[2)] • 공기안전매트[3)] • 다수인피난장비 • 승강식 피난기	• 피난사다리 • 구조대 • 완강기 • 피난교 • 간이완강기[2)] • 공기안전매트[3)] • 다수인피난장비 • 승강식 피난기

[비고]

1) 구조대의 적응성은 장애인 관련 시설로서 주된 사용자 중 스스로 피난이 불가한 자가 있는 경우 추가로 설치하는 경우에 한한다.

2), 3) 간이완강기의 적응성은 숙박시설의 3층 이상에 있는 객실에, 공기안전매트의 적응성은 공동주택(「공동주택관리법」 제2조제1항제2호 가목부터 라목까지 중 어느 하나에 해당하는 공동주택)에 추가로 설치하는 경우에 한한다.

1.5 피난기구의 종류

1) 완강기

완강기는 10층 이하의 건물에 주로 설치되는 비상 탈출용 도구이고 레펠이라고도 하는데 불이 난 경우에 주로 쓰이며 그런 상황에서는 생명줄이라고 한다.

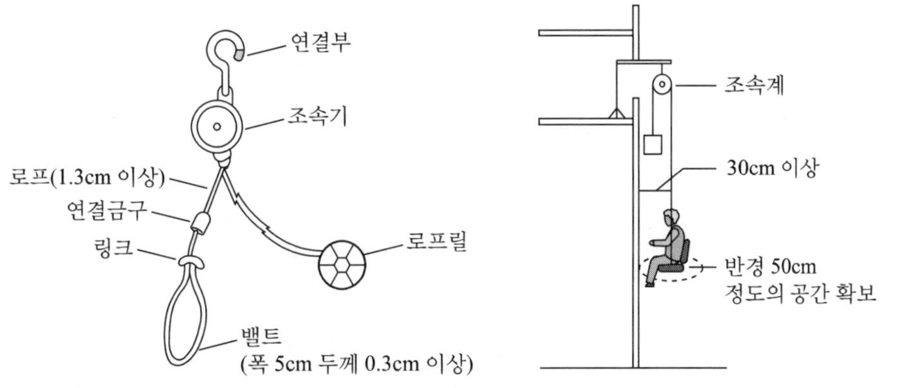

그림 3-1 완강기

2) 피난사다리

(1) 고정식 사다리

특정소방대상물의 벽면 등에 고정시켜 상시 사용할 수 있도록 설치되어 있는 사다리로서 구조상으로 수납식, 접어개기식, 신축식 등이 있다.

그림 3-2 고정식 사다리

(2) 올림식 사다리

특정소방대상물의 상부 지지점을 걸고 올려 받쳐서 사용하는 것으로 1연식과 3연식이 있다.

그림 3-3 올림식 사다리

3) 구조대

가) 구조대의 정의

구조대는 건축물의 3층 이상부터 설치하는 피난기구로서 비상시 발코니, 건축물의 창과 같이 개방할 수 있는 부분에서 지상까지 통상의 포대를 설치하여 그 포대의 내부를 활강하는 피난기구이다. 구조대를 설치하는 방법에 따라 경사강하식과 수직강하식으로 분류된다.

나) 구조대의 종류

(1) 경사강하식 구조대

건축물의 개구부에서 지상으로 약 45°의 각도로 경사지게 설치하여 그 각도에 의한 마찰로 하강하는 속도를 감속시키는 구조대이다.

(2) 수직강하식 구조대

건축물의 개구부에서 지상까지 수직으로 설치하는 것으로서 일정한 간격으로 설치한 협축부에 의한 마찰에 의해서 하강속도를 감속시키게 되어있는 구조대이다.

그림 3-4 (좌) 경사강하식 (우) 수직강하식

다) 구조대의 구조

(1) 경사강하식 구조대

① 구조대는 안전하고 쉽게 사용할 수 있어야 한다.

② 입구틀 및 취부틀의 입구는 지름 50 cm 이상의 구체가 통과할 수 있어야 한다.

③ 구조대는 연속하여 하강할 수 있는 구조이어야 한다.

④ 구조대 본체의 하강부는 낙하방지를 위해 포를 2중구조로 하거나 또한 망목의 변의 길이가 8 cm 이하인 망을 설치해야 한다.

⑤ 손잡이는 출구부분에 좌우 각 3개 이상 균일한 간격으로 견고하게 부착해야 한다.

⑥ 지면에 닿을 때 충격을 받는 부분에는 완충장치로서 받침포 등을 부착해야 한다.

(2) 수직강하식 구조대

① 구조대는 안전하고 쉽게 사용할 수 있어야 한다.

② 구조대의 포지는 외부포지와 내부포지로 구성하되 외부포지와 내부포지사이에 충분한 공기층을 두어야 한다.

③ 입구틀 및 취부틀의 입구는 지름 50 cm 이상의 구체가 통과할 수 있어야 한다.

④ 포지는 사용 시 수직 방향으로 현저하게 늘어나지 않아야 한다.

⑤ 포지, 지지틀, 취부틀 그 밖의 부속장치 등은 견고하게 부착되어야 한다.

4) 미끄럼대

2층, 3층에 설치하는 피난기구이다.

5) 피난밧줄

특정소방대상물의 2층 이상에 설치하는 피난기구로서 피난자가 로프를 손에 쥐고 손 또는 발의 마찰저항에 의해 속도를 조절하면서 하강하는 설비이다.

6) 미끄럼봉

특정소방대상물의 2층에 설치하는 피난기구로서 피난자가 봉을 안아 몸의 마찰 저항에 의하여 하강속도를 조절하며 수직 하강하는 설비이다.

7) 피난교

특정소방대상물의 옥상 또는 중간층으로부터 인접한 건축물 등에 가교를 설치하여 상호간 피난할 수 있는 설비이다.

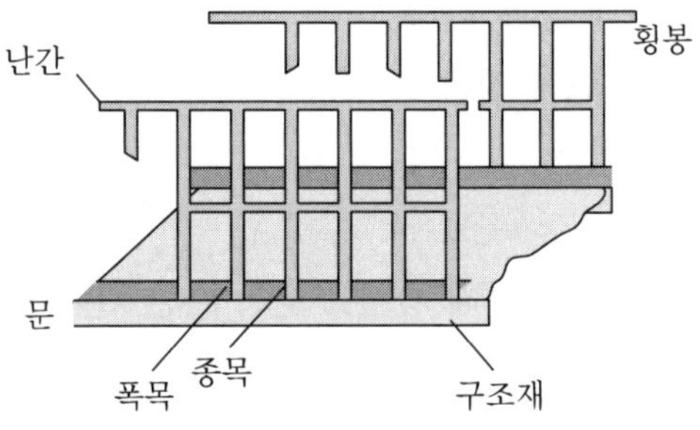

그림 3-5 피난교

8) 노대

발코니를 의미하며, 직접 옥외에 연결되어 있는 공간을 말한다.

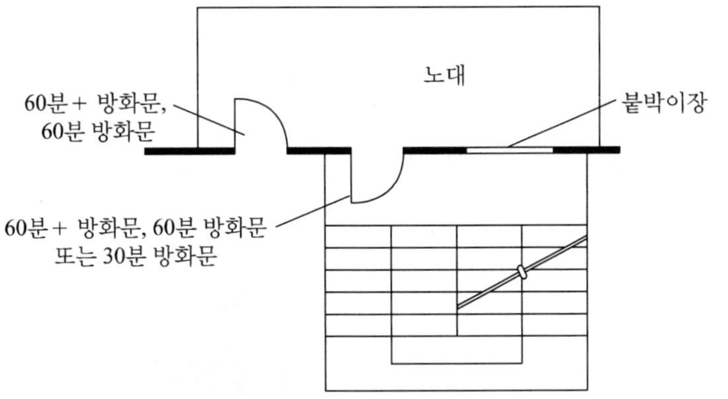

그림 3-6 노대

2. 인명구조기구

2.1 개요

특정소방대상물의 화재 발생뿐만 아니라 유독성, 유해성가스, 위험물질 등으로부터 인명을 보호 또는 구조하는데 사용되는 기구로서 방열로, 공기호흡기(보조마스크를 포함) 및 인공소생기 등을 말한다.

2.2 인명구조기구의 설치기준

1) 지하층을 포함한 층수가 7층 이상인 관광호텔 및 5층 이상인 병원에 설치
2) 방열복 또는 방화복(안전모, 보호장갑 및 안전화를 포함한다), 공기호흡기, 인공소생기를 각 2개 이상 비치할 것. 다만, 병원의 경우에는 인공소생기를 설치하지 않을 수 있다.
3) 화재 시 쉽게 반출 사용할 수 있는 장소에 비치할 것
4) 인명구조기구가 설치된 가까운 장소의 보기 쉬운 곳에 "인명구조기구"라는 축광식표지와 그 사용방법을 표시한 표지를 부착하되, 축광식표지는 소방청장이 정하여 고시한 「축광표지의 성능인증 및 제품검사의 기술기준」에 적합한 것으로 할 것

2.3 인명구조기구의 종류

1) 방열복

화재로부터 고온의 복사열을 차단하여 인체를 보호해주는 내열피복이다.

그림 3-7 방열복

2) 공기호흡기

소화활동 시에 화재로 인하여 발생하는 각종 유독가스 중에서 일정시간 사용할 수 있도록 제조된 압축공기식 개인호흡장비기구이다.

그림 3-8 공기호흡기

3) 인공소생기

호흡 부전 상태인 사람에게 인공호흡을 시켜 환자를 보호하거나 구급하는 기구이다.

그림 3-9 인공소생기

CHAPTER 4

소화용수설비

1. 소화수조 및 저수조

1.1 개요

소화용수설비는 넓은 부지를 보유한 건축물 또는 같은 부지 내의 인근 건축물의 경우 바닥면적의 합계가 대단히 큰 규모인 건축물에 화재의 확산을 방지할 목적으로 공설소방대가 사용할 수 있도록 설치하는 소방용 수리를 뜻한다.

소화용수설비는 공공의 목적으로 설치되며 공설소화전 및 저수조가 있다.

1.2 소화용수설비의 구성 및 기준

1) 소화수조 등

가) 소화수조, 저수조의 채수구 또는 흡수관 투입구는 소방차가 2 m 이내의 지점까지 접근할 수 있는 위치에 설치해야 한다.

나) 소화수조 또는 저수조의 저수량은 특정소방대상물의 연면적을 다음 표에 따른 기준면적으로 나누어 얻은 수(소수점 이하의 수는 1로 본다)에 20 m^3를 곱한 양 이상이 되도록 해야 한다.

특정소방대상물의 구분	기준면적
1. 1층 및 2층의 바닥면적의 합계가 15,000 m^2 이상인 특정소방대상물	7,500 m^2
2. 제1호에 해당하지 않는 그 밖의 특정소방대상물	12,500 m^2

다) 소화수조 또는 저수조는 다음의 기준에 따라 흡수관 투입구 또는 채수구를 설치해야 한다.

① 지하에 설치하는 소화용수설비의 흡수관 투입구는 그 한 변이 0.6 m 이상이

거나 직경이 0.6 m 이상인 것으로 하고, 소요수량이 80 m^3 미만인 것은 1개 이상, 80 m^3 이상인 것은 2개 이상을 설치해야 하며, "흡수관 투입구"라고 표시한 표지를 할 것

② 소화용수설비에 설치하는 채수구는 다음의 기준에 따라 설치할 것

1. 채수구는 다음 표에 따라 소방용 호스 또는 소방용 흡수관에 사용하는 구경 65 mm 이상의 나사식 결합금속구를 설치할 것

소요수량	20 m^3 이상 40 m^3 미만	40 m^3 이상 100 m^3 미만	100 m^3 이상
채수구의 수(개)	1	2	3

2. 채수구는 지면으로부터의 높이가 0.5 m 이상 1 m 이하의 위치에 설치하고 "채수구"라고 표시한 표지를 할 것

라) 소화용수설비를 설치해야 할 특정소방대상물에 있어서 유수의 양이 0.8 m^3/min 이상인 유수를 사용할 수 있는 경우에는 소화수조를 설치하지 않을 수 있다.

2) 가압송수장치

가) 소화수조 또는 저수조가 지표면으로부터의 깊이(수조 내부바닥까지의 길이)가 4.5 m 이상인 지하에 있는 경우에는 다음 표에 따라 가압송수장치를 설치해야 한다. 다만, 1)의 나)에 따른 저수량을 지표면으로부터 4.5 m 이하인 지하에서 확보할 수 있는 경우에는 소화수조 또는 저수조의 지표면으로부터의 깊이에 관계없이 가압송수장치를 설치하지 않을 수 있다.

소요수량	20 m^3 이상 40 m^3 미만	40 m^3 이상 100 m^3 미만	100 m^3 이상
가압송수장치의 1분당 양수량	1,100 L 이상	2,200 L 이상	3,300 L 이상

나) 소화수조가 옥상 또는 옥탑의 부분에 설치된 경우에는 지상에 설치된 채수구에서의 압력이 0.15 MPa 이상이 되도록 해야 한다.

3) 상수도소화용수설비

상수도소화용수설비는 「수도법」에 따른 기준 외에 다음의 기준에 따라 설치해야 한다.

가) 호칭지름 75 mm 이상의 수도배관에 호칭지름 100 mm 이상의 소화전을 접속할 것
나) 소화전은 소방자동차 등의 진입이 쉬운 도로변 또는 공지에 설치할 것
다) 소화전은 특정소방대상물의 수평투영면의 각 부분으로부터 140 m 이하가 되도록 설치할 것
라) 지상식 소화전의 호스접결구는 지면으로부터 높이가 0.5 m 이상 1 m 이하가 되도록 설치할 것

1.3 소화용수설비의 설치대상물

상수도소화용수설비를 설치해야 할 특정소방대상물은 다음의 어느 하나에 해당하는 것으로 한다. 다만, 상수도소화용수설비를 설치해야 하는 특정소방대상물의 대지 경계선으로부터 180 m 이내에 지름 75 mm 이상인 상수도용 배수관이 설치되지 않은 지역의 경우에는 화재안전기준에 따른 소화수조 또는 저수조를 설치해야 한다.

가) 연면적 5,000 m^2 이상인 것. 다만, 위험물 저장 및 처리 시설 중 가스시설, 지하가 중 터널 또는 지하구의 경우에는 제외한다.
나) 가스시설로서 지상에 노출된 탱크의 저장용량의 합계가 100 ton 이상인 것
다) 자원순환 관련 시설 중 폐기물재활용시설 및 폐기물처분시설

2. 상수도소화용수설비

2.1 개요

소화용수설비로서 상수도 배관에 설치하는 공공의 소화전(지상식, 지하식 옥외소화전) 급수탑 등을 말한다. 또한, 행정자치부령이 정하는 상수도가 설치되지 아니한

지역에 있어서는 채수구를 부착한 소화수조를 상수도소화용수설비로 인정하고 있다.

2.2 법적 설치대상물

가) 연면적 5,000 m^2 이상인 것. 다만, 위험물 저장 및 처리 시설 중 가스시설, 지하가 중 터널 또는 지하구의 경우에는 제외한다.

나) 가스시설로서 지상에 노출된 탱크의 저장용량의 합계가 100 ton 이상인 것

다) 자원순환 관련 시설 중 폐기물재활용시설 및 폐기물처분시설

2.3 설치기준

가) 호칭지름 75 mm 이상의 수도배관에 호칭지름 100 mm 이상의 소화전을 접속할 것

나) 소화전은 소방자동차 등의 진입이 쉬운 도로변 또는 공지에 설치할 것

다) 소화전은 특정소방대상물의 수평투영면의 각 부분으로부터 140 m 이하가 되도록 설치할 것

라) 지상식 소화전의 호스접결구는 지면으로부터 높이가 0.5 m 이상 1 m 이하가 되도록 설치할 것

2.4 소화수조

1) 설치위치

소화수조 및 저수조의 채수구 또는 흡수관 투입구는 소방차가 2 m 이내의 지점까지 접근할 수 있는 위치

2) 소화수조의 저수량

① 1층 및 2층 바닥면적 합계가 15,000 m^2 이상인 특정소방대상물 :

$$\frac{\text{바닥면적}(m^2)}{7,500} \times 20\ m^3$$

② ①항에 해당하지 않는 그 밖의 특정소방대상물 : $\frac{\text{바닥면적}(m^2)}{12,500} \times 20\ m^3$

주 : ㉠ 가의 경우 동일 대지 안에 2 이상의 건축물이 있는 경우, 해당 건축물의 외벽 상 호중심선에서 수평거리가 1층에서는 3 m 이하, 2층에서는 5 m 이하인 것은 1개의 건축물로 본다.

㉡ 기준면적으로 나누어 얻은 수에서 소수점 이하의 수는 1로 본다.

㉢ 유량이 0.8 m^3/min 이상인 경우에는 소화수조를 설치하지 않을 수 있다.

3) 흡수관 투입구

한 변 또는 직경이 0.6 m 이상인 것으로 소요수량 80 m^3 미만인 것에 있어서는 1개 이상, 80 m^3 이상인 것에 있어서는 2개 이상을 설치해야 한다.

4) 채수구

소방용 호스 또는 소방용 흡수관에 사용하는 구경 65 mm 이상의 나사식 결합금속구를 설치할 것

5) 가압송수장치

가. 소화수조 또는 저수조가 지표면으로부터의 깊이(수조 내부바닥까지의 길이를 말한다)가 4.5 m 이상인 지하에 있는 경우에는 다음 표에 따라 가압송수장치를 설치해야 한다. 다만, 저수량을 지표면으로부터 4.5 m 이하인 지하에서 확보할 수 있는 경우에는 소화수조 또는 저수조의 지표면으로부터의 깊이에 관계없이 가압송수장치를 설치하지 않을 수 있다.

소요수량	20 m^3 이상 40 m^3 미만	40 m^3 이상 100 m^3 미만	100 m^3 이상
가압송수장치의 1분당 양수량	1,100 L 이상	2,200 L 이상	3,300 L 이상

나. 가압송수장치의 설치기준

소요수량	20 m^3 이상 40 m^3 미만	40 m^3 이상 100 m^3 미만	100 m^3 이상
채수구의 수(개)	1	2	3

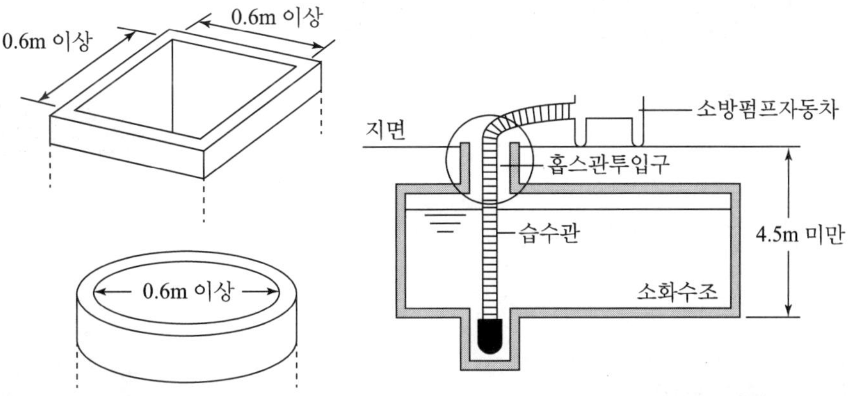

그림 4-1

다. 가압송수장치는 옥내소화전설비의 가압송수장치의 기준을 준용한다.

CHAPTER 5

소화활동설비

1. 제연설비

1.1 개요

소화활동설비의 일종이며 건물의 화재 초기단계에서 발생하는 연기를 감지하여 화재실(거실)의 연기를 배출, 피난경로인 복도 계단 등에는 연기가 확산되지 않도록 한다. 거주자를 연기로부터 보호하고 안전하게 피난할 수 있도록 하며, 동시에 소방대가 소화활동을 원활히 하도록 연기를 제어하는데 그 목적이 있다.

1.2 용의 정의

1. "제연구역"이란 제연경계(제연경계가 면한 천장 또는 반자를 포함한다)에 의해 구획된 건물 내의 공간을 말한다.
2. "예상제연구역"이란 화재 시 연기의 제어가 요구되는 제연구역을 말한다.
3. "제연경계의 폭"이란 제연경계가 면한 천장 또는 반자로부터 그 제연경계의 수직하단 끝부분까지의 거리를 말한다.
4. "수직거리"란 제연경계의 하단 끝으로부터 그 수직한 하부 바닥면까지의 거리를 말한다.
5. "공동예상제연구역"이란 2개 이상의 예상제연구역을 동시에 제연하는 구역을 말한다.
6. "방화문"이란 「건축법 시행령」 제64조의 규정에 따른 60분+ 방화문, 60분 방화문 또는 30분 방화문으로써 언제나 닫힌 상태를 유지하거나 화재감지기와 연동하여 자동적으로 닫히는 구조를 말한다.
7. "유입풍도"란 예상제연구역으로 공기를 유입하도록 하는 풍도를 말한다.
8. "배출풍도"란 예상제연구역의 공기를 외부로 배출하도록 하는 풍도를 말한다.

1.3 제연설비

① 제연설비의 설치장소는 다음의 기준에 따른 제연구역으로 구획해야 한다.

1. 하나의 제연구역의 면적은 1,000 m^2 이내로 할 것
2. 거실과 통로(복도를 포함한다. 이하 같다)는 각각 제연구획 할 것
3. 통로상의 제연구역은 보행중심선의 길이가 60 m를 초과하지 않을 것
4. 하나의 제연구역은 직경 60 m 원내에 들어갈 수 있을 것
5. 하나의 제연구역은 2 이상의 층에 미치지 않도록 할 것. 다만, 층의 구분이 불분명한 부분은 그 부분을 다른 부분과 별도로 제연구획 해야 한다.

② 제연구역의 구획은 보・제연경계벽(이하 "제연경계"라 한다) 및 벽(화재 시 자동으로 구획되는 가동벽・방화셔터・방화문을 포함한다. 이하 같다)으로 하되, 다음의 기준에 적합해야 한다.

1. 재질은 내화재료, 불연재료 또는 제연경계벽으로 성능을 인정받은 것으로서 화재 시 쉽게 변형・파괴되지 않고 연기가 누설되지 않는 기밀성 있는 재료로 할 것
2. 제연경계는 제연경계의 폭이 0.6 m 이상이고, 수직거리는 2 m 이내이어야 한다. 다만, 구조상 불가피한 경우는 2 m를 초과할 수 있다.
3. 제연경계벽은 배연 시 기류에 따라 그 하단이 쉽게 흔들리지 않고, 가동식의 경우에는 급속히 하강하여 인명에 위해를 주지 않는 구조일 것

1.4 제연방식

① 예상제연구역에 대하여는 화재 시 연기배출(이하 "배출"이라 한다)과 동시에 공기유입이 될 수 있게 하고, 배출구역이 거실일 경우에는 통로에 동시에 공기가 유입될 수 있도록 해야 한다.

② ①항에도 불구하고 통로와 인접하고 있는 거실의 바닥면적이 50 m^2 미만으로 구획(제연경계에 따른 구획은 제외한다. 다만, 거실과 통로와의 구획은 그렇지 않다)되고 그 거실에 통로가 인접하여 있는 경우에는 화재 시 그 거실에서 직접 배출하지 않고 인접한 통로의 배출로 갈음할 수 있다. 다만, 그 거실이 다른 거실의 피난을 위한 경유거실인 경우에는 그 거실에서 직접 배출해야 한다.

③ 통로의 주요 구조부가 내화구조이며, 마감이 불연재료 또는 난연재료로 처리되고 통로 내부에 가연성 물질이 없는 경우에 그 통로는 예상제연구역으로 간주하지 않을 수 있다. 다만, 화재 시 연기의 유입이 우려되는 통로는 그렇지 않다.

1.5 배출량 및 배출방식

① 거실의 바닥면적이 400 m^2 미만으로 구획(제연경계에 따른 구획을 제외한다. 다만, 거실과 통로와의 구획은 그렇지 않다)된 예상제연구역에 대한 배출량은 다음의 기준에 따른다.

1. 바닥면적 1 m^2당 1 m^3/min 이상으로 하되, 예상제연구역에 대한 최소 배출량은 5,000 m^3/hr 이상으로 할 것
2. 1.4의 ②항에 따라 바닥면적이 50 m^2 미만인 예상제연구역을 통로배출방식으로 하는 경우에는 통로보행중심선의 길이 및 수직거리에 따라 다음 표에서 정하는 배출량 이상으로 할 것

통로보행중심선의 길이	수직거리	배출량	비고
40 m 이하	2 m 이하	25,000 m^3/hr 이상	벽으로 구획된 경우를 포함한다.
	2 m 초과 2.5 m 이하	30,000 m^3/hr 이상	
	2.5 m 초과 3 m 이하	35,000 m^3/hr 이상	
	3 m 초과	45,000 m^3/hr 이상	
40 m 초과 60 m 이하	2 m 이하	30,000 m^3/hr 이상	벽으로 구획된 경우를 포함한다.
	2 m 초과 2.5 m 이하	35,000 m^3/hr 이상	
	2.5 m 초과 3 m 이하	40,000 m^3/hr 이상	
	3 m 초과	50,000 m^3/hr 이상	

② 바닥면적 400 m^2 이상인 거실의 예상제연구역의 배출량은 다음의 기준에 적합해야 한다.

1. 예상제연구역이 직경 40 m인 원의 범위 안에 있을 경우 배출량은 40,000 m^3/hr 이상으로 할 것. 다만, 예상제연구역이 제연경계로 구획된 경우에는 그 수직거리에 따라 배출량은 다음 표에 따른다.

수 직 거 리	배 출 량
2 m 이하	40,000 m^3/hr 이상
2 m 초과 2.5 m 이하	45,000 m^3/hr 이상
2.5 m 초과 3 m 이하	50,000 m^3/hr 이상
3 m 초과	60,000 m^3/hr 이상

2. 예상제연구역이 직경 40m인 원의 범위를 초과할 경우 배출량은 45,000 m^3/hr 이상으로 할 것. 다만, 예상제연구역이 제연경계로 구획된 경우에는 그 수직거리에 따라 배출량은 다음 표에 따른다.

수 직 거 리	배 출 량
2 m 이하	45,000 m^3/hr 이상
2 m 초과 2.5 m 이하	50,000 m^3/hr 이상
2.5 m 초과 3 m 이하	55,000 m^3/hr 이상
3 m 초과	65,000 m^3/hr 이상

③ 예상제연구역이 통로인 경우의 배출량은 45,000 m^3/hr 이상으로 할 것. 다만, 예상제연구역이 제연경계로 구획된 경우에는 그 수직거리에 따라 배출량은 ②항 제2호의 표에 따른다.

④ 배출은 각 예상제연구역별로 ①항부터 ③항에 따른 배출량 이상을 배출하되, 2 이상의 예상제연구역이 설치된 특정소방대상물에서 배출을 각 예상제연구역별로 구분하지 않고 공동예상제연구역을 동시에 배출하고자 할 때의 배출량은 다음의 기준에 따라야 한다. 다만, 거실과 통로는 공동예상제연구역으로 할 수 없다.

1. 공동예상제연구역 안에 설치된 예상제연구역이 각각 벽으로 구획된 경우(제연구역의 구획 중 출입구만을 제연경계로 구획한 경우를 포함한다)에는 각 예상제연구역의 배출량을 합한 것 이상으로 할 것. 다만, 예상제연구역의 바닥면적이 400 m^2 미만인 경우 배출량은 바닥면적 1 m^2 당 1 m^3/min 이상으로 하고 공동예상구역 전체배출량은 5,000 m^3/hr 이상으로 할 것
2. 공동예상제연구역 안에 설치된 예상제연구역이 각각 제연경계로 구획된 경우(예상제연구역의 구획 중 일부가 제연경계로 구획된 경우를 포함하나, 출입구부분만을 제연경계로 구획한 경우를 제외한다)에 배출량은 각 예상제연구역의 배출량 중 최대의 것으로 할 것. 이 경우 공동제연예상구역이 거실일 때에는 그 바닥면적이 1,000 m^2 이하이며, 직경 40 m 원 안에 들어가야 하고, 공동제연예상구역이 통로일 때에는 보행중심선의 길이를 40 m 이하로 해야 한다.

⑤ 수직거리가 구획 부분에 따라 다른 경우는 수직거리가 긴 것을 기준으로 한다.

1.6 배출구

① 예상제연구역에 대한 배출구의 설치 위치는 다음의 기준에 따라야 한다.

1. 바닥면적이 400 m^2 미만인 예상제연구역(통로인 예상제연구역을 제외한다)에 대한 배출구의 설치 위치는 다음의 기준에 적합할 것
   가. 예상제연구역이 벽으로 구획되어 있는 경우의 배출구는 천장 또는 반자와 바닥 사이의 중간 윗부분에 설치할 것
   나. 예상제연구역 중 어느 한부분이 제연경계로 구획되어 있는 경우에는 천장·반자 또는 이에 가까운 벽의 부분에 설치할 것. 다만, 배출구를 벽에 설치하는 경우에는 배출구의 하단이 해당 예상제연구역에서 제연경계의 폭이 가장 짧은 제연경계의 하단보다 높이 되도록 해야 한다.
2. 통로인 예상제연구역과 바닥면적이 400 m^2 이상인 통로 외의 예상제연구역에 대한 배출구의 위치는 다음의 기준에 적합해야 한다.
   가. 예상제연구역이 벽으로 구획되어 있는 경우의 배출구는 천장·반자 또는 이에 가까운 벽의 부분에 설치할 것. 다만, 배출구를 벽에 설치한 경우에는 배출구의 하단과 바닥간의 최단거리가 2 m 이상이어야 한다.
   나. 예상제연구역 중 어느 한부분이 제연경계로 구획되어 있을 경우에는 천장·반자 또는 이에 가까운 벽의 부분(제연경계를 포함한다)에 설치할 것. 다만, 배출구를 벽 또는 제연경계에 설치하는 경우에는 배출구의 하단이 해당 예상제연구역에서 제연경계의 폭이 가장 짧은 제연경계의 하단보다 높이 되도록 설치해야 한다.

② 예상제연구역의 각 부분으로부터 하나의 배출구까지의 수평거리는 10 m 이내가 되도록 해야 한다.

1.7 공기유입방식 및 유입구

① 예상제연구역에 대한 공기유입은 유입풍도를 경유한 강제유입 또는 자연유입방식으로 하거나, 인접한 제연구역 또는 통로에 유입되는 공기(가압의 결과를 일으키는 경우를 포함한다. 이하 같다)가 해당 구역으로 유입되는 방식으로 할 수 있다.

② 예상제연구역에 설치되는 공기유입구는 다음의 기준에 적합해야 한다.

1. 바닥면적 400 m^2 미만의 거실인 예상제연구역(제연경계에 따른 구획을 제외한다. 다만, 거실과 통로와의 구획은 그렇지 않다)에 대해서는 공기유입구와 배출구간의 직선거리는 5 m 이상 또는 구획된 실의 장변의 2분의 1 이상으로 할 것. 다만, 공연장 · 집회장 · 위락시설의 용도로 사용되는 부분의 바닥면적이 200 m^2를 초과하는 경우의 공기유입구는 제2호의 기준에 따른다.
2. 바닥면적이 400 m^2 이상의 거실인 예상제연구역(제연경계에 따른 구획을 제외한다. 다만, 거실과 통로와의 구획은 그렇지 않다)에 대해서는 바닥으로부터 1.5 m 이하의 높이에 설치하고 그 주변은 공기의 유입에 장애가 없도록 할 것
3. 제1호와 제2호에 해당하는 것 외의 예상제연구역(통로인 예상제연구역을 포함한다)에 대한 유입구는 다음의 기준에 따를 것. 다만, 제연경계로 인접하는 구역의 유입공기가 해당 예상제연구역으로 유입되게 한 때에는 그렇지 않다.
   가. 유입구를 벽에 설치할 경우에는 제2호의 기준에 따를 것
   나. 유입구를 벽 외의 장소에 설치할 경우에는 유입구 상단이 천장 또는 반자와 바닥 사이의 중간 아랫부분보다 낮게 되도록 하고, 수직거리가 가장 짧은 제연경계 하단보다 낮게 되도록 설치할 것

③ 공동예상제연구역에 설치되는 공기유입구는 다음의 기준에 적합하게 설치해야 한다.

1. 공동예상제연구역 안에 설치된 각 예상제연구역이 벽으로 구획되어 있을 때에는 각 예상제연구역의 바닥면적에 따라 ②항 제1호 및 제2호에 따라 설치할 것
2. 공동예상제연구역 안에 설치된 각 예상제연구역의 일부 또는 전부가 제연경계로 구획되어 있을 때에는 공동예상제연구역 안의 1개 이상의 장소에 ②항 제3호에 따라 설치할 것

④ 인접한 제연구역 또는 통로로부터 유입되는 공기를 해당 예상제연구역에 대한 공기유입으로 하는 경우에는 그 인접한 제연구역 또는 통로의 유입구가 제연경계 하단보다 높은 경우에는 그 인접한 제연구역 또는 통로의 화재 시 그 유입구는 다음의 어느 하나에 적합해야 한다.

1. 각 유입구는 자동폐쇄 될 것
2. 해당 구역 내에 설치된 유입풍도가 해당 제연구획부분을 지나는 곳에 설치된 댐퍼는 자동폐쇄될 것

⑤ 예상제연구역에 공기가 유입되는 순간의 풍속은 5 m/s 이하가 되도록 하고, ②항부터 ④항까지의 유입구의 구조는 유입공기를 상향으로 분출하지 않도록 설치해야 한다. 다만, 유입구가 바닥에 설치되는 경우에는 상향으로 분출이 가능하며 이때의 풍속은 1 m/s 이하가 되도록 해야 한다.

⑥ 예상제연구역에 대한 공기유입구의 크기는 해당 예상제연구역 배출량 1 m^3/min에 대하여 35 cm^2 이상으로 해야 한다.

⑦ 예상제연구역에 대한 공기유입량은 1.5의 ①항부터 ④항까지에 따른 배출량의 배출에 지장이 없는 양으로 해야 한다.

1.8 배출기 및 배출풍도

① 배출기는 다음의 기준에 따라 설치해야 한다.

1. 배출기의 배출능력은 1.5의 ①항부터 ④항까지의 배출량 이상이 되도록 할 것
2. 배출기와 배출풍도의 접속부분에 사용하는 캔버스는 내열성(석면재료는 제외한다)이 있는 것으로 할 것
3. 배출기의 전동기 부분과 배풍기 부분은 분리하여 설치해야 하며, 배풍기 부분은 유효한 내열처리를 할 것

② 배출풍도는 다음의 기준에 따라야 한다.

1. 배출풍도는 아연도금강판 또는 이와 동등 이상의 내식성·내열성이 있는 것으로 하며, 불연재료(석면재료를 제외한다)인 단열재로 풍도 외부에 유효한 단열처리를 하고, 강판의 두께는 배출풍도의 크기에 따라 다음 표에 따른 기준 이상으로 할 것

풍도단면의 긴 변 또는 직경의 크기	강판 두께
450 mm 이하	0.5 mm
450 mm 초과 750 mm 이하	0.6 mm
750 mm 초과 1,500 mm 이하	0.8 mm
1,500 m 초과 2,250 mm 이하	1.0 mm
2,250 mm 초과	1.2 mm

2. 배출기의 흡입측 풍도안의 풍속은 15 m/s 이하로 하고 배출측 풍속은 20 m/s 이하로 할 것

1.9 유입풍도 등

① 유입풍도는 아연도금강판 또는 이와 동등 이상의 내식성·내열성이 있는 것으로 하며, 풍도 안의 풍속은 20 m/s 이하로 하고 풍도의 강판 두께는 1.8의 ②항 제1

호에 따라 설치해야 한다.

② 옥외에 면하는 배출구 및 공기유입구는 비 또는 눈 등이 들어가지 않도록 하고, 배출된 연기가 공기유입구로 순환유입 되지 않도록 해야 한다.

1.10 전원 및 기동

① 비상전원은 자가발전설비, 축전지설비 또는 전기저장장치(외부 전기에너지를 저장해 두었다가 필요한 때 전기를 공급하는 장치)로서 다음의 기준에 따라 설치해야 한다. 다만, 2 이상의 변전소(「전기사업법」 제67조 및 「전기설비기술기준」 제3조제2호에 따른 변전소를 말한다)에서 전력을 동시에 공급받을 수 있거나 하나의 변전소로부터 전력의 공급이 중단되는 때에는 자동으로 다른 변전소로부터 전원을 공급받을 수 있도록 상용전원을 설치한 경우에는 그렇지 않다.

1. 점검에 편리하고 화재 및 침수 등의 재해로 인한 피해를 받을 우려가 없는 곳에 설치할 것
2. 제연설비를 유효하게 20분 이상 작동할 수 있도록 할 것
3. 상용전원으로부터 전력의 공급이 중단된 때에는 자동으로 비상전원으로부터 전력을 공급받을 수 있도록 할 것
4. 비상전원의 설치장소는 다른 장소와 방화구획 할 것. 이 경우 그 장소에는 비상전원의 공급에 필요한 기구나 설비 외의 것(열병합발전설비에 필요한 기구나 설비는 제외한다)을 두어서는 안 된다.
5. 비상전원을 실내에 설치하는 때에는 그 실내에 비상조명등을 설치할 것

② 제연설비의 작동은 해당 제연구역에 설치된 화재감지기와 연동되어야 하며, 예상제연구역(또는 인접장소)마다 설치된 수동기동장치 및 제어반에서 수동으로 기동이 가능하도록 해야 한다.

③ ②항에 따른 제연설비의 작동에는 다음의 사항이 포함되어야 하며, 예상제연구역(또는 인접장소)마다 설치되는 수동기동장치는 바닥으로부터 0.8 m 이상 1.5 m 이하의 높이에 문 개방 등으로 인한 위치 확인에 장애가 없고 접근이 쉬운 위치에 설치해야 한다.

1. 해당 제연구역의 구획을 위한 제연경계벽 및 벽의 작동
2. 해당 제연구역의 공기유입 및 연기배출 관련 댐퍼의 작동
3. 공기유입송풍기 및 배출송풍기의 작동

1.11 설치제외

제연설비를 설치해야 할 특정소방대상물 중 화장실・목욕실・주차장・발코니를 설치한 숙박시설(가족호텔 및 휴양콘도미니엄에 한한다)의 객실과 사람이 상주하지 않는 기계실・전기실・공조실・50 m^2 미만의 창고 등으로 사용되는 부분에 대하여는 배출구・공기유입구의 설치 및 배출량 산정에서 이를 제외할 수 있다.

1.12 소화활동설비 및 소화용수설비의 종류

1) **소화활동설비** : 비상콘센트설비, 무선통신보조설비, 제연설비, 연결살수설비, 연결송수관설비, 연소방지설비
2) **소화용수설비** : 소화수조, 상수도소화용수설비

1.13 제연방식의 종류

1) 자연제연방식

화재시 발생한 열기류의 부력 또는 화재실 외부의 공기흡출효과에 따라 창문 또는 전용 배연구로 연기를 배출시키는 방식

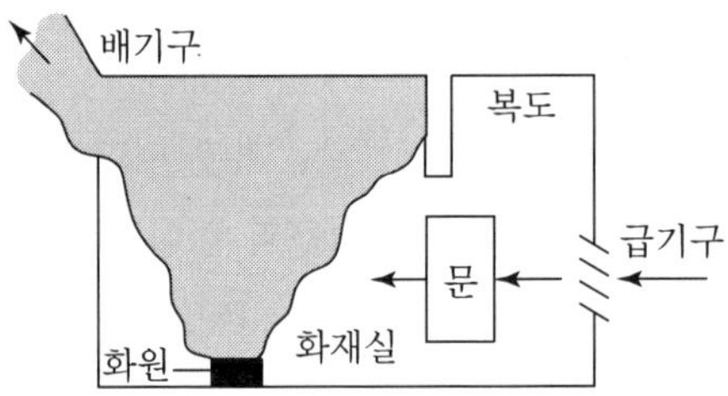

2) 스모크타워제연방식

제연전용굴뚝 또는 환기통을 설치하여 화재 시 발생한 열기류의 부력이나 지붕상부에 설치된 루프모니터 등이 바람에 의한 회전력으로 생긴 흡인력을 이용하여 연기를 배출시키는 방식으로 자연제연의 일정이며 고층빌딩에 적합하다.

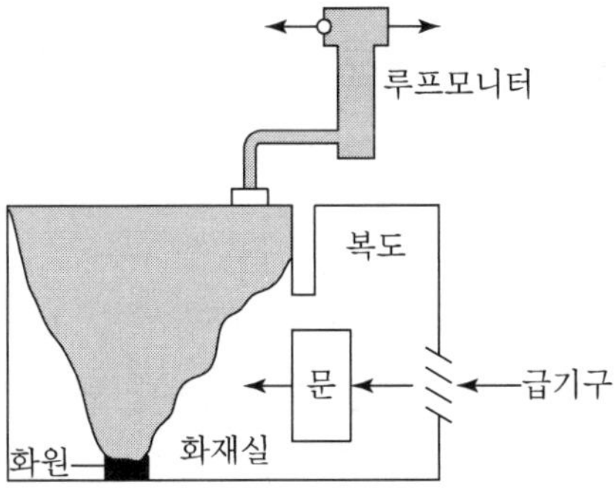

3) 기계제연방식

(1) 제1종 기계제연방식

송풍기와 배연기(배풍기)를 설치하여 급기, 배기를 하는 방식으로서 단점으로 장치가 복잡하다.

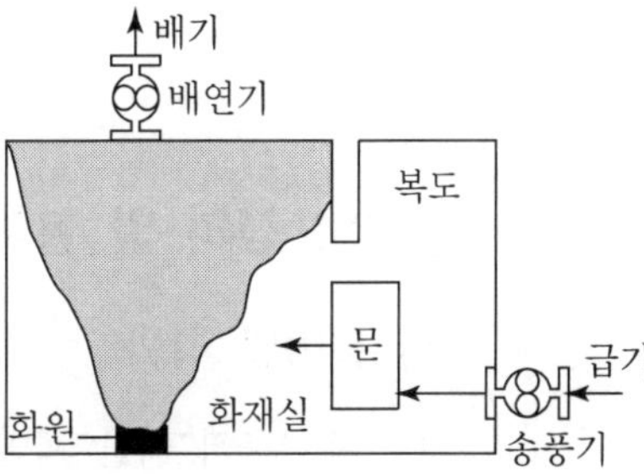

(2) 제2종 기계제연방식

송풍기만 설치하여 급기와 배기를 하는 방식으로서 단점으로 역류의 우려가 있다.

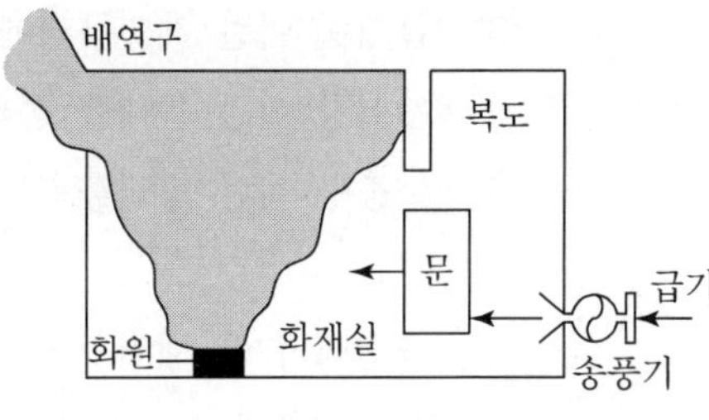

(3) 제3종 기계제연방식

배연기(배풍기)만 설치하여 급기와 배기를 하는 방식으로서 가장 많이 사용한다.

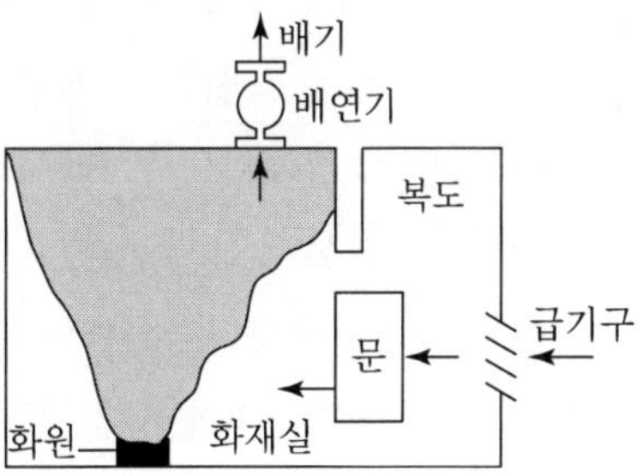

2. 특별피난계단의 계단실 및 부속실 제연설비

2.1 개요

가압하고자 하는 공간에 공기를 공급하여 그 공간의 기압이 다른 공간의 기압보다 높게 함으로써 이른바 "차압"을 형성하게 하는 것을 말한다. 즉, 특별피난계단의 계단실 또는 부속실(비상용승강기의 승강장과 겸용하는 것 또는 비상용승강기·피난용승강기의 승강장을 포함)에 옥외로부터 신선한 공기를 공급받아 가압하여 화재공간과 일정압력의 차이를 유지하여 화재실의 연기가 제연구역 내로 침투하지 못하도록 하는 방법이다.

2.2 용어의 정의 및 설치기준

1) 용어의 정의

1. "제연구역"이란 제연하고자 하는 계단실, 부속실을 말한다.
2. "방연풍속"이란 옥내로부터 제연구역 내로 연기의 유입을 유효하게 방지할 수 있는 풍속을 말한다.
3. "급기량"이란 제연구역에 공급해야 할 공기의 양을 말한다.
4. "누설량"이란 틈새를 통하여 제연구역으로부터 흘러나가는 공기량을 말한다.
5. "보충량"이란 방연풍속을 유지하기 위하여 제연구역에 보충해야 할 공기량을 말한다.
6. "플랩댐퍼"란 제연구역의 압력이 설정압력 범위를 초과하는 경우 제연구역의 압력을 배출하여 설정압력범위를 유지하게 하는 과압방지장치를 말한다.
7. "유입공기"란 제연구역으로부터 옥내로 유입하는 공기로서 차압에 따라 누설하는 것과 출입문의 개방에 따라 유입하는 것 등을 말한다.
8. "거실제연설비"란 「제연설비의 화재안전기술기준(NFTC 501)」에 따른 옥내의 제연설비를 말한다.
9. "자동차압급기댐퍼"란 제연구역과 옥내 사이의 차압을 압력센서 등으로 감지하여 제연구역에 공급되는 풍량의 조절로 제연구역의 차압 유지를 자동으로 제어할 수 있는 댐퍼를 말한다.
10. "자동폐쇄장치"란 제연구역의 출입문 등에 설치하는 것으로서 화재 시 화재감지기의 작동과 연동하여 출입문을 자동으로 닫히게 하는 장치를 말한다.

2.3 제연방식

이 기준에 따른 제연설비는 다음의 기준에 적합해야 한다.

1. 제연구역에 옥외의 신선한 공기를 공급하여 제연구역의 기압을 제연구역 이외의 옥내(이하 "옥내"라 한다)보다 높게 하되 일정한 기압의 차이(이하 "차압"이라 한다)를 유지하게 함으로써 옥내로부터 제연구역 내로 연기가 침투하지 못하도록 할 것
2. 피난을 위하여 제연구역의 출입문이 일시적으로 개방되는 경우 방연풍속을 유지하도록 옥외의 공기를 제연구역 내로 보충 공급하도록 할 것
3. 출입문이 닫히는 경우 제연구역의 과압을 방지할 수 있는 유효한 조치를 하여 차압을 유지할 것

2.4 제연구역의 선정

제연구역은 다음의 어느 하나에 따라야 한다.

1. 계단실 및 그 부속실을 동시에 제연하는 것
2. 부속실을 단독으로 제연하는 것
3. 계단실을 단독으로 제연하는 것

2.5 차압 등

① 2.3 제1호의 기준에 따라 제연구역과 옥내와의 사이에 유지해야 하는 최소차압은 40 Pa(옥내에 스프링클러설비가 설치된 경우에는 12.5 Pa) 이상으로 해야 한다.

② 제연설비가 가동되었을 경우 출입문의 개방에 필요한 힘은 110 N 이하로 해야 한다.

③ 2.3 제2호의 기준에 따라 출입문이 일시적으로 개방되는 경우 개방되지 않은 제연구역과 옥내와의 차압은 ①항의 기준에도 불구하고 ①항의 기준에 따른 차압의 70 % 이상이어야 한다.

④ 계단실과 부속실을 동시에 제연하는 경우 부속실의 기압은 계단실과 같게 하거나 계단실의 기압보다 낮게 할 경우에는 부속실과 계단실의 압력 차이는 5 Pa 이하가 되도록 해야 한다.

2.6 급기량

급기량은 다음의 양을 합한 양 이상이 되어야 한다.

1. 2.3 제1호의 기준에 따른 차압을 유지하기 위하여 제연구역에 공급해야 할 공기량. 이 경우 제연구역에 설치된 출입문(창문을 포함한다. 이하 "출입문등"이라 한다)의 누설량과 같아야 한다.
2. 2.3 제2호의 기준에 따른 보충량

2.7 누설량

2.6 제1호의 기준에 따른 누설량은 제연구역의 누설량을 합한 양으로 한다. 이 경우 출입문이 2개소 이상인 경우에는 각 출입문의 누설틈새면적을 합한 것으로 한다.

2.8 보충량

2.6 제2호의 기준에 따른 보충량은 부속실의 수가 20개 이하는 1개 층 이상, 20개를 초과하는 경우에는 2개 층 이상의 보충량으로 한다.

2.9 방연풍속

방연풍속은 제연구역의 선정방식에 따라 다음 표의 기준에 적합해야 한다.

제 연 구 역		방연풍속
계단실 및 그 부속실을 동시에 제연하는 것 또는 계단실만 단독으로 제연하는 것		0.5 m/s 이상
부속실만 단독으로 제연하는 것	부속실 또는 승강장이 면하는 옥내가 거실인 경우	0.7 m/s 이상
	부속실이 면하는 옥내가 복도로서 그 구조가 방화구조(내화시간이 30분 이상인 구조를 포함한다)인 것	0.5 m/s 이상

2.10 과압방지조치

제연구역에서 발생하는 과압을 해소하기 위해 과압방지장치를 설치하는 등의 과압방지조치를 해야 한다. 다만, 제연구역 내에 과압발생의 우려가 없다는 것을 시험 또는 공학적인 자료로 입증하는 경우에는 과압방지조치를 하지 않을 수 있다.

2.11 누설틈새의 면적 등

제연구역으로부터 공기가 누설하는 틈새면적은 다음의 기준에 따라야 한다.

1. 출입문의 틈새면적은 다음의 식에 따라 산출하는 수치를 기준으로 할 것. 다만, 방화문의 경우에는 「한국산업표준」에서 정하는 「문세트(KS F 3109)」에 따른 기준을 고려하여 산출할 수 있다.

   $$A = (L/l) \times Ad$$

   여기서, A : 출입문의 틈새(m^2)

   L : 출입문 틈새의 길이(m). 다만, L의 수치가 l의 수치 이하인 경우에는 l의 수치로 할 것

   l : 외여닫이문이 설치되어 있는 경우에는 5.6, 쌍여닫이문이 설치되어 있는 경우에는 9.2, 승강기의 출입문이 설치되어 있는 경우에는 8.0으로 할 것

   Ad : 외여닫이문으로 제연구역의 실내 쪽으로 열리도록 설치하는 경우에는 0.01, 제연구역의 실외 쪽으로 열리도록 설치하는 경우에는 0.02, 쌍여닫이문의 경우에는 0.03, 승강기의 출입문에 대하여는 0.06으로 할 것
2. 창문의 틈새면적은 다음의 식에 따라 산출하는 수치를 기준으로 할 것. 다만, 「한국산업표준」에서 정하는 「창세트(KS F 3117)」에 따른 기준을 고려하여 산출할 수 있다.
   가. 여닫이식 창문으로서 창틀에 방수패킹이 없는 경우
   틈새면적(m^2) = 2.55×10^{-4} × 틈새의 길이(m)
   나. 여닫이식 창문으로서 창틀에 방수패킹이 있는 경우
   틈새면적(m^2) = 3.61×10^{-5} × 틈새의 길이(m)
   다. 미닫이식 창문이 설치되어 있는 경우
   틈새면적(m^2) = 1.00×10^{-4} × 틈새의 길이(m)
3. 제연구역으로부터 누설하는 공기가 승강기의 승강로를 경유하여 승강로의 외부로 유출하는 유출면적은 승강로와 승강로 상부의 기계실 사이의 개구부 면적을 합한

것을 기준으로 할 것

4. 제연구역을 구성하는 벽체(반자속의 벽체를 포함한다)가 벽돌 또는 시멘트블록 등의 조적구조이거나 석고판 등의 조립구조인 경우에는 불연재료를 사용하여 틈새를 조정할 것
5. 제연설비의 완공 시 제연구역의 출입문등은 크기 및 개방방식이 해당 설비의 설계시와 같도록 할 것

2.12 유입공기의 배출

① 유입공기는 화재층의 제연구역과 면하는 옥내로부터 옥외로 배출되도록 해야 한다. 다만, 직통계단식 공동주택의 경우에는 그렇지 않다.

② 유입공기의 배출은 다음의 기준에 따른 배출방식으로 해야 한다.

1. 수직풍도에 따른 배출 : 옥상으로 직통하는 전용의 배출용 수직풍도를 설치하여 배출하는 것으로서 다음의 어느 하나에 해당하는 것
   가. 자연배출식 : 굴뚝효과에 따라 배출하는 것
   나. 기계배출식 : 수직풍도의 상부에 전용의 배출용 송풍기를 설치하여 강제로 배출하는 것. 다만, 지하층만을 제연하는 경우 배출용 송풍기의 설치위치는 배출된 공기로 인하여 피난 및 소화활동에 지장을 주지 않는 곳에 설치할 수 있다.
2. 배출구에 따른 배출 : 건물의 옥내와 면하는 외벽마다 옥외와 통하는 배출구를 설치하여 배출하는 것
3. 제연설비에 따른 배출 : 거실제연설비가 설치되어 있고 해당 옥내로부터 옥외로 배출해야 하는 유입공기의 양을 거실제연설비의 배출량에 합하여 배출하는 경우 유입공기의 배출은 해당 거실제연설비에 따른 배출로 갈음할 수 있다.

2.13 수직풍도에 따른 배출

수직풍도에 따른 배출은 다음의 기준에 적합해야 한다.

1. 수직풍도는 내화구조로 하되「건축물의 피난·방화구조 등의 기준에 관한 규칙」제3조 제1호 또는 제2호의 기준 이상의 성능으로 할 것
2. 수직풍도의 내부면은 두께 0.5 mm 이상의 아연도금강판 또는 동등 이상의 내식성

· 내열성이 있는 것으로 마감하되, 접합부에 대하여는 통기성이 없도록 조치할 것

3. 각 층의 옥내와 면하는 수직풍도의 관통부에는 다음의 기준에 적합한 댐퍼(이하 "배출댐퍼"라 한다)를 설치해야 한다.
   가. 배출댐퍼는 두께 1.5 mm 이상의 강판 또는 이와 동등 이상의 성능이 있는 것으로 설치해야 하며 비 내식성 재료의 경우에는 부식방지 조치를 할 것
   나. 평상시 닫힌 구조로 기밀상태를 유지할 것
   다. 개폐여부를 해당 장치 및 제어반에서 확인할 수 있는 감지기능을 내장하고 있을 것
   라. 구동부의 작동상태와 닫혀 있을 때의 기밀상태를 수시로 점검할 수 있는 구조일 것
   마. 풍도의 내부마감 상태에 대한 점검 및 댐퍼의 정비가 가능한 이·탈착식 구조로 할 것
   바. 화재층에 설치된 화재감지기의 동작에 따라 해당 층의 댐퍼가 개방될 것
   사. 개방 시의 실제 개구부(개구율을 감안한 것을 말한다)의 크기는 제4호의 기준에 따른 수직풍도의 최소 내부단면적 이상으로 할 것
   아. 댐퍼는 풍도 내의 공기흐름에 지장을 주지 않도록 수직풍도의 내부로 돌출하지 않게 설치할 것

4. 수직풍도의 내부단면적은 다음의 기준에 적합할 것
   가. 자연배출식의 경우 다음 식에 따라 산출하는 수치 이상으로 할 것. 다만, 수직풍도의 길이가 100 m를 초과하는 경우에는 산출수치의 1.2배 이상의 수치를 기준으로 해야 한다.

$$AP = QN/2$$

여기서, AP : 수직풍도의 내부단면적(m^2)

QN : 수직풍도가 담당하는 1개 층의 제연구역의 출입문(옥내와 면하는 출입문을 말한다) 1개의 면적(m^2)과 방연풍속(m/s)을 곱한 값(m^3/s)

   나. 송풍기를 이용한 기계배출식의 경우 풍속 15 m/s 이하로 할 것

5. 기계배출식에 따라 배출하는 경우 배출용 송풍기는 다음의 기준에 적합할 것
   가. 열기류에 노출되는 송풍기 및 그 부품들은 250℃의 온도에서 1시간 이상 가동상태를 유지할 것
   나. 송풍기의 풍량은 제4호 가목의 기준에 따른 QN에 여유량을 더한 양을 기준

으로 할 것

다. 송풍기는 화재감지기의 동작에 따라 연동하도록 할 것

라. 송풍기의 풍량을 실측할 수 있는 유효한 조치를 할 것

마. 송풍기는 다른 장소와 방화구획되고 접근과 점검이 용이한 장소에 설치할 것

6. 수직풍도의 상부의 말단(기계배출식의 송풍기도 포함한다)은 빗물이 흘러들지 않는 구조로 하고, 옥외의 풍압에 따라 배출성능이 감소하지 않도록 유효한 조치를 할 것

2.14 배출구에 따른 배출

배출구에 따른 배출은 다음의 기준에 적합해야 한다.

1. 배출구에는 다음의 기준에 적합한 장치(이하 "개폐기"라 한다)를 설치할 것

가. 빗물과 이물질이 유입하지 않는 구조로 할 것

나. 옥외쪽으로만 열리도록 하고 옥외의 풍압에 따라 자동으로 닫히도록 할 것

다. 그 밖의 설치기준은 2.13의 제3호 가목 내지 사목의 기준을 준용할 것

2. 개폐기의 개구면적은 다음 식에 따라 산출한 수치 이상으로 할 것

$$AO = QN/2.5$$

여기서, AO : 개폐기의 개구면적(m^2)

QN : 수직풍도가 담당하는 1개 층의 제연구역의 출입문(옥내와 면하는 출입문을 말한다) 1개의 면적(m^2)과 방연풍속(m/s)을 곱한 값(m^3/s)

2.15 급기

제연구역에 대한 급기는 다음의 기준에 적합해야 한다.

1. 부속실만을 제연하는 경우 동일 수직선상의 모든 부속실은 하나의 전용 수직풍도를 통해 동시에 급기할 것. 다만, 동일 수직선상에 2대 이상의 급기송풍기가 설치되는 경우에는 수직풍도를 분리하여 설치할 수 있다.
2. 계단실 및 부속실을 동시에 제연하는 경우 계단실에 대하여는 그 부속실의 수직풍도를 통해 급기할 수 있다.
3. 계단실만을 제연하는 경우에는 전용 수직풍도를 설치하거나 계단실에 급기풍도

또는 급기송풍기를 직접 연결하여 급기하는 방식으로 할 것
4. 하나의 수직풍도마다 전용의 송풍기로 급기할 것
5. 비상용 승강기 또는 피난용 승강기의 승강장을 제연하는 경우에는 해당 승강기의 승강로를 급기풍도로 사용할 수 있다.

2.16 급기구

제연구역에 설치하는 급기구는 다음의 기준에 적합해야 한다.

1. 급기용 수직풍도와 직접 면하는 벽체 또는 천장(해당 수직풍도와 천장급기구 사이의 풍도를 포함한다)에 고정하되, 급기되는 기류 흐름이 출입문으로 인하여 차단되거나 방해받지 않도록 옥내와 면하는 출입문으로부터 가능한 먼 위치에 설치할 것
2. 계단실과 그 부속실을 동시에 제연하거나 또는 계단실만을 제연하는 경우 급기구는 계단실 매 3개 층 이하의 높이마다 설치할 것. 다만, 계단실의 높이가 31 m 이하로서 계단실만을 제연하는 경우에는 하나의 계단실에 하나의 급기구만을 설치할 수 있다.
3. 급기구의 댐퍼설치는 다음의 기준에 적합할 것
   가. 급기댐퍼의 재질은 「자동차압급기댐퍼의 성능인증 및 제품검사의 기술기준」에 적합한 것으로 할 것
   나. 자동차압급기댐퍼는 「자동차압급기댐퍼의 성능인증 및 제품검사의 기술기준」에 적합한 것으로 설치할 것
   다. 자동차압급기댐퍼가 아닌 댐퍼는 개구율을 수동으로 조절할 수 있는 구조로 할 것
   라. 화재감지기에 따라 모든 제연구역의 댐퍼가 개방되도록 할 것. 다만, 2 이상의 특정소방대상물이 지하에 설치된 주차장으로 연결되어 있는 경우에는 특정소방대상물의 화재감지기 및 주차장에서 하나의 특정소방대상물의 제연구역으로 들어가는 입구에 설치된 제연용 연기감지기의 작동에 따라 해당 특정소방대상물의 수직풍도에 연결된 모든 제연구역의 댐퍼가 개방되도록 하거나 해당 특정소방대상물을 포함한 2 이상의 특정소방대상물의 모든 제연구역의 댐퍼가 개방되도록 할 것
   마. 댐퍼의 작동이 전기적 방식에 의하는 경우 2.13의 제3호 나목 내지 마목의 기준을, 기계적 방식에 따른 경우 2.13의 제3호 다목, 라목 및 마목의 기준을 준

용할 것

바. 그 밖의 설치기준은 2.13의 제3호 가목 및 아목의 기준을 준용할 것

2.17 급기풍도

급기풍도(이하 "풍도"라 한다)의 설치는 다음의 기준에 적합해야 한다.

1. 수직풍도는 2.13의 제1호 및 제2호의 기준을 준용할 것
2. 수직풍도 이외의 풍도로서 금속판으로 설치하는 풍도는 다음의 기준에 적합할 것

가. 풍도는 아연도금강판 또는 이와 동등 이상의 내식성·내열성이 있는 것으로 하며, 「건축법 시행령」 제2조에 따른 불연재료(석면재료를 제외한다)인 단열재로 풍도 외부에 유효한 단열처리를 하고, 강판의 두께는 풍도의 크기에 따라 다음 표에 따른 기준 이상으로 할 것. 다만, 방화구획이 되는 전용실에 급기송풍기와 연결되는 풍도는 단열이 필요 없다.

풍도 단면의 긴 변 또는 직경의 크기	강판 두께
450 mm 이하	0.5 mm
450 mm 초과 750 mm 이하	0.6 mm
750 mm 초과 1,500 mm 이하	0.8 mm
1,500 mm 초과 2,250 mm 이하	1.0 mm
2,250 mm 초과	1.2 mm

나. 풍도에서의 누설량은 급기량의 10 %를 초과하지 않을 것

3. 풍도는 정기적으로 풍도 내부를 청소할 수 있는 구조로 할 것
4. 풍도 내의 풍속은 15 m/s 이하로 할 것

2.18 급기송풍기

급기송풍기의 설치는 다음의 기준에 적합해야 한다.

1. 송풍기의 송풍능력은 송풍기가 담당하는 제연구역에 대한 급기량의 1.15배 이상으로 할 것. 다만, 풍도에서의 누설을 실측하여 조정하는 경우에는 그렇지 않다.
2. 송풍기에는 풍량조절장치를 설치하여 풍량조절을 할 수 있도록 할 것
3. 송풍기에는 풍량을 실측할 수 있는 유효한 조치를 할 것

4. 송풍기는 인접장소의 화재로부터 영향을 받지 않고 접근 및 점검이 용이한 장소에 설치할 것
5. 송풍기는 옥내의 화재감지기의 동작에 따라 작동하도록 할 것
6. 송풍기와 연결되는 캔버스는 내열성(석면재료를 제외한다)이 있는 것으로 할 것

2.19 외기취입구

외기취입구(이하 "취입구"라 한다)는 다음의 기준에 적합해야 한다.

1. 외기를 옥외로부터 취입하는 경우 취입구는 연기 또는 공해물질 등으로 오염된 공기를 취입하지 않는 위치에 설치해야 하며, 배기구 등(유입공기, 주방의 조리대의 배출공기 또는 화장실의 배출공기 등을 배출하는 배기구를 말한다)으로부터 수평거리 5 m 이상, 수직거리 1 m 이상 낮은 위치에 설치할 것
2. 취입구를 옥상에 설치하는 경우에는 옥상의 외곽면으로부터 수평거리 5 m 이상, 외곽면의 상단으로부터 하부로 수직거리 1 m 이하의 위치에 설치할 것
3. 취입구는 빗물과 이물질이 유입하지 않는 구조로 할 것
4. 취입구는 취입공기가 옥외의 바람의 속도와 방향에 따라 영향을 받지 않는 구조로 할 것

2.20 제연구역 및 옥내의 출입문

① 제연구역의 출입문은 다음의 기준에 적합해야 한다.

1. 제연구역의 출입문(창문을 포함한다)은 언제나 닫힌 상태를 유지하거나 자동폐쇄장치에 의해 자동으로 닫히는 구조로 할 것. 다만, 아파트인 경우 제연구역과 계단실 사이의 출입문은 자동폐쇄장치에 의하여 자동으로 닫히는 구조로 해야 한다.
2. 제연구역의 출입문에 설치하는 자동폐쇄장치는 제연구역의 기압에도 불구하고 출입문을 용이하게 닫을 수 있는 충분한 폐쇄력이 있을 것
3. 제연구역의 출입문 등에 자동폐쇄장치를 사용하는 경우에는 「자동폐쇄장치의 성능인증 및 제품검사의 기술기준」에 적합한 것으로 설치할 것

② 옥내의 출입문(2.9의 표에 따른 방화구조의 복도가 있는 경우로서 복도와 거실 사이의 출입문에 한한다)은 다음의 기준에 적합해야 한다.

1. 출입문은 언제나 닫힌 상태를 유지하거나 자동폐쇄장치에 의해 자동으로 닫히는 구조로 할 것
2. 거실 쪽으로 열리는 구조의 출입문에 자동폐쇄장치를 설치하는 경우에는 출입문의 개방 시 유입공기의 압력에도 불구하고 출입문을 용이하게 닫을 수 있는 충분한 폐쇄력이 있는 것으로 할 것

2.21 수동기동장치

① 배출댐퍼 및 개폐기의 직근 또는 제연구역에는 다음의 기준에 따른 장치의 작동을 위하여 수동기동장치를 설치하고 스위치는 바닥으로부터 0.8 m 이상 1.5 m 이하의 높이에 설치해야 한다. 다만, 계단실 및 그 부속실을 동시에 제연하는 제연구역에는 그 부속실에만 설치할 수 있다.

1. 모든 층의 제연구역에 설치된 급기댐퍼의 개방
2. 해당 층의 배출댐퍼 또는 개폐기의 개방
3. 급기송풍기 및 유입공기의 배출용 송풍기(설치한 경우에 한한다)의 작동
4. 개방·고정된 모든 출입문(제연구역과 옥내 사이의 출입문에 한한다)의 개폐장치의 작동

② ①항의 기준에 따른 장치는 옥내에 설치된 수동발신기의 조작에 따라서도 작동할 수 있도록 해야 한다.

2.22 제어반

제연설비의 제어반은 다음의 기준에 적합하도록 설치해야 한다.

1. 제어반에는 제어반의 기능을 1시간 이상 유지할 수 있는 용량의 비상용 축전지를 내장할 것. 다만, 해당 제어반이 종합방재제어반에 함께 설치되어 종합방재제어반으로부터 이 기준에 따른 용량의 전원을 공급받을 수 있는 경우에는 그렇지 않다.
2. 제어반은 다음의 기능을 보유할 것

가. 급기용 댐퍼의 개폐에 대한 감시 및 원격조작기능

나. 배출댐퍼 또는 개폐기의 작동여부에 대한 감시 및 원격조작기능

다. 급기송풍기와 유입공기의 배출용 송풍기(설치한 경우에 한한다)의 작동여부에 대한 감시 및 원격조작기능

라. 제연구역의 출입문의 일시적인 고정개방 및 해정에 대한 감시 및 원격조작기능
마. 수동기동장치의 작동여부에 대한 감시기능
바. 급기구 개구율의 자동조절장치(설치하는 경우에 한한다)의 작동여부에 대한 감시기능. 다만, 급기구에 차압표시계를 고정 부착한 자동차압급기댐퍼를 설치하고 해당 제어반에도 차압표시계를 설치한 경우에는 그렇지 않다.
사. 감시선로의 단선에 대한 감시기능
아. 예비전원이 확보되고 예비전원의 적합여부를 시험할 수 있어야 할 것

2.23 비상전원

비상전원은 자가발전설비, 축전지설비 또는 전기저장장치(외부 전기에너지를 저장해 두었다가 필요한 때 전기를 공급하는 장치)로서 다음의 기준에 따라 설치해야 한다. 다만, 2 이상의 변전소(「전기사업법」 제67조 및 「전기설비기술기준」 제3조제2호에 따른 변전소를 말한다)에서 전력을 동시에 공급받을 수 있거나 하나의 변전소로부터 전력의 공급이 중단되는 때에는 자동으로 다른 변전소로부터 전원을 공급받을 수 있도록 상용전원을 설치한 경우에는 그렇지 않다.

1. 점검에 편리하고 화재 및 침수 등의 재해로 인한 피해를 받을 우려가 없는 곳에 설치할 것
2. 제연설비를 유효하게 20분 이상 작동할 수 있도록 할 것
3. 상용전원으로부터 전력의 공급이 중단된 때에는 자동으로 비상전원으로부터 전력을 공급받을 수 있도록 할 것
4. 비상전원의 설치장소는 다른 장소와 방화구획 할 것. 이 경우 그 장소에는 비상전원의 공급에 필요한 기구나 설비 외의 것(열병합발전설비에 필요한 기구나 설비는 제외한다)을 두어서는 안 된다.
5. 비상전원을 실내에 설치하는 때에는 그 실내에 비상조명등을 설치할 것

연습문제

01 스모크타워 제연방식에 대하여 간단히 서술하시오.

02 예상제연구역의 바닥면적이 60 m^2인 배출기의 배출량(m^3/hr)은?

03 6층 이상의 건축물로서 해당 용도로 사용되는 부분은 건축관련법령에 의하여 제연설비를 설치해야 한다. 다음 제연설비에 관한 물음에 답하시오.

가) 배연구에서 측정한 평균풍속이 200 cm^2/sec, 배연구의 유효면적이 2.0 m^2이고, 실내온도가 20℃일 때 풍량(m^3/min)을 구하시오.

나) 전압 30 mmAq이고, 효율이 60%, 전압력 손실과 배연량 누수도 고려한 여유율을 10% 증가시킨 것으로 할 때 가)의 풍량을 송풍할 수 있는 배연기의 동력(kW)을 구하시오.

04 어떤 지하상가에 제연설비를 화재안전기준과 아래 조건에 따라 설치하려고 한다.

조건

(1) 주덕트의 높이제한은 600 mm이다(강판두께, 덕트플랜지 및 보온두께는 고려하지 않는다).
(2) 배출기는 원심다익형이다.
(3) 각종 효율은 무시한다.
(4) 예상제연구역의 설계배출량은 45,000 m^3/hr이다.

가) 배출기의 흡입측 주덕트의 최소폭(m)을 계산하시오.

나) 배출기의 배출측 주덕트의 최소폭(m)을 계산하시오.

다) 준공 후 풍량시험을 한 결과 풍량은 36,000 m^3/hr, 회전수는 600 rpm, 축동력은 7.5 kW 측정되었다. 배출량 45,000 m^3/hr를 만족시키기 위한 배출기 회전수(rpm)를 계산하시오.

라) 회전수를 높여서 배출량을 만족시킬 경우의 예상축동력(kW)을 계산하시오.

05 그림은 서로 직렬된 2개의 실 I · II의 평면도로서 A_1, A_2는 출입문이며, 각 실은 출입문 이외의 틈새가 없다고 한다. 출입문이 닫힌 상태에서 실 I를 급기 · 가압하여 실 I와 외부간의 50파스칼의 기압차를 얻기 위하여 실 I에 급기시켜야 할 풍량은 몇 m^3/sec가 되겠는가? (단, 닫힌문 A_1, A_2에 의해 공기가 유통될 수 있는 면적은 각각 0.02 m^2이며, 임의의 어느 실에 대한 급기량 Q (m^3/sec)와 얻고자 하는 기압차 P (파스칼)의 관계식은 $Q = 0.827 \times A \times P^{\frac{1}{2}}$ 이다)

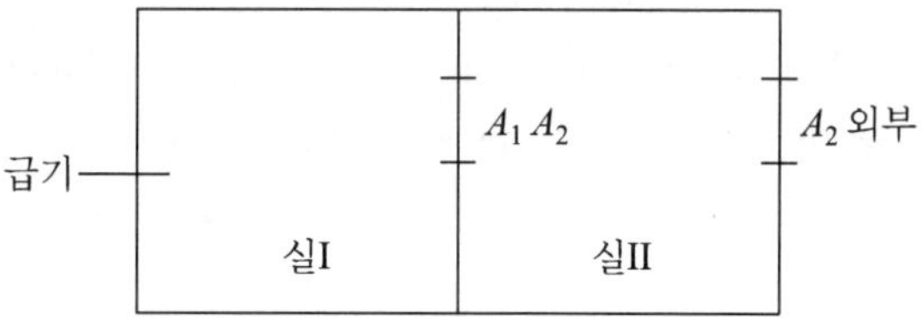

06 어느 제연구역의 계단실을 급기기압하여 제연하려고 한다. 보충량이 500 m^3/min일 때 플랩댐퍼의 날개면적(m^2)은?

해답

01 제연전용굴뚝 또는 환기통을 설치하여 화재 시 발생한 열기류의 부력이나 지붕상부에 설치된 루프모니터 등이 바람에 의한 회전력으로 생긴 흡인력을 이용하여 연기를 배출시키는 방식으로 자연제연의 일부이며 고층빌딩에 적합하다.

02 배출량(m^3/min) = 바닥면적(m^2) × 1 m^3/ m^2 · min

바닥면적 400 m^2 미만인 경우 최저치 5,000 m^3/hr 이상

배출량(m^3/min) = 바닥면적 60 m^2 × 1 m^3/ m^2 · min = 60 m^3/min = 3,600 m^3/hr

=5,000 m^3/hr 이상 (바닥면적 400 m^2 미만인 경우)

03 가) $Q = AV$

여기서, Q : 풍량(m^3/min)

A : 면적(m^2)

V : 풍속(m/min)

Q (풍량) = 2.0 m^2 × 200 cm^2/sec = 2.0 m^2 × 200 cm^2/sec × 60 sec/min

= 240 m^3/min

나) $P = \dfrac{P_T Q}{102 \times 60\eta} K$

여기서, P : 배연기 동력(kW)

P_T : 전압(풍압)(mmAq, mmH_2O)

Q : 풍량(m^3/min)

K : 여유율

η : 효율

$$P = \frac{P_T Q}{102 \times 60\eta} K = \frac{30\,\mathrm{mmAq} \times 240\,\mathrm{m^3/min}}{102 \times 60 \times 0.6} \times 1.1 = 2.156$$

$= 2.16\ \mathrm{kW}$

* 여유율(k) 10% 증가는 1.1이 된다.

04 가) $Q = 45{,}000\,\mathrm{m^3/hr} = 45{,}000\,\mathrm{m^3}/3{,}600\,\mathrm{sec} = 12.5\,\mathrm{m^3/sec}$

배출기 흡입측 풍도 안의 풍속은 15 m/sec 이하, 배출측 풍속은 20 m/sec 이하이다.

$Q = AV$

흡입측 단면적 $A = \dfrac{Q}{V} = \dfrac{12.5\,\mathrm{m^3/sec}}{15\,\mathrm{m/sec}} = 0.833 = 0.83\,\mathrm{m^2}$

흡입측 주덕트의 폭 $L = \dfrac{0.83\,\mathrm{m^2}}{0.6\,\mathrm{m}} = 1.383 = 1.38\,\mathrm{m}$

나) 배출측 단면적 $A = \frac{Q}{V} = \frac{12.5\,\text{m}^3/\text{sec}}{20\,\text{m/sec}} = 0.625 = 0.63\,\text{m}^2$

배출측 주덕트의 폭 $L = \frac{0.63\,\text{m}^2}{0.6\,\text{m}} = 1.05\,\text{m}$

다) ① 유량(풍량)

$$Q' = Q\left(\frac{N'}{N}\right)\left(\frac{D'}{D}\right)^3 \text{ 또는 } Q' = Q\left(\frac{N'}{N}\right)$$

② 양정

$$H' = H\left(\frac{N'}{N}\right)^2\left(\frac{D'}{D}\right)^2 \text{ 또는 } H' = H\left(\frac{N'}{N}\right)^2$$

③ 축동력

$$P' = P\left(\frac{N'}{N}\right)^3\left(\frac{D'}{D}\right)^5 \text{ 또는 } P' = P\left(\frac{N'}{N}\right)^3$$

여기서, Q' : 변경 후 유량(풍량)(m^3/min)
Q : 변경 전 유량(풍량)(m^3/min)
N' : 변경 후 회전수(rpm)
N : 변경 전 회전수(rpm)
D' : 변경 후 관경(mm)
D : 변경 전 관경(mm)

배출기 회전수 N은

$$N' = N\left(\frac{Q'}{Q}\right) = 600\,\text{rpm} \times \left(\frac{45{,}000\,\text{m}^3/\text{hr}}{36{,}000\,\text{m}^3/\text{hr}}\right) = 750\,\text{rpm}$$

라) $P' = P\left(\frac{N'}{N}\right)^3 = 7.5\,\text{kw} \times \left(\frac{750\,\text{rpm}}{600\,\text{rpm}}\right)^3 = 14.648 = 14.65\,\text{kw}$

05 누설틈새면적

① 직렬상태

$$A = \frac{1}{\sqrt{\frac{1}{A_1^2} + \frac{1}{A_2^2} + \cdots}}$$

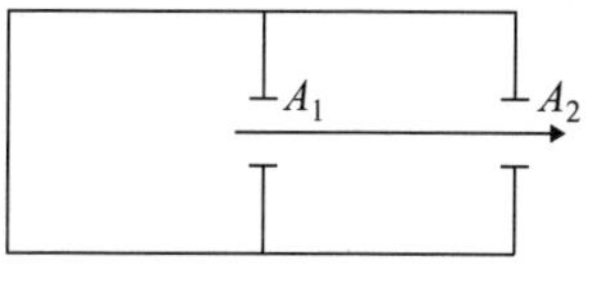

여기서, A : 전체 누설틈새면적(m^2)
A_1, A_2 : 각 실의 누설틈새면적(m^2)

② 병렬상태

$A = A_1 + A_2 + \cdots$

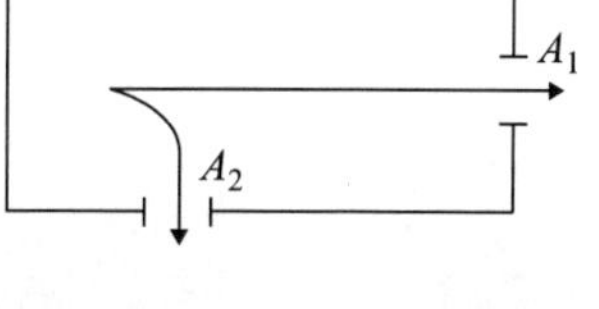

여기서, A : 전체 누설틈새면적(m^2)
A_1, A_2 : 각 실의 누설틈새면적(m^2)

누설틈새면적 A는(차압 = 기압차)

누설틈새면적 A는

$$A = \frac{1}{\sqrt{\frac{1}{A_1^2} + \frac{1}{A_2^2} + \cdots}} = \frac{1}{\sqrt{\frac{1}{0.02^2} + \frac{1}{0.02^2}}} = 0.014\,\mathrm{m}^2$$

$$Q = 0.827A\sqrt{P}$$

여기서, Q : 누설량($\mathrm{m^3/sec}$)

A : 누설틈새면적($\mathrm{m^2}$)

P : 차압(Pa)

누설량 Q는

$$Q = 0.827A\sqrt{P} = 0.827 \times 0.014\,\mathrm{m}^2 \times \sqrt{50\mathrm{Pa}} = 0.081 = 0.08\,\mathrm{m^3/sec}$$

06 $$Ar = \frac{q}{5.85}$$

여기서, Ar : 플랩댐퍼의 날개면적($\mathrm{m^2}$)

q : 보충량($\mathrm{m^3/sec}$)

플랩댐퍼의 날개면적 Ar는

$$Ar = \frac{q}{5.85} = \frac{500\,\mathrm{m^3/min}}{5.85} = \frac{500\,\mathrm{m^3/60sec}}{5.85} = 1.424 = 1.42\,\mathrm{m}^2 \text{ 이상}$$

3. 연결살수설비

3.1 개요

화재 시에 연기나 열기가 차기 쉬운 지하층을 대상으로 하여 소방 펌프차에서 송수구를 통해 압력수를 보내고, 살수헤드에서 살수하여 소화하는 설비. 살수헤드에는 폐쇄형과 개방형이 있다.

3.2 연결살수설비의 구성

연결살수설비는 송수구, 선택밸브, 배관, 살수헤드 등으로 구성되어 있다.

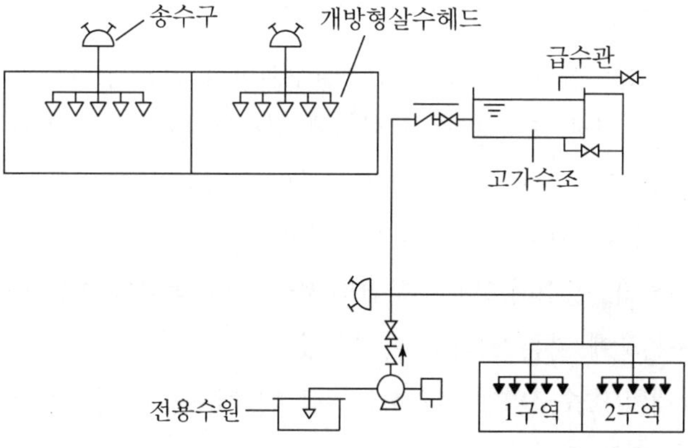

그림 5-1 연결살수설비의 계통도

3.3 연결살수설비의 형태

1) 개방형헤드를 사용하는 경우

연결살수설비가 되어 있는 건축물의 1층 벽면에 설치된 송수구로부터 소방자동차 등에 의해서 수원을 공급받아 개방형 살수헤드로 물을 살수할 수 있게 설치된 연결살수설비를 말한다.

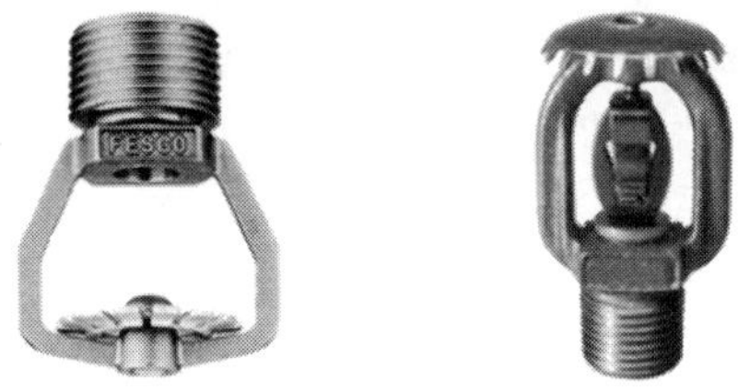

그림 5-2 (좌) 개방형헤드 (우) 폐쇄형헤드

2) 폐쇄형헤드를 사용하는 경우

연결살수설비용 주배관에 옥내소화전설비의 주배관 및 수도배관 또는 옥상에 설치된 수조에 접속하여 설치한다. 이 때 접속부분에는 체크밸브를 설치해야 한다.

3) 연결살수설비의 헤드 설치기준

연결살수설비의 헤드는 연결살수설비의 전용헤드나 스프링클러헤드로 설치할 수 있으며, 천장 또는 반자의 실내에 면하는 부분에 설치해야 한다.

천장 또는 반자의 각 부분으로부터 하나의 살수헤드까지의 수평거리가 연결살수설비 전용헤드의 경우에는 3.7 m 이하, 스프링클러헤드의 경우는 2.3 m 이하가 되도록 설치하되, 살수헤드의 부착면과 바닥과의 높이가 2.1 m 이하인 경우는 살수헤드의 살수분포에 따른 거리로 할 수 있다.

1개의 송수구역에 설치하는 헤드의 개수는 개방형을 사용하는 경우에는 10개 이하로 해야 한다.

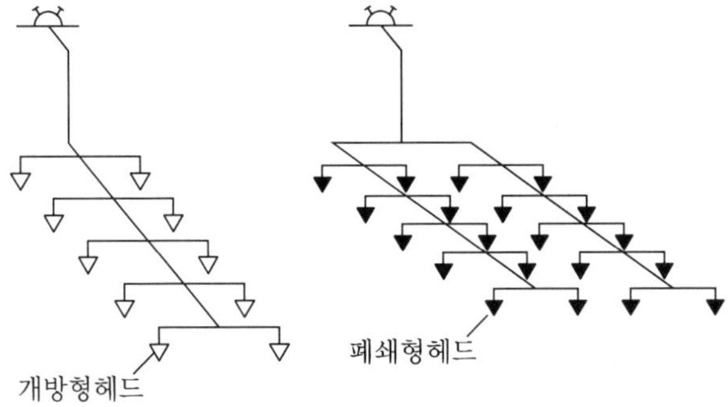

그림 5-3 연결살수설비의 설치도

4. 연결송수관설비

4.1 개요

연결송수관설비란 고층건축물, 지하건축물, 복합건축물, 아케이드용 건축물 등에 설치하여 초기 소화를 목적으로 설치한 스프링클러, 물분무설비, 옥내소화전설비 등을 도와 소화활동을 원활하게 하기 위해서 설치하는 소화활동설비이다.

이 설비는 자체의 수원으로부터 수원을 공급받거나, 소방대로부터 건축물의 벽면에 설치된 송수구로부터 수원을 공급받아 건축물 내의 화재를 소화하도록 되어 있다.

또한 건축물의 3층부터 설치한 방수구에 소방용 호스와 방사형 노즐을 연결형으로 설치해야 하며, 방수구가 가장 많이 설치된 층을 기준하여 3개 층마다 방수기구함을 설치하되 그 층의 방수구마다 보행거리 5 m 이내에 설치해야 한다.

4.2 구성

송수구, 배관, 방수기구함, 방수구, 소방용 호스, 방사형관창 등으로 구성되어 있다.

4.3 연결송수관설비의 종류

1) 습식배관방식

높이가 31 m 이상 되는 건축물과 11층 이상의 건축물에 설치하는 연결송수관설비의 형태로서 건축물의 옥상에 고가수조를 설치하여 고가수조 자연낙차 압력을 이용해 소방차로부터 수원을 공급받는 송수구 방향에 설치된 체크밸브에 이르는 배관 내에 항상 물이 충만되어 있도록 설치한 본격 소화용의 설비이다.

2) 건식배관방식

건축물의 1층 벽면 또는 화단 벽면에 설치된 송수구로부터 건축물의 최상층에 설치된 방수구까지의 배관에 소화약제로 사용되는 물이 충전되어 있지 않은 연결송수관설비이다.

건식방식 고층에 사용하지 않고 10층 이하의 건축물에 설치된다.

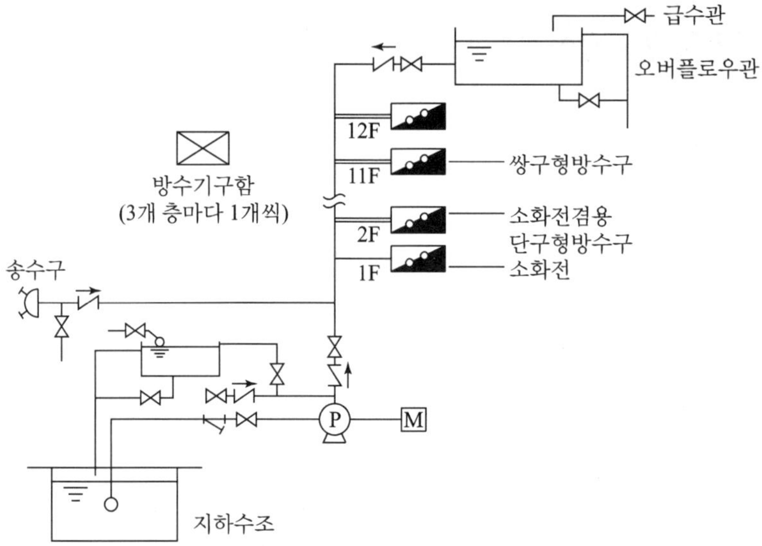

그림 5-4 옥내소화전과 겸용한 연결송수관설비의 계통도

4.4 송수구, 방수구 등

1) 설비의 개요

지하가 또는 지하실 화재에 있어서는 농연이 충만하기 때문에 소방대의 진입이 극히 어렵고 또한 화점 부분에 유효하게 주수하는 것이 곤란한 경우가 많다. 연결살수설비는 이러한 일정 규모 이상의 판매시설 및 지하층과 그곳의 연결통로의 천장면에 살수헤드를 설치하여 화재 시 수관을 연장하지 않고 소방펌프차로부터 송수된 가압송수에 의하여 살수시켜 소화하는 설비이다.

그림 5-5

2) 설치대상

가) 판매시설, 운수시설, 창고시설 중 물류터미널로서 해당 용도로 사용되는 부분의 바닥면적의 합계가 1,000 m^2 이상인 경우에는 해당 시설

나) 지하층(피난층으로 주된 출입구가 도로와 접한 경우는 제외한다)으로서 바닥면적의 합계가 150 m^2 이상인 경우에는 지하층의 모든 층. 다만, 「주택법 시행령」 제46조제1항에 따른 국민주택규모 이하인 아파트등의 지하층(대피시설로 사용하는 것만 해당한다)과 교육연구시설 중 학교의 지하층의 경우에는 700 m^2 이상인 것으로 한다.

다) 가스시설 중 지상에 노출된 탱크의 용량이 30 ton 이상인 탱크시설

라) 가) 및 나)의 특정소방대상물에 부속된 연결통로

5. 연소방지설비

5.1 개요

연소방지설비는 지하구의 연소방지를 위한 것으로 연소방지 전용헤드나 스프링클러헤드를 천장 또는 벽면에 설치하여 지하구의 화재를 방지하는 설비이다.

5.2 법적 설치대상물

연소방지설비는 대통령령이 정하는 지하구(전력 또는 통신사업용인 것만 해당한다)에 설치해야 한다.

1. 영업(사업)을 목적으로 설치되는 전력 또는 통신용 지하구일 것
2. 집합수용하기 위하여 설치한 지하 인공구조물일 것
3. 사람이 점검 또는 보수하기 위하여 출입이 가능할 것
4. 폭 1.0 m 이상, 높이 2 m 이상, 길이 500 m 이상일 것

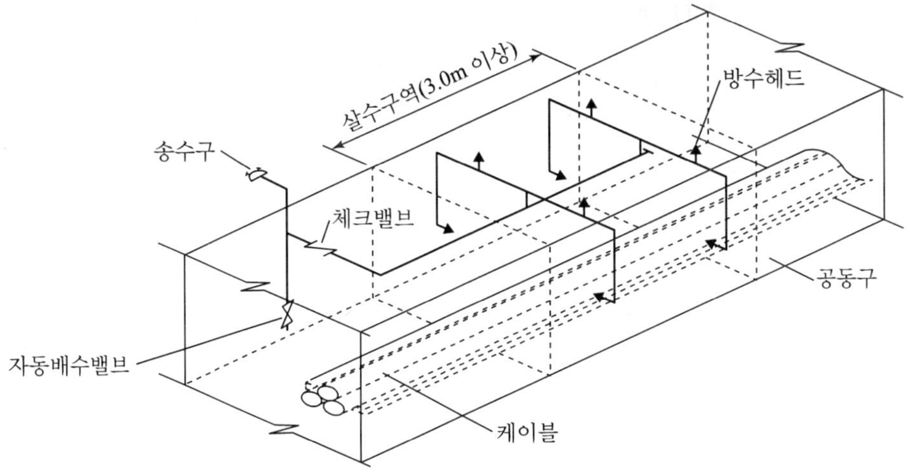

그림 5-6 연소방지설비 계통도

5.3 정의

이 기준에서 사용하는 용어의 정의는 다음과 같다.

1. "분전반"이란 분기개폐기 · 분기과전류차단기와 그밖에 배선용기기 및 배선을 금속제 외함에 수납한 것을 말한다.
2. "헤드"란 연소방지설비 전용헤드 또는 개방형 스프링클러헤드를 말한다.
3. "방화벽"이란 화재 시 발생한 열, 연기 등의 확산을 방지하기 위하여 설치하는 벽을 말한다.
4. "연소방지재"란 케이블 · 전선 등에 칠하여 가열할 경우 칠한 막의 부분이 발포(發泡)하거나 단열의 효과가 있어 케이블 · 전선 등이 연소하는 것을 지연시키는 도료를 말한다.
5. "발포성"이란 불꽃이 접촉할 때 발포하여 불꽃의 전파를 지연 또는 차단시키는 성질을 말한다.
6. "비발포성"이란 불꽃이 접촉할 때 발포하지 아니 하지만 단열효과가 있어 불꽃의 전파를 지연 또는 차단시키는 성질을 말한다.
7. "유성도료"란 유기용제에 용해 또는 희석하여 사용하는 도료를 말한다.
8. "수성도료"란 물에 용해 또는 희석하여 사용하는 도료를 말한다.
9. "난연테이프"란 케이블 · 전선 등에 감아 케이블 · 전선 등이 연소하는 것을 지연시키는 테이프를 말한다.

5.4 배관

① 배관용 탄소강관(KS D 3507) 또는 압력배관용 탄소강관(KS D 3562)이나 이와 같은 수준 이상의 강도·내부식성 및 내열성을 가진 것으로 할 것

② 급수배관(송수구로부터 연소방지설비 헤드에 급수하는 배관을 말한다. 이하 같다)은 전용으로 할 것

③ 배관의 구경은 다음의 기준에 적합한 것이어야 한다.

1. 연소방지설비 전용헤드를 사용하는 경우에는 다음 표에 따른 구경 이상으로 할 것

하나의 배관에 부착하는 연소방지설비 전용헤드의 개수	1개	2개	3개	4개 또는 5개	6개 이상
배관의 구경	32 mm	40 mm	50 mm	65 mm	80 mm

2. 개방형 스프링클러헤드를 사용하는 경우에는 「스프링클러설비의 화재안전기술기준(NFTC 103)」 2.5.3.3의 표에 따를 것

④ 교차배관은 가지배관과 수평으로 설치하거나 또는 가지배관 밑에 설치하고, 그 구경은 ③항에 따르되, 최소구경이 40 mm 이상이 되도록 할 것

⑤ 배관에 설치되는 행거는 다음의 기준에 따라 설치할 것

1. 가지배관에는 헤드의 설치지점 사이마다 1개 이상의 행거를 설치하되, 헤드간의 거리가 3.5 m를 초과하는 경우에는 3.5 m 이내마다 1개 이상 설치할 것. 이 경우 상향식 헤드와 행거 사이에는 8 cm 이상의 간격을 두어야 한다.
2. 교차배관에는 가지배관과 가지배관 사이마다 1개 이상의 행거를 설치하되, 가지배관 사이의 거리가 4.5 m를 초과하는 경우에는 4.5 m 이내마다 1개 이상 설치할 것
3. 제1호와 제2호의 수평주행배관에는 4.5 m 이내마다 1개 이상 설치할 것

⑥ 확관형 분기배관을 사용할 경우에는 소방청장이 정하여 고시한 「분기배관의 성능인증 및 제품검사의 기술기준」에 적합한 것으로 설치할 것

5.5 헤드

헤드는 다음의 기준에 따라 설치해야 한다.

1. 천장 또는 벽면에 설치할 것
2. 헤드간의 수평거리는 연소방지설비 전용헤드의 경우에는 2 m 이하, 개방형 스프

링클러헤드의 경우에는 1.5 m 이하로 할 것

3. 소방대원의 출입이 가능한 환기구·작업구마다 지하구의 양쪽 방향으로 살수헤드를 설정하되, 한쪽 방향의 살수구역의 길이는 3 m 이상으로 할 것. 다만, 환기구 사이의 간격이 700 m를 초과할 경우에는 700 m 이내마다 살수구역을 설정하되, 지하구의 구조를 고려하여 방화벽을 설치한 경우에는 그렇지 않다.
4. 연소방지설비 전용헤드를 설치할 경우에는 「소화설비용 헤드의 성능인증 및 제품검사 기술기준」에 적합한 살수헤드를 설치할 것

5.6 송수구

송수구는 다음의 기준에 따라 설치해야 한다.

1. 소방차가 쉽게 접근할 수 있는 노출된 장소에 설치하되, 눈에 띄기 쉬운 보도 또는 차도에 설치할 것
2. 송수구는 구경 65 mm의 쌍구형으로 할 것
3. 송수구로부터 1 m 이내에 살수구역 안내표지를 설치할 것
4. 지면으로부터 높이가 0.5 m 이상 1 m 이하의 위치에 설치할 것
5. 송수구의 가까운 부분에 자동배수밸브(또는 직경 5 mm의 배수공)를 설치할 것. 이 경우 자동배수밸브는 배관 안의 물이 잘 빠질 수 있는 위치에 설치하되, 배수로 인하여 다른 물건 또는 장소에 피해를 주지 않아야 한다.
6. 송수구로부터 주배관에 이르는 연결배관에는 개폐밸브를 설치하지 않을 것
7. 송수구에는 이물질을 막기 위한 마개를 씌울 것

5.7 연소방지재

지하구 내에 설치하는 케이블·전선 등에는 다음의 기준에 따라 연소방지재를 설치해야 한다. 다만, 케이블·전선 등을 다음 제1호의 난연성능 이상을 충족하는 것으로 설치한 경우에는 연소방지재를 설치하지 않을 수 있다.

1. 연소방지재는 한국산업표준(KS C IEC 60332-3-24)에서 정한 난연성능 이상의 제품을 사용하되 다음의 기준을 충족할 것
   가. 시험에 사용되는 연소방지재는 시료(케이블 등)의 아래쪽(점화원으로부터 가까운 쪽)으로부터 30 cm 지점부터 부착 또는 설치할 것

나. 시험에 사용되는 시료(케이블 등)의 단면적은 325 mm^2로 할 것

다. 시험성적서의 유효기간은 발급 후 3년으로 할 것

2. 연소방지재는 다음의 기준에 해당하는 부분에 제1호와 관련된 시험성적서에 명시된 방식으로 시험성적서에 명시된 길이 이상으로 설치하되, 연소방지재 간의 설치간격은 350 m를 넘지 않도록 해야 한다.

가. 분기구

나. 지하구의 인입부 또는 인출부

다. 절연유 순환펌프 등이 설치된 부분

라. 기타 화재발생 위험이 우려되는 부분

3. 연소방지도료 및 난연테이프의 성능기준 및 시험방법은 다음 각 목의 기준에 따를 것. 다만, 난연테이프의 경우 라목 및 마목의 규정만을 시험한다.

가. 연소방지도료에는 인체에 유해한 석면 등이 함유되어서는 안 되며, 난연처리하는 케이블·전선 등의 기능에 변화를 일으키지 않을 것

나. 건조에 대한 시험 : KS M 5000 중 시험방법 2511[도료의 건조시간 시험방법(바니쉬·락카·에나멜 및 수성도료) 또는 시험방법 2512(도료의 건조시간 시험방법(유성도료)]에 따라 7일간 자연건조 하였을 경우 고화건조, 경화건조, 불접착건조 또는 완전건조 중 하나에 해당될 것. 다만, 가열 건조할 경우는 65 ± 2℃에서 24시간 건조한다.

다. 산소지수

(1) 시험을 위한 시료는 KS M 5000 중 1121(도료 시험용 유리판 조제 방법)의 방법으로 두께 3 mm, 가로 6 mm, 세로 150 mm의 크기로 제작할 것

(2) 시료의 건조는 50 ± 2℃인 항온 건조기 안에서 24시간 건조한 후 실리카겔을 넣은 데시케이터 안에 2시간 동안 넣어둘 것

(3) 시료의 연소시간이 3분간 지속되거나 또는 착염 후 탄화길이가 50 mm일 때까지 연소가 지속될 때의 최저의 산소유량과 질소유량을 측정하여 산소지수값을 다음 계산식에 따라 산출하되, 산소지수는 평균 30 이상이어야 할 것. 다만, 난연테이프의 산소지수는 평균 28 이상이어야 한다.

$$\text{산소지수} = \frac{Q_2}{Q_2 + N_2} \times 100$$

여기서, Q_2 : 산소유량(L/min)

N_2 : 질소유량(L/min)

라. 난연성시험

(1) 시료의 길이가 2,400 mm인 전선에 연소방지도료 또는 난연테이프를 도포(감은)한 것으로 할 것

(2) 난연성시험기는 금속제수직형트레이와 별도의 리본가스버너를 사용할 것

(3) 트레이는 사다리 형태이며, 깊이 75 mm, 너비 300 mm, 길이 2,440 mm로 할 것

(4) 리본가스버너의 불꽃의 길이는 380 mm 이상이어야 하고, 트레이격자 사이의 시료중심에 불꽃이 닿도록 할 것

(5) 버너면은 시험편 표면에서부터 76 mm 간격을 두어야 하며, 수직형트레이 바닥에서 600 mm 높이에 수평으로 장치해야 할 것

(6) 수직형트레이 시험기의 온도측정용 온도감지센서는 불꽃 가까이에 설치하여야 하며, 시험편과 닿지 않도록 3 mm의 거리를 두어 설치해야 할 것

(7) 시료의 배열은 수직형트레이 중심부분에 시료를 단층으로 배열하고 전선의 직경 1/2간격으로 폭 150 mm 이상이 되도록 금속제 사다리 중앙부에 배열할 것

(8) 가열온도를 816 ± 10℃를 유지하면서 20분간 가열한 후 불꽃을 제거하였을 때 자연소화 되어야 하며, 시험체가 전소되지 않아야 할 것

마. 발연량 : ASTM E 662(고체물질에서 발생하는 연기의 특성광학밀도)의 방법으로 발연량을 측정하였을 때 최대연기밀도가 400 이하이어야 할 것

4. 성능시험을 위한 시료채취는 다음 각 목에 따를 것

가. 시료채취는 KS M 5000(도료 및 관련원료 시험방법) 중 시험방법 1021(도료의 시료 채취방법)에 따를 것

나. 성능시험을 위한 시험판은 KS D 3512(냉간압연강판 및 강대) 또는 이와 동등 이상의 것으로 두께 0.8 mm, 가로 70 mm, 세로 150 mm인 것으로 하며, 전선은 직경 10～20ϕ 또는 22.9 kV CN-CV(동심 중성선 전력케이블) 325 mm^2, 피복은 흑색 폴리에틸렌을 혼합한(Black Polyethylene Compound) 것으로 할 것

다. 시험을 위한 시험판 또는 전선에 도료를 분무기 또는 붓으로 칠하여 직사광선을 피하여 수직으로 7일 이상 건조한 것으로 할 것. 이 경우 건조한 도료의 도포두께는 1.0 mm 이내이어야 할 것

CHAPTER 6

도로터널 소방시설

1. 개정이유

소방안전관리대상물의 출입자가 쉽게 알 수 있도록 소방안전관리자의 성명 등을 게시하도록 「화재예방, 소방시설 설치·유지 및 안전관리에 관한 법률」이 개정(법률 제13917호, 2016.1.27. 공포, 2017.1.28. 시행)됨에 따라, 법률에서 위임된 게시내용, 게시방법 등을 규정하는 한편, 소방안전관리자 강습교육의 현장 적용성을 제고하기 위하여, 강습교육 과목, 운영방법 및 교육수수료를 합리적으로 조정하는 등 현행 제도의 운영상 나타난 일부 미비점을 개선 보완하려는 것이다.

2. 용어의 정의

용어의 정의는 다음과 같다.

1. "도로터널"이란 「도로법」 제10조에 따른 도로의 일부로서 자동차의 통행을 위해 지붕이 있는 구조물을 말한다.
2. "설계화재강도"란 터널 내 화재 시 소화설비 및 제연설비 등의 용량산정을 위해 적용하는 차종별 최대열방출률(MW)을 말한다.
3. "횡류환기방식"이란 터널 안의 배기가스와 연기 등을 배출하는 환기방식으로서 기류를 횡방향(바닥에서 천장)으로 흐르게 하여 환기하는 방식을 말한다.
4. "대배기구방식"이란 횡류환기방식의 일종으로 배기구에 개방/폐쇄가 가능한 전동댐퍼를 설치하여 화재 시 화재지점 부근의 배기구를 개방하여 집중적으로 배연할 수 있는 제연방식을 말한다.
5. "종류환기방식"이란 터널 안의 배기가스와 연기 등을 배출하는 환기방식으로서

기류를 종방향(출입구 방향)으로 흐르게 하여 환기하는 방식을 말한다.

6. "반횡류환기방식"이란 터널 안의 배기가스와 연기 등을 배출하는 환기방식으로서 터널에 수직배기구를 설치해서 횡방향과 종방향으로 기류를 흐르게 하여 환기하는 방식을 말한다.
7. "양방향터널"이란 하나의 터널 안에서 차량의 흐름이 서로 마주보게 되는 터널을 말한다.
8. "일방향터널"이란 하나의 터널 안에서 차량의 흐름이 하나의 방향으로만 진행되는 터널을 말한다.
9. "연기발생률"이란 일정한 설계화재강도의 차량에서 단위 시간당 발생하는 연기량을 말한다.
10. "피난연결통로"란 본선터널과 병설된 상대터널 또는 본선터널과 평행한 피난대피터널을 연결하는 통로를 말한다.
11. "배기구"란 터널 안의 오염공기를 배출하거나 화재 시 연기를 배출하기 위한 개구부를 말한다.
12. "배연용 팬"이란 화재 시 연기 및 열기류를 배출하기 위한 팬을 말한다.

3. 소화기

소화기는 다음의 기준에 따라 설치해야 한다.

1. 소화기의 능력단위(「소화기구 및 자동소화장치의 화재안전기술기준(NFTC 101)」 1.7.1.6에 따른 수치를 말한다. 이하 같다)는 A급 화재는 3단위 이상, B급 화재는 5단위 이상 및 C급 화재에 적응성이 있는 것으로 할 것
2. 소화기의 총중량은 사용 및 운반이 편리성을 고려하여 7 kg 이하로 할 것
3. 소화기는 주행차로의 우측 측벽에 50 m 이내의 간격으로 2개 이상을 설치하며, 편도 2차선 이상의 양방향 터널과 4차로 이상의 일방향 터널의 경우에는 양쪽 측벽에 각각 50 m 이내의 간격으로 엇갈리게 2개 이상을 설치할 것

4. 바닥면(차로 또는 보행로를 말한다. 이하 같다)으로부터 1.5 m 이하의 높이에 설치할 것
5. 소화기구함의 상부에 “소화기”라고 조명식 또는 반사식의 표지판을 부착하여 사용자가 쉽게 인지할 수 있도록 할 것

4. 옥내소화전설비

옥내소화전설비는 다음의 기준에 따라 설치해야 한다.

1. 소화전함과 방수구는 주행차로 우측 측벽을 따라 50 m 이내의 간격으로 설치하며, 편도 2차선 이상의 양방향 터널이나 4차로 이상의 일방향 터널의 경우에는 양쪽 측벽에 각각 50 m 이내의 간격으로 엇갈리게 설치할 것
2. 수원은 그 저수량이 옥내소화전의 설치개수 2개(4차로 이상의 터널의 경우 3개)를 동시에 40분 이상 사용할 수 있는 충분한 양 이상을 확보할 것
3. 가압송수장치는 옥내소화전 2개(4차로 이상의 터널인 경우 3개)를 동시에 사용할 경우 각 옥내소화전의 노즐선단에서의 방수압력은 0.35 MPa 이상이고 방수량은 190 L/min 이상이 되는 성능의 것으로 할 것. 다만, 하나의 옥내소화전을 사용하는 노즐선단에서의 방수압력이 0.7 MPa을 초과할 경우에는 호스접결구의 인입측에 감압장치를 설치해야 한다.
4. 압력수조나 고가수조가 아닌 전동기 또는 내연기관에 의한 펌프를 이용하는 가압송수장치는 주펌프와 동등 이상의 성능이 있는 별도의 펌프로서 내연기관의 기동과 연동하여 작동되거나 비상전원을 연결한 예비펌프를 추가로 설치할 것
5. 방수구는 40 mm 구경의 단구형을 옥내소화전이 설치된 벽면의 바닥면으로부터 1.5 m 이하의 쉽게 사용 가능한 높이에 설치할 것
6. 소화전함에는 옥내소화전 방수구 1개, 15 m 이상의 소방호스 3본 이상 및 방수노즐을 비치할 것
7. 옥내소화전설비의 비상전원은 옥내소화전설비를 유효하게 40분 이상 작동할 수 있어야 할 것

5. 물분무소화설비

물분무소화설비는 다음의 기준에 따라 설치해야 한다.

1. 물분무헤드는 도로면에 1 m^2당 6 L/min 이상의 수량을 균일하게 방수할 수 있도록 할 것
2. 물분무설비의 하나의 방수구역은 25 m 이상으로 하며, 3개 방수구역을 동시에 40분 이상 방수할 수 있는 수량을 확보할 것
3. 물분무설비의 비상전원은 물분무소화설비를 유효하게 40분 이상 작동할 수 있어야 할 것

6. 비상경보설비

비상경보설비는 다음의 기준에 따라 설치해야 한다.

1. 발신기는 주행차로 한쪽 측벽에 50 m 이내의 간격으로 설치하며, 편도 2차선 이상의 양방향 터널이나 4차로 이상의 일방향 터널의 경우에는 양쪽의 측벽에 각각 50 m 이내의 간격으로 엇갈리게 설치하고, 발신기는 바닥면으로부터 0.8 m 이상 1.5 m 이하의 높이에 설치할 것
2. 음향장치는 발신기 설치위치와 동일하게 설치할 것. 다만, 「비상방송설비의 화재안전기술기준(NFTC 202)」에 적합하게 설치된 방송설비를 비상경보설비와 연동하여 작동하도록 설치한 경우에는 비상경보설비의 지구음향장치를 설치하지 않을 수 있다.
3. 음량장치의 음량은 부착된 음향장치의 중심으로부터 1 m 떨어진 위치에서 90 dB 이상이 되도록 하고, 음향장치는 터널 내부 전체에 동시에 경보를 발하도록 설치할 것
4. 시각경보기는 주행차로 한쪽 측벽에 50 m 이내의 간격으로 비상경보설비 상부 직근에 설치하고, 설치된 전체 시각경보기는 동기방식에 의해 작동될 수 있도록 할 것

7. 제연설비

① 제연설비는 다음의 기준을 만족하도록 설계해야 한다.

1. 설계화재강도 20 MW를 기준으로 하고, 이때의 연기발생률은 80 m^3/s로 하며, 배출량은 발생된 연기와 혼합된 공기를 충분히 배출할 수 있는 용량 이상을 확보할 것
2. 제1호에도 불구하고 화재강도가 설계화재강도보다 높을 것으로 예상될 경우 위험도분석을 통하여 설계화재강도를 설정하도록 할 것

② 제연설비는 다음의 기준에 따라 설치해야 한다.

1. 종류환기방식의 경우 제트팬의 소손을 고려하여 예비용 제트팬을 설치하도록 할 것
2. 횡류환기방식(또는 반횡류환기방식) 및 대배기구방식의 배연용 팬은 덕트의 길이에 따라서 노출온도가 달라질 수 있으므로 수치해석 등을 통해서 내열온도 등을 검토한 후에 적용하도록 할 것
3. 대배기구의 개폐용 전동모터는 정전 등 전원이 차단되는 경우에도 조작상태를 유지할 수 있도록 할 것
4. 화재에 노출이 우려되는 제연설비와 전원공급선 및 제트팬 사이의 전원공급장치 등은 250℃의 온도에서 60분 이상 운전상태를 유지할 수 있도록 할 것

③ 제연설비의 기동은 다음의 어느 하나에 의하여 자동 또는 수동으로 기동될 수 있도록 해야 한다.

1. 화재감지기가 동작되는 경우
2. 발신기의 스위치 조작 또는 자동소화설비의 기동장치를 동작시키는 경우
3. 화재수신기 또는 감시제어반의 수동조작스위치를 동작시키는 경우

④ 제연설비의 비상전원은 제연설비를 유효하게 60분 이상 작동할 수 있도록 해야 한다.

8. 연결송수관설비

연결송수관설비는 다음의 기준에 따라 설치해야 한다.

1. 연결송수관설비의 방수노즐선단에서의 방수압력은 0.35 MPa 이상, 방수량은 400 L/min 이상을 유지할 수 있도록 할 것
2. 방수구는 50 m 이내의 간격으로 옥내소화전함에 병설하거나 독립적으로 터널 출입구 부근과 피난연결통로에 설치할 것
3. 방수기구함은 50 m 이내의 간격으로 옥내소화전함 안에 설치하거나 독립적으로 설치하고, 하나의 방수기구함에는 65 mm 방수노즐 1개와 15 m 이상의 호스 3본을 설치하도록 비치할 것

CHAPTER 7

고층건축물의 화재안전성능기준

제1조(목적) 이 기준은 「소방시설 설치 및 관리에 관한 법률」 제2조제1항제6호가목에 따라 소방청장에게 위임한 사항 중 고층건축물에 설치해야 하는 소방시설 등의 성능기준을 규정함을 목적으로 한다.

제2조(적용범위) 이 기준은 「소방시설 설치 및 관리에 관한 법률 시행령」 제11조제1항에 따라 「건축법」 제2조제1항제19호에 따른 고층건축물과 「초고층 및 지하연계 복합건축물 재난관리에 관한 특별법 시행령」 제14조제2항에 따른 피난안전구역에 설치해야 하는 소방시설 등의 설치 및 관리에 대해 적용한다.

제3조(정의) ① 이 기준에서 사용하는 용어의 정의는 다음과 같다.

1. "고층건축물"이란 「건축법」 제2조제1항제19호 규정에 따른 건축물을 말한다.
2. "급수배관"이란 수원 및 옥외송수구로부터 소화설비에 급수하는 배관을 말한다.

② 이 기준에서 사용하는 용어는 제1항에서 규정한 것을 제외하고는 관계법령 및 개별 성능기준에서 정하는 바에 따른다.

제4조(다른 화재안전성능기준과의 관계) 고층건축물에 설치하는 소방시설 등의 설치 및 관리기준 중 이 기준에서 규정하지 않은 것은 개별 화재안전성능기준에 따른다.

제5조(옥내소화전설비) ① 수원은 그 저수량이 옥내소화전의 설치개수가 가장 많은 층의 설치개수(5개 이상 설치된 경우에는 5개)에 5.2 m^3(호스릴옥내소화전설비를 포함한다)를 곱한 양 이상이 되도록 해야 한다. 다만, 층수가 50층 이상인 건축물의 경우에는 7.8 m^3을 곱한 양 이상이 되도록 해야 한다.

② 수원은 ①항에 따라 산출된 유효수량 외에 유효수량의 3분의 1 이상을 옥상(옥내소화전설비가 설치된 건축물의 주된 옥상을 말한다. 이하 같다)에 설치해야 한다. 다만, 「옥내소화전설비의 화재안전기술기준(NFTC 102)」 2.1.2(2) 또

는 2.1.2(3)에 해당하는 경우에는 그렇지 않다.

③ 전동기 또는 내연기관에 의한 펌프를 이용하는 가압송수장치는 옥내소화전설비 전용으로 설치해야 하며, 주펌프와 동등 이상의 성능이 있는 별도의 펌프로서 내연기관의 기동과 연동하여 작동되거나 비상전원을 연결한 예비펌프를 추가로 설치해야 한다.

④ 내연기관의 연료량은 펌프를 40분(50층 이상인 건축물의 경우에는 60분) 이상 운전할 수 있는 용량일 것

⑤ 급수배관은 전용으로 해야 한다. 다만, 옥내소화전설비의 성능에 지장이 없는 경우에는 연결송수관설비의 배관과 겸용할 수 있다.

⑥ 50층 이상인 건축물의 옥내소화전 주배관 중 수직배관은 2개 이상(주배관 성능을 갖는 동일 호칭배관)으로 설치해야 하며, 하나의 수직배관의 파손 등 작동 불능 시에도 다른 수직배관으로부터 소화용수가 공급되도록 구성해야 한다.

⑦ 비상전원은 자가발전설비, 축전지설비(내연기관에 따른 펌프를 사용하는 경우에는 내연기관의 기동 및 제어용 축전지를 말한다) 또는 전기저장장치(외부 전기에너지를 저장해 두었다가 필요한 때 전기를 공급하는 장치)로서 옥내소화전설비를 유효하게 40분(50층 이상인 건축물의 경우에는 60분) 이상 작동할 수 있어야 한다.

제6조(스프링클러설비) ① 수원은 그 저수량이 스프링클러설비 설치장소별 스프링클러헤드의 기준개수에 3.2 m^3를 곱한 양 이상이 되도록 해야 한다. 다만, 50층 이상인 건축물의 경우에는 4.8 m^3를 곱한 양 이상이 되도록 해야 한다.

② 수원은 ①항에 따라 산출된 유효수량 외에 유효수량의 3분의 1 이상을 옥상(옥내소화전설비가 설치된 건축물의 주된 옥상을 말한다. 이하 같다)에 설치해야 한다. 다만, 「스프링클러설비의 화재안전기술기준(NFTC 103)」 2.1.2(2) 또는 2.1.2(3)에 해당하는 경우에는 그렇지 않다.

③ 전동기 또는 내연기관에 의한 펌프를 이용하는 가압송수장치는 스프링클러설비 전용으로 설치해야 하며, 주펌프와 동등 이상의 성능이 있는 별도의 펌프로서 내연기관의 기동과 연동하여 작동되거나 비상전원을 연결한 예비펌프를

추가로 설치해야 한다.

④ 내연기관의 연료량은 펌프를 40분(50층 이상인 건축물의 경우에는 60분) 이상 운전할 수 있는 용량일 것

⑤ 급수배관은 전용으로 설치해야 한다.

⑥ 50층 이상인 건축물의 스프링클러설비 주배관 중 수직배관은 2개 이상(주배관 성능을 갖는 동일 호칭배관)으로 설치하고, 하나의 수직배관이 파손 등 작동 불능 시에도 다른 수직배관으로부터 소화수가 공급되도록 구성해야 하며, 각각의 수직배관에 유수검지장치를 설치해야 한다.

⑦ 50층 이상인 건축물의 스프링클러헤드에는 2개 이상의 가지배관으로부터 양방향에서 소화수가 공급되도록 하고, 수리계산에 의한 설계를 해야 한다.

⑧ 스프링클러설비의 음향장치는 「스프링클러설비의 화재안전기술기준(NFTC 103)」 2.6(음향장치 및 기동장치)에 따라 설치하되, 다음의 기준에 따라 경보를 발할 수 있도록 해야 한다.

1. 2층 이상의 층에서 발화한 때에는 발화층 및 그 직상 4개 층에 경보를 발할 것
2. 1층에서 발화한 때에는 발화층·그 직상 4개 층 및 지하층에 경보를 발할 것
3. 지하층에서 발화한 때에는 발화층·그 직상층 및 기타의 지하층에 경보를 발할 것

⑨ 비상전원은 자가발전설비, 축전지설비(내연기관에 따른 펌프를 사용하는 경우에는 내연기관의 기동 및 제어용 축전지를 말한다) 또는 전기저장장치로서 스프링클러설비를 유효하게 40분 이상 작동할 수 있을 것. 다만, 50층 이상인 건축물의 경우에는 60분 이상 작동할 수 있어야 한다.

제7조(비상방송설비) ① 비상방송설비의 음향장치는 다음의 기준에 따라 경보를 발할 수 있도록 해야 한다.

1. 2층 이상의 층에서 발화한 때에는 발화층 및 그 직상 4개 층에 경보를 발할 것
2. 1층에서 발화한 때에는 발화층·그 직상 4개 층 및 지하층에 경보를 발할 것
3. 지하층에서 발화한 때에는 발화층·그 직상층 및 기타의 지하층에 경보를 발할 것

② 비상방송설비에는 그 설비에 대한 감시상태를 60분간 지속한 후 유효하게 30분 이상 경보할 수 있는 비상전원으로서 축전지설비(수신기에 내장하는 경우를 포함한다) 또는 전기저장장치를 설치해야 한다.

제8조(자동화재탐지설비) ① 감지기는 아날로그방식의 감지기로서 감지기의 작동 및 설치지점을 수신기에서 확인할 수 있는 것으로 설치해야 한다. 다만, 공동주택의 경우에는 감지기별로 작동 및 설치지점을 수신기에서 확인할 수 있는 아날로그방식 외의 감지기로 설치할 수 있다.

② 자동화재탐지설비의 음향장치는 다음의 기준에 따라 경보를 발할 수 있도록 해야 한다.

1. 2층 이상의 층에서 발화한 때에는 발화층 및 그 직상 4개 층에 경보를 발할 것
2. 1층에서 발화한 때에는 발화층·그 직상 4개 층 및 지하층에 경보를 발할 것
3. 지하층에서 발화한 때에는 발화층·그 직상층 및 기타의 지하층에 경보를 발할 것

③ 50층 이상인 건축물에 설치하는 다음의 통신·신호배선은 이중배선을 설치하도록 하고 단선 시에도 고장표시가 되며 정상 작동할 수 있는 성능을 갖도록 설비를 해야 한다.

1. 수신기와 수신기 사이의 통신배선
2. 수신기와 중계기 사이의 신호배선
3. 수신기와 감지기 사이의 신호배선

④ 자동화재탐지설비에는 그 설비에 대한 감시상태를 60분간 지속한 후 유효하게 30분 이상 경보할 수 있는 비상전원으로서 축전지설비(수신기에 내장하는 경우를 포함한다) 또는 전기저장장치(외부 전기에너지를 저장해 두었다가 필요한 때 전기를 공급하는 장치)를 설치해야 한다. 다만, 상용전원이 축전지설비인 경우에는 그렇지 않다.

제9조(특별피난계단의 계단실 및 부속실 제연설비) 특별피난계단의 계단실 및 부속실 제연설비는 「특별피난계단의 계단실 및 부속실 제연설비의 화재안전기술기준(NFTC 501A)」에 따라 설치하되, 비상전원은 자가발전설비, 축전지설비, 전기저장장치로 하고 제연설비를 유효하게 40분 이상 작동할 수 있도록 해야 한다. 다만, 50층 이상인 건축물의 경우에는 60분 이상 작동할 수 있어야 한다.

제10조(피난안전구역의 소방시설) 「초고층 및 지하연계 복합건축물 재난관리에 관한 특별법 시행령」 제14조제2항에 따른 피난안전구역에 설치하는 소방시설은 다음 표와 같이 설치해야 하며, 이 기준에서 정하지 않은 것은 개별 기술기준에 따라 설치해야 한다.

구 분	설치기준
1. 제연설비	피난안전구역과 비제연구역간의 차압은 50 Pa(옥내에 스프링클러 설비가 설치된 경우에는 12.5 Pa) 이상으로 해야 한다. 다만, 피난안전구역의 한쪽 면 이상이 외기에 개방된 구조의 경우에는 설치하지 않을 수 있다.
2. 피난유도선	피난유도선은 다음의 기준에 따라 설치해야 한다. 가. 피난안전구역이 설치된 층의 계단실 출입구에서 피난안전구역의 주출입구 또는 비상구까지 설치할 것 나. 계단실에 설치하는 경우 계단 및 계단참에 설치할 것 다. 피난유도 표시부의 너비는 최소 25 mm 이상으로 설치할 것 라. 광원점등방식(전류에 의하여 빛을 내는 방식)으로 설치하되, 60분 이상 유효하게 작동할 것
3. 비상조명등	피난안전구역의 비상조명등은 상시 조명이 소등된 상태에서 그 비상조명등이 점등되는 경우 각 부분의 바닥에서 조도는 10 lx 이상이 될 수 있도록 설치할 것
4. 휴대용 비상조명등	가. 피난안전구역에는 휴대용 비상조명등을 다음의 기준에 따라 설치해야 한다. 1) 초고층 건축물에 설치된 피난안전구역 : 피난안전구역 위층의 재실자수(「건축물의 피난·방화구조 등의 기준에 관한 규칙」 별표 1의2에 따라 산정된 재실자 수를 말한다)의 10분의 1 이상 2) 지하연계 복합건축물에 설치된 피난안전구역 : 피난안전구역이 설치된 층의 수용인원(영 별표 7에 따라 산정된 수용인원을 말한다)의 10분의 1 이상 나. 건전지 및 충전식 건전지의 용량은 40분 이상 유효하게 사용할 수 있는 것으로 한다. 다만, 피난안전구역이 50층 이상에 설치되어 있을 경우의 용량은 60분 이상으로 할 것
5. 인명구조기구	가. 방열복, 인공소생기를 각 2개 이상 비치할 것 나. 45분 이상 사용할 수 있는 성능의 공기호흡기(보조마스크를 포함한다)를 2개 이상 비치해야 한다. 다만, 피난안전구역이 50층 이상에 설치되어 있을 경우에는 동일한 성능의 예비용기를 10개 이상 비치할 것 다. 화재 시 쉽게 반출할 수 있는 곳에 비치할 것 라. 인명구조기구가 설치된 장소의 보기 쉬운 곳에 "인명구조기구"라는 표지판 등을 설치할 것

제11조(연결송수관설비) ① 연결송수관설비의 배관은 전용으로 한다. 다만, 주배관의 구경이 100 mm 이상인 옥내소화전설비와 겸용할 수 있다.

② 내연기관의 연료량은 펌프를 40분(50층 이상인 건축물의 경우에는 60분) 이상

운전할 수 있는 용량일 것

③ 연결송수관설비의 비상전원은 자가발전설비, 축전지설비(내연기관에 따른 펌프를 사용하는 경우에는 내연기관의 기동 및 제어용 축전지를 말한다), 전기저장장치로서 연결송수관설비를 유효하게 40분 이상 작동할 수 있어야 할 것. 다만, 50층 이상인 건축물의 경우에는 60분 이상 작동할 수 있어야 한다.

APPENDIX 부록

소방시설의 내진설계 기준 해설서

- 소방청 화재예방국 소방분석제도과

이 해설서는 소방시설 내진설계에 있어 필요한 성능수준 확보를 위한 설치방법을 예시한 것이다.

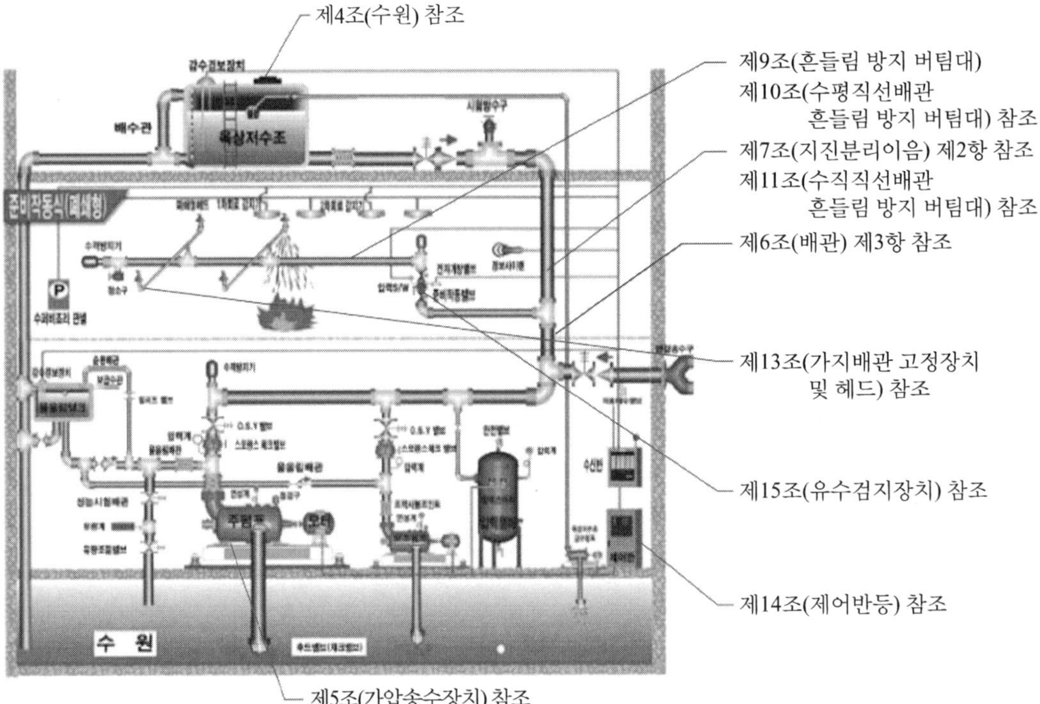

제6조(배관)은 가압송수장치 상단부터 스프링클러 헤드 말단까지 모든 배관에 적용됨

부록 01 소방시설의 내진설계 계통도

1. 소방시설의 내진설계 기준 해설

제1조 목적

이 기준은 「소방시설 설치 및 관리에 관한 법률」 제7조에 따라 소방청장에게 위임한 소방시설의 내진설계 기준에 관하여 필요한 사항을 규정함을 목적으로 한다.

관련 법규 「소방시설 설치 및 관리에 관한 법률」 제7조는 특정소방대상물에 설치하는 소방시설 등의 유지관리 등에 관한 기준으로 다음과 같다.

제7조(소방시설의 내진설계기준) 「지진·화산재해대책법」 제14조제1항 각 호의 시설 중 대통령령으로 정하는 특정소방대상물에 대통령령으로 정하는 소방시설을 설치하려는 자는 지진이 발생할 경우 소방시설이 정상적으로 작동될 수 있도록 소방청장이 정하는 내진설계기준에 맞게 소방시설을 설치해야 한다.

해설

1. 지진 화산재해 등으로 인해 발생되는 진동 또는 지진해일로 인하여 발생하는 피해로서 지진동(지진동 : 지진으로 일어나는 지면의 진동)에 의한 직접 피해 및 화재, 폭발, 그 밖의 현상에 따라 발생되는 "지진재해"에 대비하여 지진재해의 발생을 방지하고 지진재해가 발생한 경우 피해를 줄이기 위하여 조치하는 "지진방재" 대책 중 소방시설에 대한 내진설계의 기준을 마련하고자 한다.
2. 이 기준은 성능위주(Performance Based)개념을 적용하기 편리하도록 현재의 법규 위주(Code Base)의 개념으로 서술되었다. 소방법령에 따라 적용되는 소방시설에 대하여 지진 등이 발생할 경우 소방시설이 정상적으로 작동될 수 있도록 소방시설별 주요 구성요소에 대한 내진설계 기준을 제정하기 위하여 필요한 사항을 서술하였다. 내진보강 설계에 사용되는 부재들은 제조사의 설계 허용범위 에 맞추어 설계하고 시공되어야 한다.
3. 「지진·화산재해대책법 시행령」 제10조제1항에는 다음과 같이 정의한다.

제10조(내진설계기준의 설정 대상 시설) ① 법 제14조제1항 각 호 외의 부분에서 "대통령령으로 정하는 시설"이란 다음 각 호의 시설을 말한다.

1. 「건축법 시행령」 제32조제2항 각 호에 해당하는 건축물
2. 「공유수면 관리 및 매립에 관한 법률」과 「방조제관리법」 등 관계 법령에 따라 국가에서 설치·관리하고 있는 배수갑문 및 방조제
3. 「공항시설법」 제2조제7호에 따른 공항시설
4. 「하천법」 제7조제2항에 따른 국가하천의 수문 중 환경부장관이 정하여 고시한 수문
5. 「농어촌정비법」 제2조제6호에 따른 저수지 중 총저수용량 30만톤 이상인 저수지
6. 「댐건설·관리 및 주변지역지원 등에 관한 법률」에 따른 다목적댐

7. 「댐건설·관리 및 주변지역지원 등에 관한 법률」 외에 다른 법령에 따른 댐 중 생활·공업 및 농업 용수의 저장, 발전, 홍수 조절 등의 용도로 이용하기 위한 높이 15 m 이상인 댐 및 그 부속시설
8. 「도로법 시행령」 제2조제2호에 따른 교량·터널
9. 「도시가스사업법」 제2조제5호에 따른 가스공급시설 및 「고압가스 안전관리법」 제4조제4항에 따른 고압가스의 제조·저장 및 판매의 시설과 「액화석유가스의 안전관리 및 사업법」 제5조제4항의 기준에 따른 액화저장탱크, 지지구조물, 기초 및 배관
10. 「도시철도법」 제2조제3호에 따른 도시철도시설 중 역사(驛舍), 본선박스, 다리
11. 「산업안전보건법」 제83조에 따라 고용노동부장관이 유해하거나 위험한 기계·기구 및 설비에 대한 안전인증기준을 정하여 고시한 시설
12. 「석유 및 석유대체연료 사업법」에 따른 석유정제시설, 석유비축시설, 석유저장시설, 「액화석유가스의 안전관리 및 사업법 시행령」 제8조에 따른 액화석유가스 저장시설 및 같은 영 제11조의 비축의무를 위한 저장시설
13. 「송유관 안전관리법」 제2조제2호에 따른 송유관
14. 「물환경보전법 시행령」 제61조제1호에 따른 산업단지 공공폐수처리시설
15. 「수도법」 제3조제17호에 따른 수도시설
16. 「어촌·어항법」 제2조제5호에 따른 어항시설
17. 「원자력안전법」 제2조제20호 및 같은 법 시행령 제10조에 따른 원자력이용시설 중 원자로 및 관계시설, 핵연료주기시설, 사용 후 핵연료 중간저장시설, 방사성폐기물의 영구처분시설, 방사성폐기물의 처리 및 저장시설
18. 「전기사업법」 제2조에 따른 발전용 수력설비·화력설비, 송전설비, 변전설비 및 배전설비
19. 「철도산업발전 기본법」 제3조제2호 및 「철도의 건설 및 철도시설 유지관리에 관한 법률」 제2조제6호에 따른 철도시설 중 다리, 터널 및 역사
20. 「폐기물관리법」 제2조제8호에 따른 폐기물처리시설
21. 「하수도법」 제2조제9호에 따른 공공하수처리시설
22. 「항만법」 제2조제5호에 따른 항만시설
23. 「국토의 계획 및 이용에 관한 법률」 제2조제9호에 따른 공동구
24. 「학교시설사업 촉진법」 제2조제1호 및 같은 법 시행령 제1조의2에 따른 학교시설 중 교사(校舍), 체육관, 기숙사, 급식시설 및 강당
25. 「궤도운송법」에 따른 궤도
26. 「관광진흥법」 제3조제1항제6호에 따른 유기시설(遊技施設) 및 유기기구(遊技機具)
27. 「의료법」 제3조에 따른 종합병원, 병원 및 요양병원
28. 「물류시설의 개발 및 운영에 관한 법률」 제2조제2호에 따른 물류터미널
29. 「집단에너지사업법」 제2조제6호에 따른 공급시설 중 열수송관
30. 제2항에 해당하는 시설

② 법 제14조제1항제32호에서 "대통령령으로 정하는 시설"이란 「방송통신발전 기본법」 제2조제3호에 따른 방송통신설비 중에서 「방송통신설비의 기술기준에 관한 규정」 제22조제2항에 따라 기준을 정한 설비를 말한다.

제10조제1항제1호 「건축법 시행령」 제32조(구조 안전의 확인)

② 제1항에 따라 구조 안전을 확인한 건축물 중 다음 각 호의 어느 하나에 해당하는 건축물의 건축주는 해당 건축물의 설계자로부터 구조 안전의 확인 서류를 받아 법 제21조에 따른 착공신고를 하는 때에 그 확인 서류를 허가권자에게 제출해야 한다. 다만, 표준설계도서에 따라 건축하는 건축물은 제외한다.

1. 층수가 2층[주요구조부인 기둥과 보를 설치하는 건축물로서 그 기둥과 보가 목재인 목구조 건축물(이하 "목구조 건축물"이라 한다)의 경우에는 3층] 이상인 건축물
2. 연면적이 200 m^2(목구조 건축물의 경우에는 500 m^2) 이상인 건축물. 다만, 창고, 축사, 작물 재배사는 제외한다.
3. 높이가 13 m 이상인 건축물
4. 처마높이가 9 m 이상인 건축물
5. 기둥과 기둥 사이의 거리가 10 m 이상인 건축물
6. 건축물의 용도 및 규모를 고려한 중요도가 높은 건축물로서 국토교통부령으로 정하는 건축물
7. 국가적 문화유산으로 보존할 가치가 있는 건축물로서 국토교통부령으로 정하는 것
8. 제2조제18호 가목 및 다목의 건축물
9. 별표 1 제1호의 단독주택 및 같은 표 제2호의 공동주택

제2조 적용범위

① 「소방시설 설치 및 관리에 관한 법률 시행령」(이하 "영"이라 한다) 제8조에 따른 옥내소화전설비, 스프링클러설비, 물분무등소화설비(이하 이 조에서 "각 설비"라 한다)는 이 기준에서 정하는 규정에 적합하게 설치해야 한다. 다만, 각 설비의 성능시험배관, 지중매설배관, 배수배관 등은 제외한다.
② 제1항의 각 설비에 대하여 특수한 구조 등으로 특별한 조사·연구에 의해 설계하는 경우에는 그 근거를 명시하고, 이 기준을 따르지 않을 수 있다. 이 경우 「소방시설 설치 및 관리에 관한 법률」 제18조에 따른 중앙소방기술심의위원회의 심의를 받아야 한다.

관련 법령 「소방시설 설치 및 관리에 관한 법률 시행령」 제8조는 법 제7조의 대통령령으로 정하는 특정소방대상물 및 소방시설을 규정하고 있다.

제8조(소방시설의 내진설계) ① 법 제7조에서 "대통령령으로 정하는 특정소방대상물"이란 「건축법」 제2조제1항제2호에 따른 건축물로서 「지진·화산재해대책법 시행령」 제10조제1항 각 호에 해당하는 시설을 말한다.
② 법 제7조에서 "대통령령으로 정하는 소방시설"이란 소방시설 중 옥내소화전설비, 스프링클러설비 및 물분무등소화설비를 말한다.

해설 1. 「건축법」 제2조제1항제2호는 다음과 같다.
"건축물"이란 토지에 정착(定着)하는 공작물 중 지붕과 기둥 또는 벽이 있는 것과 이에 딸린 시설물, 지하나 고가(高架)의 공작물에 설치하는 사무소·공연장·점포·차고·창고, 그 밖에 대통령령으로 정하는 것을 말한다.

2. 옥내소화전설비, 스프링클러설비, 물분무등소화설비 설치대상 등에 대하여는 「소방시설 설치 및 관리에 관란 법률 시행령」 "별표 1과 별표 4"를 참고한다.
3. 각 설비의 성능시험배관, 지중매설관은 내진설계를 제외한다.
4. 각 설비가 특수한 구조 등으로 특별한 조사·연구에 의해 설계한 경우에는 그 근거를 명시한 경우 소방시설의 내진설계 기준을 따르지 않을 수 있다.

제3조 정의

이 기준에서 사용하는 용어의 정의는 다음과 같다.

1. "내진"이란 면진, 제진을 포함한 지진으로부터 소방시설의 피해를 줄일 수 있는 구조를 의미하는 포괄적인 개념을 말한다.
2. "면진"이란 건축물과 소방시설을 지진동으로부터 격리시켜 지반진동으로 인한 지진력이 직접 구조물로 전달되는 양을 감소시킴으로써 내진성을 확보하는 수동적인 지진 제어 기술을 말한다.
3. "제진"이란 별도의 장치를 이용하여 지진력에 상응하는 힘을 구조물 내에서 발생시키거나 지진력을 흡수하여 구조물이 부담해야 하는 지진력을 감소시키는 지진 제어 기술을 말한다.

해설 소방시설의 내진설계란, 건축물 내부에 설치되는 설비이므로 지진 시 건축물로부터 전달되는 지진영향력이 소방시설에 최소한으로 미칠 수 있도록 건축물과 소방시설과의 연결구조에 대한 설계이다.

건축물에서 사용되는 지진대응의 3대 원리는 내진, 면진, 제진으로 나눌 수 있다.

내진, 면진, 제진의 개념에 대해 내진은 지진으로부터 구조물을 보호하는 가장 광의의 개념이며, 협의의 개념으로는 구조물을 지진력에 대항할 만큼 튼튼하게 건설하는 것이고, 면진은 지진에 대항하지 않고 지진을 피하고자 하는 수동적인 개념, 하지만 상당히 경제적이며 내진 여유도를 가지는 개념이라고 할 수 있으며, 제진이란 지진에 대항하여 지진에 의한 피해를 극복하고자 하는 능동적 개념이라고 할 수 있다.

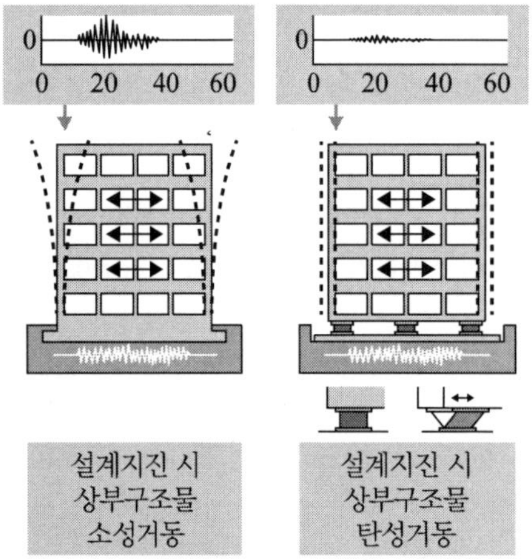

면진건물과 내진건물의 진동영상 비교

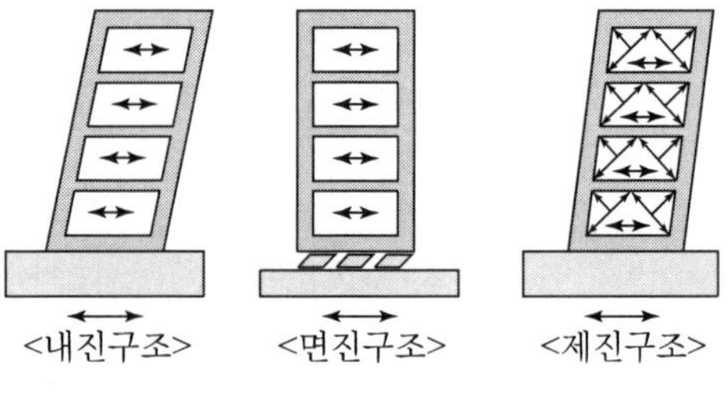

부록 02 내진설계의 개념도

1. 내진구조 : 지진력을 구조물의 내력으로 감당하는 개념으로 면진과 제진의 개념을 포함하나 구조물의 강성을 증가시켜 지진력에 저항하는 방법을 의미한다. 지진발생시 지진하중에 저항할 수 있는 구조물의 단면을 확보해야 한다. 그러나 부재의 단면 증대, 비경제적 설계, 건축물이 중량 증가
2. 면진구조 : 건물과 지반사이에 전단변형장치를 설치하여 지반과 건물을 분리(Base isolation)시키는 방법으로 지진발생시 건축물의 고유주기를 인위적으로 같게 하여 지진과 구조물과의 공진을 막아 지진력이 구조물에 상대적으로 약하게 전달되도록 하는 것
3. 제진구조 : 구조물의 내부나 외부에서 구조물의 진동에 대응한 제어력을 가하여 구조물의 진동을 저감시키거나 구조물의 강성이나 감쇠 등을 변화시켜 구조물을 제어하는 구조.
   - 지진발생시 구조물로 전달되는 지진력을 상쇄하여 간단한 보수만으로 구조물을 재사용할 수 있게 하는 시스템
   - 중규모 이상의 지진발생시 손상수위를 제어할 수 있는 설계
   - 건축물의 내부 설치물의 안전한 보호에는 한계가 있음

제3조 정의

이 기준에서 사용하는 용어의 정의는 다음과 같다.

4. "수평지진하중(F_{pw})"이란 지진 시 흔들림 방지 버팀대에 전달되는 배관의 동적지진하중 또는 같은 크기의 정적지진하중으로 환산한 값으로 허용응력설계법으로 산정한 지진하중을 말한다.
5. "세장비(L/r)"란 흔들림 방지 버팀대 지지대의 길이(L)와 최소단면2차반경(r)의 비율을 말하며, 세장비가 커질수록 좌굴(buckling)현상이 발생하여 지진 발생 시 파괴되거나 손상을 입기 쉽다.

해설

1. 지진 발생 시 전달되는 하중은 동적 하중이므로 버팀대의 강도 계산 등을 위해서는 동적지진하중을 정적지진하중으로 환산한 값을 사용해야 한다. 동적 하중의 경우 여러 가지 변수에 의한 복잡한 수식으로 정의되기 때문에 정역학적 계산에서는 사용할 수 없다. 이러한 수평지진하중(F_{pw})의 결정 등은 소방시설 내진설계기준 제6조제2항을 참고할 것
2. 좌굴현상은 기둥의 길이가 그 횡단면 치수에 비해 클 때, 기둥의 양단에 압축하중이 가해졌을 경우 하중이 어느 크기에 이르면 기둥이 갑자기 휘는 현상을 말한다. 이러한 좌굴현상은 세장비가 커질수록 발생하기 쉬운데 지진동 발생 시 순간 모멘트로 인해 버팀대의 휨 현상이 발생하기 때문이다.
3. 세장비는 흔들림 방지 버팀대 지지대의 길이(L)와 최소단면2차반경(r)과의 비율을 말한다. 최소단면2차반경(Least Radius of Gyration)은 회전하는 물체의 모멘트와 그 물체의 전 질량이 어떤 점에 모였다고 가정하고 관성 모멘트가 일정할 때, 회전 축심과 그 점과의 거리를 말한다. 최소단면2차반경은 물체 단면적의 형상, 크기 등과 관련 있으며 주로 사용되는 버팀대의 최소단면2차반경은 다음 표와 같다.
4. 버팀대 대신 와이어를 사용하는 경우 압축하중이 걸릴 수 없으므로 세장비를 규정할 수 없다.
5. 소방시설의 내진설계기준에서는 세장비 300 미만의 버팀대만 사용할 수 있도록 규정하고 있다.

버팀대 형상 및 크기(in)			면적(mm^2)	최소단면2차반경(mm)
파이프		1	319	10.7
	스케줄 40	1－1/4	432	13.7
		1－1/2	515	15.8
		2	690	20.0
앵글		1－1/2 × 1－1/2 × 1/4	444	7.4
		2 × 2 × 1/4	605	9.9
		2－1/2 × 2 × 1/4	684	10.8
		2－1/2 × 2－1/2 × 1/4	768	12.5
		3 × 2－1/2 × 1/4	845	13.4
		3 × 3 × 1/4	929	15.0
봉		3/8	45	1.9
	(전산형)	1/2	83	2.6
		5/8	134	3.3
		3/4	199	4.0
		7/8	277	4.7
	(끝단 나사형)	3/8	71	2.4
		1/2	126	3.2
		5/8	198	4.0
		3/4	285	4.8
		7/8	388	5.6
판		1－1/2 × 1/4	242	1.8
		2 × 1/4	323	1.8
		2 × 3/8	484	2.7

6. “지진거동특성”이란 지진 발생으로 인한 외부적인 힘에 반응하여 움직이는 특성을 말한다.

해설 “슬로싱(Sloshing)”이란 지진 발생으로 인하여 수면이 출렁거리며 물이 담겨있는 용기의 경계(수조, 벽체, 덮개 등)를 때리는 현상을 말한다. 이로 인하여 수원을 담고 있는 구조물이 파손될 시 담겨있던 물이 외부로 유실되어 필요한 수량을 유지할 수 없게 된다.

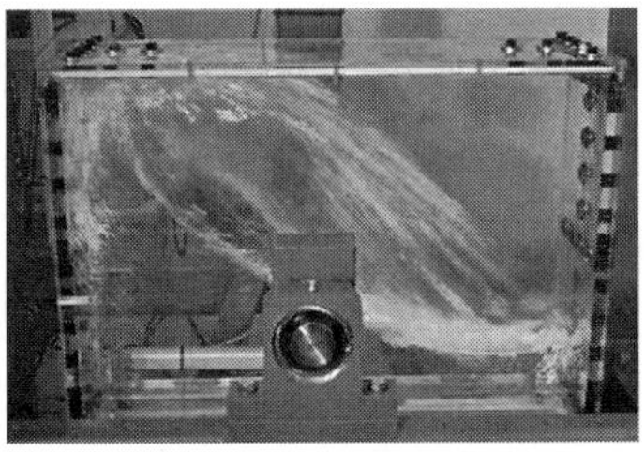

부록 03 수조 등에서 일어날 수 있는 지진동에 의한 슬로싱 현상의 예

7. “지진분리이음”이란 지진 발생 시 지진으로 인한 진동이 배관에 손상을 주지 않고 배관의 축방향 변위, 회전, 1° 이상의 각도 변위를 허용하는 이음을 말한다. 단, 구경 200 mm 이상의 배관은 허용하는 각도 변위를 0.5° 이상으로 한다.

해설 “지진분리이음”이란 배관의 차등 움직임을 이용하여 지진 시 발생하는 진동에 의한 구조물 또는 비구조물의 파손을 방지하는 이음을 말한다. 일반적으로 신축이음쇠(그루브형 커플링)가 해당되며 배관의 축방향 변위, 회전, 일정 각도 변위를 허용하는 관 부속품이다.

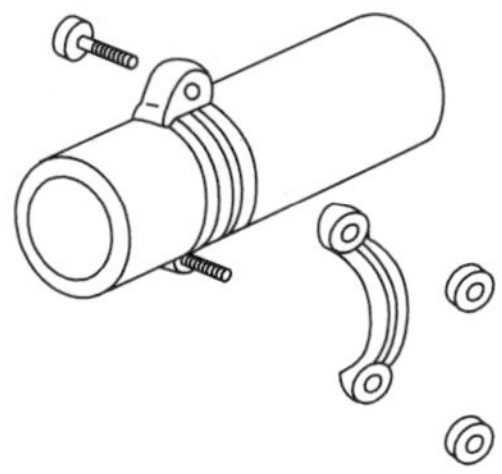

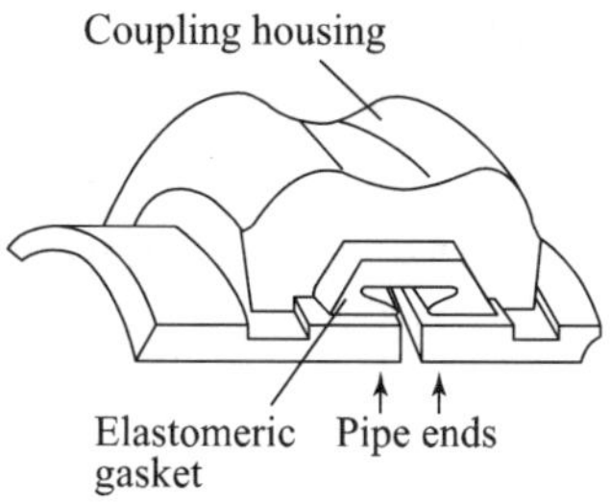

부록 04 지진분리이음 예시

8. “지진분리장치”란 지진 발생 시 건축물 지진분리이음 설치 위치 및 지상에 노출된 건축물과 건축물 사이 등에서 발생하는 상대변위 발생에 대응하기 위해 모든 방향에서의 변위를 허용하는 커플링, 플렉시블 조인트, 관부속품 등의 집합체를 말한다.
9. “가요성이음장치”란 지진 시 수조 또는 가압송수장치와 배관 사이 등에서 발생하는 상대변위 발생에 대응하기 위해 수평 및 수직 방향의 변위를 허용하는 플렉시블 조인트 등을 말한다.

“지진분리장치”란 지진분리이음으로 연결된 건물에서 상대적으로 움직이는 변위를 최소화하고 예상되는 배관의 움직임을 충분히 수용하여 배관의 파손을 방지하기 위해 사용하는 장치이다. 일반적으로 관부속품, 배관과 커플링 장치 등을 이용한 집합체 장치를 사용하거나 모든 방향으로 움직임이 가능한 배관과 커플링 장치를 사용한다.

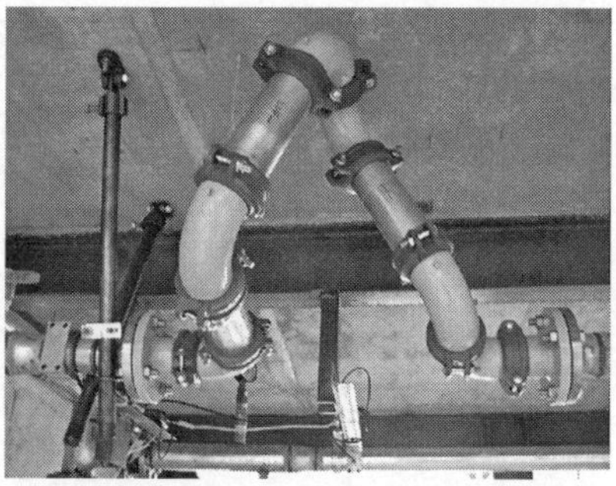

부록 05 지진분리장치 예시

10. "가동중량(W_p)"이란 수조, 가압송수장치, 함류, 제어반등, 가스계 및 분말소화설비의 저장용기, 비상전원, 배관의 작동상태를 고려한 무게를 말하며, 다음 각 목의 기준에 따른다.
  가. 배관의 작동상태를 고려한 무게란 배관 및 기타 부속품의 무게를 포함하기 위한 중량으로 용수가 충전된 배관 무게의 1.15배를 적용한다.
  나. 수조, 가압송수장치, 함류, 제어반등, 가스계 및 분말소화설비의 저장용기, 비상전원의 작동상태를 고려한 무게란 유효중량에 안전율을 고려하여 적용한다.

"가동중량"이라 함은 지진 발생 시 진동을 일으킬 수 있는 배관, 가압송수장치, 배관 내 용수, 기타 부속품들의 중량의 합으로 버팀대의 수평지진하중 산정 시 기준이 되는 중량이다. 그러나 모든 부품의 중량을 합할 수 없으므로 실제 적용 시에는 용수가 충전된 배관 무게의 1.15배의 중량으로 근사한다. 이는 일반적인 경우 배관 및 용수를 제외한 부속 장치들의 중량의 합은 15% 이하로 측정되기 때문이다.

2. 가동중량 산정방법 예시

1. 흔들림 방지 버팀대 설계방법(Sway Bracing Design)을 기준으로 예시

2. 관련규정
제9조(흔들림 방지 버팀대) 제2호 배관에는 제6조제2항에서 산정된 횡방향 및 종방향의 수평지진하중에 모두 견디도록 흔들림 방지 버팀대를 설치해야 한다.

3. 흔들림 방지 버팀대 설계(Sway Bracing Design) 순서
1) 지진계수(C_p)의 결정 : 국가화재안전기준 제6조 ②항 2호에 따라 0.5로 결정
NFPA의 경우에는 NFPA 13, 2013, Table 9.3.5.9.3에 따라 S_s 값에 따른 C_p 값을 적용

Table 9.3.5.9.3 Seismic Coefficient Table

S_s	C_p	S_s	C_p
0.33 또는 less	0.35	1.60	0.75
0.40	0.38	1.70	0.79
0.50	0.40	1.75	0.82
0.60	0.42	1.80	0.84
0.70	0.42	1.90	0.89
075	0.42	2.00	0.93
0.80	0.44	2.10	0.98
0.90	0.48	2.20	1.03
0.95	0.50	2.30	1.07

S_s	C_p	S_s	C_p
1.00	0.51	2.40	1.12
1.10	0.54	2.50	1.17
1.20	0.57	2.60	1.21
1.25	0.58	2.70	1.26
1.30	0.61	2.80	1.31
1.40	0.65	2.90	1.35
1.50	0.70	3.00	1.40

2) 버팀대(Brace)를 지지할 건축구조부재로부터 주배관의 거리를 기초로 버팀대의 재질, 모양 및 크기를 결정 : 버팀대의 최대세장비 300 이하, 수직으로부터 각도 30도 이상
   - NFPA 13 Table 9.3.5.11.8(a) 흔들림 방지 버팀대의 최대수평하중($L/r=100$, $F_y=36$ ksi)
   - NFPA 13 Table 9.3.5.11.8(b) 흔들림 방지 버팀대의 최대수평하중($L/r=200$, $F_y=36$ ksi)
   - NFPA 13 Table 9.3.5.11.8(c) 흔들림 방지 버팀대의 최대수평하중($L/r=300$, $F_y=36$ ksi)

3) 임시적으로 횡방향 버팀대(Brace)를 배치
   - 모든 주배관, 교차배관에 배치, 가지배관에는 배관구경 65 mm 이상인 배관에 배치
   - 횡방향 버팀대는 최대간격 12 m 미만으로 임시적으로 배치
   - 마지막 횡방향 버팀대와 배관 단부 사이의 거리는 1.8 m 미만으로 배치

4) 임시적으로 종방향 버팀대(Brace)를 배치
   - 모든 주배관, 교차배관에 배치, 가지배간에는 배치하지 않음
   - 종방향 버팀대는 최대간격 24 m 미만으로 임시적으로 배치
   - 마지막 종방향 버팀대와 배관 단부 사이의 거리는 12 m 미만으로 배치

5) 임시적으로 4방향 버팀대(Brace)를 배치
   - 모든 입상관에 한해 배치

6) 임시적으로 배치된 버팀대에 할당된 횡방향 버팀대에 작용하는 수평지진하중 산정
   - 횡방향 버팀대 영향구역(Zone of Influence) 선정
   - 횡방향 버팀대 영향구역(Zone of Influence)은 횡방향 흔들림 방지 버팀대 위치의 좌우 6 m 이내로 선정하여야 함.
   - 횡방향 버팀대 영향구역(Zone of Influence) 내의 배관의 가동중량산정
   - 가동중량(W_p) = 소화용수가 충전된 배관무게 × 1.15
   - 횡방향 버팀대 영향구역(Zone of Influence) 내에 작용하는 수평지진하중 계산
   - $F_{pw}=0.5\,W_P$

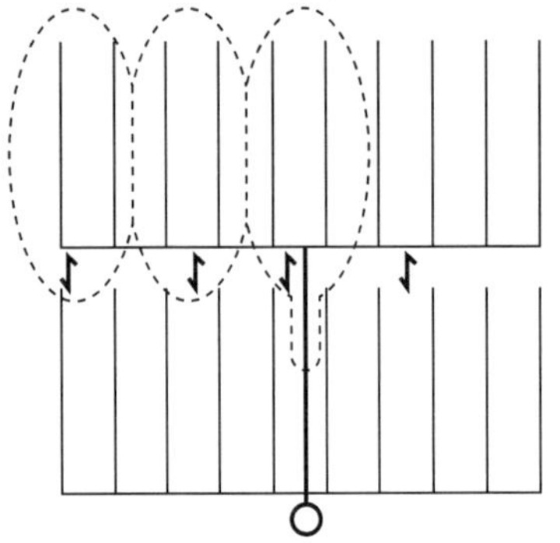

부록 06 예시 : 영향구역(Zone of Influence) 선정

Table A.9.3.5.9 소화용수가 충수된 배관의 무게

Nominal Dimensions		Weight or Water-Filled Pipe	
in.	mm	lb/ft	kg/m
Schedule 40 Pipe			
1	25	2.05	3.05
1 1/4	32	2.93	4.36
1 1/2	40	3.61	5.37
2	50	5.18	7.68
2 1/2	65	7.89	11.74
3	80	10.82	16.10
3 1/2	90	13.48	20.06
4	100	16.40	24.41
5	125	23.47	34.93
6	150	31.69	47.16
8*	200	47.70	70.99
Schedule 10 Pipe			
1	25	1.81	2.69
1 1/4	32	2.52	3.75
1 1/2	40	3.04	4.52
2	50	4.22	6.28
2 1/2	65	5.89	8.77
3	80	7.94	11.82
3 1/2	90	9.78	14.55
4	100	11.78	17.58
5	125	17.30	25.75
6	150	23.03	34.27
8*	200	40.08	59.65

* Schedule 30.

7) 횡방향 버팀대 산정
- 횡방향 버팀대의 세장비(L/r)는 300을 초과하지 않아야 함
- 수직으로부터 버팀대의 각도는 최소 30도 이상이어야 한다.
- 횡방향 버팀대 가동중량 적용대상 : 수평주행배관, 교차배관 및 가지배관
- 횡방향 버팀대 설치대상 : 수평주행배관, 교차배관 및 가지배관(65 A 이상에 한함)

예시 : 스프링클러시스템 Load Calculation

관경 (in)	Type	길이 (ft)	합계 (ft)	길이당 무게 (lb/ft)	무게 (lb)
1	Sch.40	15+25+8+22	70	2.05	143.5
1 1/4	Sch.40	25+33+18	76	2.93	222.7
1 1/2	Sch.40	8+8+10+10	36	3.61	130.0
2	Sch.40	20	20	5.13	102.6
4	Sch.40	20	20	11.78	235.6
Sub-total weight					834.4
W_p(가동중량) = Sub-total weight × 1.15					959.6
F_{pw}(수평력) = 0.5 W_p					479.78

8) 종방향 버팀대(Longitudinal Brace)에 작용하는 수평지진하중 산정
- 종방향 버팀대 영향구역(Zone of Influence) 선정
- 종방향 버팀대 영향구역(Zone of Influence)은 종방향 흔들림 방지 버팀대 위치의 좌우 12 m 이내로 선정해야 함.
- 종방향 버팀대 영향구역(Zone of Influence) 내의 배관의 가동중량산정
- 가동중량(W_p) = 소화용수가 충전된 배관무게 × 1.15
- 종방향 버팀대 영향구역(Zone of Influence) 내에 작용하는 수평지진하중 계산
- $F_{pw} = 0.5\,W_P$
- 종방향 버팀대 산정
- 종방향 버팀대 가동중량 적용대상 : 수평주행배관, 교차배관 및 가지배관
- 종방향 버팀대 설치대상 : 수평주행배관, 교차배관

9) 4방향 버팀대에 작용하는 수평지진하중 산정
- 입상관에 설치된 4방향 버팀대 선정
- 4방향 버팀대가 설치된 입상관 내의 배관의 가동중량 산정
- 가동중량(W_p) = 소화용수가 충전된 배관무게 × 1.15
- 4방향 버팀대에 작용하는 수평지진하중 계산
- $F_{pw} = 0.5\,W_p$
- 4방향 버팀대 산정
- 4방향 버팀대 적용대상 : 입상관

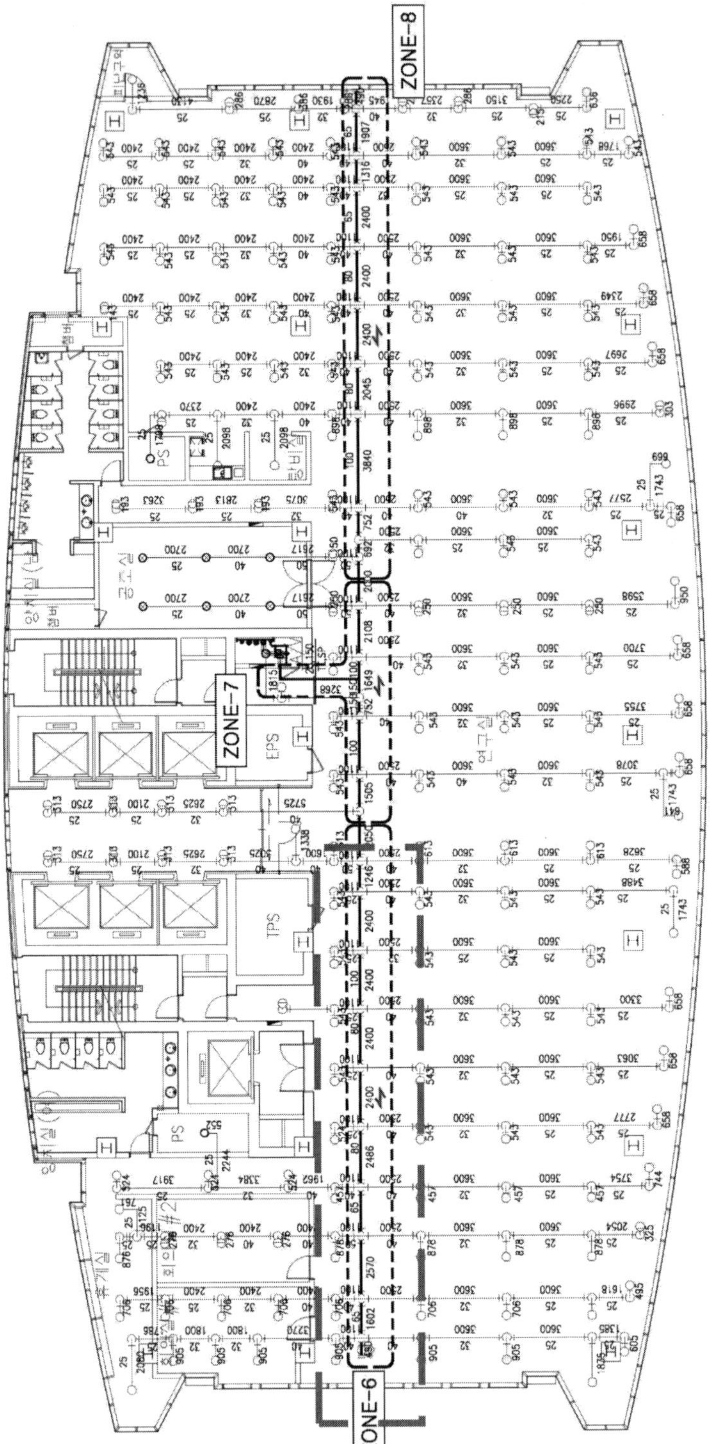

부록 07 종방향 버팀대 내진 계산서 예시

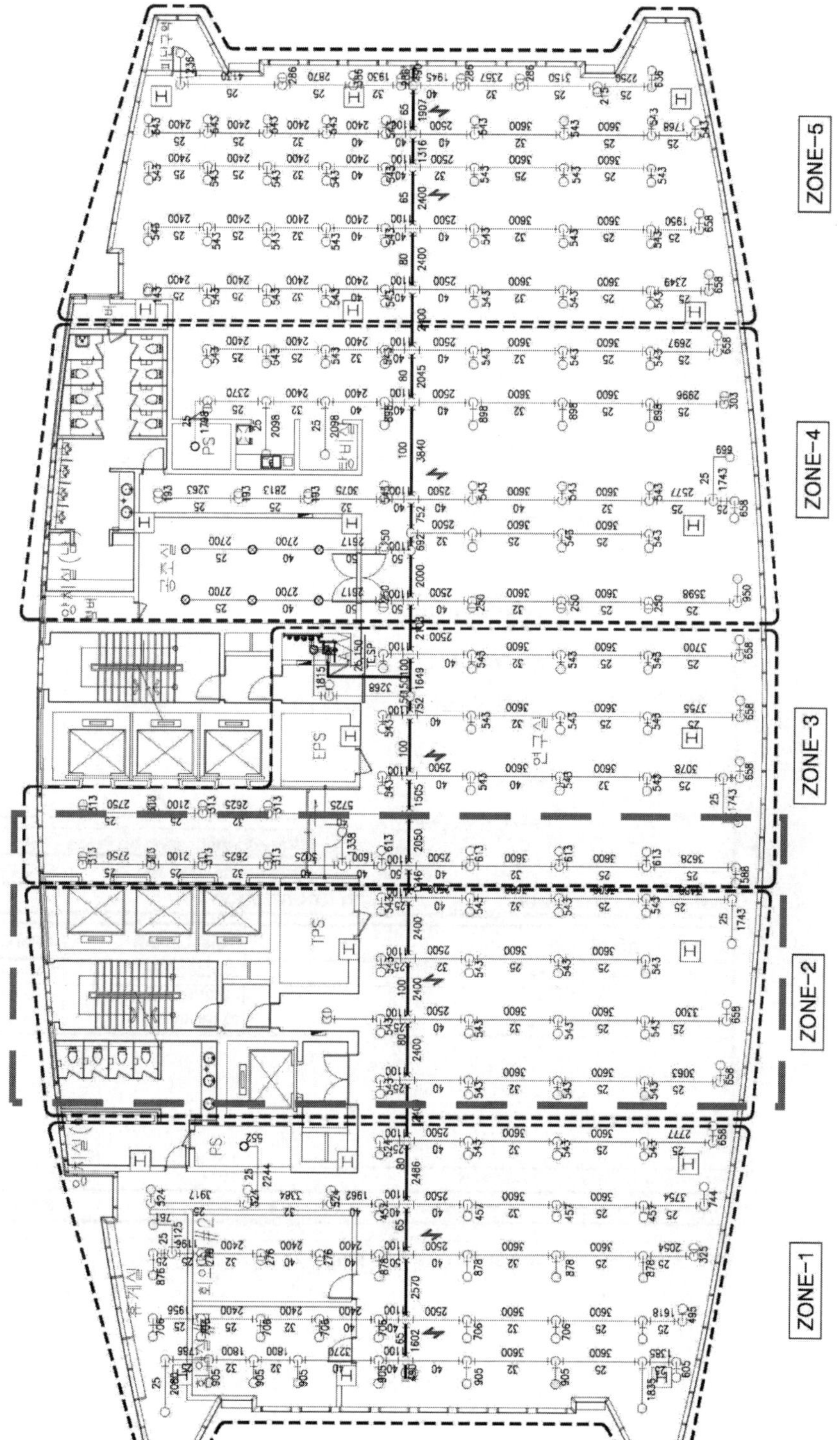
ZONE-5
ZONE-4
ZONE-3
ZONE-2
ZONE-1

Seismic Calculations

Project Address: ______________________

Calculations based on 2013 NFPA Pamphlet #13

Brace Information

Maximum Spacing	26' 7.2" (8.1 m)
Maximum Brace Length	3' 6" (1.07 m)
Bracing Material	1" Sch.40
Angle from Vertical	60° Min.
Least Rad. of Gyration	0.42" (11 mm)
L/R Value	100
Max Horizontal Load	5456 lbs (2475 kg)
Force Factor (Cp)	0.5

Brace Components

Component Fig. Number	Adjusted Load
Fig. 4L Clamp	1745 lbs (792 kg)
Fig.980 Universal Swivel	1745 lbs (792 kg)

*Calculation Based on CONCENTRIC Loading

Fastener Information

Fastener Orientation	NFPA Type C
Maximum Load	1745 lbs (792 kg)
Diameter	N/A
Length	N/A
Type	Fig.828 Across Beam

Assembly Detail

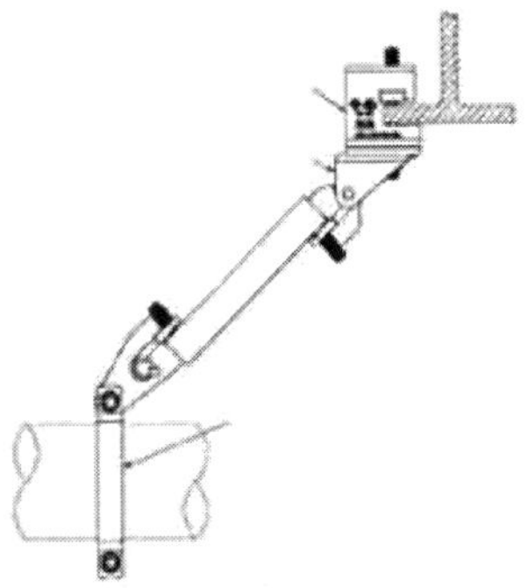

Brace Identification on Plans	Typical longi
Orientation of Brace	Longitudinal

Braced Pipe: 4" Sch.10 Steel Pipe

Load Information

Size and Type of Pipe	Total Length	Total Calculated Load
4" Sch 10 Steel Pipe (101.6 mm)	26.562ft (8.1 m)	156 lbs (71 kg)
3" Sch.10 Steel Pipe (76.2 mm)	23.904ft (7.3 m)	95 lbs (43 kg)
2.5" Sch 10 Steel Pipe (63.5 mm)	20.19ft (6.2 m)	59 lbs (27 kg)
Percentage added for Fittings and Sprinklers	15%	47 lbs (21.32 kg)
Total Adjusted Load of all pipe within Zone of Influence		357 lbs (162 kg)

부록 09 종방향 버팀대 내진 계산서 예시

Seismic Calculations

Brace Identification	Typical longi
Brace Type (Per NFPA#13)	NFPA Type C
Braced Pipe	4" Sch.10 Steel Pipe
Spacing of Brace	26' 7.2" (8.1 m)
Orientation of Brace	Longitudinal
Bracing Material	1" Sch.40
Maximum Brace Length	3' 6" (1.07 m)
Slenderness Ratio used for Load Calculation	100
True Angle of Brace for Calculation	60°
Type of Fastener	Fig.828 Across Beam
Length of Fastener	N/A

Summary of Pipe within Zone of Influence

4" Sch.10 Steel Pipe (101.6 mm)	26.562ft (8.1 m)
3" Sch.10 Steel Pipe (76.2 mm)	23.904ft (7.3 m)
2.5" Sch.10 Steel Pipe (63.5 mm)	20.19ft (6.2 m)

Allowance for Heads and Fittings	15%

Conclusions

Total Adjusted Load of Pipe in Zone of Influence	357 lbs (162 kg)
Material Capacity	5456 lbs (2475 kg)
Fastener Capacity	1745 lbs (792 kg)
Fig. 4L Clamp	1745 lbs (792 kg)
Fig.980 Universal Swivel	1745 lbs (792 kg)
Structural Member	Steel I Beam

Calculations prepared by

* The description of the Structural Member is for informational purposes only.

Seismic Calculations

Project Address: ____________________

____

____

Calculations based on 2013 NFPA Pamphlet #13

Brace Information

Maximum Spacing	15' 8.4" (4.8 m)
Maximum Brace Length	3' 6" (1.07 m)
Bracing Material	1" Sch.40
Angle from Vertical	60° Min.
Least Rad. of Gyration	0.42" (11 mm)
L/R Value	100
Max Horizontal Load	5456 lbs (2475 kg)
Force Factor (Cp)	0.5

Brace Components

Component Fig. Number	Adjusted Load
Fig. 1001 Clamp	1745 lbs (792 kg)
Fig.980 Universal Swivel	1745 lbs (792 kg)

*Calculation Based on CONCENTRIC Loading

Fastener Information

Fastener Orientation	NFPA Type C
Maximum Load	1745 lbs (792 kg)
Diameter	N/A
Length	N/A
Type	Fig.828 Across Beam

Assembly Detail

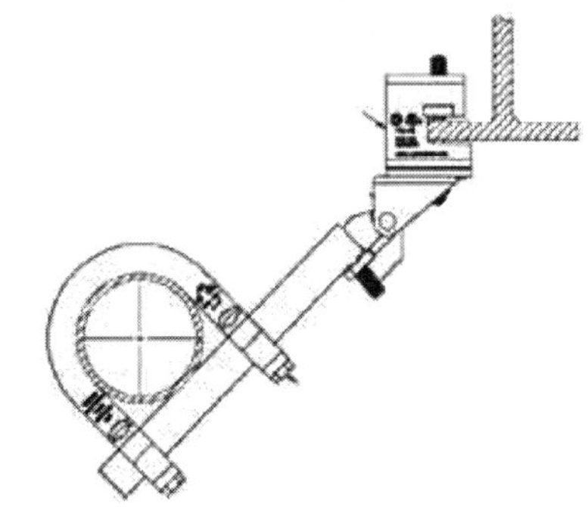

Brace Identification on Plans	Typical Lateral
Orientation of Brace	Lateral

Braced Pipe: 4" Sch.10 Steel Pipe

Load Information

Size and Type of Pipe	Total Length	Total Calculated Load
4" Sch.10 Steel Pipe (101.6 mm)	15.748ft (4.8 m)	93 lbs (42 kg)
2.5" Sch.10 Steel Pipe (63.5 mm)	15.748ft (4.8 m)	46 lbs (21 kg)
1.5" Sch.10 Steel Pipe (38.1 mm)	32.808ft (10 m)	50 lbs (23 kg)
1.25" Sch.10 Steel Pipe (31.75 mm)	59.055ft (18 m)	74 lbs (34 kg)
1" Sch.10 Steel Pipe (25.4 mm)	96.457ft (29.4 m)	87 lbs (39 kg)
Percentage added for Fittings and Sprinklers	15%	53 lbs (24.04 kg)
Total Adjusted Load of all pipe within Zone of Influence		403 lbs (183 kg)

부록 10 횡방향 버팀대 내진 계산서 예시

Seismic Calculations

Brace Identification	Typical Lateral
Brace Type (Per NFPA#13)	NFPA Type C
Braced Pipe	4" Sch.10 Steel Pipe
Spacing of Brace	15' 8.4" (4.8 m)
Orientation of Brace	Lateral
Bracing Material	1" Sch.40
Maximum Brace Length	3' 6" (1.07 m)
Slenderness Ratio used for Load Calculation	100
True Angle of Brace for Calculation	60°
Type of Fastener	Fig.828 Across Beam
Length of Fastener	N/A

Summary of Pipe within Zone of Influence

4" Sch.10 Steel Pipe (101.6 mm)	15.748ft (4.8 m)
2.5" Sch.10 Steel Pipe (63.5 mm)	15.748ft (4.8 m)
1.5" Sch.10 Steel Pipe (38.1 mm)	32.808ft (10 m)
1.25" Sch.10 Steel Pipe (31.75 mm)	59.055ft (18 m)
1" Sch.10 Steel Pipe (25.4 mm)	96.457ft (29.4 m)

Allowance for Heads and Fittings	15%
Conclusions	
Total Adjusted Load of Pipe in Zone of Influence	403 lbs (183 kg)
Material Capacity	5456 lbs (2475 kg)
Fastener Capacity	1745 lbs (792 kg)
Fig. 1001 Clamp	1745 lbs (792 kg)
Fig.980 Universal Swivel	1745 lbs (792 kg)
Structural Member	Steel I-Beam

Calculations prepared by

* The description of the Structural Member is for informational purposes only.

Assembly Detail

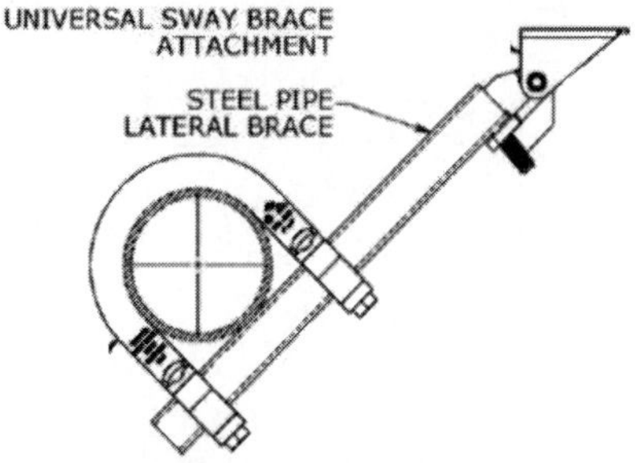

11. "근입 깊이"란 앵커볼트가 벽면 또는 바닥면 속으로 들어가 인발력에 저항할 수 있는 구간의 길이를 말한다.
12. "내진스토퍼"란 지진하중에 의해 과도한 변위가 발생하지 않도록 제한하는 장치를 말한다.
13. "구조부재"란 건축설계에 있어 구조계산에 포함되는 하중을 지지하는 부재를 말한다.
14. "지진하중"이란 지진에 의한 지반운동으로 구조물에 작용하는 하중을 말한다.
15. "편심하중"이란 하중의 합력 방향이 그 물체의 중심을 지나지 않을 때의 하중을 말한다.
16. "지진동"이란 지진 시 발생하는 진동을 말한다.
17. "단부"란 직선배관에서 방향 전환하는 지점과 배관이 끝나는 지점을 말한다.
18. "S"란 재현주기 2400년을 기준으로 정의되는 최대고려 지진의 유효수평지반가속도로서 "건축물 내진설계기준(KDS 41 17 00)"의 지진구역에 따른 지진구역계수(Z)에 2400년 재현주기에 해당하는 위험도계수(I) 2.0을 곱한 값을 말한다.
19. "S_s"란 단주기 응답지수(short period response parameter)로서 유효수평지반가속도 S를 2.5배한 값을 말한다.
20. "영향구역"이란 흔들림 방지 버팀대가 수평지진하중을 지지할 수 있는 예상구역을 말한다.
21. "상쇄배관(offset)"이란 영향구역 내의 직선배관이 방향전환 한 후 다시 같은 방향으로 연속될 경우, 중간에 방향전환 된 짧은 배관은 단부로 보지 않고 상쇄하여 직선으로 볼 수 있는 것을 말하며, 짧은 배관의 합산길이는 3.7 m 이하여야 한다.
22. "수직직선배관"이란 중력방향으로 설치된 주배관, 교차배관, 가지배관 등으로서 어떠한 방향전환도 없는 직선배관을 말한다. 단, 방향전환부분의 배관길이가 상쇄배관(offset) 길이 이하인 경우 하나의 수직직선배관으로 간주한다.
23. "수평직선배관"이란 수평방향으로 설치된 주배관, 교차배관, 가지배관 등으로서 어떠한 방향전환도 없는 직선배관을 말한다. 단, 방향전환부분의 배관길이가 상쇄배관(offset) 길이 이하인 경우 하나의 수평직선배관으로 간주한다.
24. "가지배관 고정장치"란 지진거동특성으로부터 가지배관의 움직임을 제한하여 파손, 변형 등으로부터 가지배관을 보호하기 위한 와이어타입, 환봉타입의 고정장치를 말한다.
25. "제어반등"이란 수신기(중계반을 포함한다), 동력제어반, 감시제어반 등을 말한다.
26. "횡방향 흔들림 방지 버팀대"란 수평직선배관의 진행방향과 직각방향(횡방향)의 수평지진하중을 지지하는 버팀대를 말한다.
27. "종방향 흔들림 방지 버팀대"란 수평직선배관의 진행방향(종방향)의 수평지진하중을 지지하는 버팀대를 말한다.
28. "4방향 흔들림 방지 버팀대"란 건축물 평면상에서 종방향 및 횡방향 수평지진하중을 지지하거나, 종・횡 단면상에서 전・후・좌・우 방향의 수평지진하중을 지지하는 버팀대를 말한다.

1. 지진 발생 시 지진력이 기기 등의 정착부에 작용하는 힘은 인장력, 전단력 등이며 지진력이 작용하는 방향과 기기 자체 중량 등에 따라 기기가 받는 영향력은 달라진다. KBC 012에는 앵커볼트의 근입 깊이를 산정하는 절차를 그림과 같이 정의하고 있으며 중량물 하중에 따른 앵커볼트 선정 및 근입 깊이를 달리 하게 된다.

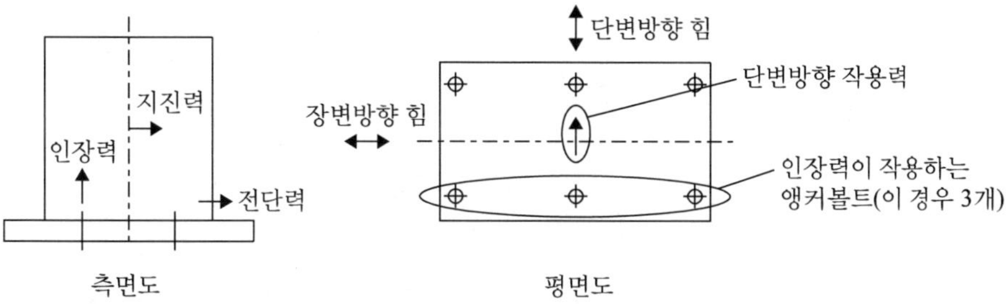

부록 11 지진력과 기기의 정착부에 작용하는 힘

2. 내진스토퍼는 지진하중에 대해 과도한 변위가 발생하지 않도록 제한하는 장치를 말하며 목적에 따라 이동방지형, 이동 및 전도방지형 등으로 구분할 수 있다. 내진스토퍼의 설계 반영 시 설치 개수 및 위치 선정 등은 내진보호 대상물의 구조와 내진스토퍼 제조사의 사양에 따라야 한다.

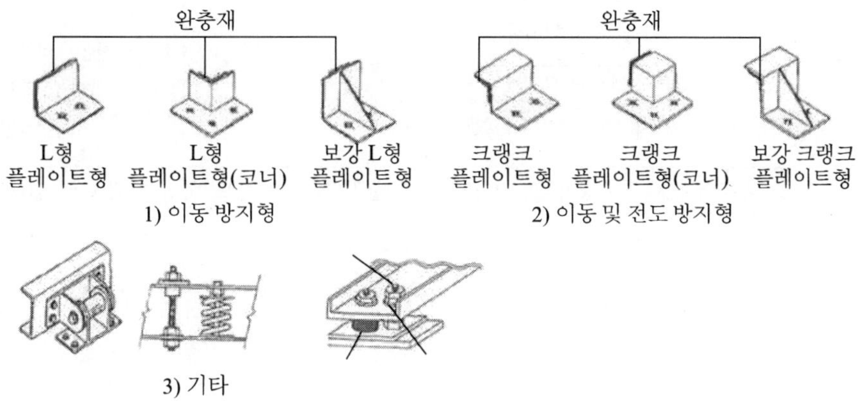

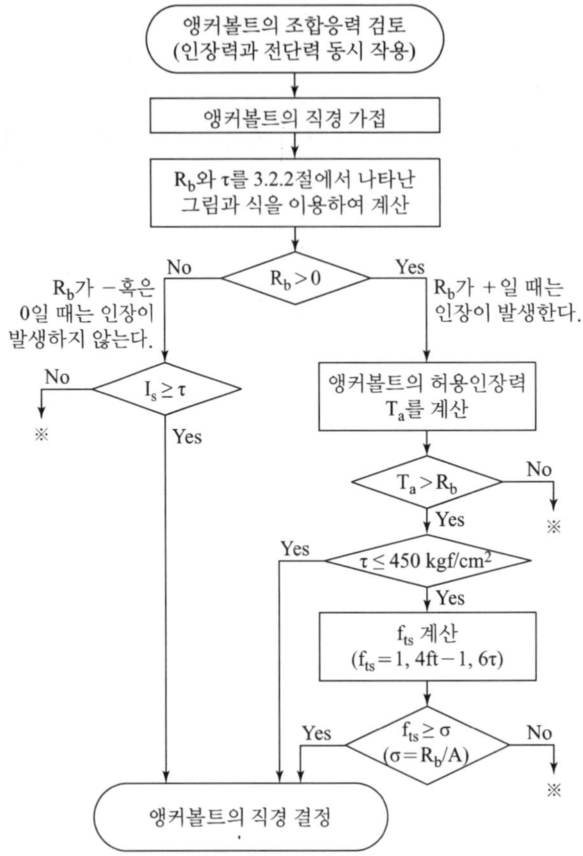

※의 경우는 앵커볼트의 직경을 증가시켜 재계산한다.
단, 위에서는 볼트의 수량은 고정하고 있으므로 볼트 직경이 너무 커질 경우에는 볼트의 수량을 증가하여 재계산한다.

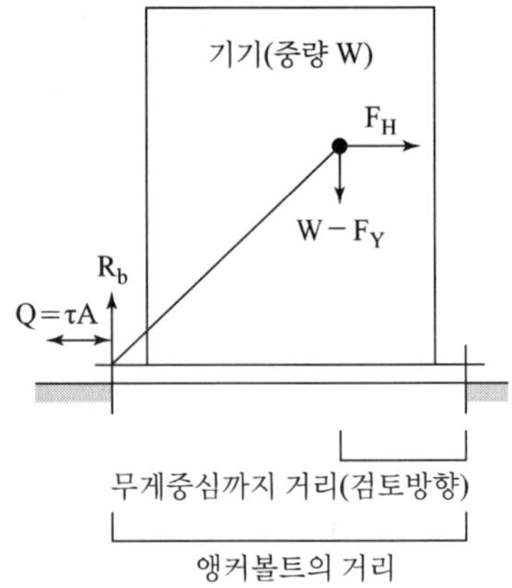

(범례)

- R_b : 앵커볼트에 작용하는 인장력
- τ : 앵커볼트에 작용하는 전단응력
- Q : 앵커볼트에 작용하는 전단력
- t_s : 전단만을 받는 앵커볼트의 허용전단응력
- f_{ts} : 인장만을 받는 앵커볼트의 허용인장응력
- A : 앵커볼트의 단면적
- T_a : 앵커볼트의 허용인장력
- σ : 앵커볼트의 인장응력

(주, 위의 모든 내용은 앵커볼트 1개에 대한 것임)

부록 12 앵커볼트의 조합응력 산정 및 앵커볼트 선정 방법(KBC 2012)

제3조의2 공통 적용사항

① 소방시설의 내진설계에서 내진등급, 성능수준, 지진위험도, 지진구역 및 지진구역계수는 "건축물 내진설계기준(KDS 41 17 00)"을 따르고 중요도계수(I_p)는 1.5로 한다.

② 지진하중은 다음 각 호의 기준에 따라 계산한다.

1. 소방시설의 지진하중은 "건축물 내진설계기준" 중 비구조요소의 설계지진력 산정방법을 따른다.
2. 허용응력설계법을 적용하는 경우에는 제1호의 산정방법 중 허용응력설계법 외의 방법으로 산정된 설계지진력에 0.7을 곱한 값을 지진하중으로 적용한다.
3. 지진에 의한 소화배관의 수평지진하중(F_{pw}) 산정은 허용응력설계법으로 하며 다음 각 호 중 어느 하나를 적용한다.
   가. $F_{pw} = C_p \times W_p$
   F_{pw} : 수평지진하중, W_p : 가동중량
   C_p : 소화배관의 지진계수(별표 1에 따라 선정한다.)
   나. 제1호에 따른 산정방법 중 허용응력설계법 외의 방법으로 산정된 설계지진력에 0.7을 곱한 값을 수평지진하중(F_{pw})으로 적용한다.
4. 지진에 의한 배관의 수평설계지진력이 0.5 W_p을 초과하고, 흔들림 방지 버팀대의 각도가 수직으로부터 45° 미만인 경우 또는 수평설계지진력이 1.0 W_p를 초과하고 흔들림 방지 버팀대의 각도가 수직으로부터 60° 미만인 경우 흔들림 방지 버팀대는 수평설계지진력에 의한 유효수직반력을 견디도록 설치해야한다.

③ 앵커볼트는 다음 각 호의 기준에 따라 설치한다.

1. 수조, 가압송수장치, 함, 제어반등, 비상전원, 가스계 및 분말소화설비의 저장용기 등은 "건축물 내진설계기준" 비구조요소의 정착부의 기준에 따라 앵커볼트를 설치하여야 한다.
2. 앵커볼트는 건축물 정착부의 두께, 볼트설치 간격, 모서리까지 거리, 콘크리트의 강도, 균열 콘크리트 여부, 앵커볼트의 단일 또는 그룹설치 등을 확인하여 최대허용하중을 결정하여야 한다.
3. 흔들림 방지 버팀대에 설치하는 앵커볼트 최대허용하중은 제조사가 제시한 설계하중 값에 0.43을 곱하여야 한다.
4. 건축물 부착 형태에 따른 프라잉효과나 편심을 고려하여 수평지진하중의 작용하중을 구하고 앵커볼트 최대허용하중과 작용하중과의 내진설계 적정성을 평가하여 설치하여야 한다.
5. 소방시설을 팽창성・화학성 또는 부분적으로 현장타설된 건축부재에 정착할 경우에는 수평지진하중을 1.5배 증가시켜 사용한다.

④ 수조・가압송수장치・제어반등 및 비상전원 등을 바닥에 고정하는 경우 기초(패드 포함)부분의 구조안전성을 확인하여야 한다.

제4조 수원

수조는 다음 각 호의 기준에 따라 설치해야 한다.

1. 수조는 지진에 의하여 손상되거나 과도한 변위가 발생하지 않도록 기초(패드 포함), 본체 및 연결부분의 구조안전성을 확인해야 한다.
2. 수조는 건축물의 구조부재나 구조부재와 연결된 수조 기초부(패드)에 고정하여 지진 시 파손(손상), 변형, 이동, 전도 등이 발생하지 않아야 한다.
3. 수조와 연결되는 소화배관에는 지진 시 상대변위를 고려하여 가요성이음장치를 설치해야 한다.

1. 지진 시 수조의 파손은 두 가지 원인에 의해 발생한다. 하나는 수조 내 담겨 있는 소화용수의 슬로싱 현상으로 기준 이상의 과도한 하중이 작용하여 수조가 파손되는 것이며 또 하나는 수조의 설치가 견고하지 못하여 수조가 이탈하여 손상되는 것이다. 특히 수조 내 소화용수가 슬로싱 현상으로 물이 출렁거릴 때 그 하중이 수조면에 작용하여 수조가 이탈되는 현상이 발생한다.
   그러므로 이러한 슬로싱 현상을 방지하기 위해 수조 내 방파판을 설치하여 슬로싱 현상을 감소시켜야 하며 이러한 방파판은 충분한 강도와 내식성이 있는 금속으로 설치해야 한다. 소방시설 내진설계기준에서는 방파판의 두께를 1.6 mm 이상으로 규정하여 견고하게 설치할 것을 규정하고 있다. 또한 건물과 일체로 타설되지 않는 수조에 대해서는 충분한 강도를 갖는 고정 장치를 이용하여 견고하게 고정한다.
2. 방파판의 재질은 수조의 재질에 따라 달라질 수 있음
3. 방파판은 수조의 중앙을 기준으로 동서남북 4방향으로 각 방향 길이의 1/2 이상, 높이는 바닥을 기준으로 수조 높이의 1/2 이상으로 설치
4. 수조 고정방법 예시

정착방법 및 정착부재 명칭	부재 개요	
앵커볼트	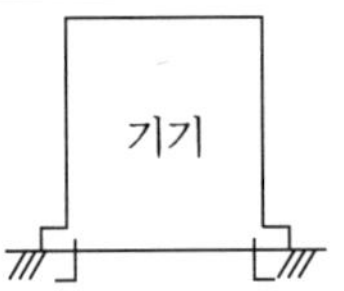	• 건축물에 기기를 고정하기 위한 부재 혹은 기기를 정착용 받침에 체결하는 부재 • 매립형 혹은 후시공형이 있다.
기초	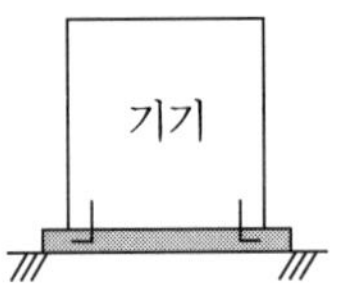	• 기기 중량을 지지하는 구조체 혹은 옥상 등의 바닥 방수재와 실내 바닥의 콘크리트슬래브와의 결합을 위해 설치하는 부재
상단 지지 배면 지지	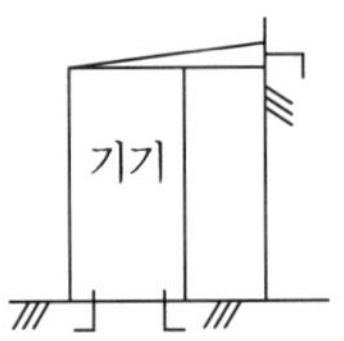	• 자립형 기기에서 기기 하단부의 정착에 추가하여 내진성을 증가시키고자 할 때 이용되는 정착방법 및 부재
스토퍼 (stopper)	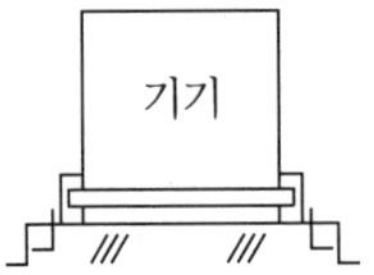	• 방진고무 등으로 기기 본체에 전달되는 진동을 저감하는 장치를 설치한 경우로 건축물에 직접 앵커볼트로 연결할 수 없는 경우에 이용되는 정착방법
받침대	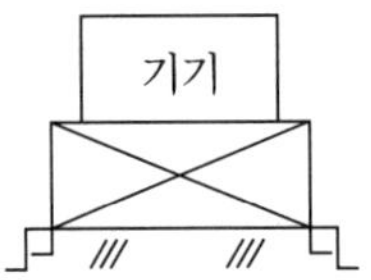	• 지동방지 등의 물리적인 여건에 의해서 앵커볼트로 바닥과 벽에 직접 연결할 수 없는 경우에 기기와 건축물의 사이에 설치하는 정착방법 및 부재

5. 콘크리트재료로 설치된 소화수조는 일반적으로 건축구조물의 일부로 내진해석 및 설계가 이루어지고 있기 때문에 내진조치 대상에서는 제외
6. 수원에 대한 내진조치로서 소화용 수조 주위 배관 및 수조 내부에 시행할 수 있는 내진부재의 설치사례

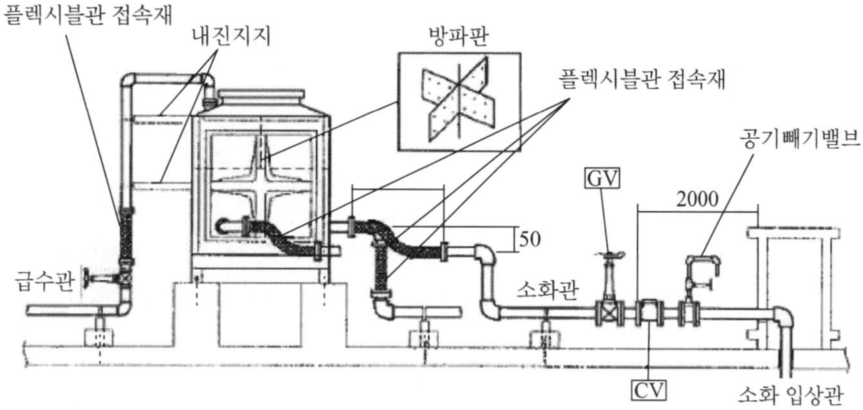

부록 13 소화용 수조에 대한 내진조치 예

7. 건축물과 일체로 타설되지 아니한 소화수조 및 저수조는 지진에 의하여 손상되거나 과도한 변위가 발생하지 않도록 고정해야 한다. 이때 하부만 고정함으로써 고정부가 파손되거나 고정부에 의해 수조가 파손되지 않도록 한다.

부록 14 수조 이동방지용 고정대 설치 사례

제5조	가압송수장치

① 가압송수장치에 방진장치가 있어 앵커볼트로 지지 및 고정할 수 없는 경우에는 다음 각 호의 기준에 따라 내진스토퍼 등을 설치해야 한다. 다만, 방진장치에 이 기준에 따른 내진성능이 있는 경우는 제외한다.

1. 정상운전에 지장이 없도록 내진스토퍼와 본체 사이에 최소 3 mm 이상 이격하여 설치한다.
2. 내진스토퍼는 제조사에서 제시한 허용하중이 제3조의2제2항에 따른 지진하중 이상을 견딜 수 있는 것으로 설치해야 한다. 단, 내진스토퍼와 본체 사이의 이격거리가 6 mm를 초과한 경우에는 수평지진하중의 2배 이상을 견딜 수 있는 것으로 설치해야 한다.

② 가압송수장치의 흡입측 및 토출측에는 지진 시 상대변위를 고려하여 가요성이음장치를 설치해야 한다.

해설

1. 앵커볼트의 산정 및 근입 깊이 결정
앵커볼트 선정 시 인발력에 관해서는 일반적으로 앵커볼트가 중립축에 대칭으로 배치되어 있는 것으로 하고, 인발응력 및 앵커볼트 1개당의 인발력을 각각 다음의 식에서 구하는 것으로 한다.

$$\sigma = \frac{M}{Z},\ R_b = A\sigma \qquad \text{식(7)}$$

여기서, M : 기기 바닥면에 작용하는 휨 모멘트
Z : 앵커볼트군의 단면계수
l : 앵커볼트의 중심에서부터 중립축까지의 거리
A : 앵커볼트 1개당의 축단면적

	바닥, 기초 고정설치의 경우
앵커볼트의 인발력	$R_b = \dfrac{F_H \cdot h_G - (W - F_v) \cdot l_c}{l \cdot nT}$
앵커볼트의 전단력	$\tau = \dfrac{F_n}{n \cdot A}$ 또는 $Q = \dfrac{F_n}{n}$ 여기서, τ : 볼트에 작용하는 전단 응력 Q : 볼트에 작용하는 전단력 F_n : 설계용 수평지진력 A : 앵커볼트 1개당의 축단면적 n : 앵커볼트의 총개수

2. 앵커볼트의 전단력 및 호칭경을 고려한 계산으로 다음과 같은 표를 얻을 수 있다. 이는 사용하는 앵커볼트의 개수를 계산한 것으로 일반적인 가압송수장치의 경우 4개의 고정장치를 이용하고 어느 정도의 안전율을 고려하여 결정하였다.

설비중량 / 앵커볼트 호칭경	100 kg	250 kg	500 kg	1000 kg	2000 kg	3000 kg
M3	4.31	10.78	21.56	43.13	86.25	129.38
M3.5	3.20	8.00	16.00	31.99	63.99	95.98
M4	2.47	6.18	12.35	24.71	49.41	74.12
M5	1.53	3.82	7.64	15.28	30.55	45.83
M6	1.08	2.70	5.40	10.79	21.58	32.38
M7	0.75	1.88	3.75	7.51	15.01	22.52
M8	0.59	1.48	2.96	5.93	11.85	17.78
M10	0.37	0.93	1.87	3.74	7.48	11.22
M12	0.26	0.64	1.29	2.57	5.15	7.72
M14	0.19	0.47	0.94	1.89	3.77	5.66
M16	0.14	0.35	0.69	1.38	2.76	4.14
M18	0.11	0.28	0.56	1.13	2.26	3.39
M20	0.09	0.22	0.44	0.89	1.77	2.66

1. 가동중량 1,000 kg 이하인 가압송수장치의 경우, 보수적인 구조검토 결과 가동중량 1,000 kg의 가압송수장치에는 M10 앵커볼트 3.74개가 필요하다. 그러나 지진 시 발생하는 지진 하중을 고려하여 M12 이상의 앵커볼트 4개로 정착하도록 하여 충분한 안전율을 확보했다.
2. 가동중량 1,000 kg 이상인 가압송수장치의 경우, 보수적인 구조검토 결과, 가동중량 3,000 kg의 가압송수장치에는 M18 앵커볼트 3.39개가 필요하며 안전율을 고려하여 M20 이상의 앵커볼트를 사용하도록 규정하고 있다.
3. 가동중량 3,000 kg의 경우에는 지진에 의한 가압송수장치의 파손뿐만 아니라 건물에 미치는 영향도 고려해야 한다. 그러므로 가압송수장치 3,000 kg 이상인 경우에는 구조 기술사의 도움을 받아 설계하거나 상기 계산에 의해 구해진 앵커볼트의 호칭경보다 큰 앵커볼트를 사용하는 것을 권장한다.

   실내 벽면에 설치되는 설비의 경우 500 kg 이하로 가정하였고 500 kg 이하를 세분화하여도 앵커볼트의 호칭경에 따른 사용수량을 줄일 수 없기 때문에, 그 이하를 세분화하는 것은 의미가 없다.

4 가압송수장치에 방진지지(防塵止持)장치가 있어 앵커볼트로 지지 및 고정을 할 수 없는 경우에는 내진스토퍼를 설치해야 한다.

5. "내지진 스토퍼(耐地震 Stopper)"란 방진고무 등의 방진재를 끼워 설치한 기기에 있어서 지진 시의 진동으로 인한 전도나 이동을 방지하기 위한 철물을 말한다. 일반적으로 방진재의 변형이 어느 한도를 초과하였을 때는 스토퍼에서 작용하게 하고, 통상 운전 시에는 기기와의 사이에 적당한 틈새를 유지하여 설치한다.

부록 15 이동방지형 내진스토퍼 설치 사례

- 방진지지 등이 이루어져 앵커볼트 등으로 지지·고정을 할 수 없는 경우에는 내진스토퍼를 사용한다. 스토퍼와 본체의 간격은 정상운전 중에 접촉하지 않는 간격이 되도록 내진스토퍼를 설치한다.
- 지진 시 기기의 무게중심 위치에 지진력이 작용하는 것으로 가정하여 기기가 쓰러질 가능성을 판단한 다음에 내진스토퍼의 형식을 선정한다.
- 내진스토퍼는 지진력이 작용했을 때에 이동하지 않도록 볼트 등으로 기초 또는 구체에 고정하여야 하고, 부재는 지진력에 충분히 견딜 수 있어야 한다.
- 방진재를 개재하여 설치된 기기는 지진 시에는 과대한 진동이 발생할 우려가 있으며, 이동·쓰러짐을 방지하기 위해 내진스토퍼를 설치한다. 관통·볼트형 이외의 스토퍼의 모양을 선정하는 경우, 지진 시 방진재에 인발일 발생하지 않아야 한다.
- 관통볼트형 이외의 스토퍼에 대하여 지진 시 인발 여부를 판단하는 방법은 다음 각 호와 같다.

1. 볼트의 인발력 산정

   그림 16에 있어서 지지부 B를 중심으로 하는 전도 모멘트를 생각하면 식 (1)이 성립한다.

$$T_0 = \frac{WK_H \cdot h_G - l_G(1-K_v)}{l} \qquad \text{식 (1)}$$

2. $T_0 \le 0$일 때, 방진재에는 인발이 발생하지 않기 때문에 이동방지형 내진스토퍼가 좋다.

$$\frac{h_G}{l_G} \le \frac{(1-K_v)}{K_H} \qquad \text{식 (2)}$$

3. $T_0 > 0$일 때, 방진재에는 인발이 발생하기 때문에 이동, 전도 방지형 내진스토퍼로 한다.

$$\frac{h_G}{l_G} > \frac{(1-K_v)}{K_H} \qquad \text{식 (3)}$$

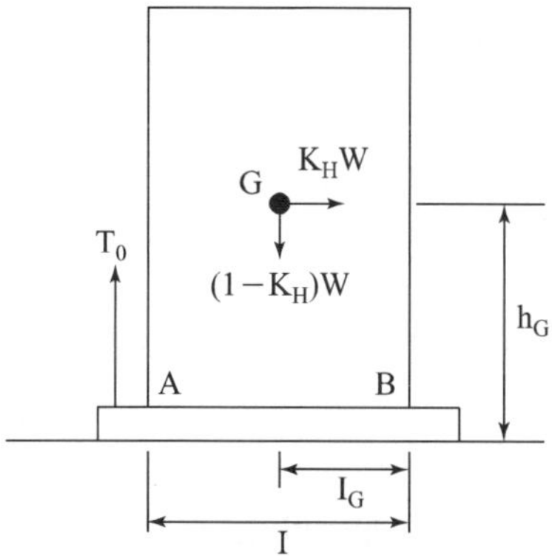

여기서, W : 설비기기의 중량

h_G : 기기 지지부에서 중심까지의 높이

K_H : 설계용 수평진도

K_v : 설계용 수직진도

l : 검토할 방향에서 본 지지 길이

l_G : 검토할 방향에서 본 지지부 중심에서 기기 중심까지의 거리(단, $l_G < \frac{l}{2}$)

T_0 : 지지부 A가 받는 인발력

부록 16 **스토퍼 선정 시 고려 요소**

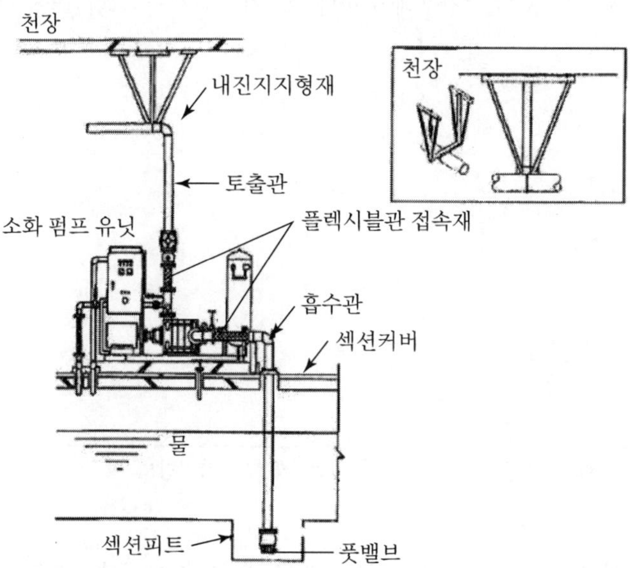

부록 17 **펌프를 사용하는 가압송수장치의 내진조치 사례**

제6조 배관

① 배관은 다음 각 호의 기준에 따라 설치해야 한다.
1. 건물 구조부재간의 상대변위에 의한 배관의 응력을 최소화하기 위하여 지진분리이음 또는 지진분리장치를 사용하거나 이격거리를 유지해야 한다.

1. 소방시설 내진설계의 기준은 건물이 지진에 견디는 가정 하에 이루어지며, 지진 발생에 의한 건물 구조부재 및 부착물들의 상대적인 움직임으로 인한 소방시설의 파손을 방지하는 것이 주목적이다.
2. 건물의 상대적인 움직임은 배관 양 끝단의 상대적인 변위를 발생시키고 이로 인해 배관에는 응력이 발생하게 된다. 또한 배관의 움직임으로 인해 인근 부속물과의 접촉을 통한 파손 등이 발생할 수 있다.
3. 이러한 배관의 파손을 방지하기 위해서는 가요성이 있는 신축배관을 사용하여 배관의 상대적인 변위를 흡수하거나 흔들림 방지 버팀대와 고정대를 사용하여 배관을 단단히 고정하여 배관이 파손될 정도의 움직임이 발생하는 것을 예방한다.
4. 건축물의 바닥 또는 벽을 관통하는 경우에는 배관에 신축이음쇠를 설치하거나 배관과 건축물의 구조물(바닥 또는 벽 등)과 제3항 제1호에서 규정한 이격거리를 두고 설치해야 한다.

배관의 내진지지 시 고려할 유의점

1. 배관의 집중하중에 대한 배려
배관 도중에 특히 중량이 큰 밸브 등을 설치할 경우, 지진 시에 배관 등의 손상이 생기지 않도록 중량에 맞는 조치를 강구해야 한다. 그 지지의 예를 그림 18에 나타낸다.

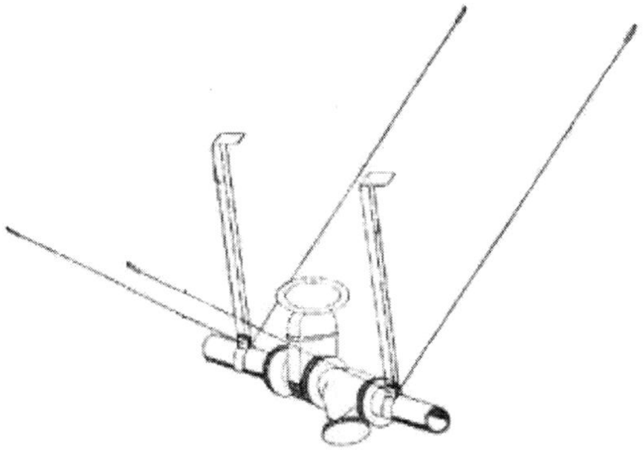

부록 18 배관 도중에 집중하중이 있는 경우의 지지방법 예

2. 건축물 지진분리이음 설치위치 및 건축물 간의 연결배관 중 지상노출 배관이 건축물로 인입되는 위치의 배관에는 관경에 관계없이 지진분리장치를 설치해야 한다.

두 개의 건물간의 이동 경로를 만들거나 인접하여 건축하는 경우가 많다. 이 경우 지진의 발생으로 인해 두 건물간 상대적인 변위가 발생하여 관통하는 배관의 파손이 우려된다. 이를 방지하기 위해 건물의 지진분리이음이 설치된 위치의 배관에는 반드시 지진분리장치를 설치하도록 규정하고 있다.
이는 건물의 상대적인 움직임으로 인한 배관의 파손을 방지하기 위함이다.

3. 천장과 일체 거동을 하는 부분에 배관이 지지되어 있을 경우 배관을 단단히 고정시키기 위해 흔들림 방지 버팀대를 사용해야 한다.
4. 배관의 흔들림을 방지하기 위하여 흔들림 방지 버팀대를 사용해야 한다.

지진으로 인한 배관의 파손은 건물과 배관과의 상대적인 움직임에 의해 발생하는 배관의 응력으로 인한 파손이 대부분이다. 이러한 배관의 파손을 방지하기 위해서는 배관을 건물과 동일하게 움직이도록 하여 상대적인 변위를 최소화해야 한다.
특히 천장과 같이 건물과 단일체로 움직일 것으로 예상되는 건물 구성요소에 배관이 지지되어 있을 경우에는 반드시 버팀대를 사용하여 배관을 단단히 고정해야 한다.

5. 흔들림 방지 버팀대와 그 고정장치는 소화설비의 동작 및 살수를 방해하지 않아야 한다.

소화설비는 화재 발생 시 적절한 동작을 통해 기능을 발휘하도록 개발되어 설치하고 있다. 이러한 소화설비가 소방시설 내진설계를 통해 설치되는 구성부품들로 인해 방해를 받으면 안 된다. 그러므로 소방시설 내진설계 시에는 각 구성부품이 소화설비의 동작과 기능에 방해가 되는지 검토해야 한다. 특히 스프링클러헤드로부터 분사되는 살수에 지장을 주어서는 안 된다.

제6조 배관

② 배관의 수평지진하중은 다음 각 호의 기준에 따라 계산해야 한다.
1. 흔들림 방지 버팀대의 수평지진하중 산정 시 배관의 중량은 가동중량(W_p)으로 산정한다.

건물 지진에 의해 버팀대에 가해지는 중량은 가동중량으로 사용한다. 가동중량이라 함은 지진 발생 시 진동을 일으킬 수 있는 배관, 가압송수장치, 배관 내 용수, 기타 부속품들의 중량의 합으로 버팀대의 수평지진하중 산정 시 기준이 되는 중량이다. 그러나 실제 적용 시에는 모든 부품의 중량을 합할 수 없으므로 용수가 충전된 배관 무게의 1.15배의 중량으로 근사한다.

2. 흔들림 방지 버팀대에 작용하는 수평지진하중은 제3조의2제2항제3호에 따라 산정한다.

버팀대에 작용하는 수평지진하중인 F_{pw}는 $F_{pw} = C_p \times W_p$로 계산한다. 여기서 C_p는 지진계수로 짧은 시간의 반응 지수인 S_s를 사용하여 선택할 수 있다.

일반적으로 S_s값은 국가에서 발행하는 지진위험지도 또는 관계기관으로부터 얻을 수 있다. 우리나라의 경우 2013년 12월, 소방방재청 공고 제 2013-179호로 "국가지진위험지도 공표"를 공고하였다. 이는 지진재해대책법 제12조에 근거하여 공고한 사항으로, 국가지진위험지도 및 지진구역, 지진구역계수 등을 포함하여 이 전체의 값을 0.5로 단순화 시킨 값이다.

참고

1. 우리나라의 경우 평균 재현 주기 500년 기준으로 지진구역 1, 2로 구분하였으며 그에 따른 지진구역계수를 규정하였다. 그러나 이는 지금까지 발생한 이력을 바탕으로 결정된 사항으로 최근 들어 지진의 발생 빈도 및 강도 상향은 고려해 보아야 하는 내용이다.
2. NFPA 13의 내진설계기준에는 짧은 시간의 반응지수인 S_s와 지진계수 C_p와의 관계
3. 국가지진위험지도 및 지진구역·지진구역계수
   - 재현주기별 국가지진위험지도 및 위험도계수
     - 재현주기별 국가지진위험도 : 붙임
     - 위험도계수

재현주기	50년	100년	200년	500년	1,000년	2,400년	4,800년
위험도계수	0.4	0.57	073	1.0	1.4	2.0	2.6

   - 지진구역 및 지진구역계수 : 평균재현주기 500년 기준임

지진구역		행정구역	지진구역계수
I	시	서울, 인천, 대전, 부산, 대구, 울산, 광주, 세종	0.11 g
	도	경기, 충북, 충남, 경북, 경남, 전북, 전남, 강원 남부*	0.07 g
II	도	강원 북부**, 제주	

* 강원 남부 : 영월, 저언, 삼척, 강릉, 동해, 원주, 태백

** 강원 북부 : 홍천, 철원, 화천, 횡성, 펴창, 양구, 인제, 고성, 양양, 춘천, 속초

표를 이용하기도 한다. 전통적인 방법에서는 C_p의 값을 0.5로 사용하고 있다. 즉, 가로방향의 수평지진하중을 $F_{pw} = 0.5\,W_p$로 계산한다.

3. 수평지진하중(F_{pw})은 배관의 횡방향과 종방향에 각각 적용되어야 한다.

배관에 작용하는 수평지진하중 F_{pw}는 길이방향과 직각방향에 각각 적용되어야 한다. 여기서 길이방향이란 배관과 축과 평행한 방향으로 종방향을 의미한다. 직각방향이란 배관의 축과 수직한 방향으로 작용하는 하중으로 횡방향을 의미한다.

제6조 배관

③ 벽, 바닥 또는 기초를 관통하는 배관 주위에는 다음 각 호의 기준에 따라 이격거리를 확보해야 한다. 다만, 벽, 바닥 또는 기초의 각 면에서 300 mm 이내에 지진분리이음을 설치하거나 내화성능이 요구되지 않는 석고보드나 이와 유사한 부서지기 쉬운 부재를 관통하는 배관은 그렇지 않다.

1. 관통구 및 배관 슬리브의 호칭구경은 배관의 호칭구경이 25 mm 내지 100 mm 미만인 경우 배관의 호칭구경보다 50 mm 이상, 배관의 호칭구경이 100 mm 이상인 경우에는 배관의 호칭구경보다 100 mm 이상 커야 한다. 다만, 배관의 호칭구경이 50 mm 이하인 경우에는 배관의 호칭구경보다 50 mm 미만의 더 큰 관통구 및 배관 슬리브를 설치할 수 있다.
2. 방화구획을 관통하는 배관의 틈새는 「건축물의 피난·방화구조 등의 기준에 관한 규칙」 제14조제2항에 따라 내화채움성능이 인정된 구조 중 신축성이 있는 것으로 메워야 한다.

1. 지진으로 인한 소방설비의 파손 원인을 보면 배관의 상대적인 변위로 인한 응력 파손과 움직임으로 인해 주변 구성품과의 부딪힘에 의한 파손으로 크게 대별할 수 있다.
   그러므로 소방시설의 내진설계 기준에서는 배관의 경우 다른 부품과의 충돌에 의한 파손을 방지하기 위해 충분한 이격거리를 확보하도록 하고 있다. 특히 벽, 바닥 또는 기초를 통과하는 모든 배관에는 반드시 충분한 이격거리 확보를 의무화하고 있다.
   다만, 화재의 확산 측면에서 중요하지 않은 곳이나 충돌이 발생하여도 배관에 영향을 많이 주지 않는 부서지기 쉬운 부재를 관통하는 경우에는 신축이음쇠 사용할 경우 이격거리 확보를 면제해 주고 있다.
2. 충분한 이격거리 확보를 위해서 관통구 및 슬리브의 규격은 사용 배관의 크기에 따라 결정된다. 이는 소형 배관일 경우 대형 배관에 비해 유연성을 가지고 있으므로 관통구의 크기를 작게 설계하여도 문제가 되지 않기 때문이다.
   다음 그림은 관통구 및 슬리브 설계 사례이다.

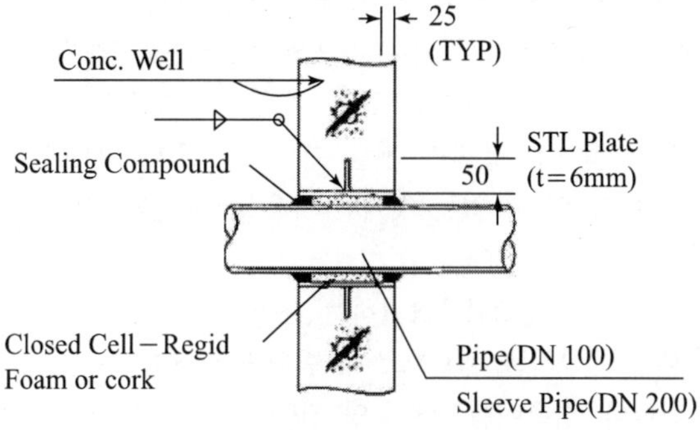

상세도(슬리브)

3. 그러나 이러한 이격거리 확보 시에는 관통구가 화재 확산의 연결통로로 작용할 수 있으므로 배관과 관통구 또는 슬리브 사이에는 방화성능 물질로 충진해야 하며, 지진 발생으로 인한 배관 파손을 방지하기 위해서는 충진물질은 배관에 영향을 주지 않는 신축성 재질을 사용해야 한다.

4. 건물 바닥면, 벽면 등으로부터 각각 0.3 m 이내에 지진분리이음이 설치된 경우에는 이격 거리를 유지하지 않을 수 있다

④ 소방시설의 배관과 연결된 타 설비배관을 포함한 수평지진하중은 제2항의 기준에 따라 결정해야 한다.

소방시설의 배관은 구조부재에 견고하게 정착되어야 한다. 그럼에도 불구하고 구조부재에 견고하게 정착할 수 없는 경우 또는 팽창성, 화학성 정착물에 의하여 얕게 정착되는 경우에는 수평지진하중을 1.5배 증가시켜 버팀대에 의한 고정력을 증가시켜야 한다.
이는 행거에 의해 지지되고 있는 일부 하중이 배관의 얕은 정착으로 인해 의미가 없거나 약하게 지지하여 지진 시 제 기능을 발휘하지 못하기 때문이다.

해설

1. 건물의 움직임으로 인한 파열을 방지하기위해서는 배관 주의에 틈새가 필요하다. 하지만 물 연기, 또는 화재 등의 통로를 차단할 수 있는 적절한 대책이 필요하다.
   배관이 부서지기 쉬운 구조를 관통할 때 틈새를 고려하지 않는 이유는 배관이 차동움직임에 의해 파손될 것으로 예상하지 않기 때문이다. 그러나 부서지기 쉬운 구조가 피난계단처럼 내화성능 방호구역의 일부인 경우에는 반드시 틈새를 확보하여 지진으로 인해 방호구역에 요구되는 차염성이 저하되지 않도록 해야 한다.
   추가적으로 내화성능의 차염성을 유지 하는 방법으로 가요성 물질로 충진하는 방법과 관통부의 양측 300 mm(1 ft) 이내에 가요성 커플링을 설치하는 방법을 사용할 수 있다.
   이곳에 설치하는 가요성 커플링이 충진재를 대신할 수 있기 때문이다. 또한 틈새를 슬리브로 확보하는 경우 배관구경 25～90 mm(1～3 ½ in.)에는 배관의 공칭구경보다 50 mm (2 in.) 큰 공칭구경의 배관 슬리브가 적합하고, 배관구경 100 mm 이상에는 배관의 공칭구경보다 100 mm(4 in.)큰 공칭구경의 배관슬리브가 적합하다.
2. 필요시 틈새는 배관재료와 호환성이 있는 가요성 물질로 충전해야 한다.
   현재 대부분 천장면의 스프링클러헤드 관통부 외에도 내화부재를 관통하는 배관주위의 환상형 공간을 적절한 물질로 충진할 것을 요구하고 있다. 관통부 충진재는 ASTM E814에 따라 시험되고 가요성이 있는 것이면 사용할 수 있다. 특히 비금속배관의 경우 호환성이 중요하다.
3. 건물 신축이음부(익스팬션 조인트)를 통과하는 배관
   건축물의 신축이음부를 통과하는 배관으로써, 변위를 억제할 수 없는 경우는 변위 흡수가 가능한 조치를 취한다. 신축이음부에서 양 건물의 상대변위량 δ는 층간 변형각 R에 따라 다음으로 계산한다.

   $$\delta = 2Rh \qquad \text{(식)}$$

   여기서, h : 배관이 통과하는 부분의 지상높이(m)
   R : 층간변형각(rad)

   원칙적으로 강구조의 경우에는 1/100, 철근콘크리트구조 및 철골철근콘크리트 구조의 경우에는 1/200으로 하며, 이를 초과할 우려가 있는 경우는 건축구조설계자의 지시에 따른다.

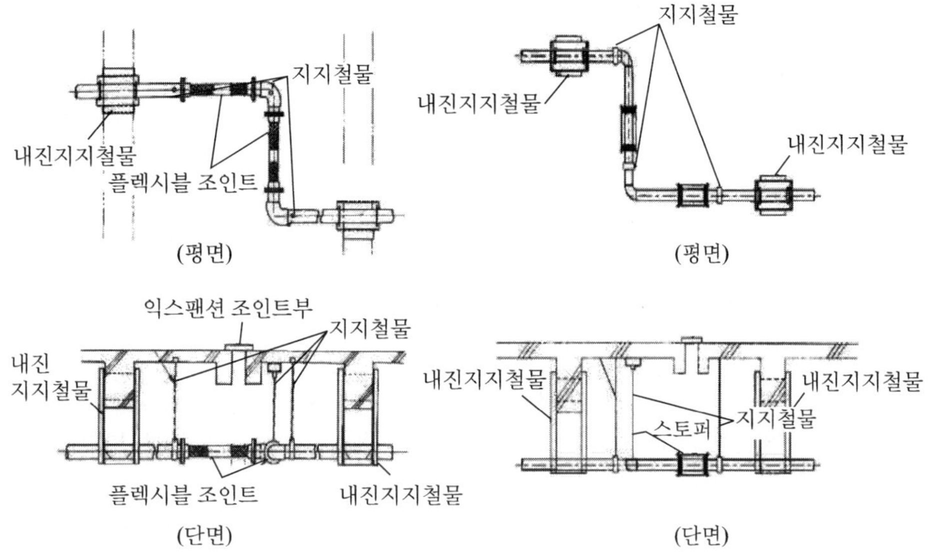

(가) (나)

주) 가요성 이음 부분을 지지하는 지지철물은 배관에 비해 강성이 낮은 것이나 스프링 행거 등을 사용한다.

부록 19 건축물 신축이음부를 통과하는 배관 예(1)

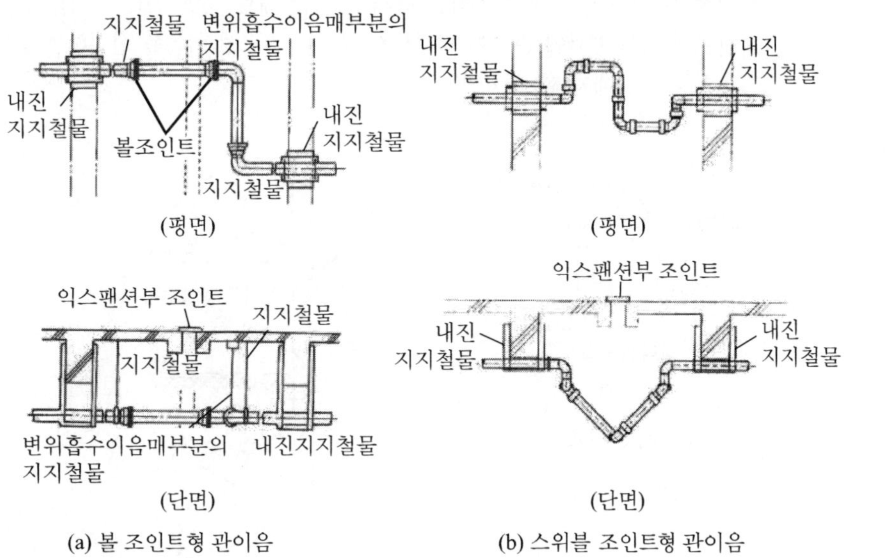

(a) 볼 조인트형 관이음 (b) 스위블 조인트형 관이음

부록 20 건축물 신축이음부를 통과하는 배관 예(2)

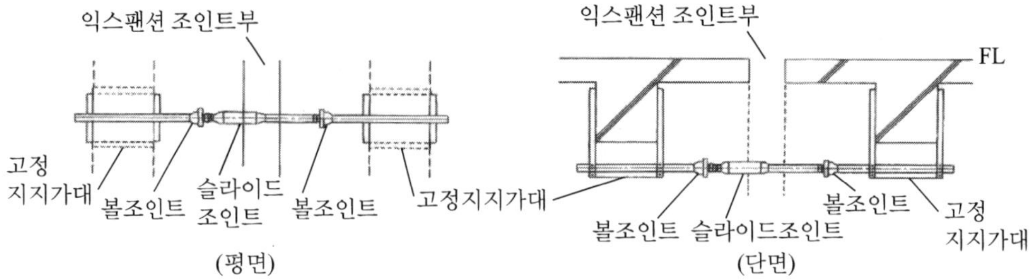

슬라이드형 관이음을 사용하는 예(가스배관)

부록 21 **건축물 신축이음부를 통과하는 배관 예(3)**

또한 건축물의 상층부에서는 δ가 커지므로 주요한 배관들은 건축물의 하층부에서 신축이음부를 통과하도록 하는 것이 유리하다. 그림 4.4.2(a)~(c)에 배관, 덕트, 등의 내진조치의 예를 나타내었다.

층간 변형각 R은 X방향, Y 방향으로 나누어 생각할 수 있기 때문에, 변위흡수조치는 (관)축직각 방향 및 (관)축방향의 2방향에 대하여 행하는 것을 원칙으로 한다.

건축물 도입부의 배관

지반의 상태가 아주 불안정하여 건축물과 지반 간에 변위가 생길 우려가 있는 경우 건물 도입부의 배관 등에 설비하는 내진조치의 예를 그림 4.4.3(a)~(c)에 나타내었다.

배관설비에 있어서는,

- 배관의 관통에 의해 건축물의 구조내력 상 지장이 발생해서는 안 되며,
- 관통부분에 슬리브를 설치하는 등의 유효한 배관 손상방지 조치를 강구해야 하며,
- 변형에 의해 배관에 손상이 발생하지 않도록 가요성 이음을 설치하는 등 유효한 손상방지 조치를 강구해야 할 필요가 있다.

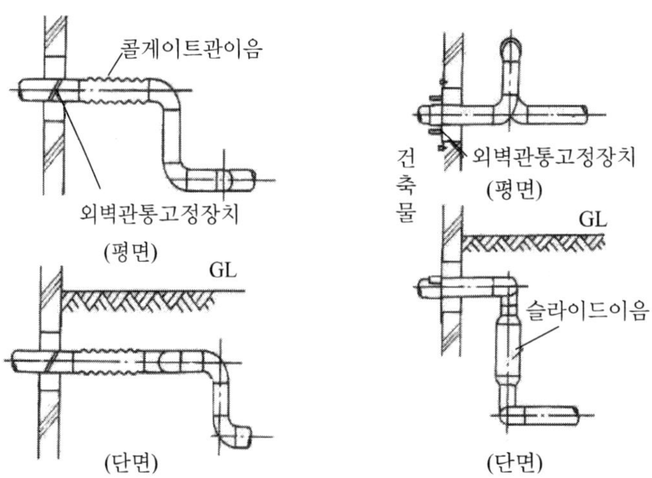

부록 22 **건축물 도입부의 배관 예(1)**

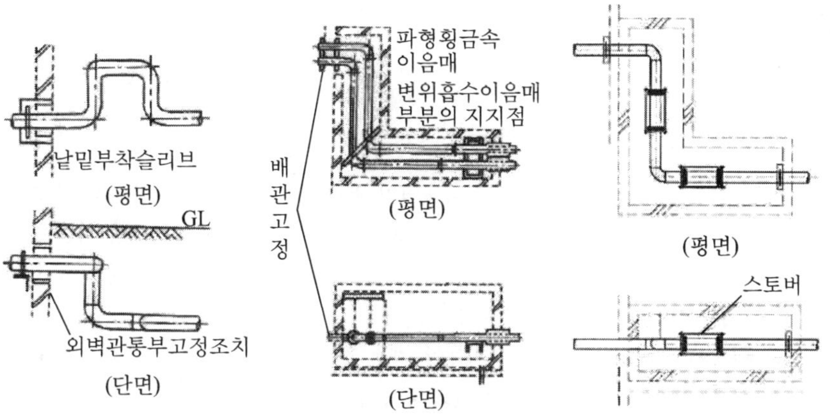

(a) 관의 인성을 이용하는 예 (b) 가요성 관이음 (c) 유니버셜형 관이음

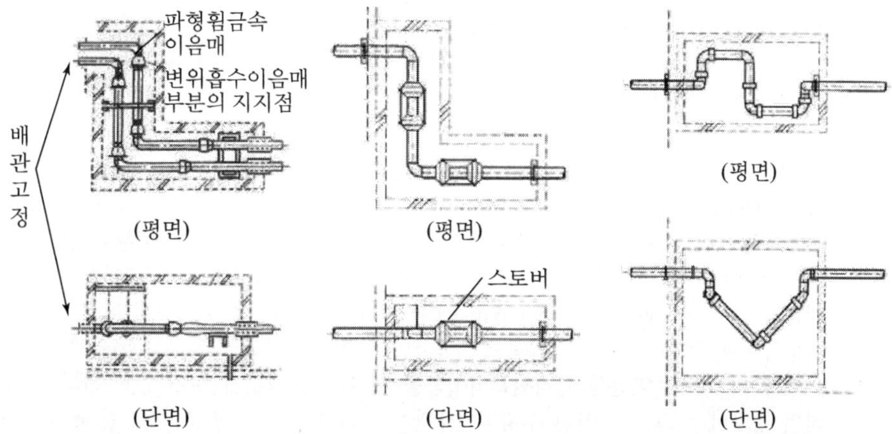

(d) 볼 조인트형 관이음 (e) 볼형 신축가능형 관 (b) 스위블 형 관 이음

- 위의 그림과 같이 트렌치를 설치할 경우에는 건축물과 구조적으로 일체화시키지 말 것
- 예를 들면, 조인트 바 등으로 일체화 하는 것은 피한다. 따라서 배관은 건물측에 고정하고, 트렌치 측출구는 가용성을 갖도록 되메우기를 한다.
- 또한 트렌치 내에 배수장치를 설치한다.

부록 23 건축물 도입부의 배관 예(2)

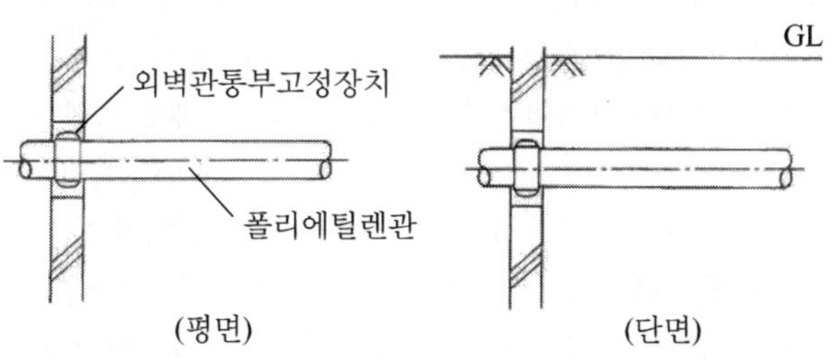

폴리에틸렌 관(가스)

부록 24 건축물 도입부의 배관 예(3)

제 7 조 지진분리이음

① 배관의 변형을 최소화하고 소화설비 주요 부품 사이의 유연성을 증가시킬 필요가 있는 위치에 설치해야 한다.

신축이음쇠는 지진분리이음의 대표적인 제품이다. 지진분리이음이란 배관의 차등 움직임을 이용하여 지진 시 발생하는 진동에 의한 구조물 또는 비구조물의 파손을 방지하는 이음을 말한다. 일반적으로 신축이음쇠(그루브형 커플링)가 해당되며 배관의 축방향 변위, 회전, 일정 각도 변위를 허용하는 관 부속품이다.

그러므로 지진분리이음을 설치해야 하는 장소는 배관 차동 움직임에 의해 발생하는 배관의 변형을 최소화하고 주요 부품간의 유연성을 증가시킬 수 있는 장소에 설치되어야 한다.

② 구경 65 mm 이상의 배관에는 지진분리이음을 다음 각 호의 위치에 설치해야 한다.

1. 모든 수직직선배관은 상부 및 하부의 단부로부터 0.6 m 이내에 설치해야 한다. 다만, 길이가 0.9 m 미만인 수직직선배관은 지진분리이음을 설치하지 않을 수 있으며, 0.9~2.1 m 사이의 수직직선배관은 하나의 지진분리이음을 설치할 수 있다.
2. 제6조제3항 본문의 단서에도 불구하고 2층 이상의 건물인 경우 각 층의 바닥으로부터 0.3 m, 천장으로부터 0.6 m 이내에 설치해야 한다.
3. 수직직선배관에서 티분기된 수평배관 분기지점이 천장 아래 설치된 지진분리이음보다 아래에 위치한 경우 분기된 수평배관에 지진분리이음을 다음 각 목의 기준에 적합하게 설치해야 한다.
   가. 티분기 수평직선배관으로부터 0.6 m 이내에 지진분리이음을 설치한다.
   나. 티분기 수평직선배관 이후 2차측에 수직직선배관이 설치된 경우 1차측 수직직선배관의 지진분리이음 위치와 동일선상에 지진분리이음을 설치하고, 티분기 수평직선배관의 길이가 0.6 m 이하인 경우에는 그 티분기된 수평직선배관에 가목에 따른 지진분리이음을 설치하지 않는다.
4. 수직직선배관에 중간 지지부가 있는 경우에는 지지부로부터 0.6 m 이내의 윗부분 및 아랫부분에 설치해야 한다.

③ 제6조제3항제1호에 따른 이격거리 규정을 만족하는 경우에는 지진분리이음을 설치하지 않을 수 있다.

1. 배관의 차동 움직임을 이용하여 지진 시 발생하는 진동에 의한 구조물 또는 비구조물의 파손을 방지하는 지진분리이음은 배관의 유연성에 따라 사용 여부가 결정된다. 일반적으로 50 mm 이하의 배관은 배관 자체의 충분한 유연성을 가지고 있기 때문에 지진분리이음을 사용하지 않아도 된다. 반면 65 mm 이상의 배관은 배관의 유연성이 작아 지진분리이음을 사용하여 배관의 차동움직임을 이용한 파손을 방지해야 한다.
2. 배관의 차동 움직임은 배관의 유연성뿐만 아니라 배관 길이에도 영향을 받는다. 일반적으로 배관 길이가 길어질 경우 동일한 각도에서도 끝단의 변위량이 커진다. 그러므로 소방시설의 내진설계기준에서는 길이가 0.9 m 미만의 입상 배관에서는 지진분리이음의 사용이 필요하지 않음을 규정하고 있다. 또한 배관 길이가 0.9~2.1 m인 경우에는 입상배관에는 한 개의 지진분리이음을 설치하도록 규정하고 있으며 2.1 m 이상 길이를 갖는 입상 배관에서는 양 끝단에 지진분리이음을 사용하도록 하고 있다.
3. 또한 소방시설의 내진설계기준에서는 여러 조건에서의 지진분리이음 설치 위치를 규정

하고 있다. 이 규정에 따르면 일반적인 경우의 입상 배관에서는 입상관 상, 하부 0.6 m 이내에 설치하도록 규정하고 있다. 이는 배관에서 최대 변위가 발생할 수 있는 부분에 지진분리이음을 설치하여 배관의 차동 움직임을 최대한 흡수하기 위한 것이다.

4. 설치 장소가 2층 이상인 건물의 경우 바닥으로부터 0.3 m 이내, 천장으로부터 0.6 m 이내에 설치하도록 규정하고 있다. 이는 지진 발생시 층을 관통하는 입상관의 흔들림으로 인해 바닥, 천장등과의 충돌에 의한 파손을 최소화하기 위해 필요한 규정이다. 천장아래의 신축이음쇠를 입상관의 연결부보다 높이 있고, 연결부가 수평인 경우에는 수평 배관 시작부분에서부터 0.6 m 이내의 수평부에 설치해야 한다. 이는 수평 배관의 흔들림에 의한 입상관의 파손을 방지하기 위해 필요한 조치이다.
5. 입상관 또는 수직배관이 중간에 고정장치로 고정되어 있는 경우에는 고정장치의 상, 하부 0.6 m 이내에 설치해야 한다. 이는 입상관을 고정장치로 고정할 경우 바닥 또는 천장과 동일한 움직임을 가지고 있으므로 고정장치에 가깝게 지진분리이음을 설치하는 것이 필요하다.

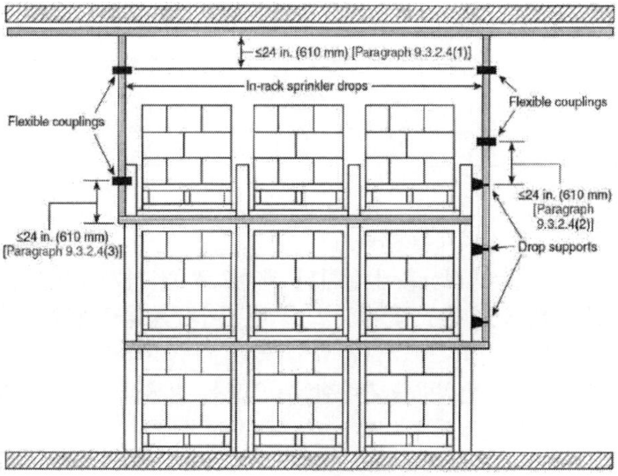

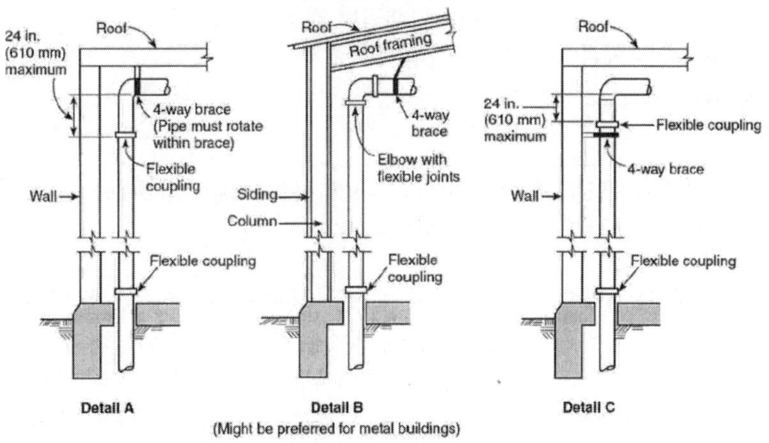

Detail A Detail B (Might be preferred for metal buildings) Detail C

Note to Detail A: The four-way brace should be attached above the upper flexible coupling required for the riser and preferably to the roof structure if suitable. The brace should not be attached directly to a plywood or metal deck.

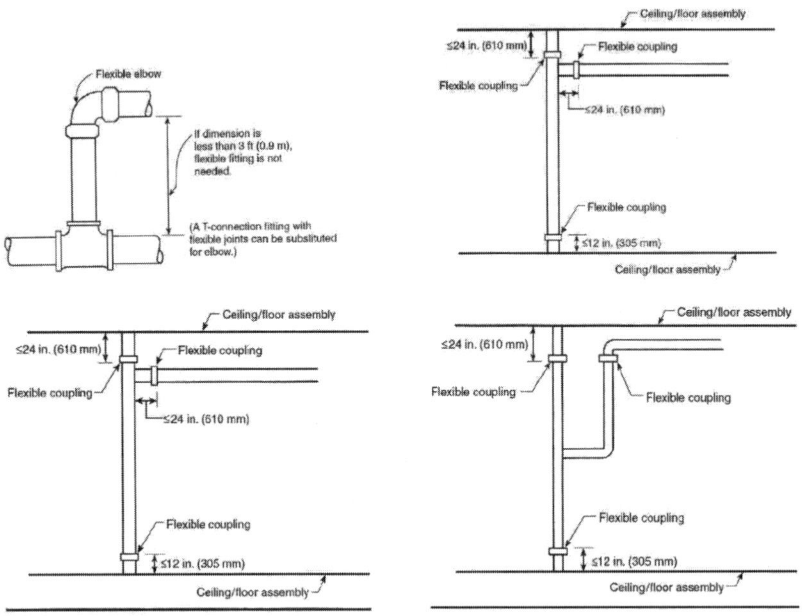

부록 25

제8조 지진분리장치

지진분리장치는 다음 각 호의 기준에 따라 설치해야 한다.

1. 지진분리장치는 배관의 구경에 관계없이 지상층에 설치된 배관으로 건축물 지진분리이음과 소화배관이 교차하는 부분 및 건축물 간의 연결배관 중 지상 노출 배관이 건축물로 인입되는 위치에 설치해야 한다.
2. 지진분리장치는 건축물 지진분리이음의 변위량을 흡수할 수 있도록 전후좌우 방향의 변위를 수용할 수 있도록 설치해야 한다.

"지진분리장치"란 지진분리이음으로 연결된 건물에서 상대적으로 움직이는 변위를 최소화하고 예상되는 배관의 움직임을 충분히 수용하여 배관의 파손을 방지하기 위해 사용하는 장치이다. 그러므로 지진분리장치는 4방향 변위를 모두 수용할 수 있어야 한다.

3. 지진분리장치의 전단과 후단의 1.8 m 이내에는 4방향 흔들림 방지 버팀대를 설치해야 한다.
4. 지진분리장치 자체에는 흔들림 방지 버팀대를 설치할 수 없다.

지진분리장치는 4방향 변위를 수용할 수 있는 장치이므로 양 끝단에 연결되어 있는 배관이 고정되지 않을 경우 변위 흡수의 기능을 상실할 수 있다. 그러므로 소방시설 내진설계기준에서는 지진분리장치를 설치할 경우 전후에 4방향 버팀대를 설치하도록 규정하고 있다. 또한 지진분리장치는 일반적으로 관부속품, 배관과 커플링 장치등을 이용한 집합체 장치를 사용하거나 모든 방향으로 움직임이 가능한 배관과 커플링 장치를 이용하는 집합체 장치이므로 자체에 버팀대를 설치할 경우 기능을 상실한다.

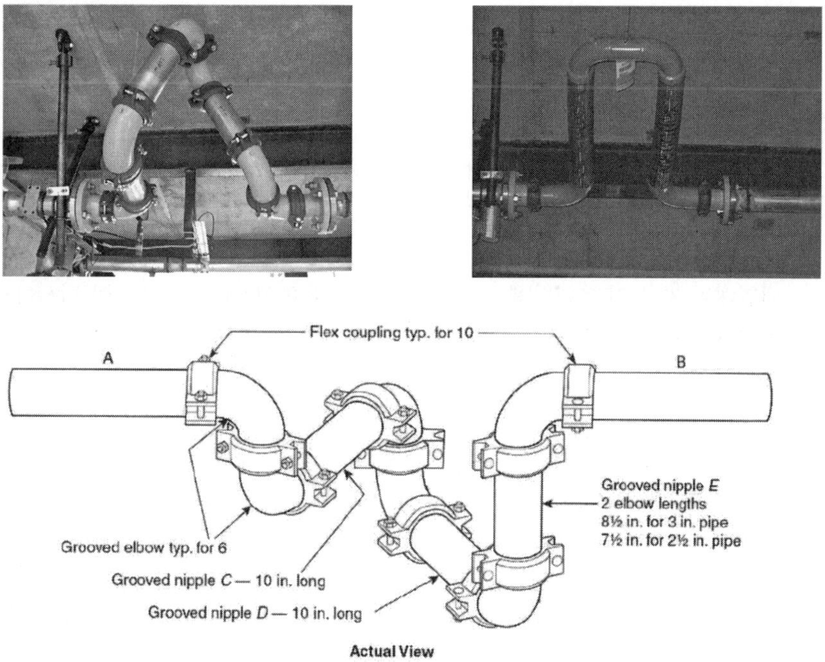

부록 26 지진분리장치 설치 예시

제9조 흔들림 방지 버팀대

① 흔들림 방지 버팀대는 다음 각 호의 기준에 따라 설치해야 한다.

1. 흔들림 방지 버팀대는 내력을 충분히 발휘할 수 있도록 견고하게 설치해야 한다.
2. 배관에는 제6조제2항에서 산정된 횡방향 및 종방향의 수평지진하중에 모두 견디도록 흔들림 방지 버팀대를 설치해야 한다.
3. 흔들림 방지 버팀대가 부착된 건축 구조부재는 소화배관에 의해 추가된 지진하중을 견딜 수 있어야 한다.

흔들림 방지 버팀대는 배관의 흔들림을 방지하기 위한 고정 장치로 견고하게 설치하여 구조 부재와의 상대적인 변위 발생이 없도록 해야 한다. 그러므로 내력을 발휘할 수 있는 충분한 강도를 가지고 있어야 하며 구조 부재에 고정 시 견고하게 고정해야 한다.

또한 지진 발생으로 인한 수평지진하중을 견딜 수 있는 충분한 강도 및 크기의 버팀대를 선택해야 한다.

버팀대가 충분한 강도를 가지고 있다고 하여도 고정장치 및 고정되는 구조 부재가 지진하중을 견딜 수 없다면 적절한 성능을 발휘할 수 없다.

4. 흔들림 방지 버팀대의 세장비(L/r)는 300을 초과하지 않아야 한다.
5. 4방향 흔들림 방지 버팀대는 횡방향 및 종방향 흔들림 방지 버팀대의 역할을 동시에 할 수 있어야 한다.
6. 하나의 수평직선배관은 최소 2개의 횡방향 흔들림 방지 버팀대와 1개의 종방향 흔들림 방지 버팀대를 설치해야 한다. 다만, 영향구역 내 배관의 길이가 6 m 미만인 경우에는 횡방향과 종방향 흔들림 방지 버팀대를 각 1개씩 설치할 수 있다.

버팀대는 지진 시 충분하게 성능을 발휘하기 위하여 파손 및 변형이 발생하지 않도록 설계되어야 한다. 일반적으로 사용되는 버팀대의 변형 중 가장 일반적인 현상은 좌굴현상이다. 좌굴현상은 기둥의 길이가 그 횡단면 치수에 비해 클 때, 기둥의 양단에 압축하중이 가해졌을 경우 하중이 어느 크기에 이르면 기둥이 갑자기 휘는 현상을 말한다. 이러한 좌굴현상은 세장비가 커질수록 발생하기 쉬운데 지진동 발생 시 순간 모멘트로 인해 버팀대의 휨현상이 발생하기 때문이다.
버팀대는 기둥의 역할을 하므로 긴 기둥의 경우 지진의 힘을 일부 흡수할 수 있다. 그러나 지나치게 길면 좌굴에 견디는 기둥의 힘을 감소시키고 시간이 흐름에 따라 피로 파괴를 유발한다. 그러므로 소방시설 내진설계기준에서는 버팀대 세장비의 최댓값을 300으로 한정하고 있다.

버팀대가 사용 되어야 하는 부위는 다음과 같다.
1. 설비 입상관의 최상부
2. 배관 구경에 관계없이 모든 주 급수관 및 교차 배관
3. 구경 65A 이상의 가지배관(횡방향 버팀대에 한함)

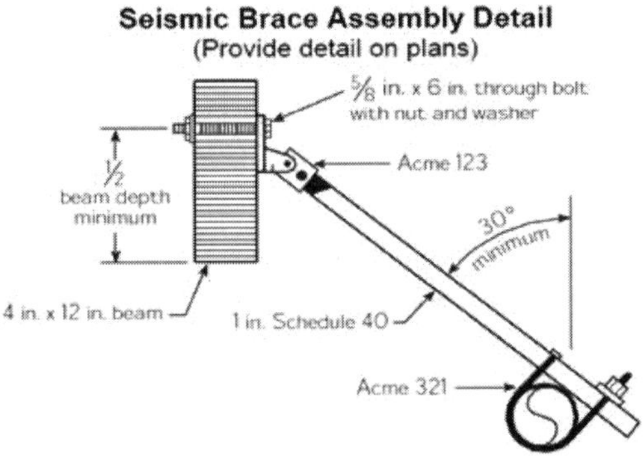

부록 27

② 소화펌프(충압펌프를 포함한다. 이하 같다) 주위의 수직직선배관 및 수평직선배관은 다음 각 호의 기준에 따라 흔들림 방지 버팀대를 설치한다.

1. 소화펌프 흡입측 수평직선배관 및 수직직선배관의 수평지진하중을 계산하여 흔들림 방지 버팀대를 설치해야 한다.
2. 소화펌프 토출측 수평직선배관 및 수직직선배관의 수평지진하중을 계산하여 흔들림 방지 버팀대를 설치해야 한다.

③ 흔들림 방지 버팀대는 소방청장이 고시한 「흔들림 방지 버팀대의 성능인증 및 제품검사의 기술기준」에 따라 성능인증 및 제품검사를 받은 것으로 설치해야 한다.

제10조 수평직선배관 흔들림 방지 버팀대

① 횡방향 흔들림 방지 버팀대는 다음 각 호의 기준에 따라 설치해야 한다.

1. 배관 구경에 관계없이 모든 수평주행배관·교차배관 및 옥내소화전설비의 수평배관에 설치해야 하고, 가지배관 및 기타배관에는 구경 65 mm 이상인 배관에 설치해야 한다. 다만, 옥내소화전설비의 수직배관에서 분기된 구경 50 mm 이하의 수평배관에 설치되는 소화전함이 1개인 경우에는 횡방향 흔들림 방지 버팀대를 설치하지 않을 수 있다.
2. 횡방향 흔들림 방지 버팀대의 설계하중은 설치된 위치의 좌우 6 m를 포함한 12 m 이내의 배관에 작용하는 횡방향 수평지진하중으로 영향구역 내의 수평주행배관, 교차배관, 가지배관의 하중을 포함하여 산정한다.
3. 흔들림 방지 버팀대의 간격은 중심선을 기준으로 최대간격이 12 m를 초과하지 않아야 한다.
4. 마지막 흔들림 방지 버팀대와 배관 단부 사이의 거리는 1.8 m를 초과하지 않아야 한다.
5. 영향구역 내에 상쇄배관이 설치되어 있는 경우 배관의 길이는 그 상쇄배관 길이를 합산하여 산정한다.
6. 횡방향 흔들림 방지 버팀대가 설치된 지점으로부터 600 mm 이내에 그 배관이 방향전환되어 설치된 경우 그 횡방향 흔들림 방지 버팀대는 인접배관의 종방향 흔들림 방지 버팀대로 사용할 수 있으며, 배관의 구경이 다른 경우에는 구경이 큰 배관에 설치해야 한다.
7. 가지배관의 구경이 65 mm 이상일 경우 다음 각 목의 기준에 따라 설치한다.
   가. 가지배관의 구경이 65 mm 이상인 배관의 길이가 3.7 m 이상인 경우에 횡방향 흔들림 방지 버팀대를 제9조제1항에 따라 설치한다.
   나. 가지배관의 구경이 65 mm 이상인 배관의 길이가 3.7 m 미만인 경우에는 횡방향 흔들림 방지 버팀대를 설치하지 않을 수 있다.
8. 횡방향 흔들림 방지 버팀대의 수평지진하중은 별표 2에 따른 영향구역의 최대허용하중 이하로 적용해야 한다.
9. 교차배관 및 수평주행배관에 설치되는 행거가 다음 각 목의 기준을 모두 만족하는 경우 횡방향 흔들림 방지 버팀대를 설치하지 않을 수 있다.
   가. 건축물 구조부재 고정점으로부터 배관 상단까지의 거리가 150 mm 이내일 것
   나. 배관에 설치된 모든 행거의 75 % 이상이 가목의 기준을 만족할 것
   다. 교차배관 및 수평주행배관에 연속하여 설치된 행거는 가목의 기준을 연속하여 초과하지 않을 것
   라. 지진계수(C_p) 값이 0.5 이하일 것
   마. 수평주행배관의 구경은 150 mm 이하이고, 교차배관의 구경은 100 mm 이하일 것
   바. 행거는 「스프링클러설비의 화재안전성능기준」 제8조제13항에 따라 설치할 것

1. 50 mm 이하의 배관은 진동시에 파손을 방지할 수 있는 충분한 유연성을 갖는 것으로 취급한다. 그러므로 가지배관 및 기타 배관의 경우에는 배관 구경 65 mm 이상의 배관에만 횡방향 흔들림 방지 버팀대를 설치하도록 규정하고 있다.
   그러나 주배관 및 교차 배관의 경우에는 인접한 가지 배관의 하중까지 받고 있으므로 배관 구경에 상관없이 횡방향 흔들림 방지 버팀대를 설치해야 한다.
2. 횡방향 흔들림 방지 버팀대 장치는 버팀대 구성품, 배관과 건물에 고정시키는 부착부분, 부착 부분의 조임장치로 구성되어 있으며 버팀대의 설치간격을 결정할 때는 배관의 굽힙과 응력을 고려하여 결정해야 한다. 횡방향 흔들림 방지 버팀대의 최대 간격은 배관 및 관부속품에 가해지는 응력이 현대 건물 코드에서 허용하는 수준으로 결정하였으며 최대 간격을 12 m로 제한하였다.
   이에 따라 횡방향 흔들림 방지 버팀대에 작용하는 수평지진하중은 버팀대 좌우 6 m를 포함한 12 m 배관에 작용하는 횡방향 수평지진하중으로 사용하여야 하며 버팀대에서 허용하는 응력을 초과하는 경우 버팀대의 설치간격을 조정해야 한다.
   배관 끝단에 설치되는 마지막 버팀대는 배관 끝단에서 1.8 m 이내에 설치하도록 규정하고 있다. 이는 마지막 버팀대와 배관 끝단 사이에 가지 배관이 분기되어 사용될 경우 큰 캔틸레버형 하중을 가할 수 있어 배관에 파손이 우려되어 이를 방지하기 위함이다.
3. 주배관 또는 교차배관에 가지배관이 연결되어 있는 경우 횡방향 흔들림 방지 버팀대를 선정하기 위한 수평지진하중은 가지배관의 작용하는 수평지진하중도 더해 계산해야 한다.

② 종방향 흔들림 방지 버팀대는 다음 각 호의 기준에 따라 설치해야 한다.
1. 배관 구경에 관계없이 모든 수평주행배관·교차배관 및 옥내소화전설비의 수평배관에 설치해야 한다. 다만, 옥내소화전설비의 수직배관에서 분기된 구경 50 mm 이하의 수평배관에 설치되는 소화전함이 1개인 경우에는 종방향 흔들림 방지 버팀대를 설치하지 않을 수 있다.
2. 종방향 흔들림 방지 버팀대의 설계하중은 설치된 위치의 좌우 12 m를 포함한 24 m 내의 배관에 작용하는 수평지진하중으로 영향구역 내의 수평주행배관, 교차배관 하중을 포함하여 산정하며, 가지배관의 하중은 제외한다.
3. 수평주행배관 및 교차배관에 설치된 종방향 흔들림 방지 버팀대의 간격은 중심선을 기준으로 24 m를 넘지 않아야 한다.
4. 마지막 흔들림 방지 버팀대와 배관 단부 사이의 거리는 12 m를 초과하지 않아야 한다.
5. 영향구역 내에 상쇄배관이 설치되어 있는 경우 배관 길이는 그 상쇄배관 길이를 합산하여 산정한다.
6. 종방향 흔들림 방지 버팀대가 설치된 지점으로부터 600 mm 이내에 그 배관이 방향전환되어 설치된 경우 그 종방향 흔들림 방지 버팀대는 인접배관의 횡방향 흔들림 방지 버팀대로 사용할 수 있으며, 배관의 구경이 다른 경우에는 구경이 큰 배관에 설치해야 한다.

종방향 흔들림 방지 버팀대는 횡방향과 달리 최대 간격을 24 m까지 허용한다. 이는 횡방향 흔들림에 비해 종방향 흔들림이 작기 때문이다. 그러므로 종방향 흔들림 버팀대에 작용하는 하중은 버팀대 전, 후 12 m를 포함한 24 m 내의 배관에 작용하는 수평지진하중으로 계산한다.

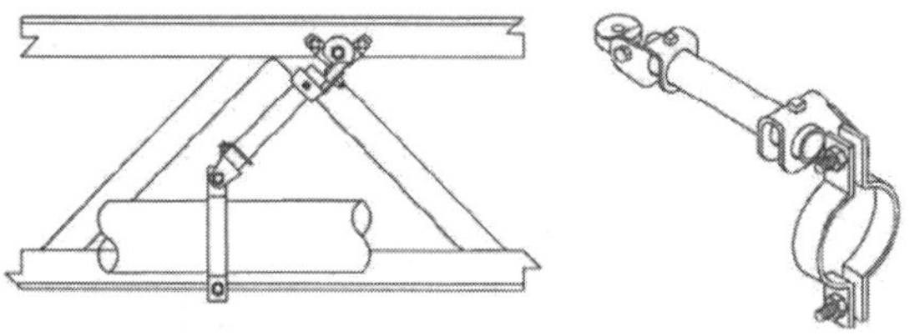

부록 28 종방향 흔들림 방지버팀대

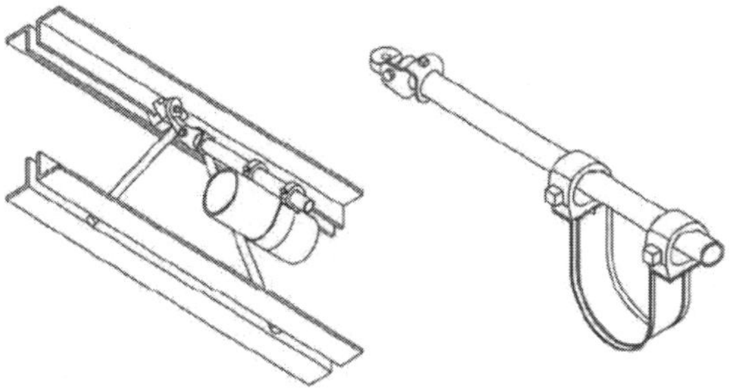

부록 29 횡방향 흔들림 방지버팀대

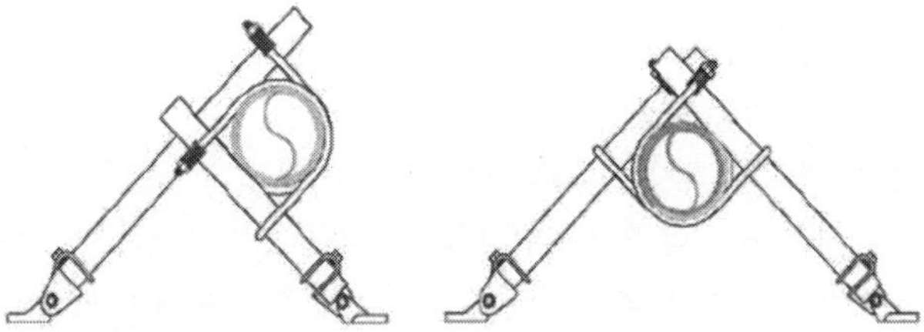

부록 30 4방향 흔들림 방지 버팀대

제 11 조 수직직선배관 흔들림 방지 버팀대

수직직선배관 흔들림 방지 버팀대는 다음 각 호의 기준에 따라 설치해야 한다.

1. 길이 1 m를 초과하는 수직직선배관의 최상부에는 4방향 흔들림 방지 버팀대를 설치해야 한다. 다만, 가지배관은 설치하지 않을 수 있다.
2. 수직직선배관 최상부에 설치된 4방향 흔들림 방지 버팀대가 수평직선배관에 부착된 경우 그 흔들림 방지 버팀대는 수직직선배관의 중심선으로부터 0.6 m 이내에 설치되어야 하고, 그 흔들림 방지 버팀대의 하중은 수직 및 수평방향의 배관을 모두 포함해야 한다.
3. 수직직선배관 4방향 흔들림 방지 버팀대 사이의 거리는 8 m를 초과하지 않아야 한다.
4. 소화전함에 아래 또는 위쪽으로 설치되는 65 mm 이상의 수직직선배관은 다음 각 목의 기준에 따라 설치한다.
   가. 수직직선배관의 길이가 3.7 m 이상인 경우, 4방향 흔들림 방지 버팀대를 1개 이상 설치하고, 말단에 U볼트 등의 고정장치를 설치한다.

나. 수직직선배관의 길이가 3.7 m 미만인 경우, 4방향 흔들림 방지 버팀대를 설치하지 않을 수 있고, U볼트 등의 고정장치를 설치한다.

5. 수직직선배관에 4방향 흔들림 방지 버팀대를 설치하고 수평방향으로 분기된 수평직선배관의 길이가 1.2 m 이하인 경우 수직직선배관에 수평직선배관의 지진하중을 포함하는 경우 수평직선배관의 흔들림 방지 버팀대를 설치하지 않을 수 있다.
6. 수직직선배관이 다층건물의 중간층을 관통하며, 관통구 및 슬리브의 구경이 제6조제3항제1호에 따른 배관 구경별 관통구 및 슬리브 구경 미만인 경우에는 4방향 흔들림 방지 버팀대를 설치하지 않을 수 있다.

1. 입상관은 관 연결부를 통해 주배관과 연결된다. 주 배관의 경우 종방향 및 횡방향의 지진하중을 모두 받을 수 있으므로 주배관이 연결되어 있는 입상관 또한 종방향 및 횡방향의 지진 하중을 동시에 받게 된다. 그러므로 입상관 흔들림 방지 버팀대는 4방향 버팀대를 사용하여 설치해야 한다. 다만 입상관의 길이가 짧은 경우에는 4방향 버팀대를 설치하지 않을 수 있다. 소방시설 내진설계기준에서는 1 m를 초과하는 입상관에는 4방향 버팀대를 설치하도록 규정하고 있다.
   입상관상의 관 연결부위는 입상관과 일체의 배관으로 취급한다. 그러므로 입상관상의 관 연결부위에는 4방향 버팀대의 설치를 생략할 수 있다.
   만약 입상관 자체에 4방향 버팀대를 설치하지 않고 입상관 최상부와 연결된 수평 배관에 4방향 버팀대가 설치될 경우에는 입상관의 중심으로부터 0.6 m 이내에 설치하도록 규정하고 있다. 이는 4방향 버팀대가 입상관에서 멀어질 경우 입상관의 흔들림을 방지하지 못하여 파손될 수 있는 가능성을 없애기 위함이다.
2. 입상관의 경우 주배관 또는 가지배관보다 배관의 크기가 크고 걸리는 하중이 크다. 그러므로 입상관에 설치하는 흔들림 방지 버팀대의 간격은 횡방향 또는 종방향 흔들림 방지 버팀대의 최대 간격보다 좁아야 하며 소방시설 내진설계 기준에서는 8 m를 최대 간격으로 규정하고 있다.

제 12 조 흔들림 방지 버팀대 고정장치

흔들림 방지 버팀대 고정장치에 작용하는 수평지진하중은 허용하중을 초과하여서는 안 된다.

1. 횡방향 흔들림 방지 버팀대 장치는 버팀대 구성품, 배관과 건물에 고정시키는 부착부분, 부착 부분의 조임장치로 구성되어 있다. 그러므로 지진으로 발생하는 하중을 버팀대가 견딘다고 하여도 고정 장치가 견디지 못하면 배관의 파손을 방지할 수 없다.
   그러므로 버팀대 고정장치는 고정장치에 작용하는 수평지진하중을 견딜 수 있는 충분한 강도를 가지고 있어야 하며 고정장치가 견딜 수 있는 하중을 초과하여서는 안 된다.
2. 배관의 길이가 짧을 경우 고정장치에 걸리는 하중이 작으므로 인접한 버팀대의 고정장치로 사용함을 허락하도록 규정하고 있다. 이러한 공용 고정장치 사용을 허용하는 배관의 길이를 3.7 m 미만으로 규정하고 있다.

부록 31 흔들림 방지 버팀대의 내력벽 고정(앵커볼트 고정)

제13조 가지배관 고정장치 및 헤드

① 가지배관의 고정장치는 다음 각 호에 따라 설치해야 한다.

1. 가지배관에는 별표 3의 간격에 따라 고정장치를 설치한다.
2. 와이어타입 고정장치는 행거로부터 600 mm 이내에 설치해야 한다. 와이어 고정점에 가장 가까운 행거는 가지배관의 상방향 움직임을 지지할 수 있는 유형이어야 한다.
3. 환봉타입 고정장치는 행거로부터 150 mm 이내에 설치한다.
4. 환봉타입 고정장치의 세장비는 400을 초과하여서는 안 된다. 단, 양쪽 방향으로 두 개의 고정장치를 설치하는 경우 세장비를 적용하지 않는다.
5. 고정장치는 수직으로부터 45° 이상의 각도로 설치해야 하고, 설치각도에서 최소 1340 N 이상의 인장 및 압축하중을 견딜 수 있어야 하며, 와이어를 사용하는 경우 와이어는 1960 N 이상의 인장하중을 견디는 것으로 설치해야 한다.
6. 가지배관 상의 말단 헤드는 수직 및 수평으로 과도한 움직임이 없도록 고정해야 한다.
7. 가지배관에 설치되는 행거는 「스프링클러설비의 화재안전성능기준」 제8조제13항에 따라 설치한다.
8. 가지배관에 설치되는 행거가 다음 각 목의 기준을 모두 만족하는 경우 고정장치를 설치하지 않을 수 있다.
   가. 건축물 구조부재 고정점으로부터 배관 상단까지의 거리가 150 mm 이내일 것
   나. 가지배관에 설치된 모든 행거의 75 % 이상이 가목의 기준을 만족할 것
   다. 가지배관에 연속하여 설치된 행거는 가목의 기준을 연속하여 초과하지 않을 것

1. 가지배관의 경우 지진으로 인한 배관 파손 가능성이 낮기 때문에 가지 배관에 대한 흔들림 방지 버팀대 등의 지진 방호 조치가 많지 않다. 그러나 1990년에 발생한 지진으로 인한 피해를 분석하는 과정에서 가지 배관 말단의 움직임으로 인한 스프링클러헤드의 파손을 방지할 필요가 생겼다. 지진 발생 시 고정되지 않은 가지 배관에 강한 수직흔들림이 작용하고 이는 가지배관에 부착된 스프링클러헤드를 상하로 잡아당기는 것으로 나타났다. 또한 횡방향 흔들림이 동시에 발생할 경우 스프링클러헤드는 천장 반자와의 충돌에 의해 스프링클러헤드가 파손되게 된다.
   그러므로 가지배관의 흔들림을 방지하기 위해 고정 와이어를 이용한 고정이 필요하다. 소방시설 내진설계기준에서는 와이어의 설치 위치를 행거로부터 0.6 m 이내로 규정하고 있다. 또한 와이어 고정점에 가장 가까운 행거는 상방향 움직임을 견딜 수 있는 행거이어야 한다. 이는 고정 와이어의 경우 횡방향 흔들림만을 방지하는 역할을 하기 때문에

수직 방향 흔들림에 대한 방지 역할을 행거가 해 주어야 한다.

2. 가지배관 상부와 천장 사이 설치된 행거의 길이가 0.16 m 이내이고 수직방향에서 45도 미만의 각도로 설치된 행거로 고정된 가지배관은 고정 와이어 등 헤드 고정 장치를 설치하지 아니함
3. 고정와이어 이외 흔들림 방지버팀대 등 설치가능

② 가지배관 고정에 사용되지 않는 건축부재와 헤드 사이의 이격거리는 75 mm 이상을 확보해야 한다.

지진에 의한 헤드의 파손은 대부분 배관 흔들림에 의해 다른 부속품과의 충돌에 의한 것이다. 특히 배관의 흔들림이 상·하 방향으로 흔들림이 발생할 때 헤드는 천장 또는 보와의 충돌이 우려된다. 그러므로 헤드와 천장 또는 보와 충분한 이격거리 확보를 규정하고 있으며 헤드의 적절한 작동을 위한 최대 거리 내에서 이격거리를 확보해야 한다.

1. 고정 와이어는 행거로부터 0.6 m 이내에 위치해야 한다. 와이어 고정점에 가장 가까운 행거는 가지배관의 상방향 움직임을 지지할 수 있는 유형이어야 한다.
   NFPA 13에 따르면 배관 고정용 와이어는 가지배관 둘레를 2바퀴 단단히 감은 다음 말단처리는 38 mm(1 ½ in.) 이하로 4바퀴 단단히 조여주어야 한다. 그림 은 건축물 구조에 따라 와이어 고정을 하는 지지점이다.

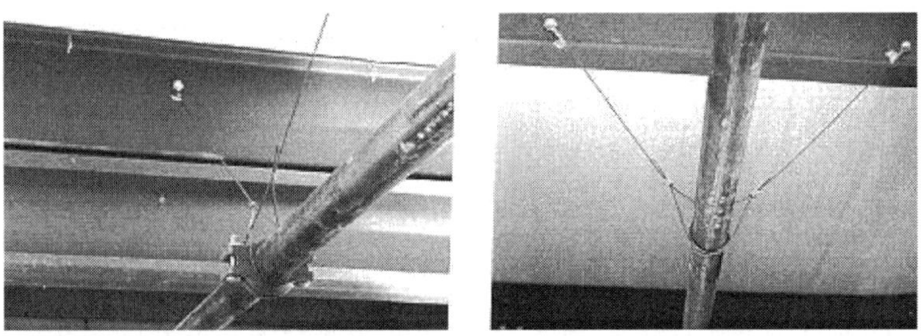

부록 32 수평배관 와이어고정

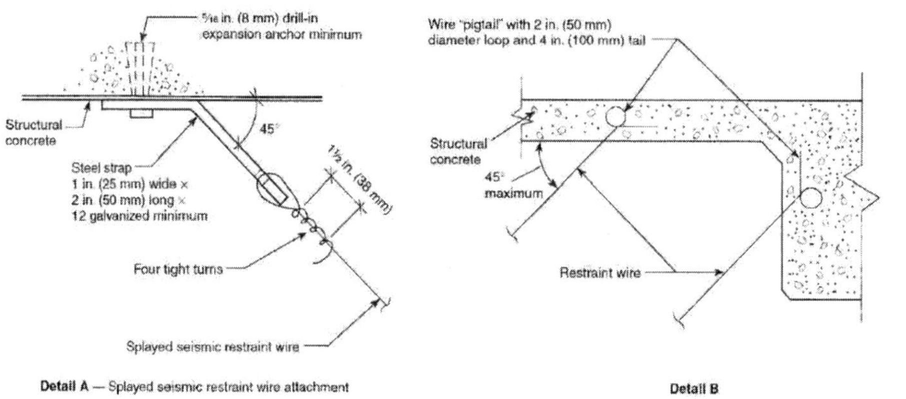

부록 33 현장 타설 콘크리트에 부착하는 와이어

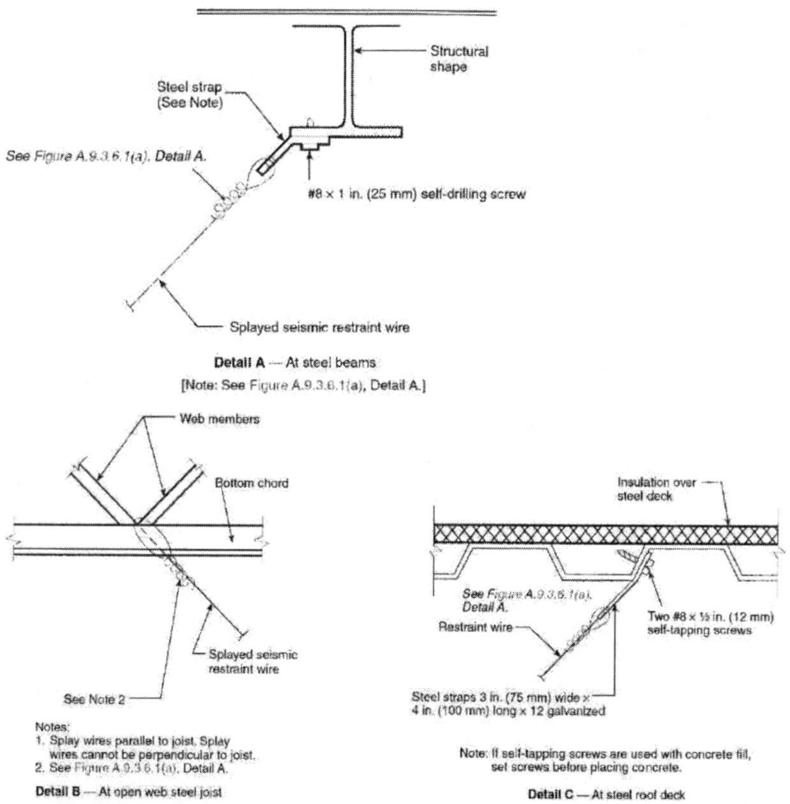

부록 34	허용가능한 상세도 - 철골조에 연결하는 와이어

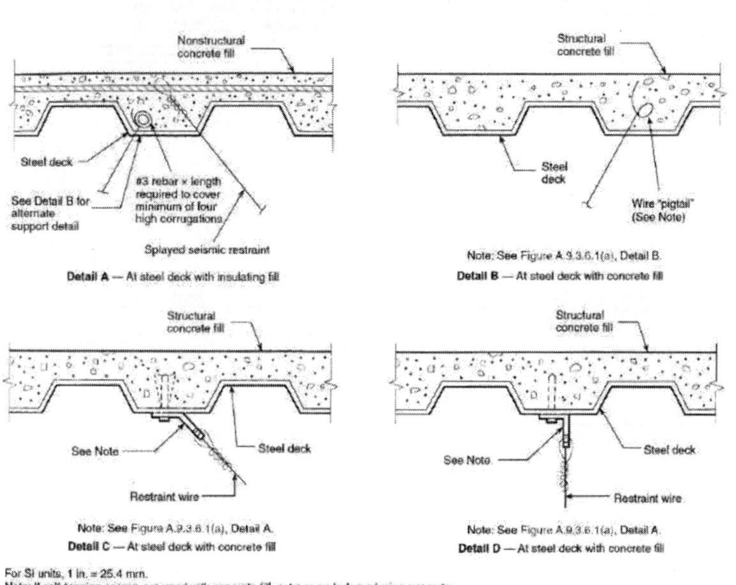

For SI units, 1 in. = 25.4 mm.
Note: If self-tapping screws are used with concrete fill, set screws before placing concrete.

부록 35	상세도 - 충진된 철골 데크에 연결하는 와이어

표 9.3.6.4(a) 철제가지배관 고정장치 사이의 최대 간격치(ft)

Pipe (in.)	Seismic Coefficient (C_p)		
	$C_p \leq 0.50$	$0.5 < C_p \leq 0.71$	$C_p > 0.71$
1	43	36	26
1 1/4	46	39	27
1 1/2	49	41	29
2	53	45	31

표 9.3.6.4(b) CPVC 및 동가지배관 고정장치 사이의 최대 간격치(ft)

Pipe (in.)	Seismic Coefficient (C_p)		
	$C_p \leq 0.50$	$0.5 < C_p \leq 0.71$	$C_p > 0.71$
3/4	31	26	18
1	34	28	20
1 1/4	37	31	22
1 1/2	40	34	24
2	45	38	27

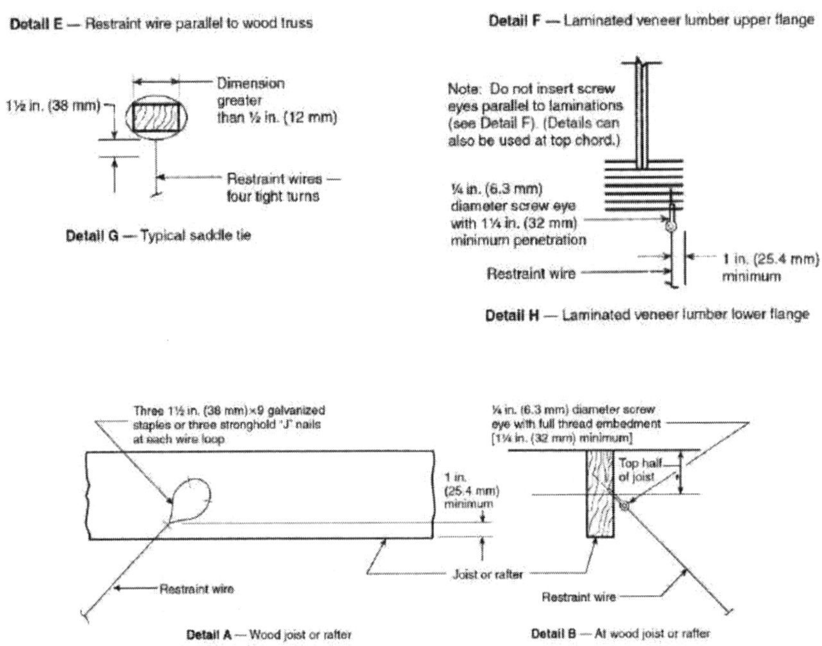

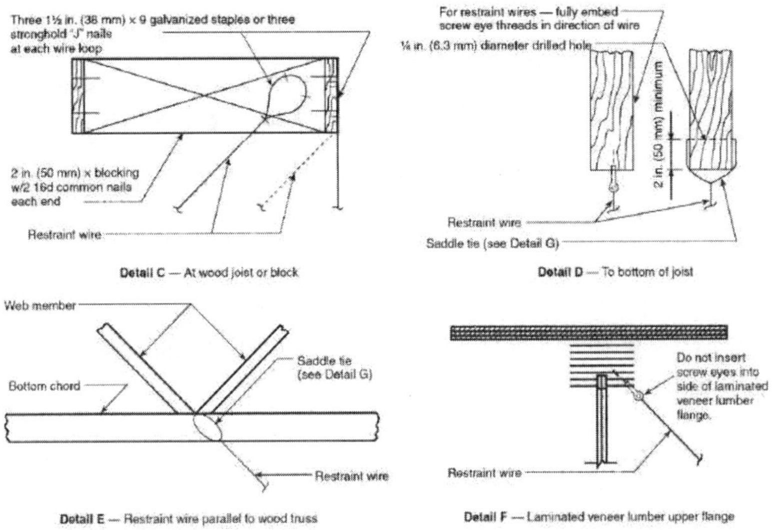

부록 36 건축물 구조에 따른 와이어 고정 방법의 예(NFPA 13)

관련 법규 「스프링클러설비의 화재안전성능기준」 제8조제13항 (배관)

제8조(배관) ⑬ 배관에 설치되는 행거는 다음의 기준에 따라 설치해야 한다.

1. 가지배관에는 헤드의 설치지점 사이마다 1개 이상의 행거를 설치하되, 헤드간의 거리가 3.5 m를 초과하는 경우에는 3.5 m 이내마다 1개 이상 설치할 것. 이 경우 상향식헤드와 행거 사이에는 8 cm 이상의 간격을 두어야 한다.

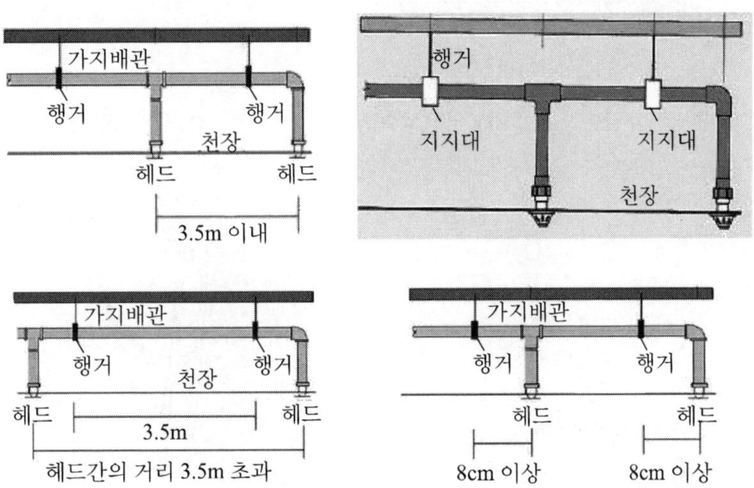

2. 교차배관에는 가지배관과 가지배관 사이마다 1개 이상의 행거를 설치하되, 가지배관 사이의 거리가 4.5 m를 초과하는 경우에는 4.5 m 이내마다 1개 이상 설치할 것

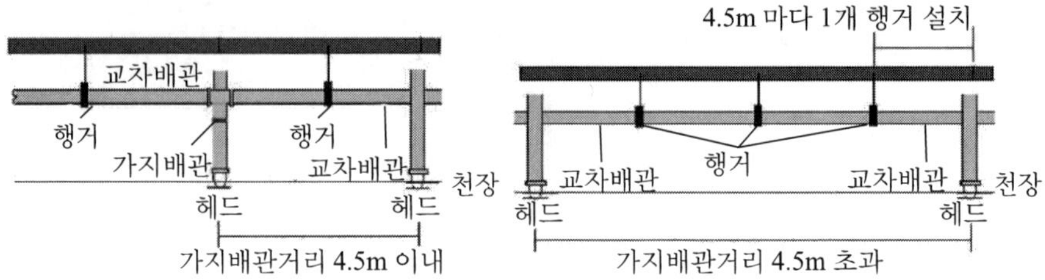

3. 제1호 및 제2호의 수평주행배관에는 4.5 m 이내마다 1개 이상 설치할 것
4. 헤드는 지진 시 천장이나 보 등과 충돌하지 않도록 10 cm 이상의 이격거리를 확보해야 한다.

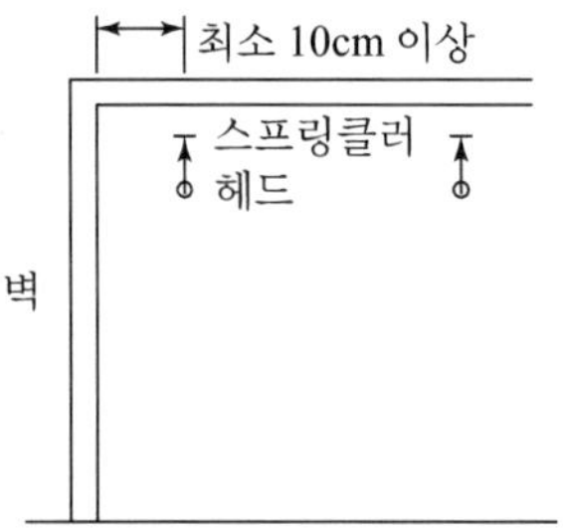

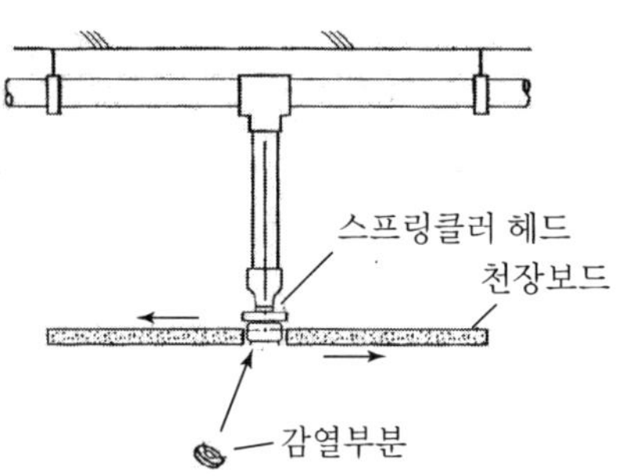

(a) 천장재와 상이한 흔들림에 의한 방수구 파손

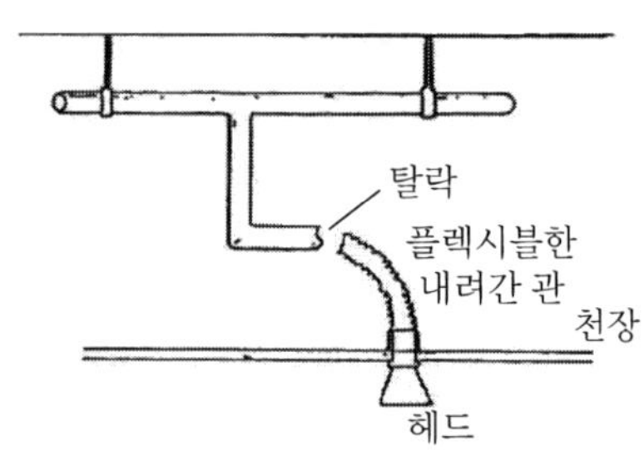

(b) 플렉시블한 내려간 관의 이음부 탈락

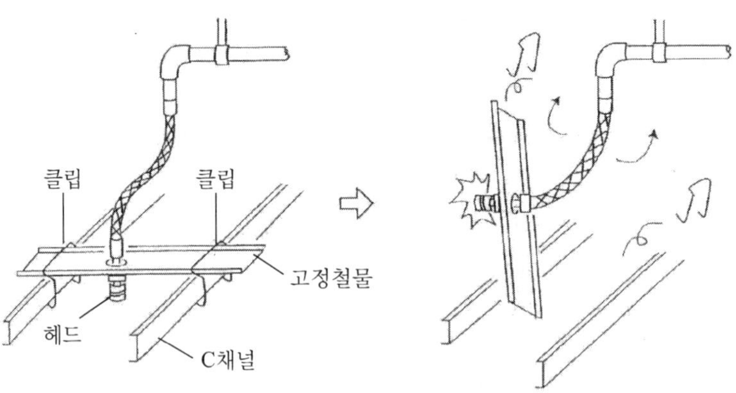

(c) 천장재와의 고정 시 클립의 탈락에 의한 헤드의 파손

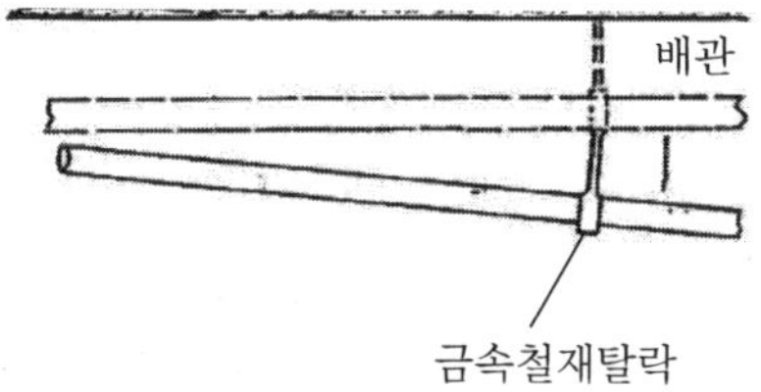

(d) 금속철재 탈락에 의한 배관 파손

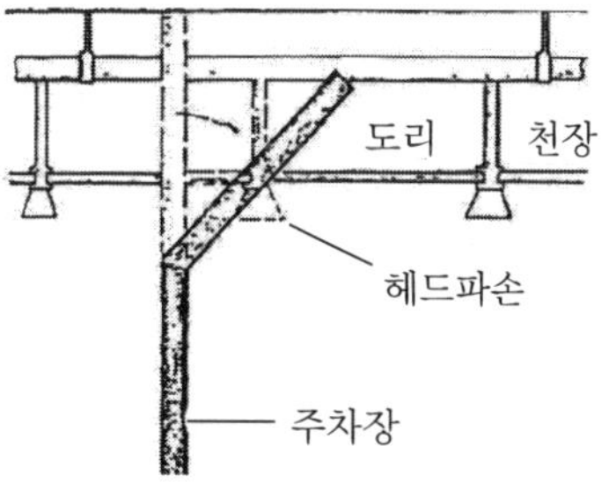

(e) 칸막이벽의 전도에 의한 헤드파손

부록 37 스프링클러 설비관련 파손사례 예

제14조 제어반등

제어반등은 다음 각 호의 기준에 따라 설치해야 한다.

1. 제어반등의 지진하중은 제3조의2제2항에 따라 계산하고, 앵커볼트는 제3조의2제3항에 따라 설치해야 한다. 단, 제어반등의 하중이 450 N 이하이고 내력벽 또는 기둥에 설치하는 경우 직경 8 mm 이상의 고정용 볼트 4개 이상으로 고정할 수 있다.
2. 건축물의 구조부재인 내력벽・바닥 또는 기둥 등에 고정해야 하며, 바닥에 설치하는 경우 지진하중에 의해 전도가 발생하지 않도록 설치해야 한다.
3. 제어반등은 지진 발생 시 기능이 유지되어야 한다.

해설

1. 제어반의 정착 방법

벽면에 설치하는 경우 직경 8 mm 이상의 고정용 볼트를 4개 이상 고정해야 한다. 단벽면 부착은 내력벽에만 부착한다. 바닥에 고정 시 대부분의 제어반은 1,000 kg 이내이므로 가동 중량 1,000 kg 이하인 설비를 기준을 적용하여 정착하도록 한다. 바닥면에 고정되는 길이가 긴 변의 양쪽 모서리에 직경 12 mm 이상의 앵커볼트로 고정하여야 하며 앵커볼트의 근입 깊이는 10 cm 이상이어야 한다.

부록 38 내력벽에 설치한 제어반 정착 사례

2. 수계소화설비에 사용되는 수신기 및 중계기 등 수직형 구조물은 지진발생 시 전도되지 않도록 보강재 등을 설치해야 한다. 바닥에 설치하는 경우 지진하중에 의해 전도가 발생하지 않도록 표와 같은 정착 부재를 이용하여 바닥과 고정해야 한다.

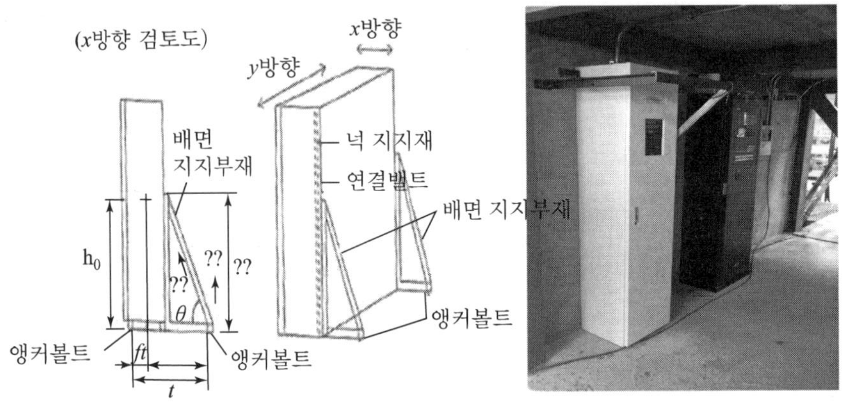

부록 39 수직형 제어반 중량물의 고정 정착방법의 예시

<표> 정착부재의 종류 및 정착방법

정착방법 및 정착부재 명칭	부재 개요	
앵커볼트	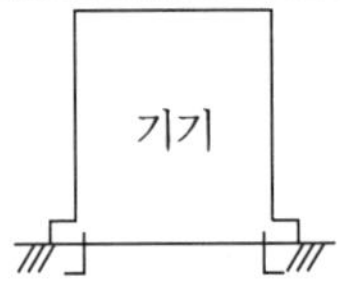	• 건축물에 기기를 고정하기 위한 부재 혹은 기기를 정착용 받침에 체결하는 부재 • 매립형 혹은 후시공형이 있다.
기초	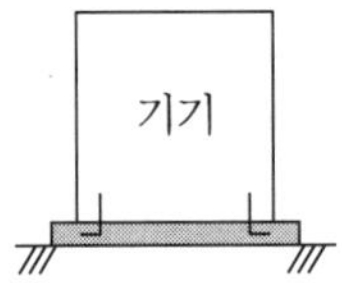	• 기기 중량을 지지하는 구조체 혹은 옥상 등의 바닥 방수재와 실내 바닥의 콘크리트슬래브와의 결합을 위해 설치하는 부재
상단 지지 배면 지지	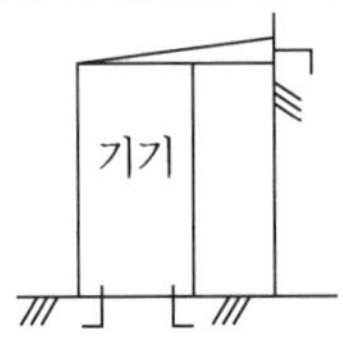	• 자립형 기기에서 기기 하단부의 정착에 추가하여 내진성을 증가시키고자 할 때 이용되는 정착방법 및 부재
스토퍼 (stopper)	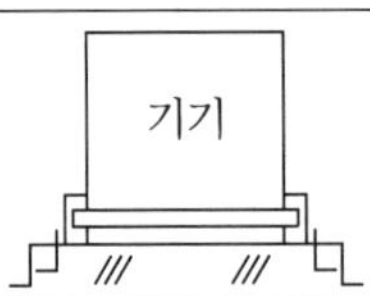	• 방진고무 등으로 기기 본체에 전달되는 진동을 저감하는 장치를 설치한 경우로 건축물에 직접 앵커볼트로 연결할 수 없는 경우에 이용되는 정착방법
받침대	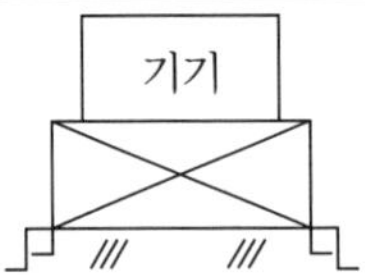	• 지동방지 등의 물리적인 여건에 의해서 앵커볼트로 바닥과 벽에 직접 연결할 수 없는 경우에 기기와 건축물의 사이에 설치하는 정착방법 및 부재

제 15 조 유수검지장치

유수검지장치는 지진발생시 기능을 상실하지 않아야 하며, 연결부위는 파손되지 않아야 한다.

유수검지장치는 대부분 수직 입상관과 연결되므로 지진 발생 시 수직배관에 대한 지진분리 이음 등의 조치를 통해 지진력에 대한 대비를 해야 한다.

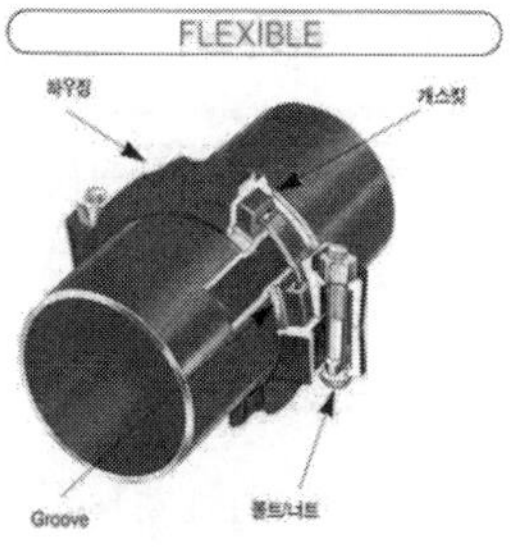

일반적으로 내진 설계에서 사용되는 양 끝단 연결 방법은 신축이음쇠(그루브형 커플링)를 사용하며 플랜지형의 밸브를 사용할 경우에는 신축배관 등을 사용하여 지진에 의한 흔들림을 방지해야 한다.

제 16 조 소화전함

소화전함은 다음 각 호의 기준에 따라 설치해야 한다.

1. 지진 시 파손 및 변형이 발생하지 않아야 하며, 개폐에 장애가 발생하지 않아야 한다.
2. 건축물의 구조부재인 내력벽·바닥 또는 기둥 등에 고정해야 하며, 바닥에 설치하는 경우 지진하중에 의해 전도가 발생하지 않도록 설치해야 한다.
3. 소화전함의 지진하중은 제3조의2제2항에 따라 계산하고, 앵커볼트는 제3조의2제3항에 따라 설치해야 한다. 단, 소화전함의 하중이 450 N 이하이고 내력벽 또는 기둥에 설치하는 경우 직경 8 mm 이상의 고정용 볼트 4개 이상으로 고정할 수 있다.

소화전함은 지진 시 개폐에 장애가 발생하지 않도록 견고하게 고정해야 하며, 내력벽에 설치가 불가능할 경우에는 지지대등을 이용하여 바닥 등에 고정할 수 있다. 이 경우 소방시설 내진설계기준 제5조제1항을 참고해야 한다.

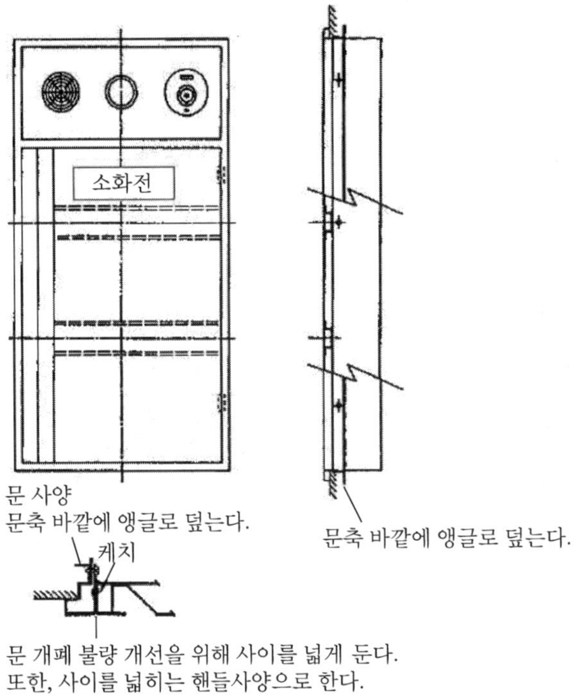

부록 40	소화전함의 내진조치를 마련하는 구조 예시

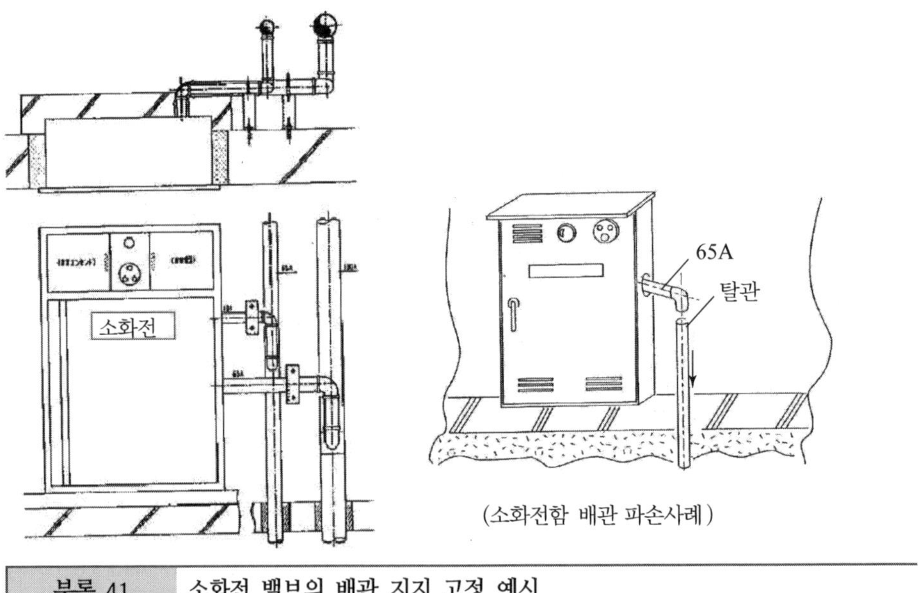

부록 41	소화전 밸브의 배관 지지 고정 예시

제17조 비상전원

비상전원은 다음 각 호의 기준에 따라 설치해야 한다.

1. 자가발전설비의 지진하중은 제3조의2제2항에 따라 계산하고, 앵커볼트는 제3조의2제3항에 따라 설치해야 한다.
2. 비상전원은 지진 발생 시 전도되지 않도록 설치해야 한다.

비상전원의 경우 가압송수장치와 동일한 방법(제5조제1항)으로 견고하게 설치해야 한다. 이는 지진으로 인한 비상전원이 파손될 경우 위급시 전원 공급이 불가하여 소방활동에 문제가 생기기 때문이다.

제18조 가스계 및 분말소화설비

① 이산화탄소소화설비, 할론소화설비, 할로겐화합물 및 불활성기체소화설비, 분말소화설비의 저장용기는 지진하중에 의해 전도가 발생하지 않도록 설치하고, 지진하중은 제3조의2제2항에 따라 계산하고, 앵커볼트는 제3조의2제3항에 따라 설치해야 한다.
② 이산화탄소소화설비, 할론소화설비, 할로겐화합물 및 불활성기체소화설비, 분말소화설비의 제어반등은 제14조의 기준에 따라 설치해야 한다.
③ 이산화탄소소화설비, 할론소화설비, 할로겐화합물 및 불활성기체소화설비, 분말소화설비의 기동장치 및 비상전원은 지진으로 인한 오동작이 발생하지 않도록 설치해야 한다.

가스계 및 분말소화설비의 저장용기는 지진에 의한 파손, 전도 등을 방지하기 위해 견고하게 고정해야 한다. 특히 저장용기를 집합하여 고정하는 경우 고정틀의 바닥 고정은 소방시설 내진설계기준의 제5조제1항의 고정 방법을 참고하여 설치해야 하며 벽면에 고정할 경우에는 내력벽에 설치해야 한다.

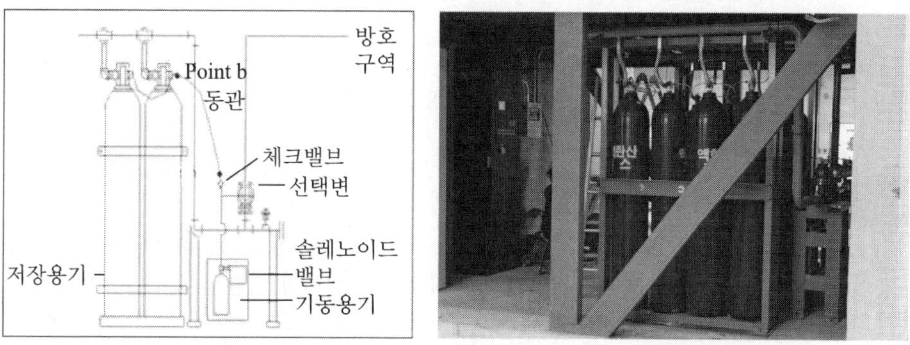

부록 42 **집합형 가스 실린더실 지진발생시 전도방지 설치 예시**

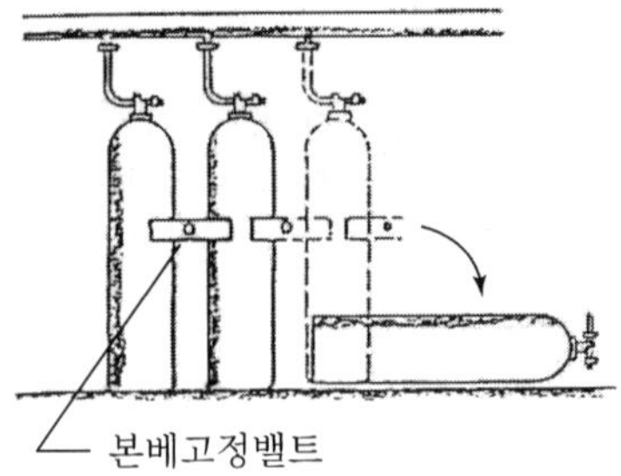

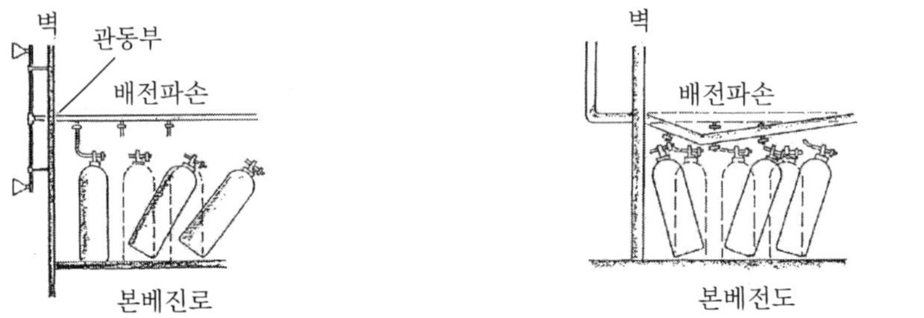

(a) 배관관통부에 있어 구조물과의 상이한 흔들림에 의한 배관파손 (1)

(b) 배관관통부에 있어 구조물과의 상이한 흔들림에 의한 배관파손 (2)

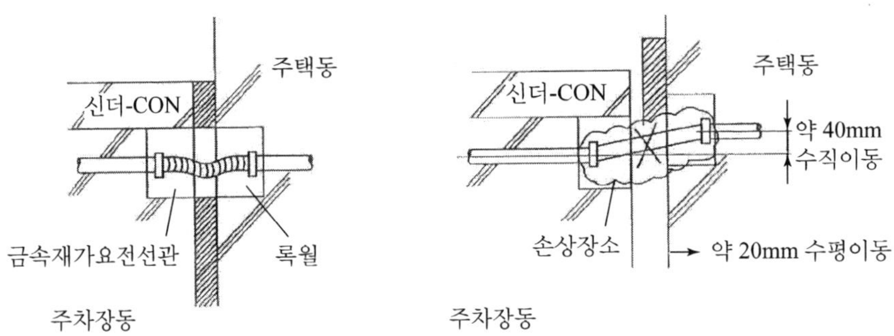

(c) 전선관 및 배선의 손상

부록 43 **할론 소화설비 파손사례 예**

제 19 조 설치 · 유지기준의 특례

소방본부장 또는 소방서장은 기존 건축물이 증축 · 개축 · 대수선되거나 용도변경되는 경우에 있어서 이 기준이 정하는 기준에 따라 해당 건축물에 설치해야 할 소방시설 내진설계의 공사가 현저하게 곤란하다고 인정되는 경우에는 해당 설비의 기능 및 사용에 지장이 없는 범위 안에서 소방시설의 내진설계 기준 일부를 적용하지 않을 수 있다.

찾아보기

저 자 : **김 명 수**

- 부산경상대학교 소방행정 안전관리과 교수
- 고려대학교 경영학석사 졸업
- 한국소방시설협회 감사
- 한국소방시설협회 부산시 회장역임
- 부산시 품질검수단 소방분야 전문위원
- 주식회사 고려소방 대표이사

표창 및 자격
- 소방방재청장 표창상 수상
- 행정안전부령 장관상 수상
- 우수교수상 수상
- 소방 특급기술자 자격 취득(전기/기계)

저서
- 소화약제화학, 도서출판 동화기술, 2020

소방기계시스템 공학 정가 20,000원

발 행 2025년 3월 10일 2판 1쇄
저 자 김명수
발행인 정우용
발행처 도서출판 동화기술
경기도 파주시 광인사길 201(문발동, 파주출판도시)
Tel (031)955-4211~6 donghwapub@nate.com
Fax (031)955-4217 www.donghwapub.co.kr
(등록) 1977년 12월 19일/9-16호

ISBN 978-89-425-9647-8